全国注册建筑师资格考试丛书

一级注册建筑师资格考试教材

·2·

建筑设计（知识题）

全国注册建筑师资格考试教材编委会　编

曹纬浚　主编

中国建筑工业出版社

图书在版编目(CIP)数据

一级注册建筑师资格考试教材. 2,建筑设计：知识题 / 全国注册建筑师资格考试教材编委会编；曹纬浚主编. — 北京：中国建筑工业出版社，2022.11
（全国注册建筑师资格考试丛书）
ISBN 978-7-112-28092-6

Ⅰ. ①一… Ⅱ. ①全… ②曹… Ⅲ. ①建筑设计－资格考试－自学参考资料 Ⅳ. ①TU

中国版本图书馆 CIP 数据核字(2022)第 202790 号

责任编辑：何　楠　张　建　徐　冉
责任校对：张　颖

全国注册建筑师资格考试丛书
一级注册建筑师资格考试教材
·2·
建筑设计（知识题）
全国注册建筑师资格考试教材编委会　编
曹纬浚　主编

*

中国建筑工业出版社出版、发行（北京海淀三里河路 9 号）
各地新华书店、建筑书店经销
北京红光制版公司制版
北京同文印刷有限责任公司印刷

*

开本：787 毫米×1092 毫米　1/16　印张：29　字数：698 千字
2022 年 12 月第一版　　2022 年 12 月第一次印刷
定价：**98.00** 元（含增值服务）
ISBN 978-7-112-28092-6
（40098）

全国注册建筑师资格考试教材

编　委　会

主 任 委 员　赵春山

副主任委员　于春普　曹纬浚

主　　　编　曹纬浚

副　主　编　姜忆南

主 编 助 理　曹　京　陈　璐

编　　　委（以姓氏笔画为序）

于春普	王又佳	王昕禾	叶　飞
冯　东	冯　玲	刘　捷	刘　博
许　萍	孙　伟	李　英	汪琪美
陈　岚	陈　璐	陈向东	赵春山
荣玥芳	侯云芬	姜忆南	贾昭凯
晁　军	钱民刚	郭保宁	黄　莉
曹　京	曹纬浚	穆静波	魏　鹏

序

赵春山

（住房和城乡建设部执业资格注册中心原主任）

我国正在实行注册建筑师执业资格制度，从接受系统建筑教育到成为执业建筑师之前，首先要得到社会的认可，这种社会的认可在当前表现为取得注册建筑师执业注册证书，而建筑师在未来怎样行使执业权力，怎样在社会上进行再塑造和被再评价从而建立良好的社会资源，则是另一个角度对建筑师的要求。因此在如何培养一名合格的注册建筑师的问题上有许多需要思考的地方。

一、正确理解注册建筑师的准入标准

我们实行注册建筑师制度始终坚持教育标准、职业实践标准、考试标准并举，三者之间相辅相成、缺一不可。所谓教育标准就是大学专业建筑教育。建筑教育是培养专业建筑师必备的前提。一个建筑师首先必须经过大学的建筑学专业教育，这是基础。职业实践标准是指经过学校专门教育后又经过一段有特定要求的职业实践训练积累。只有这两个前提条件具备后才可报名参加考试。考试实际就是对大学建筑教育的结果和职业实践经验积累结果的综合测试。注册建筑师的产生都要经过建筑教育、实践、综合考试三个过程，而不能用其中任何一个去代替另外两个过程，专业教育是建筑师的基础，实践则是在步入社会以后通过经验积累提高自身能力的必经之路。从本质上说，注册建筑师考试只是一个评价手段，真正要成为一名合格的注册建筑师还必须在教育培养和实践训练上下功夫。

二、关注建筑专业教育对职业建筑师的影响

应当看到，我国的建筑教育与现在的人才培养、市场需求尚有脱节的地方，比如在人才知识结构与能力方面的实践性和技术性还有欠缺。目前在建筑教育领域实行了专业教育评估制度，一个很重要的目的是想以评估作为指挥棒，指挥或者引导现在的教育向市场靠拢，围绕着市场需求培养人才。专业教育评估在国际上已成为一种通行的做法，是一种通过社会或市场评价教育并引导教育围绕市场需求培养合格人才的良好机制。

当然，大学教育本身与社会的具体应用需要之间有所区别，大学教育更侧重于专业理论基础的培养，所以我们就从衡量注册建筑师第二个标准——实践标准上来解决这个问题。注册建筑师考试前要强调专业教育和三年以上的职业实践。现在专门为报考注册建筑师提供一个职业实践手册，包括设计实践、施工配合、项目管理、学术交流四个方面共十项具体实践内容，并要求申请考试人员在一名注册建筑师指导下完成。

理论和实践是相辅相成的关系，大学的建筑教育是基础理论与专业理论教育，但必须

要给学生一定的时间使其把理论知识应用到实践中去，把所学和实践结合起来，提高自身的业务能力和专业水平。

大学专业教育是作为专门人才的必备条件，在国外也是如此。发达国家对一个建筑师的要求是：没有经过专门的建筑教育是不能称之为建筑师的，而且不能进入该领域从事与其相关的职业。企业招聘人才也首先要看他们是否具备扎实的基本知识和专业本领，所以大学的本科建筑教育是必备条件。

三、注意发挥在职教育对注册建筑师培养的补充作用

在职教育在我国有两个含义：一种是后补充学历教育，即本不具备专业学历，但工作后经过在职教育通过社会自学考试，取得从事现职业岗位要求的相应学历；还有一种是继续教育，即原来学的本专业和其他专业学历，随着科技发展和自身业务领域的拓宽，原有的知识结构已不适应了，于是通过在职教育去补充相关知识。由于我国建筑教育在过去一段时期底子薄，培养数量与社会需求差距很大。改革开放以后为了满足快速发展的建筑市场需求，一批没有经过规范的建筑教育的人员进入了建筑师队伍。而要解决好这一历史问题，提高建筑师队伍整体职业素质，在职教育有着重要的补充作用。

继续教育是在职教育的一种行之有效的教育形式，它特指具有专业学历背景的在职人员从业后，因社会的发展使得原有知识需要更新，要通过参加新知识、新技术的学习以调整原有知识结构、拓宽知识范围。它在性质上与在职培训相同，但又不能完全画等号。继续教育是有计划性、目标性、提高性的，从整体人才队伍和个人知识总体结构上作调整和补充。当前，社会在职教育在制度上和措施上还不够完善，质量很难保证。有一些人把在职读学历作为"镀金"，把继续教育当作"过关"。虽然最后证明拿到了，但实际的本领和水平并没有相应提高。为此需要我们做两方面的工作，一是要让我们的建筑师充分认识到在职教育是我们执业发展的第一需求；二是我们的教育培训机构要完善制度、改进措施、提高质量，使参加培训的人员有所收获。

四、为建筑师创造一个良好的职业环境

要向社会提供高水平、高质量的设计产品，关键还是要靠注册建筑师的自身素质，但也不可忽视社会环境的影响。大众审美的提高可以让建筑师感受到社会的关注，增强自省意识，努力创造出一个经受得住大众评价的作品。但目前实际上建筑师的很多设计思想受开发商与业主方面很大的影响，有时建筑水平并不完全取决于建筑师，而是取决于开发商与业主的喜好。有的业主审美水平不高，很多想法往往只是自己的意愿，这就很难做出与社会文化、科技、时代融合的建筑产品。要改善这种状态，首先要努力创造尊重知识、尊重人才的社会环境。建筑师要维护自己的职业权利，大众要尊重建筑师的创作成果，业主不要把个人喜好强加于建筑师。同时建筑师自身也要提高自己的素质和修养，增强社会责任感，建立良好的社会信誉。要让创造出的作品得到大众的尊重，首先自己要尊重自己的劳动成果。

五、认清差距，提高自身能力，迎接挑战

目前中国的建筑师与国际水平还存在着一定差距，而面对信息化时代，如何缩小差距

以适应时代变革和技术进步，及时调整并制定新的对策，成为建筑教育需要探讨解决的问题。

我们现在的建筑教育不同程度地存在重艺术、轻技术的倾向。在注册建筑师资格考试中明显感觉到建筑师们在相关的技术知识包括结构、设备、材料方面的把握上有所欠缺，这与教育有一定的关系。学校往往比较注重表现能力方面的培养，而技术方面的教育则相对不足。尽管这些年有的学校进行了一些课程调整，加强了技术方面的教育，但从整体来看，现在的建筑师在知识结构上还是存在缺欠。

建筑是时代发展的历史见证，它凝固了一个时期科技、文化发展的印记，建筑师如果不能与时代发展相适应，努力学习和掌握当代社会发展的科学技术与人文知识，提高建筑的科技、文化内涵，就很难创造出高水平的作品。

当前，我们的建筑教育可以利用互联网加强与国外信息的交流，了解和掌握国外在建筑方面的新思路、新理念、新技术。这里想强调的是，我们的建筑教育还是应该注重与社会发展相适应。当今，社会进步速度很快，建筑所蕴含的深厚文化底蕴也在不断地丰富、发展。现代建筑创作不能单一强调传统文化，要充分运用现代科技发展成果，使建筑在经济、安全、健康、适用和美观方面得到全面体现。在人才培养上也要与时俱进。加强建筑师科技能力的培养，让他们学会适应和运用新技术、新材料去进行建筑创作。

一个好的建筑要实现它的内在和外表的统一，必须要做到：建筑的表现、材料的选用、结构的布置以及设备的安装融为一体。但这些在很多建筑中还做不到，这说明我们一些建筑师在对新结构、新设备、新材料的掌握和运用上能力不够，还需要加大学习的力度。只有充分掌握新的结构技术、设备技术和新材料的性能，建筑师才能够更好地发挥创造水平，把技术与艺术很好地融合起来。

中国加入WTO以后面临国外建筑师的大量进入，这对中国建筑设计市场将会有很大的冲击，我们不能期望通过政府设立各种约束限制国外建筑师的进入而自保，关键是要使国内建筑师自身具备与国外建筑师竞争的能力，充分迎接挑战、参与竞争，通过实践提高我们的设计水平，为社会提供更好的建筑作品。

前　言

一、本套书出版历程介绍

1994年9月，建设部、人事部下发了《建设部、人事部关于建立注册建筑师制度及有关工作的通知》（建设［1994］第598号），决定实行注册建筑师制度，并于1995年组织了第一次全国一级注册建筑师资格考试。北京市规划委员会委托曹纬浚先生主持整个北京市建筑设计行业考生的培训。参加考试培训的老师均来自北京市各大设计院和高等院校，都是在各自的专业领域具有较深造诣的专家。培训班受到广大考生的欢迎，当时在北京市以外，除西藏、台湾两地，其余29个省市自治区均有考生慕名来京参加考前培训。

自2000年起，本套书的主编、作者与中国建筑工业出版社正式合作。主编曹纬浚组织各科目的授课老师将教案整理成书，"一、二级注册建筑师考试教材"和"历年真题与解析"配套出版。本套丛书的编写紧扣考试大纲，正确阐述规范、标准的条文内容，并尽量包含高频试题、典型试题的考点。根据每年新修订、颁布的法律法规、标准规范和当年试题的命题情况进行修订更新，并悉心听取广大考生、学员的建议。自一、二级教材第一版正式出版以来，除2015、2016停考的两年外，每年都修订再版，是目前图书市场上出版最早、流传较广、内容严谨、口碑销量俱佳的一套注册建筑师考试用书。

二十余年来，本套丛书已经帮助几万名考生通过考试，并获得了一、二级注册建筑师执业资格。住房和城乡建设部执业资格注册中心原主任赵春山，盛赞本套书为我国注册建筑师制度的实行作出了贡献，还亲自为本套书撰写了序言。

二、套书架构与使用说明

2021年底、2022年初，住房和城乡建设部与人社部先后发布了全国一、二级注册建筑师资格考试新大纲。一级注册建筑师资格考试2023年过渡，2024年正式执行新大纲；二级注册建筑师资格考试2023年正式执行新大纲。新大纲将一级注册建筑师考试科目由原来的9门改为6门，对二级注册建筑师的4门考试科目进行了调整。

为迎接全新的注册建筑师考试，基于新大纲的变化，整套书包含了"一级注册建筑师资格考试教材"（6本）与专门针对建筑方案设计（作图题）的通关必刷题（1本）、"二级注册建筑师资格考试教材"（4本）、"二级注册建筑师资格考试考前冲刺"（3本），以及一、二级注册建筑师资格考试历年真题与冲刺试卷（2本）。

读者可以利用"注册建筑师资格考试教材"掌握各科、各板块的知识点，且在各科教材上，编写者均对重点复习内容予以标注，以便考生更好地抓住重点。除了要掌握相应的规范、标准外，教材还按板块归纳总结了历年真题，学习与做题互动，有助于考生巩固知识点，加深理解和记忆。

中国建筑工业出版社为更好地满足考生需求，除了出版纸质教材外，还配套准备了

一、二级注册建筑师资格考试数字资源，包括导学课程、考试大纲、科目重难点手册、备考指导。考生可以选择适宜的方式进行复习。

值得一提的是，"二级注册建筑师资格考试考前冲刺"是为应对二级注册建筑师资格考试，全新策划的3本书，旨在帮助考生从总体上建立注册建筑师所需掌握的知识体系，并通过结构化的考点与历年真题对应解析，帮助考生达到速记考点的目的。

三、本分册编写说明

本分册除依据新大纲编写外，还依据了自2022年起发布实施的多本强制性工程建设规范（以下简称"通用规范"，通用规范中的全部条文均必须严格执行）编写。每章前都列出了该章的考试大纲要求和复习重点。

一级第二分册"建筑设计知识"中，根据新考试大纲关于"绿色和可持续发展、城市设计"、"历史遗产保护"和"既有建筑改造"等方面的要求，各章均增加了相应的内容。

第一章"建筑设计原理"补充了"建筑设计程序及深度"的相关内容。增加了"绿色建筑"和"既有建筑改造设计原则与方法"两节，删减了有关"技术经济综合评价标准"有关内容。

第二章"中国建筑史"增加了"中国近现代建筑"一节，补充了历史建筑保护的原则与方法的内容。

第三章"外国建筑史"补充了世界城市历史发展部分的内容。

第四章"城市规划基础知识"中补充了城市设计和景观设计的经典理论和代表性案例。结合空间规划体系调整趋势，更新对城乡规划工作内容的介绍，增加了对国土空间规划体系下总体规划、详细规划、相关专项规划最新编制指南的介绍。

第五章"建筑设计标准和规范"中主要新增了有关安全、绿色和可持续发展相关规范或标准，适当补充了设计工作关系密切、通用性较强的部分标准或规范。

四、编写分工

"一级注册建筑师资格考试教材"的作者：

第1分册：王昕禾。

第2分册：第一章晁军，第二章刘捷，第三章王又佳，第四章荣玥芳，第五章姜忆南。

第3分册：上册——第一章钱民刚，第二、三章黄莉，第四～七章冯东，第八、九章叶飞；下册——第十章汪琪美，第十一章刘博，第十二章李英，第十三章许萍，第十四章贾昭凯、贾岩，第十五章冯玲。

第4分册：第一章侯云芬，第二章陈岚。

第5分册：第一章陈向东，第二章穆静波，第三章孙伟。

第6分册：黎志涛。

除上述作者外，多年来曾参与或协助本套书编写、修订的人员有：张思浩、翁如璧、耿长孚、王其明、姜中光、何力、任朝钧、曾俊、林焕枢、张文革、李德富、吕鉴、朋改非、杨金铎、周慧珍、刘宝生、李魁元、尹桔、张英、陶维华、郝昱、赵欣然、霍新民、何玉章、颜志敏、曹一兰、徐华萍、周庄、陈庆年、王志刚、张炳珍、何承奎、孙国樑、李广秋、栾彩虹、翟平。

在此预祝各位考生取得好成绩，考试顺利过关！

全国注册建筑师资格考试教材编委会

2022 年 9 月

注：本套丛书为一、二级注册建筑师的考生分别建立了交流服务群，用于交流并收集考生在看书过程中发现的问题，以对本丛书进行迭代优化，并及时发布考试动态、共享行业最新资讯；欢迎大家扫码加群，相互交流与促进！

微信服务号
微信号：JZGHZX

配套增值服务说明

中国建筑工业出版社为更好地服务于考生、满足考生需求，除了出版纸质教材书籍外，还同步配套准备了注册建筑师考试增值服务内容。考生可以选择适宜的方式进行复习。

兑换增值服务将会获得什么？

建标知网会员权限 （6个月）		注册建筑师资格考试 知识服务产品
工程建设万种规范		导学课程
标准在线阅读	全国注册建筑师资格考试丛书 增值服务兑换内容	考试大纲
标准资料免费下载		科目重难点及学习规划手册
标准版本对比		备考指导
常见问题答疑库		

如何兑换增值服务？

扫描封面二维码，刮开涂层，输入兑换码，即可享有上述免费增值服务内容。

→ 扫描封面二维码

兑换码：×××××××   → 刮开涂层输入兑换码

注：增值服务自激活成功之日起生效，如果无法兑换或兑换后无法使用，请及时与我社联系。

客服电话：4008-188-688（周一至周五 9:00~17:00）。

目　　录

第一章 建 筑 设 计 原 理

本章考试大纲：系统掌握建筑设计基础理论、公共建筑和居住建筑设计原理；掌握建筑类别、等级的划分及各阶段的设计程序及深度要求；熟悉建筑与环境、建筑与技术、建筑与人的行为方式的关系；了解绿色建筑的设计理论和相关知识；了解既有建筑改造的设计原则与方法。

本章复习重点：公共建筑的空间组合模式与应用，建筑形式美学规律及代表案例，建筑无障碍设计知识；居住建筑套型与套内空间设计；建筑设计的基本程序及要求；建筑环境与节能设计基础；建筑环境心理学基础理论；绿色建筑概念与评价标准；既有建筑改造的技术措施。

第一节　公共建筑设计原理

建筑师要处理好公共建筑的总体环境布局、功能关系与空间组合、造型艺术、技术经济等问题。

一、公共建筑的总体环境布局

1. 总体环境布局的基本组成

创造室外空间环境时，主要考虑公共建筑的内在因素和外在因素。公共建筑自身的功能、经济及美观属于内在因素，而城市规划、周围环境、地段状况等属于外在因素。室外空间环境包括下列几个基本组成部分：建筑群体、广场道路、绿化设施、雕塑壁画、建筑小品、灯光造型的艺术效果等。此外，建筑师还应处理好室外环境空间与建筑、场所、绿地的关系。

2. 总体环境布局的空间与环境

勒·柯布西耶认为"……对空间的占有是存在之第一表征；然而任何空间都存在于环境之中，故提高人造环境的物理素质及其艺术性，就必然成为提高现代生活质量的重要构成因素"。在设计公共建筑时，其空间组合不能脱离总体环境孤立地进行，而应把它放在特定的环境之中，即考虑自然环境与人工环境的结合。

3. 群体建筑环境的空间组合

公共建筑群体空间组合，一般包含两个方面：一是在特定的条件下，需要采用比较分散的布局，而产生群体空间组合；二是以公共建筑群组成各种形式的组团或中心，如市政中心（加拿大多伦多市政厅、巴西的巴西利亚三权广场）、商业中心（瑞典魏林比商业中心、英国伦敦哈罗城市中心）、展览中心（美国西雅图世界博览会）及娱乐中心等。

二、公共建筑的功能关系与空间组合

公共建筑是人们进行社会活动的场所，在公共建筑的功能问题中，功能分区、人流疏散、空间组成以及建筑与室外环境的联系等，是核心问题。其中最突出的则是建筑空间的使用性质和人流活动的问题。

（一）公共建筑的空间组成

各种公共建筑的使用性质和类型尽管不同，但都可以分成主要使用部分、次要使用部分（或称辅助部分）和交通联系部分。设计中应首先抓住这三大部分的关系进行排列组合，逐一解决各种矛盾问题，以求得功能关系的合理与完善。在这三部分的构成关系中，交通联系空间的配置往往起到关键作用。

交通联系部分一般可分为：水平交通、垂直交通和枢纽交通三种基本空间形式。

1. 水平交通

常采用过道、过厅、通廊等空间形式。设计时应直截了当，忌曲折多变，与各部分空间均应有密切联系，具备良好的采光与通风。公共建筑的水平走道长度与宽度主要根据功能需要、防火规定及空间感受来确定。

2. 垂直交通

常采用楼梯（直跑、双跑或三跑楼梯）、电梯、自动扶梯，以及坡道等形式。公共建筑中楼梯的位置与数量应依据功能需要和消防要求而定。应靠近交通枢纽，布置均匀、有主次且应与使用者的人流量相适应。坡道可以满足公共建筑的某些特殊功能需求，坡道的坡度一般 8%～15%，人流集中部位可为 6%～12%。坡道所占建筑面积一般是楼梯的 4 倍。

公共建筑的电梯位置宜选在人流集中、明显易找的交通枢纽地带。自动扶梯适合连续不间断载乘人流，角度为 30°左右，单股人流的自动扶梯宽度一般为 810mm，每小时运送人数为 5000～6000 人。

3. 枢纽交通

考虑到人流的集散、方向的转换、空间的过渡，以及与通道、楼梯等空间的衔接等，需要设置门厅、过厅等空间形式，起到交通枢纽与空间过渡的作用。枢纽交通应使用方便、空间得体、结构合理、装修适当、经济有效，应兼顾使用功能和空间意境的创造。

（二）公共建筑的功能分区

功能分区的概念是将空间按不同功能要求进行分类，并根据它们之间联系的密切程度加以组合、划分。

功能分区的原则是：分区明确、联系方便，并按主、次，内、外，闹、静关系合理安排，使其各得其所；同时还要根据实际使用要求，按人流活动的顺序关系安排位置。空间组合、划分时要以主要空间为核心，次要空间的安排要有利于主要空间功能的发挥；对外联系的空间要靠近交通枢纽，内部使用的空间要相对隐蔽；空间的联系与隔离要在深入分析的基础上恰当处理。

（三）公共建筑的人流聚集与疏散

公共建筑在人流组织上，可以归纳为平面和立体两种方式。中小型公共建筑的人流活动比较简单，多采用平面组织方式。有些公共建筑，由于功能要求比较复杂，需要采用立体方式组织人流活动，如大型交通建筑。

公共建筑的人流疏散，有连续性的（医院、商店、旅馆）、集中性的（影剧院、会堂、体育馆）、兼有连续和集中性的（展览馆、学校、铁路客运站）。

（四）公共建筑的空间组合

1. 分隔性空间组合

分隔性空间组合的特点是以交通空间为联系手段组合各类房间，常称之为"走道式"建筑布局，广泛运用于办公、学校、医院、宿舍等建筑。有内廊式（走道在中间，联系两侧房间）和外廊式（走道位于一侧，联系单面房间）两种布置方式。

2. 连续性空间组合

展览类型的公共建筑，为满足参观路线的要求，在空间组合上要求有一定的连续性。基本上可分为 5 种形式：串联式、放射式、串联兼通道式、串联兼放射、综合性大厅式。

3. 观演性空间组合

观演类型的公共建筑（体育馆、影剧院、音乐厅、歌舞厅、娱乐城），一般有大型的空间作为组合的中心，围绕大型空间布置服务性空间。服务性空间与大型空间应联系密切，并构成空间整体。

4. 高层性空间组合

高层公共建筑（酒店、办公楼、多功能大厦）的空间组合反映在交通组织上，是以垂直交通系统为主，有板式和塔式两种（而低层公共建筑的空间组合，常以水平交通为主）。

5. 综合性空间组合

一些功能要求复杂的公共建筑，常采用综合形式的空间组合，如文化宫、俱乐部、大型会议和办公场所。这类公共建筑的空间与体形是相辅相成的，应灵活运用各种空间组合手段（表 1-1）。

公共建筑的空间组合形式与特点　　　　　　　　　　　　　　　表 1-1

	常见建筑类型	空间形式与特点
分隔性空间组合 （内廊式、外廊式）	行政办公建筑	（1）分段布置； （2）分层布置。 特点：开窗尺度小而有规律，气氛庄重，突出主要入口
	学校建筑	（1）分清主与次、闹与静的空间分区； （2）通过走道、门厅、过厅联系。 特点：开窗面积、进深较大。采光要求高。要考虑成股集中人流的疏散，门厅宽敞
	医院	一般门、急诊部对外，住院部安静在内，中间通过医技部连接。 特点：功能要求复杂，环境要求宁静舒展，建筑造型平静淡雅
	旅馆	大量小开间房间，走道式空间组合。 特点：裙房部分的公共性与客房部分的私密性形成鲜明对比

	常见建筑类型	空间形式与特点
连续性空间组合 （串联式、放射式、串联+通道、放射+串联、综合大厅式）	各类观展建筑 陈列馆 博物馆 美术馆 ……	串联式：流线紧凑，方向单一，简洁明确，观众流程不重复、不逆行、不交叉。但活动流线不够灵活，容易拥挤，不利于展厅单独开放
		放射式：参观路线简洁紧凑，实用灵活，各个陈列空间可以单独开放。但枢纽空间容易造成迂回交叉，停滞，不畅
		串联+通道式：各主要空间可单独联通，又能通过通道联系，布局机动灵活，适应性强，展厅可单独开放，空间综合使用效率高。但造价高，占地偏多
		放射+串联式：观众可从枢纽空间通往各个陈列厅，又可沿着走道或过厅穿行至各个陈列厅。空间灵活、紧凑、适应性强，兼备串联、放射与通道联系的优点。但枢纽空间通风采光不易，人流量大时易拥挤、混乱
		综合大厅式：展览陈列空间和人流活动皆组合在综合性的大型空间中。环境开敞通透，实用机动灵活，空间利用紧凑、流动方向自然。但往往需要人工照明和机械通风装置
观演性空间组合	体育建筑	比赛大厅为主体空间，在坐席下部的倾斜空间中穿插布置门厅、休息厅以及辅助用房等。空间应保证体育运动的基本要求，观众席位有良好的视线和音质。此外还要注意： ① 观众、运动员、宾客等各种人群流线分开，出入口符合疏散数量和宽度要求； ② 主席台布置在视觉质量较好的位置； ③ 充分利用观众席下空间，练习场所要靠近比赛大厅； ④ 新闻媒体空间要联系方便，控制室要视线良好； ⑤ 合理选择大跨空间形式
	影剧院建筑	以门厅、观众厅、舞台等几个空间序列进行布置。要妥善解决视线设计、安全防火和人流疏散问题。视觉和听觉质量标准要高于体育建筑
高层性空间组合 （板式、塔式）	宾馆 写字楼 多功能大厦 ……	板式：高层部分平面类似板块，多为矩形。 特点：进深一般较小，容易争取自然通风、采光。但结构上不利于抵抗平行短向的水平侧推力
		塔式：常将主要实用空间布置在外围，而将垂直交通、设备管道、盥洗厕所等辅助用房布置在中心部位。 特点：可缩短水平交通的距离和争取采光，做到空间主次分明。可构成刚性较强的框筒结构系统，提高整体建筑刚度

	常见建筑类型	空间形式与特点
综合性空间组合	文化馆 俱乐部 大型会议中心 ……	对不同使用性质的空间，通过各种交通联系手段组合，形成一个综合性的空间环境。 特点：各体量之间通过大与小、高与低、空与实、粗与细、隔与透等对比手段，使室内外达到一个完整的建筑空间组合体系

三、公共建筑的造型艺术

公共建筑的造型不仅有下面所列三个方面的内容，还包括民族形式、地域文化、构图技巧以及形式美的规律等。

1. 公共建筑造型艺术的基本特点

多样统一既是建筑艺术形式普遍认同的法则，自然也是公共建筑造型创作的重要依据。形式美的法则用于建筑艺术形式的创作时，常被称为"建筑构图原理"。建筑的空间与实体是对立统一的两个方面，运用一定的构图技巧把它解决好，是建筑艺术创作中的核心问题。只有处理好"多样统一""形式与内容的统一""正确对待传统与革新"等问题，才能创作出好的建筑作品。

2. 室内空间环境艺术

《公共建筑设计原理》（第五版）着重分析了室内空间与比例尺度的关系、围透划分与序列导向的关系这两方面问题。其中西班牙巴塞罗那博览会德国馆，采用了围中有透、透中有围、围透结合的方法，从而创造出流动性的空间。

3. 室外空间环境艺术

公共建筑的形体与空间是建筑造型艺术中矛盾的两个方面，它们之间互为依存，不可分割。公共建筑外部形体的艺术形式离不开统一与变化的构图原则。构图中应注意"主从关系、对比与协调、均衡与稳定、节奏与韵律"等方面的关系。常用的韵律手法有连续的韵律、渐变的韵律、起伏的韵律、交错的韵律（巴塞罗那博览会德国馆）等。

四、公共建筑的技术与经济问题

建筑空间和体形的构成要以一定的工程技术条件作为手段。建筑的空间要求和建筑技术的发展是相互促进的。选择技术形式时要满足功能要求，符合经济原则。

（一）公共建筑与结构技术

公共建筑常用的三种结构形式：混合结构、框架结构、空间结构。

1. 混合结构

常为砖砌墙体、钢筋混凝土梁板体系，梁板跨度不大，承重墙平面呈矩形网格布置，适用于房间不大、层数不多的建筑（如学校、办公楼、医院）。其承重墙要尽量均匀、交圈，上下层对齐，洞口大小有限，墙体高厚比要合理，大房间在上，小房间在下。

2. 框架结构

承重与非承重构件分工明确，空间处理灵活，适用于高层或空间组合复杂的建筑。

3. 空间结构（大跨度结构）

充分发挥材料性能，提供中间无柱的巨大空间，满足特殊的使用要求。

空间结构有悬索、空间薄壁、充气薄膜、空间网架等形式，结合结构、构造课程，了解受力特点和造型的关系，记住国内外著名实例。

（二）公共建筑与设备

公共建筑的设备布置包含恰当安排设备用房，解决好建筑、结构与设备上的各种矛盾，注意减噪、防火、隔热。结合设备课程，了解采暖、空调、照明各种系统的选型原则和适用范围。

1. 采暖系统

热水系统舒适、稳定，适用于居住建筑和托幼建筑。蒸汽系统加热快，适用于间歇采暖建筑如会堂、剧场。

2. 空调系统

集中空调服务面大，机房集中、管理方便、风速及噪声低，但机房大、风道粗、层高要求大、风量不易调节、运行费用大，不适用于小风量的复杂空间。风机盘管系统，室温可调，适用于空间复杂、灵活并需调温的建筑（如宾馆、实验室）。

3. 人工照明

保证舒适而又科学的照度、适宜的亮度分布和防止眩光，创造良好的空间气氛；此外，还要考虑灯具本身的美观。

（三）公共建筑与经济

应当把一定的建筑标准作为考虑建筑经济问题的基础，设计要符合国家规定的建筑标准，防止铺张浪费，也不可片面追求低标准而降低建筑质量。

要注意节约建筑面积和体积，计算和控制建筑的有效面积系数、使用面积系数、结构面积系数和体积系数等指标，节约用地、降低造价，以期获得较好的经济效益。

建议结合建筑经济课程深入学习。

五、公共建筑的无障碍设计

1. 基本理念和原则

无障碍设计的基本理念是：尽最大可能考虑所有人群的使用要求，做到真正的"以人为本"；包括各类残疾人、老年人、儿童、孕妇、外国人和有临时障碍的普通人。

无障碍设计的基本原则是：满足各类障碍人群或特定目标人群在室外空间、交通空间、卫生设施、生活空间、专有公共空间的通行与使用要求，尤以视力障碍、肢体障碍、听力障碍人群为主。

2. 公共建筑外环境与场地的无障碍设计

（1）场地无障碍设计

必须做好从城市无障碍空间到建筑空间的衔接，应设置无障碍标识，并形成系统。

（2）停车场无障碍设计

将通行方便、距离建筑出入口最近的停车位安排给残疾人使用。

3. 公共建筑交通空间的无障碍设计

（1）出入口和坡道

应保证建筑室内外无障碍设计的连续性，尤其是无障碍通行路线的畅通衔接。尽量采用平坡出入口，无障碍坡道应设在方便和醒目位置，并保障在任何气候条件下的安全方便。

（2）无障碍通道

首先要满足轮椅正常通行和回转的宽度，人流较多或者较长的公共走廊还要考虑两个轮椅交错的宽度。通道应尽可能做成正交形式。医院、诊所等障碍人士较多的建筑空间需在两侧墙面 850～900mm 和 650～700mm 两个高度设连续的走廊扶手。通道界面应使用高对比色彩。

（3）无障碍楼梯与台阶

不宜采用弧形楼梯，楼梯两侧宜设双侧扶手，保持连贯；踏面应采用防滑材料和构造。楼梯照明和色彩应能够突显踏面位置，并设置必要标识和提示。

（4）无障碍电梯

建筑内设电梯时，至少应设一部无障碍电梯，电梯轿厢尺寸、控制按钮、扶手、照明应符合无障碍使用要求。

4. 公共建筑卫生设施的无障碍设计

分为专用独立式无障碍卫生间和无障碍厕位两类。科研、办公、司法、体育、医疗康复、大型交通建筑内的公共区域至少要有一个专用无障碍卫生间。独立式无障碍卫生间要能满足残疾人、需陪护不同性别家人、携带婴儿以及其他一些特殊情况人士的使用。无障碍厕位包括男、女至少各一套卫生设备，门宜外开，并保证轮椅的回转空间；无障碍厕位应设坐便和安全抓杆。

例 1-1 （2010）作为大型观演性公共建筑，影剧院不同于体育馆的特点是（　　）。

A　观众环绕表演区观赏

B　有视线和声学方面的设计要求

C　围绕大型空间均匀布置服务性空间

D　按照门厅、观赏区、表演区的空间序列布局

解析：参见《公共建筑设计原理》（第五版）P128，影剧院在空间组合上区别于其他大跨空间的独特形式，通常以门厅、观众厅、舞台等几个空间序列进行布置。故本题应选 D。

A 选项"观众环绕表演区观赏"是体育建筑的典型空间组合形式。B 选项"有视线和声学方面的设计要求"是观演建筑观众区的共有特征，只是具体质量要求有所差别。C 选项"围绕大型空间均匀布置服务性空间"，并要求与大型空间有比较密切的联系，使之构成完整的空间整体，是观演建筑的共有特征。

答案：D

例 1-2 （2021）维特鲁威提出的建筑三原则是（　　）。

A　适用、坚固、美观　　　　　B　适用、经济、美观

C　经济、适用、坚固　　　　　D　经济、坚固、美观

第二节　居住建筑设计原理

一、住宅套型与家庭人口构成

住宅建筑应能提供不同的套型居住空间供各种不同户型的住户使用。户型是根据住户家庭人口构成（如人口规模、代际数和家庭结构）的不同而划分的住户类型。套型则是指为满足不同户型住户的生活居住需要而设计的不同类型的居住空间。

（一）家庭人口构成

不同的家庭人口构成形成不同的住户户型，而不同的住户户型则需要不同的住宅套型设计。进行住宅套型设计时，首先必须了解住户的家庭人口构成情况。家庭人口构成可从户人口规模、户代际数和家庭人口结构等三方面考量。

1. 户人口规模

户人口规模指住户家庭人口的数量，对住宅套型的建筑面积指标和需布置的床位数具有决定意义。在具体时期和地区的住宅建设中，不同户人口规模在总户数中所占比例将影响不同住宅套型的修建比例。

2. 户代际数

户代际数指住户家庭常住人口的代际数。随着社会发展，多代户家庭趋于分解。在住宅套型设计中，要使几代人能够各得其所、相对独立，又要使其相互联系、相互关照。

3. 家庭人口结构

家庭人口结构指住户家庭成员的关系网络。由于性别、辈分、姻亲关系等不同，可分为单身户、夫妻户、核心户、主干户、联合户及其他户。核心户是指一对夫妻和其未婚子女所组成的家庭；主干户是指一对夫妻和其一对已婚子女所组成的家庭；联合户是指一对夫妻和其多对已婚子女所组成的家庭。

（二）套型与家庭生活模式

住户的家庭生活行为模式是影响住宅套型空间组合的主要因素。家庭生活行为模式可分为家务型、休养型、交际型、家庭职业型、文化型、"宾馆"型等。

（三）套型居住环境与生理

住宅套型作为一户居民家庭的居住空间环境，其空间形式必须满足人的生理活动需求，其空间的环境质量也必须符合人体生理上的需要。应当按照人的生理需要划分空间，同时保证良好的套型空间环境质量。

（四）套型居住环境与心理

人对居住空间环境的共同心理需求可归纳为：安全感与心理健康、私密性与开放性、自主性与灵活性、意境与趣味、自然回归性等。

二、住宅套型设计

(一) 住宅各功能空间

1. 居住空间

一套住宅根据不同的套型标准和居住对象，居住空间可以划分为卧室、起居室、工作学习室、餐室等。

2. 厨卫空间

厨卫空间是住宅设计的核心部分，它对住宅的功能与质量起着关键作用。

3. 交通及其他辅助空间

（1）交通联系空间

包括门斗或前室、过道、过厅及户内楼梯等。

（2）贮藏空间

一套住宅中可以合理利用空间布置贮藏设施。

（3）室外空间

住宅的室外活动空间，包括阳台、露台以及低层住宅的户内庭院。

（4）其他设施

包括晾晒设施、垃圾处理等。

4. 套型各功能空间平面设计要点

（1）居住空间

卧室可分为主卧室、次卧室、客房和工人房等。主卧室通常为夫妻共同居住，除布置双人床、衣柜、床头柜等家具外，尚需根据具体家庭模式考虑一定灵活空间，如放置婴儿床、书架、书桌等。其房间短边净尺寸不宜小于3000mm，因为顺房间短边放床后尚应留一门位和人行活动面积。空间允许时，床宜采用岛式布置。次卧室最小净尺寸不宜小于2100mm，这是考虑单人床短边外加一门位和人行活动面积（图1-1）。

图 1-1 卧室平面尺寸与家具布置

起居室的家具一般有沙发、茶几、视听柜、储物柜等。起居室的平面尺寸与住宅套型面积标准、家庭成员数量等有关，看电视、听音响的适当距离以及空间视觉感受决定了起居室的开间尺寸，一般宜在3000~4000mm，沙发和视听柜可沿房间对边布置，也可沿房间对角布置。在有条件的套型中，可将学习空间分离，形成独立或半独立房间。工作间家具有书桌椅、书柜架、计算机桌椅等，面积可参考次卧室考虑，短边最小尺寸为

2100mm。餐室的主要家具有餐桌椅、酒柜等，短边最小尺寸不小于2100mm，以保证就餐和通行需要（图1-2）。

图 1-2 起居室、工作学习室、餐室平面尺寸与家具布置

（2）厨卫空间

厨房、卫生间既是住宅辅助部分也是核心功能空间。厨卫内设备及管线多，安装后移动、改装困难，设计时必须精益求精，周密安排。

厨房设备主要有：洗涤池、案桌、炉灶、贮物柜、烤箱、微波炉、洗碗机、冰箱、餐桌等。厨房设备的布置方式可分为单排、双排、L形、U形等。单排布置时，净宽不小于1500mm；双排布置时，其两排设备的净距不小于900mm。

住宅卫生间基本设备有便器、淋浴器、浴盆、盥洗台、洗衣机等。可以根据功能分成多个分区，如洗脸和洗衣可置于前室，厕所和洗浴放在内部或各自单独设置。条件许可时，一户住宅可设置多个卫生间。

（3）交通及其他辅助空间

住宅入口处宜设置前室或门斗，用于户内外空间缓冲过渡，有利隔声、防寒。其净宽不宜小于1200mm。通往主卧室、次卧室的过道净宽不宜小于1000mm，通往辅助用房的过道净宽不应小于900mm。当一户的住房分层设置时，垂直交通联系可采用户内楼梯。每套住宅尚应保证有一部分落地的贮藏空间。

住宅外部空间包括阳台、露台、户内庭院。阳台按使用功能可分为生活阳台和服务阳台，按平面形式可分为凸阳台、凹阳台、半凸半凹阳台、封闭式阳台。阳台设计要保证安全、牢固、耐久。露台是指顶部无覆盖遮挡的露天平台，通常做成花园式露台，可美化环境，加强屋顶隔热保温性能。

（二）住宅套型空间组合设计

1. 户内功能分区

（1）内外分区。按空间使用功能的私密程度的层次划分，卧室、书房、主人卫生间等为私密区，应安排在最内部。

（2）动静分区。会客厅、起居室、餐厅、厨房和家务室是住宅中的动区；卧室、书房是静区。有时也可将父母与孩子的活动按动静分区来考虑。

（3）洁污分区。主要体现为有烟气、污水及垃圾污染的区域和清洁卫生区域的区分。

（4）合理分室

住宅的合理分室是把不同的功能空间分别独立出来，避免空间功能的合用与重叠。合理

分室包括生理分室和功能分室两方面。生理分室与家庭成员的性别、年龄、人数、辈分、婚姻关系等因素有关。功能分室是把不同的功能空间分离，避免互相干扰，提高使用质量。

2. 套型朝向及通风组织

（1）单朝向套型

一套住宅只有一个朝向时，应避免最不利朝向，如北方地区应避免北向，南方地区应避免西向。单朝向时，套内通风较难解决，可用于对通风要求不高的北方地区；在严寒地区还有利于防寒。

（2）每套有相对或相邻两个朝向

此类套型有利于组织套内通风，但应注意厨房、卫生间与居室间的气流组织，避免油烟等有害气体对居住环境的污染。

（3）利用平面凹凸及设置内天井来组织朝向及通风

这种处理方式常可起到增加房屋进深的作用，有利于节约用地。

3. 套型的空间组织

套型的空间组织千变万化。目前常见的大致有：

（1）餐室厨房型（DK型）

是指炊事与就餐合用同一空间的形式，适用于小面积、人口少的住户。采用DK型空间，必须注意油烟的排除及采光通风问题的解决。另有一种D·K型，将就餐空间与厨房紧邻并适当隔离，使就餐与炉灶分开，避免油烟污染。

（2）小方厅型（B·D型）

用兼作就餐和家务的小方厅组织套内空间。家庭人口多、卧室不足、生活标准较低时采用。

（3）起居型（LBD型）

将起居空间独立出来，并以其为中心组织套内空间，有利于动静分区。这种形式又可分为以下几种：

1）L·BD型：仅将起居独立，睡眠与用餐合一；

2）L·B·D型：将起居、用餐、睡眠均分离开来；

3）B·LD型：将睡眠独立，起居、用餐合一。

（4）起居、餐厨合一型（LDK型）

将起居、用餐、炊事等活动设于同一空间中，国外较多见，但不大符合我国生活习惯。主要是我国烹饪时油烟较大，易对起居产生污染。

（5）三维空间组合型

包括变层高住宅、复式住宅和跃层住宅等形式。

4. 空间可灵活分隔的住宅体系

（1）SAR体系住宅

由荷兰建筑师提出的一套住宅设计理论和方法，也叫支撑体住宅体系。它将住宅的设计和建造分为两部分：支撑体和填充体。SAR体系住宅具有很大的灵活性和可变性。套型面积可大可小，套型单元可分可合，并为居住者参与设计提供了可能。

（2）大开间住宅

这种住宅使用大开间结构，一般将楼梯间、厨房、卫生间相对固定，其余空间不作分隔，而由住户自行选择空间划分形式。

三、住宅建筑类型的特点与设计

（一）低层住宅设计

低层住宅一般指 1～3 层的住宅建筑。可分为低层住宅（一般标准低层住宅）和别墅（较高标准低层住宅）。低层住宅接近自然，有较强的认同感和归属感，但建设经济性差。

一般有水平组合和垂直组合两种。水平组合包括独立式住宅、并联式住宅、联排式住宅、聚合式住宅。垂直组合又包括两种：一种是各层平面相同或相似，在垂直方向上进行重复或悬挑叠加；另一种是不同户在垂直方向上交叉组合，共同形成一个住宅单元体。

（二）多层住宅设计

1. 平面类型和特点

多层住宅是指 4～6 层的住宅。按交通廊的组织可分为梯间式、外廊式、内廊式、跃廊式；按拼联方式可分为拼联式、独立单元式（点式）；按垂直组合形式可分为台阶式、跃层式、复式、变层高式等。

2. 适应性与可变性

适应性是指住宅实体空间的用途具有多种可能性，以适应不同住户居住。可变性是指住宅空间具有一定可改性，住户可以在使用中根据需要改变住宅空间。

3. 标准化与多样性

住宅建筑既要便于社会化大生产，又要满足住户多样化需求。前者是手段，后者是目的，两者相辅相成。

（三）高层住宅设计

建筑高度大于 27m 的住宅称为高层住宅，按平面类型分为塔式、单元式和通廊式。塔式一般每层布置 4～8 户，平面紧凑灵活，私密性较差；单元式通常由多个住宅单元组合而成，一般一个单元只设一部楼梯，电梯每层服务 2～4 户，组合灵活，私密性强；通廊式高层住宅是由共用廊道联系多组竖向交通核，包括内廊式、外廊式、跃廊式。

四、公寓、宿舍建筑设计[①]

公寓建筑一般是为非家庭住户或商贸人员提供居所的居住类建筑类型。宿舍通常指各类学校、企事业单位等机构免费提供或出租给本机构学生、职工集体居住，集中管理的非住宅居住建筑。

（一）公寓（宿舍）建筑的类型

按入住对象，可分为老年公寓、学生公寓（宿舍）、商务公寓、员工公寓（宿舍）；按管理模式，可分为自助管理、委托管理和旅馆式管理三种模式；按建筑高度，可分为低层、中高层和高层公寓；按楼栋组合形态，可分为通廊式和单元式。

---

① 此部分内容参见：龙灏 等. 住宅建筑设计原理. 第四版，北京：中国建筑工业出版社，2019。建筑设计资料集（第三版）。

（二）公寓居住单元设计

1. 居住单元的空间类型

居住单元内居室可为单间，也可为多间。单居室单元的居室空间可为单床间、双床间或多床间，其起居空间和睡眠空间常同处一室或稍作划分；多居室单元一般居室仅为寝卧之用，单元内配置公共起居厅、公共卫生间、公共小厨房等配套设施，适用于同类社会群体或家庭住户使用。

2. 居住单元空间设计

（1）居室设计。居室面积应根据居住对象和生活要求采用适宜的标准。居室应有良好的朝向，内部除家具外，还应配置一定贮藏空间。

（2）起居厅（室）设计。一般分为单居室独用起居厅和多居室公用起居厅。单居室单元宜将睡眠空间与起居空间适当分隔。多居室单元可形成较大的独立起居厅，以满足多种起居生活需要。

（3）卫生间设计。公寓卫生间可设置在：居室入口走廊一侧，居室外墙一侧或两相邻居室之间。

（4）厨房设计。厨房应争取良好的采光和通风条件，位置宜与起居室空间毗邻。

（三）公共活动与辅助空间设计

公寓楼内一般按需设置相应公共活动空间和生活辅助用房。一般根据需要设置管理室、会客室、活动室、公共卫生间、卫生清洁间、洗衣房等。

例 1-3 （2010）制约住宅起居室开间大小的主要因素为（　　　）。

A　观看电视的适当距离　　　　　　　B　坐在沙发上交谈的距离

C　沙发的大小尺寸　　　　　　　　　D　沙发摆放方式

解析： 参见《住宅建筑设计原理》（第四版）P16，起居室的平面尺寸与住宅套型面积标准，家庭成员多寡，看电视、听音响的适宜距离以及空间给人的视觉感受有关。

答案： A

第三节　建筑构图原理

建筑的发展表现为复杂的矛盾运动形式，建筑的形式与内容是对立统一的辩证关系。建筑发展演进的三个主导因素是：功能和使用要求、精神和审美要求，以及以必要的物质技术手段来达到前面的两个要求。

并应掌握以下几方面知识：

（一）功能与空间

建筑总是有它具体的目的和使用要求的，这在建筑中被称为"功能"，所以美国芝加哥学派的现代主义建筑大师路易斯·沙利文提出了"形式追随功能"的理念。

人们经常提及的"建筑形式"，是由空间、体形、轮廓、虚实、凹凸、色彩、质地、装饰等要素集合而形成的复杂的概念。这些要素有的和功能保持着紧密而直接的联系；有的和功能的联系并不直接、紧密；有的则几乎和功能没有联系。基于这一事实，我们不能笼统地认为一切形式均来自功能。

1. 功能对空间形式的规定性

容器有盛放物品的功能；反过来，这一功能对容器的空间形式也具有以下三个方面的规定性：

（1）量的规定性：具有合适的大小和容量，足以容纳物品。

（2）形的规定性：具有合适的形状以适应所盛放的特定物品。

（3）质的规定性：所围合的空间具有适当的物理条件，如温、湿度等，以防止物品受到损害或变质。

2. 功能对于单一空间形式的规定性

房间是组成建筑最基本的单位，它通常是以单一空间的形式存在的。不同性质的房间，具有不同的空间形式。如果把"房间或厅堂"看成是容器，它盛放的是人或人们的活动，那么它也必须具有上述三个方面的规定性。

3. 功能对于多空间组合形式的规定性

空间组合形式是千变万化的，但是不论这种变化是何等复杂，它终究要反映不同功能联系的特点。基于此，可以概括出下列5种具有典型意义的空间组合形式：

（1）用"走道"来连接各使用空间。

（2）各使用空间围绕着"楼梯"来布置。

（3）以"广厅"直接连接各使用空间。

（4）各使用空间互相串联套，直接连通。

（5）以大空间为中心，周围环绕小空间。

（二）空间与结构

建筑空间，是人们凭借着一定的物质材料，从自然空间中围隔出来的——由原来的自然空间变为人造空间。所围隔的空间必须具有确定的量（大小、容积）、确定的形（形状）、确定的质（能避风雨、御寒暑、可通风采光等）。空间可分为：符合使用功能的适用空间、符合审美要求的视觉空间、符合材料性能和力学规律的结构空间。

不同的结构形式不仅能适应不同的功能要求，而且也各具独特的表现力。美籍芬兰裔建筑师埃罗·沙里宁认为"每一个时代都是用它当代的技术来创造自己的建筑。但是没有任何一个时代拥有过像我们现在处理建筑上所拥有的这样神奇的技术"。

（1）以墙和柱承重的梁板结构体系。

（2）框架结构体系。

（3）大跨度结构体系。

（4）悬挑结构体系。

（5）其他结构体系（剪力墙、井筒、充气结构等）。

（三）形式美的原则

1. 形式美的原则——多样统一

古今中外的建筑，尽管在形式处理方面有极大差别，但凡属优秀作品，必然遵循一个共同的准则——多样统一。多样统一，也称有机统一，也就是在统一中求变化，在变化中求统一。强调有秩序的变化。应当指出"形式美的原则"与"审美观念"是两种不同范畴；前者是绝对的，后者是相对的。

2. 形式美的若干规律

（1）以简单的几何形状求统一

古代美学家认为，简单、肯定的几何形状可以引起人的美感。现代建筑大师勒·柯布西耶也强调："原始的体形是美的体形，因为它能使我们清晰地辨认。"这些观点可以从古今中外的许多建筑实例中得到证实。

（2）主从与重点

在由若干要素组成的整体中，每一要素在整体中所占的比重和所处的地位，将会影响到整体的统一性。倘使所有要素都竞相突出自己，或者都处于同等重要地位，不分主次，就会削弱整体的完整统一性。在一个有机统一体中，各组成部分应当有主与从的差别；有重点与一般的差别；有核心与外围组织的差别。否则难免流于松散、单调而失去统一。

（3）均衡与稳定

人类从与重力做斗争的实践中逐渐形成一整套与重力相联系的审美观念，这就是均衡与稳定。对称的形式天然就是均衡的，但也可以用不对称的形式来保持均衡。除了静态的均衡外，也可依靠运动来求得平衡，这种形式的均衡称为动态均衡。古典建筑的设计思想更多的是从静态均衡的角度来考虑问题，近现代建筑师还往往用动态均衡的观点来考虑问题。

和均衡相关联的是稳定。均衡所涉及的主要是建筑构图中各要素左与右、前与后之间相对轻重关系的处理，稳定所涉及的则是建筑整体上下轻重关系的处理。

（4）对比与微差

建筑功能和技术赋予建筑以各种形式上的差异性。对比与微差研究的是如何利用这些差异性来求得建筑形式上的完美统一。对比指的是要素之间显著的差异，微差指的是不显著的差异。就形式美而言，两者都是不可缺少的。对比可以借彼此之间的烘托陪衬来突出各自的特点以求得变化，微差则可以借助相互之间的共同性以求得和谐。

对比和微差只限于同一性质的差异之间。

（5）韵律与节奏

爱好节奏和谐之类的美的形式是人类生来就有的自然倾向。韵律美是一种以具有条理性、重复性和连续性为特征的美的形式。韵律美有几种不同的类型：①连续的韵律；②渐变韵律；③起伏韵律；④交错韵律。借助韵律，既可加强整体的统一性，又可以求得丰富多彩的变化。

（6）比例与尺度

比例研究的是物体长、宽、高三个方向量度之间关系的问题。和谐的比例可以产生美感。怎样才能获得和谐的比例，人类至今并无统一的看法。有人用圆、正方形、正三角形等具有定量制约关系的几何图形作为判别比例关系的标准；至于长方形的比例，有人提出1：1.618的"黄金分割"或称"黄金比"；现代建筑师勒·柯布西耶把比例和人体尺度结合起来，提出一种独特的"模度"体系。毕达哥拉斯学派（亦称南意大利学派）最早发现了"黄金分割"规律。

然而，还不能仅从形式本身来判别怎样的比例才能产生美的效果。脱离材料的力学性能而追求一种绝对的、抽象的比例是荒唐的。良好的比例一定要正确反映事物内在的逻辑性。功能对于比例的影响也不容忽视。美不能离开目的性，"美"和"善"是不可分割的。不同的民族由于文化传统的不同，往往也会创造出独特的比例形式。构成良好比例的因素是极其复杂的，既有绝对的一面，又有相对的一面，企图找到一个放在任何地方都适合的，绝对美的比例，事实上是办不到的。

和比例相联系的另一个范畴是尺度。尺度所研究的是建筑物的整体或局部给人感觉上的大小印象和其真实大小之间的关系问题。尺度涉及真实大小和尺寸，但不能把尺寸的大小和尺度的概念混为一谈。尺度一般不是指要素真实尺寸的大小，而是指要素给人感觉上的大小印象和其真实大小之间的关系（表1-2）。

建筑形式美规律的例析 表1-2

	典型案例	
以简单几何形体来统一	 埃及金字塔	 法国巴黎工业展览馆
主从与重点	 意大利圆厅别墅	 广州中山纪念堂
均衡与稳定	 承德普乐寺平面	 德国包豪斯校舍平面
对比与微差	 人民英雄纪念碑	 巴黎圣母院

典型案例	
韵律与节奏	威尼斯圣马可广场总督宫 / 西安大雁塔
比例与尺度	巴黎凯旋门几何比例分析 / 中国历史博物馆的尺度

（四）内部空间处理

单一空间的体量与尺度、形状与比例、围与透、分隔与界面处理、色彩与质感。

多空间组合中的对比与变化、重复与再现、衔接与过渡、渗透与层次、引导与暗示、节奏与序列。

建筑空间有内、外之分，在一般情况下，人们常常用有无屋顶当作区分内、外部空间的标志。日本建筑师芦原义信在《外部空间设计》一书中也是用这种方法来区分的。

（五）外部体形处理

外部体形是内部空间的反映，要考虑建筑个性与性格特征的表现，体量组合与立面处理（主从分明，有机结合、对比与变化、稳定与均衡、比例与尺度、虚实凹凸、色彩与质感、装饰与细部）。

（六）群体组合

建筑与环境关系要有机联系、统一和谐。建筑要结合地形设计。运用对称、轴线引导与转折、向心等手法，可通过结合地形、体形重复、形式与风格一致等手段获得统一与和谐。

（七）当代西方建筑的审美特点

从近代到 20 世纪末的近二百年历史中，建筑的审美观念发生了两次重大转折：

1. 从古典建筑的构图原理到现代建筑的技术美学

古典建筑的美学思想历史悠久，古希腊的亚里士多德系统论述了形式美的原则，即"多样统一"，毕达哥拉斯学派提出了"黄金分割"规律。1924 年，拉普森所著《建筑构图原理》在英国出版。工业革命后，建筑功能日趋复杂，新的建筑类型日益增多；再也不能把它容纳到古典建筑简单的空间形式之中，于是便引发了新建筑运动。古典建筑形式虽然遭到了否定，但是它所依据的美学思想却依然存在。

2. 从现代建筑的技术美学到当代建筑的审美特点

（1）变异的美学特征

1）追求多义与含混，例如日本建筑师黑川纪章设计的名古屋市现代美术馆，在建筑形式上运用各种要素相互冲突又相互包容，创造出包含模糊信息的建筑区域。

2）追求个性表现，例如美国建筑师盖里设计的加利福尼亚航天博物馆，用各种几何形体塑造出奇特怪异的形象，使建筑像一个无法复制的雕塑品，充分表现了作者独特的个性。

3）怪诞与滑稽，如高松伸设计的"织阵"像一个怪异的"仿生机器"，功能失去了对形式的制约，表现出极大的随意性。

4）残破、扭曲、畸变，如盖里的自宅，设计力图造成一种不完美、残缺的形象。

（2）多元化的创作倾向

1）历史主义的倾向；

2）乡土主义倾向；

3）追求高技术的倾向；

4）解构主义倾向；

5）有机融合和可持续发展。

第四节　建筑设计程序及深度

（一）建筑分类与分级

1. 按使用功能分类

按建筑使用功能，可分为民用建筑、工业建筑和农业建筑。民用建筑又分为居住建筑和公共建筑两大类。

2. 按建筑高度或层数分类 （表 1-3）

表 1-3

名称	高层民用建筑		单、多层民用建筑
	一类	二类	
住宅建筑	建筑高度大于 54m 的住宅建筑（包括设置商业服务网点的住宅建筑）	建筑高度大于 27m，但不大于 54m 的住宅建筑（包括设置商业服务网点的住宅建筑）	建筑高度不大于 27m 的住宅建筑（包括设置商业服务网点的住宅建筑）
公共建筑	1. 建筑高度大于 50m 的公共建筑； 2. 建筑高度大于 24m 以上部分任一楼层建筑面积大于 1000m² 的商店、展览、电信、邮政、财贸金融建筑和其他多种功能组合的建筑； 3. 医疗建筑、重要公共建筑，独立建造的老年人照料设施； 4. 省级及以上的广播电视和防灾指挥调度建筑、网局级和省级电力调度建筑； 5. 藏书超过 100 万册的图书馆和书库	除一类高层公共建筑外的其他高层公共建筑	1. 建筑高度大于 24m 的单层公共建筑； 2. 建筑高度不大于 24m 的其他公共建筑
建筑高度大于 100m 为超高层建筑			

3. 按工程规模分类（表1-4）

表1-4

分类	小型	中型	大中型	大型	特大型
展览建筑（总展览面积）(m²)	≤1万	1万<S≤3万	—	3万<S≤10万	>10万
博物馆（总建筑面积）(m²)	≤5000	5001～10000	10000～20000	20001～50000	>50000
剧场（坐席数）	≤800	801～1200	—	1201～1500	>1500
电影院	总座位数宜小于等于700个，观众厅不宜少于4个	总座位数宜为701～1200个，观众厅宜为5～7个	—	总座位数宜为1201～1800个，观众厅宜为8～10个	总座位数应大于1800个，观众厅不宜少于11个
体育场（坐席数）	20000以下	20000～40000	—	40000～60000	60000以上
体育馆（坐席数）	3000以下	3000～6000	—	6000～10000	10000以上
游泳馆（坐席数）	1500以下	1500～3000	—	3000～6000	6000以上
机动车库（车位数）	≤50	51～300	—	301～1000	>1000
非机动车库（车位数）	≤250	251～500	—	>500	—
托儿所（班数）	1～3	4～7	—	8～10	—
幼儿园（班数）	1～4	5～8	—	9～12	—
商店（总建筑面积）(m²)	<5000	5000～20000	—	>20000	—

4. 按建筑设计使用年限分类（表1-5）

表1-5

类别	设计使用年限（年）	示例
1	5	临时性建筑
2	25	易于替换结构构件的建筑
3	50	普通建筑和构筑物
4	100	纪念性建筑和特别重要的建筑

5. 按建筑耐火等级划分

建筑的耐火等级分为一、二、三、四级。

一级耐火等级建筑：主要建筑构件全部为不燃烧性。

二级耐火等级建筑：主要建筑构件除吊顶为难燃烧性，其他为不燃烧性。

三级耐火等级建筑：屋顶承重构件为可燃性。

四级耐火等级建筑：防火墙为不燃烧性，其余为难燃性和可燃性。

6. 按抗震设防分类

分为甲类（特殊设防类）、乙类（重点设防类）、丙类（标准设防类）、丁类（适度设防类）4 个类别。

7. 按绿色建筑等级分类

分为基本级、一星级、二星级、三星级从低到高 4 个等级。

此外，还有其他按照建筑结构、建筑风格、建筑材料等不同的分类方式，这里不一一列举。

（二）建筑设计的程序与深度

根据《建筑工程设计文件编制深度规定》（2016），建筑工程设计一般分为方案设计、初步设计、施工图设计三个阶段。方案设计文件，应满足编制初步设计文件的需要，应满足方案审批或报批的需要。初步设计文件，应满足编制施工图设计文件的需要，应满足初步设计审批的需要。施工图设计文件，应满足设备材料采购、非标准设备制作和施工的需要。

1. 方案设计

内容包括：设计说明书、总平面图以及相关建筑设计图纸、设计委托或设计合同中规定的透视图、鸟瞰图、模型等。

设计文件的编排顺序为：①封面；②扉页；③设计文件目录；④设计说明书；⑤设计图纸。方案设计的设计说明书和设计图纸内容及要求如表 1-6 所示。

表 1-6

方案设计内容	具体内容要求
设计说明书	1. 设计依据、设计要求及主要技术经济指标 2. 总平面设计说明 3. 建筑设计说明 4. 结构设计说明 5. 建筑电气设计说明 6. 给水排水设计说明 7. 供暖通风与空气调节设计说明 8. 热能动力设计说明 9. 投资估算文件
设计图纸	1. 总平面设计图纸 2. 建筑设计图纸 3. 热能动力设计图纸（当项目为城市区域供热或区域燃气调压站时提供）

2. 初步设计

内容包括：设计说明书、有关专业的设计图纸、主要设备或材料表、工程概算书、有关专业计算书（计算书不属于必须交付的设计文件，但应按本规定相关条款的要求编制）。

设计文件的编排顺序为：①封面；②扉页；③设计文件目录；④设计说明书；⑤设计图纸（可单独成册）；⑥概算书（应单独成册）。初步设计的主要内容和要求如表 1-7 所示。

表 1-7

初步设计内容	具体内容要求
设计总说明	工程设计依据、工程建设的规模和设计范围、总指标、设计要点综述、提请在设计审批时需解决或确定的主要问题
总平面	设计说明书、设计图纸
建筑	设计说明书、设计图纸
结构	设计说明书、结构布置图和计算书
建筑电气	设计说明书、设计图纸、主要电气设备表、计算书
给水排水	设计说明书、设计图纸、设备及主要材料表、计算书
供暖通风与空气调节	设计说明书，除小型、简单工程外，初步设计文件还应包括设计图纸、设备表及计算书
热能动力	设计说明书，除小型、简单工程外，初步设计文件还应包括设计图纸、主要设备表、计算书
概算	由封面、签署页（扉页）、目录、编制说明、建设项目总概算表、工程建设其他费用表、单项工程综合概算表、单位工程概算书等内容组成

3. 施工图设计

内容包括：①合同要求所涉及的所有专业的设计图纸（含图纸目录、说明和必要的设备、材料表）以及图纸总封面；对于涉及建筑节能设计的专业，其设计说明应有建筑节能设计的专项内容；涉及装配式建筑设计的专业，其设计说明及图纸应有装配式建筑专项设计内容；②合同要求的工程预算书；③各专业计算书。施工图设计的主要内容和要求如表1-8所示。

表 1-8

施工图设计内容	具体内容要求
总封面	项目名称、设计单位名称、项目的设计编号、设计阶段、编制单位法定代表人、技术总负责人和项目总负责人的姓名及其签字或授权盖章、设计日期
总平面	图纸目录、设计说明、设计图纸、计算书
建筑	图纸目录、设计说明、设计图纸、计算书
结构	图纸目录、设计说明、设计图纸、计算书
建筑电气	图纸目录、设计说明、设计图、主要设备表，电气计算部分出计算书
给水排水	图纸目录、施工图设计说明、设计图纸、设备及主要材料表、计算书
供暖通风与空气调节	图纸目录、设计与施工说明、设备表、设计图纸、计算书
热能动力	图纸目录、设计说明和施工说明、设备及主要材料表、设计图纸、计算书
预算	封面、签署页（扉页）、目录、编制说明、建设项目总预算表、单项工程综合预算表、单位工程预算书

4. 专项设计

当建设单位另行委托相关单位承担项目专项设计（包括二次设计）时，主体建筑设计单位应提出专项设计的技术要求并对主体结构和整体安全负责。专项设计单位应依据本规定相关章节的要求以及主体建筑设计单位提出的技术要求进行专项设计并对设计内容负责。专项设计一般包括：建筑幕墙设计、基坑与边坡工程设计、建筑智能化设计、预制混凝土构件加工图设计。

第五节　室　内　设　计　原　理

（一）室内设计基本概念

室内设计是指运用一定的物质技术手段与经济能力，根据对象所处的特定环境，对内部空间进行创造与组织，形成安全、卫生、舒适、优美、生态的内部环境，满足人们对物质与精神生活的需要。

1. 室内设计的演化　（室内设计简史）

室内设计是与建筑设计同步产生的，两者的发展息息相关。室内设计的演化与两大因素有关：一是地理因素，二是文化因素。

（1）中国传统室内设计特征

中国传统室内设计的基本特征：内外空间一体化、建筑布局灵活化、陈设多样化、构件装饰化、图案象征化。

（2）西方室内设计学科的确立与发展

西方室内设计涉及范围广泛，内容丰富多彩。20世纪初期，现代主义建筑运动兴起，室内设计也受到影响，终于从单纯装饰的束缚中解脱出来，并促成了室内设计的相对独立发展。1957年，美国室内设计师学会成立，标志着室内设计学科的确立。

（3）晚期现代主义对室内设计的影响

现代建筑从形式单一逐渐演变成形式的多样化，路易斯·康认为一个建筑应该由两部分构成——"服务空间"和"被服务空间"，这种做法已经偏离了沙利文"形式追随功能"的初衷，把结构和构造转变为了一种装饰[①]。

2. 室内设计的程序

室内设计的过程可分为以下几个阶段，即：设计准备阶段、方案设计阶段、深化设计（初步设计）阶段、施工图设计阶段、现场配合阶段、评价阶段。

（二）室内环境与质量控制

1. 室内空间环境要素

室内空间环境要素包括：家具、陈设、绿化、标志等，除了实用功能外，还有组织空间、丰富空间和营造宜人环境的作用。

---

①　在美国，引领现代主义室内设计的三个主要学派：格罗皮乌斯领导下的哈佛学派、密斯指引下的国际式风格，以及克兰布鲁克艺术学院的所谓"匡溪学派"。其他室内设计风格或流派的具体内容，详见《建筑设计资料集1》（第三版）和《室内设计原理》。

2. 室内的设备控制

室内各类设备的控制对保持室内环境质量有着重要的作用，如温度、湿度、洁净度等。需精准控制的主要设备系统包括：给排水系统、电气设备系统、空调系统等。

3. 室内的声学要求

（1）在室内空间和界面设计方面应避免产生各种声学缺陷。

（2）在材料选择方面应该合理使用吸声材料，以便为室内空间创造舒适的声环境。

4. 室内的光学要求

主要是采光和照明。

5. 材料与构造

（1）材料选择主要考虑室内空间特性（公共性、私密性）和材料性能（保温、吸声、隔声、防火、防水等）。

（2）构造设计要注意"安全可靠、坚固适用；造型美观、具有特色；造价合适、便于施工；考虑工业化、装配化"。

(三) 室内设计原则

1. 空间的组织

室内空间的限定与组织的主要处理方式：围合、界面差异、界面升降、界面倾斜、多重限定、并联、串联、中心放射、主从关系、包含、减法、变形、穿插等。

2. 形式美的原则

多样统一是形式美的原则；具体来说，又包含以下几个方面：均衡与稳定，韵律与节奏，对比与微差，重点与一般。

(四) 室内设计评价原则

室内设计评价在发达国家已经发展成比较成熟的体系，在我国还处于起步阶段。评价的原则主要有：功能原则、美学原则、技术经济原则、人性化原则、生态可持续原则、继承与创新原则等。

(五) 室内设计与心理学

1. 马斯洛层次需求理论

该理论是美国著名社会心理学家、第三代心理学的开创者亚伯拉罕·马斯洛（A. H. Maslow）提出的。马斯洛认为人都潜藏着 7 种不同层次的需要：生理、安全、社交、尊重、认知、审美和自我实现。

2. 气泡理论

该理论是萨默（R. Sommer）提出的，包括：密切距离、个人距离、社会（社交）距离和公共（公众）距离。

有关"环境心理学"的具体内容，详见本章第八节。

第六节 建筑色彩知识

色彩是人眼所看见的光色和物色现象的产物，以电磁波的形式引起的视觉体验，其中可见光只是整个电磁波中 380～780nm 的很小一部分（1nm＝10^{-9}m）［参见：《建筑设计资料集 1》（第三版）］。

（一）色彩的基础知识

1. 光与色彩的关系

所有色彩都是由可见光谱中不同波长的光波组成。当光照射到物体上时，一部分被吸收，一部分被反射，反射的光色即人眼所见到的物体表面的色彩。

2. 光色与物色

色彩的三原色分为光色的三原色及物色的三原色。两个光色原色的混合色与一个物色的原色相同。两个物色原色的混合色与一个光色的原色相同。

光色的混合称为加色混合。两个光色混合时，其色相在二色之间，明度是二色的明度之和，彩度弱于二色中的强色。光色三原色等量混合时为白色。

颜色的混合称为减色混合。当两个颜色混合时，其色相在二色之间，明度低于二色，彩度不一定减弱。颜色三原色等量混合时为黑色或灰色。

3. 色彩三要素

用明度（V）、色相（H）、彩度（C）的物理量来衡量色彩。

（1）明度：色彩的深浅或明暗程度称为明度。

（2）色相：红、橙、黄、绿、青、蓝、紫等色调称为色相。

（3）彩度：色彩的纯度或鲜艳程度称为彩度。

4. 色彩系统与色卡

色彩大致可以分为两类，第一类是以色度学理论为基础的表色系统，如美国的孟塞尔颜色系统、CIE颜色系统、瑞典NCS色彩系统、中国CNCS色彩系统等。第二类是以应用为目的的各种实物的色卡体系，如德国的RAL工业标准色彩体系、美国的PANTONE色彩体系、日本的DIC色彩体系等。

（二）色彩的认知

不同的色彩并置时，由于人的视觉器官或视觉联想的作用，会给人带来不同的主观感受。

1. 色彩的温度感

不同的色彩常会产生不同的温度感。例如红、黄色令人感觉温暖，青、绿色令人感觉寒冷。故前者称为暖色系，后者称为冷色系。但色彩的冷暖又是相对的。紫与橙并列，紫就倾向于冷色，紫与青并列紫就倾向于暖色。绿、紫在彩度高时近于冷色，而黄绿、紫红在彩度高时近于暖色。

2. 色彩的对比现象

同一色彩在背景色彩或相邻色彩不同时，会产生不同的感觉，这种现象称为同时对比，在并列的两种色彩的接触边缘上最显著，故接触周边越长或面积相差越大时，影响越大。一块色彩的明度高于背景，或与冷色背景互补时，这块色彩有扩大感，反之则有缩小感，此即所谓光渗现象。

当色彩的面积增大时，在感觉上有彩度增强、明度升高的现象，因此在确定大面积色彩时，不能以小面积色彩样板来决定。

在注视甲色20～30s后，迅速移视乙色时，感觉乙色带有甲色的补色。例如看了黄色墙壁后再看红花，感觉红花带有紫色，这种现象称为连续对比。在注视一个色彩图形一段时间之后，忽然移视任意背景，即出现一个同样形状的补色图形，即补色的残像。

在建筑色彩设计时，要经常利用或避免这种现象，来提高视觉条件或消除视觉疲劳等。

在医院中一般避免使用与紫色邻近的色彩，以防病人相视时，面部蒙上不健康的黄绿色。在手术室里为了避免医生在高照度下注视血色过久而产生的补色残像，宜采用淡青绿色（或淡青色）为室内背景。为了使运动员的动作看得更清晰，在体育馆内宜采用青绿色等的装修背景。

两色并列时的对比变化：

明度对比：两个明暗不同的色彩并列时，明的更明，暗的更暗。

彩度对比：两个强弱不同的色彩并列时，强的更强，弱的更弱。

色相对比：两个色相不同的色彩并列时，在色相环上有分别向相反方向偏移的感觉。

3. 色彩的空间感

色彩的距离感觉，以色相和明度影响最大。一般高明度的暖色系色彩感觉凸出、扩大，称为凸出色或近感色；低明度的冷色系色彩感觉后退、缩小，称为后退色或远感色。如白和黄的明度最高，凸出感也最强，青和紫的明度最低，后退感最显著。但色彩的距离感也是相对的，且与其背景色彩有关，如绿色在较暗处也有凸出的倾向。

在建筑色彩设计时，常利用色彩的距离感来调整建筑物的尺度感和距离感。

将一个色彩图样置于另一个色彩背景上，在观测条件相同时，能清楚地识别图样色彩的最大距离，称为色彩的识别距离。它随着图样与背景两色之间的明度差、色相差及彩度差的增大而增大。其中以明度差的影响最大。

4. 色彩的重量感

色彩的重量感以明度的影响最大，一般是暗色感觉重而明色感觉轻。同时彩度强的暖色感觉重，彩度弱的冷色感觉轻。

在建筑色彩设计中，为了达到安定、稳重的效果，宜采用重感色，如机械设备的基座及各种装修台座等。为了要达到灵活、轻快的效果，宜采用轻感色，如行走在车间上部的吊车、悬挂在顶棚上的灯具、风扇等。通常室内的色彩处理多是自上而下，由轻到重的。

5. 色彩的醒目性

色彩的醒目性指其易于引起人们注意的性质，具有醒目性的色彩，从较远处就能识别出来。建筑色彩的醒目性主要受其色相的影响，同时也取决于其与背景色之间的关系。

色彩的诱目性指在眼睛无意观看的情况下，易于引起注意的性质。具有诱目性的色彩，从较远处能明显地识别出来。建筑色彩的诱目性主要受其色相的影响。

光色的诱目性顺序是红＞青＞黄＞绿＞白；物体色的诱目性是红色＞橙色与黄色。例如：殿堂、牌楼等的红色柱子，走廊、楼梯间铺设的红色地毯等就特别诱目。

建筑色彩的诱目性还取决于它本身和其背景色彩的关系，例如在黑色或中灰色的背景下，诱目的顺序是黄、橙、红、绿、青，在白色背景下的顺序是青、绿、红、橙、黄。各种安全标志常利用色彩的诱目性。

6. 照明效果

色彩在照度高的地方，明度升高，彩度增强；在照度低的地方，则明度感觉随着色相不同而变。一般绿、青绿及青色系的色彩显得明亮，而红、橙及黄色系的色彩发暗。

室内配色的明度对室内的照度影响很大，故可应用色彩（主要是明度）来调节室内的照度及照度分布，同时由于照度的不同，色彩的效果也不同。

如中国古建筑的配色，墙、柱、门窗多为红色，而檐下额枋、雀替、斗栱都是青绿色，晴天时明暗对比很强，青绿色使檐下不致漆黑，阴天时青绿色有深远的效果，能增强立体感。

7. 色彩疲劳感

色彩的彩度越强，对人的刺激越大，就越易使人疲劳。一般暖色系的色彩，疲劳感较冷色系的色彩大，绿色则不显著。许多色相在一起，明度差或彩度差较大时，易感觉疲劳。故建筑色彩设计时，色相数不宜过多，彩度不宜过高。

色彩的疲劳感能引起彩度减弱，明度升高，逐渐呈灰色（略带黄），此为色觉的褪色现象。

8. 混色效果

将不同的色彩交错均匀布置时，从远处看去，呈现此二色的混合感觉。在建筑色彩设计时，要考虑远近相宜的色彩组合，如黑白石子掺和的水刷石呈现灰色，青砖勾红缝的清水砖墙呈现紫褐色等。

9. 安全色

安全色是表达安全信息含义的颜色，能使人迅速发现或分辨安全标志和提醒注意，以防发生事故。适用于各类公共建筑及场所、工矿企业、交通运输等。但不适用于灯光、荧光颜色和航空、航海、内河航运及其他目的而使用的颜色。

安全色规定为红、蓝、黄、绿四种颜色。

10. 安全色的含义及使用范围 （表1-9）。

安全色及其使用范围 表1-9

安全色	含义	使用范围
红色	禁止、停止、防火和危险	禁止标志、停止信号、消防设施
蓝色	指令，必须遵守的规定	指令标志
黄色	警告、注意	警告标志、行车道中线、起重设备的外伸、悬吊部分、警戒标志、安全帽
绿色	提示、安全状态，通行	提示标志、车间内安全通道、安全防护设备的位置

例1-4 （2009）在较长时间看了红色的物体后看白色的墙面，会感到墙面带有（　　）。

A　红色　　　　　B　橙色　　　　　C　灰色　　　　　D　绿色

解析：参见《建筑设计资料集》（第三版）P27"色彩的对比"，在注视某种颜色后，再转移注视第二种颜色，第二种颜色就会受第一种颜色的补色影响，即补色残像现象。红色的补色是绿色，所以墙面会感到带有绿色。

答案：D

第七节 绿 色 建 筑①

（一）中国的绿色建筑的发展

可持续发展的概念可以追溯到 20 世纪 60 年代和 20 世纪 70 年代的全球能源危机和环境污染问题。美国作家雷切尔·卡逊（Rachel Carson）的著作《寂静的春天》于 1962 年出版，最早将可持续发展理念与绿色建筑相关联。

自 1992 年巴西里约热内卢联合国环境与发展大会以来，中国政府大力推动了绿色建筑的发展。

1999 年，第 20 届世界建筑师大会在北京召开，通过了《北京宪章》，大会指出要建立人居环境循环体系。

2001 年 5 月，建设部住宅产业化促进中心研究和编制了《绿色生态住宅小区建设要点与技术导则》，全面提高住宅小区节能、节水、节地水平，控制总体治污，带动绿色产业发展，实现社会、经济、环境效益的统一。

2002 年 10 月底，我国又出台了《中华人民共和国环境影响评价法》，明确要从源头上、总体上控制开发建设活动对环境的不利影响。

2004 年，建设部制定《建筑节能试点示范工程（小区）管理办法》；科技奥运十大项目之一的"绿色建筑标准及评估体系研究"项目通过验收，该研究应用于奥运建设项目。

2006 年、2014 年、2019 年发布和更新了《绿色建筑评价标准》GB/T 50378，完善和规范了绿色建筑的设计、施工和运营的评价系统；此后出台了《民用建筑绿色设计规范》JGJ/T 229—2010、《健康建筑评价标准》T/ASC02—2021、《绿色生态城区评价标准》GB/T 51255—2017、《建筑碳排放计算标准》GB/T 51366—2019、《绿色校园评价标准》GB/T 51356—2019 等一系列规范、标准，为绿色建筑的规范化良性发展提供了保障。

（二）绿色建筑的含义与评价

1. 绿色建筑的定义

根据《绿色建筑评价标准》GB/T 50378—2019，绿色建筑是指在全寿命期内，节约资源、保护环境、减少污染，为人们提供健康、适用、高效的使用空间，最大限度地实现人与自然和谐共生的高质量建筑。

与绿色建筑紧密相关的概念是健康建筑，健康建筑指在满足建筑功能的基础上，为建筑使用者提供更加健康的环境、设施和服务，促进建筑使用者身心健康、实现健康性能提升的建筑。

2. 绿色建筑评价标准

（1）绿色建筑的指标体系

绿色建筑评价指标体系由安全耐久、健康舒适、生活便利、资源节约、环境宜居 5 类指标组成，且每类指标均包括控制项和评分项；评价指标体系还统一设置加分项。控制项的评定结果应为达标或不达标；评分项和加分项的评定结果应为分值（表 1-10）。

---

① 以上具体内容参见：《绿色建筑评价标准》GB/T 50378—2019 与《绿色建筑》（中国计划出版社，2008）。

绿色建筑评价分值

表 1-10

	控制项 基础分值	评价指标评分项满分值					提高与创新加 分项满分值
		安全耐久	健康舒适	生活便利	资源节约	环境宜居	
预评价分值	400	100	100	70	200	100	100
评价分值	400	100	100	100	200	100	100

绿色建筑评价的总得分计算公式为：

$$Q = (Q_0 + Q_1 + Q_2 + Q_3 + Q_4 + Q_5 + Q_A)/10 \tag{1-1}$$

式中　Q——总得分；

　　Q_0——控制项基础分值，当满足所有控制项的要求时取 400 分；

　$Q_1 \sim Q_5$——分别为评价指标体系 5 类指标（安全耐久、健康舒适、生活便利、资源节约、环境宜居）评分项得分；

　　Q_A——提高与创新加分项得分。

绿色建筑划分为基本级、一星级、二星级、三星级 4 个等级。当满足全部控制项要求时，绿色建筑等级应为基本级。

（2）绿色建筑星级等级规定：

一星级、二星级、三星级 3 个等级的绿色建筑均应满足本标准全部控制项的要求，且每类指标的评分项得分不应小于其评分项满分值的 30%。

一星级、二星级、三星级 3 个等级的绿色建筑均应进行全装修，全装修工程质量、选用材料及产品质量应符合国家现行有关标准的规定。

当总得分分别达到 60 分、70 分、85 分且满足相关技术要求时，绿色建筑等级分别为一星级、二星级、三星级。

（3）绿色建筑的评价过程与基本要求

绿色建筑评价应以单栋建筑或建筑群为评价对象。评价对象应落实并深化上位法定规划及相关专项规划提出的绿色发展要求；涉及系统性、整体性的指标，应基于建筑所属工程项目的总体进行评价。绿色建筑评价应在建筑工程竣工后进行。在建筑工程施工图设计完成后，可进行预评价。

申请评价方应对参评建筑进行全寿命期技术和经济分析，选用适宜技术、设备和材料，对规划、设计、施工、运行阶段进行全过程控制，并应在评价时提交相应分析、测试报告和相关文件。申请评价方应对所提交资料的真实性和完整性负责。

评价机构应对申请评价方提交的分析、测试报告和相关文件进行审查，出具评价报告，确定等级。

（三）绿色建筑的生态策略

绿色建筑的生态策略是从建筑师的角度帮助建筑师开始思考，并着手绿色建筑的设计，实现绿色建筑的功能，其设计方法与建筑师目前习惯的方法有差异。绿色建筑的生态策略设计主要包括主动式设计与被动式设计。

绿色建筑的主动式设计即通过集成技术手段实现绿色建筑的功能。被动式设计是在适应地域气候和利用自然环境的同时，通过建筑物本身的设计，来控制能量、光、空气等的流动来获得舒适的室内环境的设计方法，并用机械设施和技术手段补充不足部分。

从系统角度分析绿色建筑的生态策略，可概括为能源系统、植物系统、水系统、风环境系统、光环境系统、声环境系统、道路交通系统的策略。

1. 能源系统

绿色建筑能源策略，大多是通过建筑智能控制手段，针对气候环境、资源利用、能源效率和环境保护四个方面，充分利用和开发新的材料与构造技术，可总结为以下几点：

（1）充分利用自然采光；

（2）智能化遮阳系统；

（3）改善隔热保温性能；

（4）充分利用自然通风；

（5）设置热量收集系统；

（6）采取降温隔热措施；

（7）太阳能发电材料的应用；

（8）利用热压原理，促进空气流通。

2. 植物系统

绿色建筑植物系统的生态策略设计更多的是侧重于规划阶段的功能组织和单体建筑式的设计方法。依据生态规划、城市规划、城市设计的指导，在绿色建筑系统功能分区的基础上，首先对植物系统进行组织，为建筑系统提供良好的场地环境，同时将建筑系统对环境的负面影响降到最低；然后对建筑的外围护结构进行植物系统配置与设计，进一步实现建筑的节能与环保，并提供更多的生态服务功能、景观效益和可能的游憩空间，最后还可以借助室内环境的绿化与植物配置，最大限度地发挥绿色建筑系统的服务功能。

另外，还要尊重植物学、生态学和景观学原则，包括系统性原则、适地适树原则、生物多样性原则和多样统一的美学原则。

3. 水系统

绿色建筑水系统主要由自来水供给系统、建筑污水、废水排放系统、雨水收集利用与排放系统、再生水回用系统、景观水体系统等组成，在一些高档建筑中供水系统还包括直饮水供水系统、地下水或地表水的引水及供水系统等。

绿色建筑要实现节水目标，就需要提高水资源利用率，即将废水、雨水回用，增添必要的贮存和处理设施，采用水资源循环利用模式，形成"降雨—渗透/调蓄—蒸发—降雨"的自然水循环。

4. 风环境系统

绿色建筑的风环境是决定人们舒适、健康水平的重要因素之一，也是影响建筑能耗的重要因素。合理的建筑自然通风可以带走室内过多热量，降低室内空气温度，加速皮肤汗液挥发，提高人体的舒适感；通风换气可以保持室内空气新鲜、洁净。

城市规划和建筑设计时都要考虑风的影响，避免建筑群体布局出现对人不利的风速以及街巷风和高楼风。建筑朝向选择应当考虑主导风向因素，在夏季合理利用主导风向来组织自然通风，在冬季避开不利的风向，减少建筑围护结构的散热以及门窗的冷风渗透。

5. 光环境系统

光环境包括自然光环境和人工光环境。良好的建筑光环境可取得好的经济与环境效益。对人工光环境，即照明质量的要求可概括为三个层次：明亮，舒适，有艺术表现力，三者融为一体的照明是最佳的照明。

绿色建筑光环境的生态策略，包含三个方面：保护环境、节约能源和促进健康。具体可遵循以下原则：

（1）积极采用被动式建筑光环境设计措施；

（2）充分利用天然采光；

（3）采用绿色节能照明设备。

6. 声环境系统

绿色建筑声环境包括有效利用自然声，通过现代科技手段，营造出亲近自然、舒适健康的声环境，使之成为自然与人类社会和谐共生、满足不同条件下人类心理、生理及社会的需求。声环境生态策略要点：

（1）适应地域、地形、地貌特点；

（2）利用绿化降噪；

（3）合理组织功能分区；

（4）利用自然声；

（5）合理运用电声。

7. 道路交通系统

现代的交通道路系统生态策略上可理解为应用生态学的基本原理，根据经济、社会、自然等方面的因素，通过生态策略将道路系统内的尾气、粉尘、噪声等污染降至最低，并协调经济、交通、土地利用、环境、能源消费、道路建设、减少污染、自然资源利用与再生等方面的相互关系，为实现整体效益的协调统一创造一个舒适和谐的环境。

绿色建筑生态交通包括生态策略、空间及景观策略、交通出行及管理策略三方面。

（四）节能建筑和太阳能建筑

节能的含义：狭义的理解是节约传统能源；广义的理解是"开发利用可持续能源"和"有效用能"。节能建筑在技术处理上有两种处理方式，一种是加强围护结构的绝热性能，另一种是利用太阳能。

太阳能是一种典型的可持续能源，具有清洁、安全、长期性的特点。太阳能建筑是指经过良好的设计，达到优化利用太阳能效果的建筑。以供暖为主的太阳能建筑可分为主动系统和被动系统两大类。

1. 主动系统

主动式供暖系统主要由集热器、管道、储热物质以及散热器等组成。系统的循环动力由水泵或风机提供。这种系统初次投资较大，单纯采暖时较少采用，可用于提供热水或兼作采暖系统。

2. 被动系统

其特点是，将建筑物的全部或一部分既作为集热器，又作为贮热器和散热器，无需管道和风机、水泵。被动式系统又分为间接得热系统和直接得热系统两类。

（1）间接得热系统有：特朗伯（Trombe）集热墙、水墙、载水墙（充水墙）和毗连日光间或温室四种类型。

1）特朗伯墙的主要构造为：在建筑物向阳面设 400mm 厚的混凝土集热墙，墙的向阳面涂以深色涂层，以加强吸热。墙的上、下设可关闭的通风口，从而构成主要的集热、储热和散热器。为保证集热效果，并保护墙面不受室外环境污染与侵蚀，在集热墙外80mm处装玻璃或透明材料，以构成空气间层。

2）水墙是利用水的比热较混凝土大得多的特点，以其取代混凝土作储热体的一种做法。由于水具有对流传热的性能，会把所吸收的太阳辐射热较快地传到墙体内表面，造成室温的较大波动，故储热性能不如混凝土稳定。

3）载水墙（充水墙）采用向混凝土墙的空腔内充水的办法，兼有水的储热容量大和固体材料无对流传热两方面的集热优势。

4）毗连日光间既可以提高主要空间的使用效果，又可大幅度减少房屋的热损失；此外，日光间还可以构成良好的生态环境。夏季，日光间可以开窗通风并采用遮阳措施，避免室内过热；因而具有较好的推广前景。

（2）直接得热系统一般利用向阳面的玻璃窗直接得到太阳辐射热，是一种最简单的太阳能建筑形式。为了减少热损失，夜间应覆盖绝热窗帘。夏季白天可将采光部位以外的透明部分用绝热材料覆盖，以减少进热；夜间则将绝热层全部移除，以利于向外散热。对于居住建筑，窗面积与地面面积比（窗地比）应为 1/5～1/3。墙、地板以及其他储热构件的表面面积至少应 5 倍于向阳面玻璃的面积。

（五）提高资源效率（resource efficiency）的建筑设计原则

建筑对资源消耗巨大，提高资源利用效率是未来建筑的发展趋势。在建筑领域，提高资源效能包括节能、节地、节水、节材、节工、节时以及低碳减排措施。这里主要讨论从建筑形体、围护系统、总体布局等方面提高建筑资源效率。

1. 建筑围护结构的节能

建筑冬季采暖室内外的失热量与室内外温差、散热面积，以及散热时间成正比，而与围护结构的总热阻成反比。也就是说建筑总体热阻具有很大的节能潜力。

2. 建筑平面形式的节能

（1）建筑体形系数

建筑热工学将建筑物的散热面积与建筑体积之比值称为该建筑的"体形系数"。体形系数越小越有利于节能。从建筑平面形式看，圆形最有利于节能；正方形也是良好的节能型平面；长宽比大的是耗能型平面。这一点，无论从冬季失热还是从夏季得热的角度，分析的结果都是一样的。耗能型平面的建筑，从总平面图上看相对的周边长度大，占地较多；围护结构消耗的材料、人工等费用相对也高。

（2）太阳能建筑的体形系数

太阳能建筑的体形系数应该考虑方向性，即应当分析不同方向的外围面积与建筑体积的比值与建筑节能的关系。例如，一座供白天使用的东西向建筑，东向体形系数大一些好，因为可以早得太阳热，多得太阳热，便于上午直接使用，并可贮热下午用。同理，如果是晚上使用为主的居住建筑，西向体形系数大些会更有利。

（3）建筑容积系数

对于太阳能建筑而言，还应当考虑建筑容积系数，即考虑建筑物的散热外表面积与建筑的内部容积的比值。建筑容积等于建筑体积减去围护结构体积。在体形系数相等的情况下，容积系数大的使用空间小，围护结构体积大，也就是使用面积小，结构面积大，构造方案欠佳。

3. 建筑群体布局的节能

（1）通过简单分析可知，在面积与体积相同的情况下，分散布置的建筑外墙面积是集中布置的建筑外墙面积的 3 倍，因而两种布置的建筑能耗比也是 3：1。

（2）分散布置的建筑，人流、物流路线较长，交通运输的能耗较大。

（3）集中布置的建筑在用地、耗材和造价等方面均低于分散布置的建筑。

（4）两种布置方案在噪声控制和自然通风组织上的差别并不明显，集中布置的方案完全可以处理好，从而获得很好的效益。

（5）集中布置建筑占地少，可以争取较大的绿地面积，污染性能源消耗少，对环境的污染也小，所以集中布置有利于环保。

（六）零碳建筑

零碳建筑又称净零碳建筑（Zero Carbon Buildings，ZCB），由世界绿色建筑委员会提出。从定性上讲，零碳建筑是在建筑全寿命期内，通过减少碳排放和增加碳汇实现建筑的零碳排放。

气候变化是人类面临的全球性问题，为避免温室气体过快增长对生态系统的威胁，各国约定协作减排温室气体，中国由此提出"双碳"目标，即中国二氧化碳排放力争于 2030 年前达到峰值，努力争取 2060 年前实现碳中和。

零碳建筑是绿色建筑的进一步拓展，是"双碳"目标的建筑举措，零碳建筑除了强调建筑围护结构的被动式节能设计外，将建筑能源需求转向太阳能、风能、浅层地热能、生物质能等可再生能源，为人类、建筑与环境和谐共生找到最佳的解决方案。

第八节　环境心理学

20 世纪 50～60 年代，西方国家的城市环境严重恶化，对人的身心健康和行为产生了各种消极影响，引起多个学科领域研究者的密切关注。

"环境—行为研究"起源于 20 世纪 60 年代的北美，此后在欧洲（英国、法国、瑞典等国）展开并逐步扩大到世界其他地方；最终形成了"环境心理学"这门新兴的独立学科。

"环境心理学"首先由心理学家普洛尚斯基（H. Proshansky）和伊特尔森（W. H. Ittelson）等提出。因涉及多个学科，所以"环境心理学"有多个指称：建筑心理学、环境设计研究、环境与行为、人与环境研究等。其中英国是起步最早的国家，主要代表人物是特伦斯·李（Terence Lee）和戴维·坎特（David Canter）等。

该学科研究人的行为与人所处的物质环境之间的相互关系，并应用这方面的知识改善物质环境。提高人类的生活质量是环境心理学的基本任务。提高人类对自身及其所处环境的认识，建立和谐的人与环境之间的关系，是"环境—行为研究"的永恒主题，也是建筑师必须关注的课题之一。

（一）环境心理学的主要特点

1. 学科的主要特点

（1）把"环境—行为关系"作为一个整体加以研究，强调的是一种交互作用的关系。

（2）几乎所有的研究课题都以实际问题为导向，其基础理论和内容都来源于实际。

（3）具有浓厚的多学科性质，以现场研究为主，采用来自多学科的、富有创新精神的折中研究方法。

2. 新的研究方向

（1）自然环境对行为的积极影响。

（2）亲环境行为研究（指对环境表示友好的行为，具体有环境保护、节约能源……）。

（3）景观的偏爱与评价。

（4）各类特殊场所中的环境行为问题。

（二）知觉理论

1. 感觉

人的认识活动从感觉开始，通过感觉我们能了解客观事物的各种属性，如物体的形状、颜色、气味、质感等。感觉是意识和心理活动的重要依据，也是人脑与外部世界的直接联系。

2. 知觉①

把感觉到的所有个别属性的信息进行综合，加上经验的参与，就形成了一个对事物的整体印象，这种信息整合的过程就是知觉；知觉的产生是以各种形式感觉的存在为前提的。

3. 认知

认知是指获得知识的过程，包括感知、表象、记忆、思维等；而思维是它的核心。让·皮亚杰（J. Piaget）提出了发生认知论，强调"图式"的作用。在皮亚杰的理论中，动作的结构或组织（即固有的知识或经验）被称为"图式"。图式的形成是以时间为代价的。

4. 注意

注意是心理活动对一定对象的指向和集中。客观事物是否引起人的注意，一方面取决于刺激的特点，另一方面也取决于人的自身状态。

（三）环境知觉

环境知觉着重研究个人或群体对环境信息所产生的即时而又直接的反应。在场、即时和直接分别代表了空间、时间和感知方式。

1. 生态知觉理论

美国心理学家吉布森（J·Gibson）与杰克（Eleanor Jack）研究后认为：环境信息精确而又丰富，人类在感知有关信息时具有直觉，是一种因生存适应而产生的本能。生态知觉理论基于知觉和本能，将环境的特点与人的知觉与行动直接联系起来，对环境设计具有明确的指导意义。

2. 适应水平理论

沃尔威（Wohlwill）认为，对于主观感受来说，适中水平的刺激最为重要，每个人基于自身条件和过去的经验，都具有自身的最佳适应水平。如城市居民对拥挤的适应水平就

---

① 有关"知觉定式""习惯化（适应）""对变化的知觉"等的具体知识，参见：胡正凡，林玉莲．环境心理学：第三版．北京：中国建筑工业出版社，2012.

高于农村居民。

3. 唤醒理论

唤醒理论强调，环境会与人的情感相互作用。环境刺激通过脑干的网状结构提高了大脑皮层的兴奋性，并同时加强了肌肉的紧张状态。

（1）维度的来源

与场所有关的形容词大致可分为两类，一类与评价有关（如美丽、愉悦等），另一类与唤醒程度有关（如激动、刺激等）。这些经过统计分析得出的基本类别，成为"维度"。

（2）情绪三因子

情绪是由行为、心理变化和主观体验组成的复杂概念。情绪三因子包含三个独立的维度：快乐—不快乐，控制—屈从，唤醒—欲眠。

（3）情绪反应的维度

双维度体系：认为人本能地保持良好的心情，减少不愉快的感觉。情绪会影响个人对环境的偏爱和选择。"愉悦—不快"与"唤醒—欲眠"形成双维度体系。

四维度体系：认为人对场所的情感评价由四个突出的维度组成，"愉悦—不快""唤醒—欲眠""激动—麻木""狂野—放松"形成四维度体系。

（4）唤醒水平与任务绩效

唤醒水平不仅影响情感体验，也会影响日常的任务绩效。一般只有在唤醒处于中等水平时，才能达到最高绩效。

（四）环境认知

环境认知是研究人如何识别和理解环境，包括环境意向、找路寻址、距离判断、场所命名等。人能在记忆中重现客观事物的形象，心理学称之为"意向"，具体空间环境的意向称为"认知地图"。

1. 城市认知地图

美国城市规划专家凯文·林奇（Kevin Lynch）提出城市认知地图由 5 个基本要素组成，即：路径、标志、节点、区域和边界。

2. 空间定向

要了解不同场所在空间中的位置，并从某一场所前往另一场所，就要建立定向系统，包括位置感、方向感和距离感。定向系统存在文化差异，并受自然环境特征的影响。

3. 认知距离

人心中所意识到的距离与实际距离是有差别的，认知距离就是研究人们怎样在头脑中凭记忆判断距离的长短，也称为"主观距离"。

（五）场景和场所

人在环境中从事富有意义的活动，从而形成了不同的场所和场所感。

1. 行为场景

勒温（Kurt Lewem）提出：人的行为是人（P）和环境（E）的函数。行为场景可定义为：特定环境的一部分与其中发生的一组固定的行为模式所形成的整体单元；而且，固定的行为模式与特定环境之间具有相适应的同步形态。

2. 场所和场所感

坎特（D. Canter）将"场所"定义为环境体验的基本单元，是包含社会、心理、物质三方面特征的统一体。

场所感是指人对日常生活所接触的各类场所的体验，包含感性思维和理性思维，是生理、心理、社会文化和价值观念等多种因素综合后的产物。场所感包含场所依赖、场所认同、场所依恋三个维度。

（六）空间行为

1. 个人空间和人际距离

个人空间是个人心理上所需的最小空间范围，对这一空间的侵犯和干扰会引起焦虑和不安。个人空间会影响交往时的人际距离。人际距离可概括为：密切距离（0～0.45m）、个人距离（0.45～1.20m）、社会距离（1.20～3.60m）和公共距离（3.60～7.60m）。

2. 私密性

私密性是对生活和交往方式的选择与控制。私密性的主要作用是有助于沉思、恢复活力、倾诉谈心、提高自主性、有利于创造性；还有助于建立自我认同感，保证人居环境的和谐与宁静。

3. 领域性

领域性是个体或群体为满足某种需要，拥有或占用某一场所或某一区域，并对其加以人格化和防卫的行为模式。领域性是所有高等动物的天性。领域可分为主要领域、次要领域和公共领域三类。领域性具有认知和社会功能、控制感和安全防卫功能。

4. 密度与拥挤感

保持物质空间不变，改变使用空间的人数，称为"社会密度"改变；保持使用空间的人数不变，改变物质空间的大小，称为"空间密度"改变。高密度会引起消极情绪、攻击性，并影响对复杂事务的处理绩效。拥挤感与个人因素、情绪因素、社会因素有关。

（七）城市外部公共空间活动研究

1. 外部空间中的行为习性

（1）动作性行为习性：抄近路、逆时针转向、依靠性等。

（2）体验性行为习性：看人也为人所看、围观、安静与凝思等。

（3）认知性行为习性：靠右（左）侧通行、归巢性和兜圈子行为、探索性行为。

（4）行为习性的差异：情境、群体、文化和亚文化差异。

2. 基于行为的设计建议

（1）平衡公共性和私密性空间。

（2）注重外部空间的生态联系。

（3）合理满足人的行为习性。

（4）预防和减少不良破坏行为。

（八）城市环境的影响

城市环境的积极影响多于消极影响，有关人员提出了一些理论与假设，包括超载假设、城市环境应激、行为约束和多场分析。而城市的实际问题包括城市区域的安全防卫、社会网络、场所依恋和城市更新。

1. 城市区域安全防卫

20 世纪 60 年代，美国建筑师简·雅各布斯（Jane Jacobs）在《美国大城市的死与生》一书中把城市规划与安全防卫联系起来，认为维护安全是城市居住区和街道的基本功能之一。美国建筑师奥斯卡·纽曼（Oscar Newman）提出了"能防卫的空间"的概念并著有《可防御空间》一书。

城市区域安全防卫的四项原则：

（1）形成易于被感知并有助于防卫的领域。

（2）自然的监视。

（3）形成有利于安全防卫的建筑意象。

（4）改善居住区的社会环境。

2. 城市更新与造城运动

城市更新可定义为"为了在环境、经济、社会三个方面维护和改善城市区域，并使之达到正常状态，而对环境所作的大量实际改变"。由美国建筑师雅马萨奇（又译作山崎实，M. Yamasaki）设计并在 1954 年建成的圣路易斯市的普鲁伊特-艾格（Pruitt-Igoe）住宅区是这方面的典型，住宅区于 1970 年被拆除，拆除的原因成为多学科探讨的课题。

国内对城市更新（又称旧城改造或再开发）有两种意见，一种是拆除旧城建筑再重建；另一种是迁走工厂，在郊区进行"再工业化"；或舍弃原有中心，然后择地进行"再中心化"等。最终演变成大规模的"造城运动"。从全局看，城市更新是用来解决城市问题的有效手段，但对被迫搬迁的居民来说，付出的代价往往太大。

古希腊哲学家亚里士多德说过："人们来到城市，是为了生活；人们留在城市，是为了更好的生活"。

（九）建筑环境与行为

20 世纪 80 年代，环境心理学在建筑学中的应用，又称为"环境—行为研究"。从建筑设计原理的角度来看，环境—行为研究是"适用"的现代术语。这种以使用者为出发点的建筑审美研究——"体验美学"或称"符号美学"，是对传统的建筑"形式美学"的重要补充。

1. 基于行为的建筑设计过程

环境心理学家提出过许多改进的建筑设计过程，其中以蔡塞尔（J. Ziesel）归纳出的"设计循环模型"为代表。它特别强调三点：

（1）初步设计阶段，着重收集包括环境—行为信息在内的设计资料，并制定相应的设计标准。

（2）在工程竣工并使用一段时间后进行使用后的评价（POE），并将评价结果——"诊断资料"反馈应用于下一个设计项目。

（3）持续实施"假设—实施—验证—反馈"这一循环模式，形成系统的设计资料。

2. 建筑体验研究

（1）知觉理论与建筑体验，在知觉理论中，对建筑体验影响较大的主要有视错觉［线段的横竖错觉、缪勒-莱耶错觉（Muller Lyer Illusion）、德勃夫错觉（Dolboef Illusion）、赫氏方格等］，格式塔的视觉组织规律和生态知觉理论。

（2）建筑体验的研究方法有：多项分类、SD 法、问卷、实验室实验、历史资料调查等。

（3）影响建筑体验的因素很多，如自然景观、建筑的历史、建筑之间的"协调感"等。

（4）室内空间的体验。

1）空间的宽敞感

经验证明，行为特点对宽敞感的影响也不容忽视。宽敞感与人体尺度、动作、潜在的行为习性有关。

2）空间的围合感

对象高度与观察距离之比，与围合感之间存在一定的经验关系：

比例为 1∶1 时，产生完全的围合感；

比例为 1∶2 时，是围合感的临界值；

比例为 1∶3 时，具有最低程度的围合感；

比例为 1∶4 时，失去围合感。

界面的特点对空间的围合感也具有重要影响。建筑师还必须注意社会和文化因素对建筑体验的影响：对于同一量度的室内空间，不同地域的不同人群会有完全不同的空间开敞感。

3）减少拥挤感的对策

适当进行分隔，减少人们的互相接触，并降低环境信息的输入水平；

减少刺激超载，人眼的边缘视觉会夸大眼角以外的运动，这种夸大的运动感会造成刺激超载，并可能进而引起拥挤感；减少相互间的眼睛接触也能减少刺激超载；

减少对行为的限制，使人的行为具有多种自由度，可能减少拥挤感带来的消极影响。

3. 建筑认知研究

（1）建筑意象

建筑作为城市的重要标志物，自然会引起特别的关注，研究结果表明，人们首先记住建筑的使用特点及其意义，其次才是可见性和形式特点。

（2）使用者的建筑综合意向

在日常生活中，人们对"需要什么样的建筑"所表达的意图称之为"建筑综合意向"，区别于记忆中的建筑形象。

（3）室内的认知距离

人们认为距离相等的坡路路程比平坦路程更长，此外在不同场所中还存在烦恼距离。

（4）室内空间定向

包括建筑的识别性、引导标志、建筑平面拓扑复杂性等。

在《环境心理学》（第四版）一书中，对"特定建筑类型（居住场所、老年人福利设施、博物馆、图书馆、办公场所）与行为"有详细描述。

例 1-5　（2004）"可防卫空间"理论是由何人提出的？

A　简·雅各布斯　　　　　　B　厄斯金

C　纽曼　　　　　　　　　　D　克里斯托夫·亚历山大

第九节　既有建筑改造设计的原则与方法[①]

当前我国既有建筑面积已超过 600 亿 m²，很多既有建筑都存在着抗灾能力弱、运行能耗高、使用功能差、环境舒适度低等问题。火灾、风灾、地震、雪灾等自然灾害对不少既有建筑会造成巨大威胁。通过既有建筑的改造、修缮，有利于延长建筑使用寿命，提高安全性、环境舒适度、建筑环保性能，保持城市和建筑历史风貌。

一、既有建筑维护与改造的总体原则

根据《既有建筑维护与改造通用规范》GB 55022—2021，既有建筑的维护应符合下列基本规定：

（1）应保障建筑的使用功能；

（2）应维持建筑达到设计工作年限；

（3）不得降低建筑的安全性与抗灾性能。

根据《既有建筑维护与改造通用规范》GB 55022—2021，既有建筑的改造应符合下列基本规定：

（1）应满足改造后的建筑安全性需求；

（2）不得降低建筑的抗灾性能；

（3）不得降低建筑的耐久性。

二、功能空间改造

1. 功能改造的基本原则

既有建筑功能改造过程首先应符合当地城市规划部门的规划要求，与城市环境统一协调，经过规范审批鉴定程序才可进行，坚决杜绝私改乱改。改造涉及建筑类型转变时，应首先符合相应的建筑设计法规、规范。功能改造还应满足结构稳定性及消防疏散要求，并考虑建筑的节能环保性能，如就地取材、采用新的建造技术等。

2. 建筑平面空间拓展

（1）小柱网空间的空旷化改造

小柱网空间在改造中通过减少原有结构空间中的分隔，扩大柱网单元内的空间尺寸的技术称为空旷化改造。一般采用加固原有结构体系中保留的横竖向构件，或在功能允许的位置新增结构构件，以支撑取消了的横竖向构件所负担荷载的方式进行；还可采用新的结构体系代替原有结构体系，只保留现有的建筑围合界面的方式。平面空间改造方法之上可

[①]　本节详细内容参阅：《既有建筑维护与改造通用规范》GB 55022—2021；王清勤，唐曹明 . 既有建筑改造技术指南 . 北京：中国建筑工业出版社，2012.

采用拆除分隔墙体、局部拆除个别柱子两种方式。

（2）小开间房屋的空旷化改造

小开间房屋的空旷化改造是指利用新技术、新材料等，通过拆除或部分拆除两个或多个小开间房屋之间的分割构件以达到扩大空间的目的，或者是采用其他结构体系来部分替换原有结构体系形成新的大空间。

3. 建筑的竖向空间拓展

（1）直接增层

直接增层首先要求承重结构有一定承载潜力。直接在旧建筑的主体结构上加高，增层荷载全部或部分由旧建筑的基础、墙、柱来承担。在增层部分建筑平面设计时，需要尽量使分隔与原建筑的结构体系一致，使房间的隔墙尽量落在原建筑梁柱位置，房屋中的烟囱及上下水管、煤气、暖气、电气设备的布置尽量一致。直接增层时要尽量做到：增层结构截面小于原低层截面；增层尽量采用大空间、轻巧结构；增层结构刚度要小于下部结构。

（2）套建增层

原房屋地基基础和承重结构不满足在原房屋上直接增层时，或者对于增层后的空间有更高的要求而无法与原有建筑直接相接时，可采用套建增层的方式来实现竖向空间的拓展。采用套建增层技术时应最大限度地减轻增层部分建筑物自身的重量，尽量维持原有建筑的正常使用。

（3）室内加层

室内加层适用于原建筑室内层高较大的建筑，原大尺度的空间改造目标为形成宜人的小尺度空间，或者要求对建筑外立面不允许变化但又必须增层改造的建筑。室内加层可以是满铺式整体增层，也可以是局部夹层形式。

4. 加装电梯

既有多层住宅加装电梯改造时，加装电梯不应与卧室紧邻布置，当起居室受条件限制需要紧邻布置时，应采取有效隔声和减振措施；加强电梯机房的减震、隔声、吸声处理。采用橡胶带式曳引方式替换现有的钢丝绳式曳引方式，减少曳引轮与曳引绳摩擦产生的噪声；注意电梯门的安装同轴性，并且加强门轨道润滑，以减少噪声。

三、安全性改造

（一）结构改造

既有建筑结构改造应明确改造后的使用功能和后续设计工作年限。在后续设计工作年限内，未经检测鉴定或设计许可，不得改变改造后结构的用途和使用环境。当原结构承载能力不足时，应先加固结构。

既有建筑结构改造时，新设基础应考虑其对原基础的影响。除应满足地基承载力要求外，还应按变形协调原则进行地基变形验算，同时应评估新设基础施工对既有建筑地基的影响。既有建筑结构改造应进行抗震鉴定和设计。

（二）防火与疏散改造

1. 既有建筑的火灾危险性分析与评价

对既有建筑进行定期、科学的火灾风险评价，可使建设方、使用者和消防管理部门了解建筑物存在的火灾隐患以及发生火灾的可能性及其后果的严重程度，更加客观、准确地认识火灾的危险性。

2. 既有建筑的防火性能改善

在既有建筑的改造设计中，若改变了改造范围内建筑的间距，或与之相关的改造范围外建筑的间距，其间距不应低于消防间距标准的要求。

既有建筑改造过程中，建筑物耐火等级是根据使用要求变化的。对于未达到现行建筑设计规范中要求的耐火等级的既有建筑，应优先采取措施提高构件的耐火性能，如增加混凝土保护层厚度、钢构件涂刷防火涂料等。

若在既有建筑改造过程中，建筑物无法达到更高一级耐火等级的要求，应考虑改变使用功能，使其与所评估的建筑物的耐火等级相适应，从而更为经济合理地利用既有建筑。

3. 既有建筑的安全疏散改造

如果一栋既有建筑（尤其是高层建筑）存在安全疏散隐患（主要指疏散出口不足等），在自身结构不允许作较大改动的情况下，设置户外自救逃生设备是一种较好的选择。

4. 消防系统改造

既有建筑由于建筑年代不同，其建设时遵照的消防标准也有差异，加之既有建筑可能存在消防设施陈旧、老化，不能正常运行，加大了火灾风险，部分项目不具备完全满足现行设计规范和施工验收规范的条件，需要采用一些特殊技术手段加强消防系统：

（1）利用性能化的防火设计方法和评价技术，对既有建筑防火安全性进行整体评价，结合既有建筑的现有条件确定消防系统改造策略方案。

（2）消防系统的改造应优先采用现行的国家或地方防火设计规范和标准进行消防系统新增或改造设计，并按相关规范进行安装和使用及维护管理。

（3）在不具备完全满足现行防火设计规范的条件时，消防系统的改造应利用经济适用的消防系统替代技术，提高建筑消防安全。如简易自动喷水灭火系统、楼梯间直灌正压送风系统、独立火灾自动探测报警系统等。

四、围护结构节能改造

既有建筑围护结构节能改造的重点是在保证不破坏原有结构体系并尽量减少墙和屋面荷重的前提下，针对外墙、屋面、门窗等部分进行改造。具体包括以下内容：

1. 墙体节能改造

外墙保温改造主要是在保证围护结构安全、防火安全的前提下，提高热工性能，确保热桥部位不结露。

目前，我国外墙体保温隔热主要有三种形式，即外墙外保温、外墙内保温和夹芯保温。外墙外保温技术无需临时搬迁，基本不影响用户的室内活动和正常生活，内保温及夹芯保温系统具有自身无法避免的问题，因此既有建筑改造不建议采用外墙内保温，推荐采用外墙外保温，目前外墙外保温已成为我国既有建筑墙体保温改造的主要形式。

2. 屋面节能改造

屋面保温隔热改造时，采用干铺倒置屋面、架空屋面以及种植屋面等形式，提高屋面的热工性能，改善室内热环境。

（1）干铺保温隔热屋面可采用正置屋面（保温层在防水层下）、倒置式屋面（保温层在防水层上）两种形式。

（2）坡屋面分为瓦材钉挂型、瓦材粘铺型、细石混凝土整浇层、无细石混凝土整浇层四种构造类型。

（3）架空屋面隔热一般是在坡屋顶中设进风口和出气口，利用屋顶内外的热压差和迎风面的风压差，组织空气对流，形成屋顶内的自然通风，以减少由屋顶传入室内的辐射热，从而达到隔热降温的目的。

（4）种植屋面是在屋顶上种植植物，利用植被的蒸腾和光合作用吸收太阳辐射热，从而达到隔热降温的目的。种植屋面温度变化较小，保温隔热性能好，是一种生态型的节能屋面。

3. 楼、地面节能改造

楼板保温对象包括楼层间楼板、底部自然通风架空楼板以及底面接触室外空气的外挑楼板三种。楼板保温可将保温层设置在楼板结构层上表面（板面保温）或楼板结构层下表面（板底保温），在可能的情况下，宜设置在楼板结构层上表面。

地板辐射供热是一种对房间热微气候进行调节的供热系统。采用这种采暖方式，房间温度分布均匀，房间内温差小，热舒适度高。由于地板采暖盘管全部暗埋在楼板中，使用寿命长，耐腐蚀，可节约维修费用，而且管理方便、不占用使用面积，卫生条件好，无噪声。

4. 外门窗与幕墙节能改造

（1）外窗的节能改造设计需要综合考虑安全、隔声、通风、采光和节能等性能要求，提高门窗的气密性、遮阳系数，降低门窗的传热系数，减少传热、空气渗透冷、热损失带来的冬季采暖及夏季空调负荷。

（2）在寒冷、夏热冬冷、夏热冬暖地区，采用遮阳措施减少窗或透明玻璃幕墙的辐射传热是降低建筑能耗的主要途径。

五、既有建筑设施设备改造

1. 给水排水改造

（1）与城市公共供水管道连接的户外管道及其附属设施，应经验收合格后使用。

（2）生活给水系统应充分利用市政供水管网的压力直接供水。

（3）在实行雨污分流的地区，雨水和污水管道不应混接。

（4）雨水系统的改造，应按照当地雨水排水系统规划的要求，更新原有不满足要求的雨水排水系统。

2. 供暖、通风改造

（1）当供暖、通风及空调系统不能满足使用功能的要求，或有较大节能潜力时，应对相关设备或全系统进行改造。

（2）供暖、通风及空调系统改造的内容，应根据建筑物的用途、规模、使用特点、室外气象条件、负荷变化情况等因素，通过对用户的影响程度比较确定。

3. 电气设备改造

既有建筑电气改造工程的设计，应在对既有建筑供配电系统、照明系统和防雷接地系统现场检查、评定的基础上，根据改造后建筑物的用电负荷情况和使用要求进行供配电系统、照明系统和防雷接地系统设计。

1-1　(2021) 维特鲁威提出的建筑三原则是(　　)。

　　A　适用、坚固、美观　　　　　　　　　B　适用、经济、美观

　　C　经济、适用、坚固　　　　　　　　　D　经济、坚固、美观

1-2　(2021) 题1-2图表现的是(　　)。

题1-2图

　　A　勒·柯布西耶的多米诺体系　　　　　B　风格派的时空构成

　　C　包豪斯的时空构成　　　　　　　　　D　勒·柯布西耶的雪铁龙住宅

1-3　(2021) 以下关于赖特的罗伯茨住宅(题1-3图)说法错误的是(　　)。

题1-3图　罗伯茨住宅平面图

　　A　草原风格　　　　　　　　　　　　　B　以壁炉为中心

　　C　采用一字形平面　　　　　　　　　　D　屋檐出挑深远

1-4　(2021) 勒·柯布西耶设计的法国马赛公寓在住宅形式上属于(　　)。

　　A　内廊式住宅　　　　　　　　　　　　B　外廊式住宅

　　C　内廊跃层式住宅　　　　　　　　　　D　外廊跃层式住宅

1-5　(2021) 以下建筑空间组织形式为序列式的建筑类型是(　　)。

　　A　宿舍楼　　　　　　B　办公楼　　　　　　C　教学楼　　　　　　D　航站楼

1-6　(2021) 以下哪种空间最有利于声场分布均匀(　　)。

　　A　正八边形　　　　B　三角形　　　　　C　圆形　　　　　　D　长方形

1-7　(2021) 以下突出体现建筑体形适应气候环境特点的设计作品是(　　)。

A 日本东京中银舱体大楼	B 日本神户六甲集合住宅
C 印度孟买干城章嘉公寓	D 加拿大蒙特利尔 Habitat

1-8 **(2021)** 以下不属于"服务"与"被服务"空间分离的建筑作品是( )。

A 索尔克生物研究所	B 理查德医学研究中心
C 劳埃德大厦	D 华盛顿国家美术馆东馆

1-9 **(2021)** 关于混合结构的公共建筑设计的说法,错误的是( )。

A 承重墙的布置应当均匀,应符合规范

B 围护结构门洞大小应有一定的限制

C 楼层上下承重墙应尽量对齐,避免大空间压到小空间上

D 墙体的高度和厚度应在合理允许范围之内

1-10 **(2021)** 为减少对城市的干扰,城市中心商业综合体建筑的停车设计不宜采用( )。

A 地下停车库	B 路边停车场
C 屋面停车场	D 多层停车库

1-11 **(2021)** 以下关于老年人住宅设计的说法,错误的是( )。

A 应远离普通住宅居住区独立设置

B 应与所提供的养老服务和运行模式相适应

C 应布置在日照、通风条件较好的地段

D 应具备灵活性和可变性

1-12 **(2021)** 关于为视觉障碍者考虑的设计做法,错误的是( )。

A 设置连续且具有引导作用的装饰材料

B 设置发声标志

C 楼梯踏步采用光滑的材料

D 盲文铭牌可用于无障碍电梯的低位横向按钮

1-13 **(2021)** "低碳"的概念是( )。

A 减少对煤炭的使用,减少二氧化碳的浓度

B 降低室内二氧化碳的浓度,提高空气质量

C 减少二氧化碳的排放,降低温室效应

D 减少含碳材料的使用

1-14 **(2021)** 下列材料全部属于"绿色建材"的是( )。

A 玻璃,钢材,石材	B 钢材,黏土砖,生土
C 钢材,木材,生土	D 铝材,混凝土,石材

1-15 **(2019)** 分割、削减手法可使简单的形体变得丰富,下列哪个作品主要采用了这一手法?( )

A 拉维莱特公园

B Casa Rotonda

C 德国 Vitra 家具博物馆　　　　　　　D 加拿大蒙特利尔 Habitat 67

1-16 **(2019)** 柯布西耶把比例和人体尺度结合在一起，提出独特的(　　)。

A "模度"体系　　　　　　　　　　B 相似要素

C 原始体形　　　　　　　　　　　　D 黄金比例

1-17 **(2019)** 题 1-17 图所示建筑群平面图采用的是哪种空间组织形式?(　　)

A 单元式和网格式　　　　　　　　　B 轴线式和网格式

C 庭院式和网格式　　　　　　　　　D 轴线式和庭院式

1-18 **(2019)** 下列建筑均采用连续性空间组织方式的是(　　)。

A 歌舞厅，剧院，陈列馆

B 体育馆，影剧院，音乐堂

C 博物馆，陈列馆，美术馆

D 办公，学校，酒店

1-19 **(2019)** 题 1-19 图所示图底反转地图用于分析(　　)。

A 建筑实体与外部空间

B 建筑内部空间

C 建筑功能空间

D 城市机动车交通组织

题 1-17 图

题 1-19 图

1-20 **(2019)** 路易斯·康设计的理查德医学研究楼（题 1-20 图）采取的空间组织方式是(　　)。

题 1-20 图

A 轴线对称式　　　　　　B 庭院式　　　　　　　C 网格式　　　　　　　D 单元式

1-21 **(2019)** "少就是多"的言论出自于(　　)。

A 赖特

B 格罗皮乌斯

C 密斯·凡·德·罗

D 柯布西耶

1-22 **(2019)** 炎热地区不利于组织住宅套型内部通风的平面是(　　)。

A　　　　　　　　　B　　　　　　　　　C　　　　　　　　　D

1-23 **(2019)** 住宅私密性层次和分区错误的是(　　)。

A 户外走道、楼梯间是公共区域

B 会客厅、餐厅是半公共区

C 次卧、家庭娱乐室是半私密区

D 主卧室、卫生间是私密区

1-24 **(2019)** 北京紫禁城中位于中轴线三层汉白玉台阶上的三大殿是(　　)。

A 太和殿，乾清宫，保和殿

B 太和殿，中和殿，保和殿

C 太和股，保和殿，交泰殿

D 太和殿，交泰殿，坤宁宫

1-25 **(2019)** 题1-25图所示，适合办公人员沟通交流的布局方式是(　　)。

A　　　　　　　　　B　　　　　　　　　C　　　　　　　　　D

题1-25图

A 外廊式　　　　　　B 内走道式　　　　　　C 内天井式　　　　　　D 开放式

1-26 **(2019)** 下图所示黑色部分为核心筒，哪种核心筒布局方式有利于高层办公楼筒体结构抵抗侧力和各向自然采光?(　　)

A 中央型　　　　　　B 单侧型　　　　　　C 分散型　　　　　　D 两侧型

1-27 **(2019)** 下图所示住宅套型的餐厅和厨房组合关系中，不利于烹饪油烟隔离的是(　　)。

A　　　　　　　　　B　　　　　　　　　C　　　　　　　　　D

1-28 **(2019)** 下图所示，属于拜占庭建筑室内风格的是(　　)。

A

B

C

D

1-29 (2019) 关于室内装修选材的说法，错误的是(   )。

    A 室内装修石材包括天然石材和人造石材

    B 陶板和釉面砖都属于陶瓷材料

    C 快餐厅室内空间通常选用柔软的地毯材料

    D 幼儿园适合选用木质墙身下护角

1-30 (2019) 下图所示，藏族民居的室内是(   )。

        A   B   C   D

1-31 (2019) 下述哪类公共建筑的室内需要利用灯具和舒适的阴影效果来增强物体的立体感和艺术效果?(   )

    A 美术馆的陈列室   B 体育馆的比赛大厅

    C 教学楼的教室   D 医院的手术室

1-32 (2019) 关于色彩温度感的描述，错误的是(   )。

    A 紫色与橙色并列时，紫色倾向于暖色   B 紫色与青色并列时，紫色倾向于暖色

    C 红色与绿色并列时，红色倾向于暖色   D 蓝色与绿色并列时，蓝色倾向于冷色

1-33 (2019) 低层住宅的层数是(   )。

    A 4~7层   B 3~6层   C 3~5层   D 1~3层

1-34 (2019) 下列不属于一类高层民用建筑的是(   )。

    A 建筑高度50m的住宅建筑   B 建筑高度55m的办公建筑

    C 建筑高度30m的医院建筑   D 建筑高度30m存书100万册的图书馆

1-35 (2019) 工程设计中，编制概算书属于下列哪个阶段?(   )

    A 方案设计   B 技术设计   C 初步设计   D 施工图设计

1-36 **(2019)** 以下关于室内设计图纸，错误的是(　　)。

　　A　平面图中应标明房间名称、门窗编号

　　B　平面铺地应标明尺寸、材质、颜色、标高等

　　C　顶平面图中应该包括灯具、喷淋等设施

　　D　顶平面图中应反映平、立面图中的门窗位置和编号

1-37 **(2019)** 下列关于评价建筑面积指标经济性的说法正确的是(　　)。

　　A　有效面积越大，越经济　　　　　　B　结构面积越大，越经济

　　C　交通面积越大，越经济　　　　　　D　用地面积越大，越经济

1-38 **(2019)** 下列关于格式塔视觉理论的说法，正确的是(　　)。

　　A　大面积比小面积易成图形　　　　　B　开放形态比封闭系统易成图形

　　C　不对称形态易成图形　　　　　　　D　水平和垂直形态比斜向形态易成图形

1-39 **(2019)** 以下中国民居建筑中对干热性气候有较好适应性的是(　　)。

　　A　北京四合院　　　　　　　　　　　B　新疆阿以旺

　　C　云南干阑式建筑　　　　　　　　　D　福建土楼

1-40 **(2019)** 下列不属于可再生能源的是(　　)。

　　A　太阳能　　　　　B　生物能　　　　　C　潮汐能　　　　　D　天然气

1-41 **(2019)** 下列建筑材料不属于可循环利用的是(　　)。

　　A　门窗玻璃　　　　B　黏土砖　　　　　C　钢结构　　　　　D　铝合金门窗

1-42 **(2019)** 在绿色建筑全生命周期中碳排放主要在(　　)。

　　A　建筑材料运输过程　　　　　　　　B　建筑施工过程

　　C　建筑使用过程　　　　　　　　　　D　建筑拆除过程

1-43 **(2019)** 根据中国建筑热工气候分区，武汉和天津分别属于(　　)。

　　A　夏热冬暖地区，夏热冬冷地区　　　B　温和地区，寒冷地区

　　C　湿热型，干热型　　　　　　　　　D　夏热冬冷地区，寒冷地区

<h2 style="text-align:center">参考答案及解析</h2>

1-1　**解析**：参见《公共建筑设计原理》(第五版)卷首语。公元前1世纪，古罗马建筑理论家维特鲁威在其著作《建筑十书》中明确指出建筑应具备三个基本要求：适用、坚固、美观。

　　答案：A

1-2　**解析**：勒·柯布西耶对空间的解放基于框架结构承重这一技术手段的支持。他于1914年就构思了"多米诺系统"，用钢筋混凝土柱承重取代了墙体承重。建筑师可以随意划分室内空间，设计出室内空间连通流动、室内外空间交融的建筑作品。

　　答案：A

1-3　**解析**：罗伯茨住宅是赖特设计的"草原住宅"中最具代表性的作品。建筑采用十字形平面，壁炉在十字形平面的中央。根据房间使用要求的不同，其横、竖两翼分别为1层和2层两种高度。室内空间丰富；建筑立面横向舒展，墙体高低错落，屋檐出挑深远。

　　答案：C

1-4　**解析**：马赛公寓在住宅形式上属于内廊跃层式住宅。内廊跃层式高层住宅每隔1~2层设有公共走道，电梯可以隔1~2层停靠，大大提高了电梯的利用率，既节约交通面积，又减少干扰。

　　答案：C

1-5　**解析**：序列式平面布局是指呈序列排布的平面形式，有明确的通道流线和顺序关系。A、B、C选项的三类建筑都是走道式平面布局。只有航站楼因为进、出站的交通流线和功能需求，其空

间组织具有非常明确的序列关系。

答案： D

1-6 **解析：** 圆形空间容易造成声聚焦；三角形和长方形空间的声场分布均匀度都不及正八边形。

答案： A

1-7 **解析：** 查尔斯·柯里亚设计的印度孟买干城章嘉公寓位于孟买附近的海滨区域，建筑朝向以西为主，朝西开窗，这是主导风向和主要景观的朝向。柯里亚提出"中间区域"的概念，在居住区域与室外之间创造了一个具有保护作用的区域，遮挡下午的阳光并阻挡季风；中间区域主要由两层的花园平台构成。在这栋高层塔楼的设计中，柯里亚完美地解决了季风、西晒和景观这三个主要矛盾。

答案： C

1-8 **解析：** 路易斯·康设计的索尔克生物研究中心、理查德医学研究中心都突出体现了"服务"与"被服务"空间分离的概念。理查德·罗杰斯设计的劳埃德大厦也包括三个主塔和三个服务性质的塔体的分离空间形式。

答案： D

1-9 **解析：** 混合结构的公共建筑设计，为了保持结构的合理性，应尽量避免大空间上布置小空间。C选项与此原则相反，因此是错误的。

答案： C

1-10 **解析：** 路边停车场的设置会导致道路通行能力降低、城市道路环境景观恶化、交通事故发生率提高，对城市干扰较大，故不适合在城市中心商业综合体设置路边停车场。

答案： B

1-11 **解析：** 根据《老年人照料设施建筑设计标准》JGJ 450—2018 第1.0.3条规定，老年人照料设施建筑设计应适应运营模式，保证照料服务有效开展；故B选项正确。第4.1.1条规定，老年人照料设施建筑基地应选择在日照充足、通风良好的地段；故C选项正确。第4.1.2条规定，老年人照料设施建筑基地应选择在交通方便、基础设施完善、公共服务设施使用方便的地段；故A选项错误。

答案： A

1-12 **解析：** 根据《无障碍设计规范》GB 50763—2012 第3.6.1条规定，无障碍楼梯的踏面应平整防滑或在踏面前缘设防滑条；故C选项错误。

答案： C

1-13 **解析：** 根据《京都议定书》，面对全球气候变化，亟须世界各国协同降低或控制二氧化碳排放；这也是"低碳"概念的由来。

答案： C

1-14 **解析：** 绿色建材，又称生态建材、环保建材和健康建材，指健康型、环保型、安全型的建筑材料。石材不可再生，存在辐射危险，不属于绿色建材；黏土砖破坏土地资源；玻璃、混凝土生产能耗大、污染多；故A、B、D选项都不属于绿色建材，故本题应选C选项。

答案： C

1-15 **解析：** B是马里奥·博塔设计的位于瑞士斯塔比奥的圆房子（Casa Rotonda），该建筑采用了分割与削减相结合的形体处理手法。

答案： B

1-16 **解析：** 参见《建筑空间组合论》第四章中"六、比例与尺度"，著名的现代建筑大师勒·柯布西耶把比例和人体尺度结合在一起，提出了独特的"模度"体系。模度既是数学与美学的结合（黄金分割、直角规线、斐波那契数列），又与人体关联，模度的每一个数值都与人体的某一个部位吻合，符合人体的尺度比例。模度的四个关键数值分别为人的垂手高86cm、脐高113cm、身高 183cm 和举手高 226cm。模度体系被广泛应用于诸如马赛公寓、母亲之家等柯布西耶的建筑作品中。

答案：A

1-17 解析：题 1-3 图所示是一座具有明确中轴线、多进院落布局的中国古代建筑群体组合平面图，故采用的是轴线式和庭院式空间组织形式。

答案：D

1-18 解析：参见《公共建筑设计原理》（第五版）第 5.2 节，观展类型的公共建筑，如博物馆、陈列馆、美术馆等，为了满足参观路线的要求，在空间组合上多要求有一定的连续性。这种类型的空间布局又可分为以下 5 种形式：串联式、放射式、串联兼通道式、兼有放射和串联式，以及综合性大厅式。

答案：C

1-19 解析：参见《城市规划原理》第 3 节中"1.1 图底理论"P559，图底理论从分析建筑实体和开放虚体之间的相对比例关系着手，试图通过比较不同时期城市图底关系的变化，分析城市空间发展的规律和方向。故 A 选项正确。

答案：A

1-20 解析：理查德医学研究楼采取了单元式平面组合形式。该建筑反映了路易斯·康的"服务与被服务"空间之间的理想关系，即各自独立并通过结构和机械系统连接起来。服务空间（辅助用房、楼梯间）被分离出来，以塔楼的形式与被服务空间（实验室、工作室）组合成一个功能单元，这种单元组合方式不仅使各生物实验室相对独立，也使建筑得以"自由生长"（该楼落成两年后，又在医学楼旁加建出了生物楼）。

答案：D

1-21 解析：密斯·凡·德·罗与格罗皮乌斯、勒·柯布西耶、赖特齐名，并称 20 世纪中期现代建筑四大师。1928 年，密斯曾提出著名的"少就是多"的建筑处理原则。这个原则在他的巴塞罗那世界博览会德国馆的设计中得到了充分体现。

答案：C

1-22 解析：A、B、C 选项的三个住宅平面均为南北通透（或东西通透）的套型平面，有利于户内通风；而 D 选项属于一梯多户的塔楼住宅平面，塔楼建筑密度高，但容易出现暗厨、暗卫，在炎热地区不利于组织住宅套型内部通风。

答案：D

1-23 解析：参见《住宅建筑设计原理》（第四版）"1.3.1 套型空间的组合分析"，在住宅建筑设计中，户门外的走道、平台、公共楼梯间等空间属于公共区；会客、宴请、与客人共同娱乐及客用卫生间等空间属于半公共区；家务活动、儿童教育和家庭娱乐等区域是半私密区；书房、卧室、卫生间属于私密区。故 C 选项将次卧归为半私密区是错误的。

答案：C

1-24 解析：北京紫禁城中位于中轴线上的三大殿是太和殿、中和殿、保和殿，这三座大殿在整个都城中轴线最核心位置，是明清封建王朝国家权力机构的核心所在。

答案：B

1-25 解析：在办公建筑的平面布置中，如仅从方便人员沟通交流的角度考虑，外廊、内走道及内天井式的布局，都不如开放式空间更便于人员的沟通与交流。

答案：D

1-26 解析：办公建筑设计应尽量使办公用房得到充分的自然采光和通风。题中 4 个高层结构核心筒布局中，只有 A 选项能够既满足结构抗侧力要求，又能使有效的自然采光和通风的办公面积最大化。

答案：A

1-27 解析：题目所示 4 种住宅套型餐、厨组合平面图中，就烹饪油烟隔离而言，A、B、C 选项的户型都能实现厨房烹饪油烟的隔离；只有 D 选项的户型的开敞式厨房布局，对中餐制作无法实现油烟的有效隔离。

答案：D

1-28 解析：参见《外国建筑史》第 6 章，拜占庭建筑的第一个特点是集中式建筑形制；第二个特点是穹顶、帆拱、鼓座的运用；第三个特点是希腊十字式平面；第四个特点是内部装饰——于平整的墙面贴彩色大理石板，穹顶的弧形表面装饰马赛克或粉画。B 图符合上述特点；A 图是古罗马的万神庙，C 图是拉丁十字式巴西利卡，D 图是哥特式教堂。

答案：B

1-29 解析：快餐厅地面装修材料的选用应优先考虑环保、易清理、耐磨的材料，C 选项在快餐厅室内选用地毯显然不妥。

答案：C

1-30 解析：题目中 A 图是陕北民居窑洞的室内，C 图是蒙古包内景，D 图是满汉宅邸厅堂的典型布置；B 图展示的是藏族民居的室内。

答案：B

1-31 解析：柔和的灯光和适度的阴影效果在体育馆的比赛厅、教学楼的教室和医院手术室中采用，均无法达到相应的视物功能要求。而柔和舒适的灯光所营造出的立体感和艺术效果，比较符合美术馆陈列室的功能需要。

答案：A

1-32 解析：色彩本身并无冷暖的温度差别，是视觉色彩引起人们对冷暖感觉的心理联想。暖色是指红、红橙、橙、黄橙、红紫等色彩；冷色是指蓝、蓝紫、蓝绿等色彩。当紫色与橙色并列时，紫色应该是偏冷的，所以 A 选项错误。

答案：A

1-33 解析：参考《民用建筑设计统一标准》GB 50352—2019 第 3.1.2 条条文说明，民用建筑高度和层数的分类主要是按照现行国家标准《建筑设计防火规范》GB 50016 和《城市居住区规划设计标准》GB 50180 来划分的。当建筑高度是按照防火标准分类时，其计算方法按现行国家标准《建筑设计防火规范》GB 50016 执行。一般建筑按层数划分时，公共建筑和宿舍建筑 1~3 层为低层，4~6 层为多层，大于或等于 7 层为高层；住宅建筑 1~3 层为低层，4~9 层为多层，10 层及以上为高层。

答案：D

1-34 解析：参见《建筑设计防火规范》GB 50016—2014（2018 年版）第 5.1.1 条，高层民用建筑根据其建筑高度、使用功能和楼层的建筑面积可分为一类和二类，民用建筑的分类应符合表 5.1.1 的规定。

民用建筑的分类 表 5.1.1

名称	高层民用建筑		单、多层民用建筑
	一类	二类	
住宅建筑	建筑高度大于 54m 的住宅建筑（包括设置商业服务网点的住宅建筑）	建筑高度大于 27m，但不大于 54m 的住宅建筑（包括设置商业服务网点的住宅建筑）	建筑高度不大于 27m 的住宅建筑（包括设置商业服务网点的住宅建筑）

名称	高层民用建筑		单、多层民用建筑
	一类	二类	
公共建筑	1. 建筑高度大于 50m 的公共建筑； 2. 建筑高度 24m 以上部分任一楼层建筑面积大于 1000m² 的商店、展览、电信、邮政、财贸金融建筑和其他多种功能组合的建筑； 3. 医疗建筑、重要公共建筑、独立建造的老年人照料设施； 4. 省级及以上的广播电视和防灾指挥调度建筑、网局级和省级电力调度建筑； 5. 藏书超过 100 万册的图书馆、书库	除一类高层公共建筑外的其他高层公共建筑	1. 建筑高度大于 24m 的单层公共建筑； 2. 建筑高度不大于 24m 的其他公共建筑

答案：A

1-35 解析：参见《建筑工程设计文件编制深度规定》（2016 年版）第 3.1.1 条，初步设计文件应包括以下内容：

1　设计说明书，包括设计总说明、各专业设计说明；对于涉及建筑节能、环保、绿色建筑、人防、装配式建筑等，其设计说明应有相应的专项内容；

2　有关专业的设计图纸；

3　主要设备或材料表；

4　工程概算书；

5　有关专业计算书（计算书不属于必须交付的设计文件，但应按本规定相关条款的要求编制）。

答案：C

1-36 解析：根据建筑制图规范要求，顶平面应以仰视角度反映出顶棚平面图，顶平面图无法反映低于顶棚标高的平、立面图中的门窗位置和编号。

答案：D

1-37 解析：建筑的有效面积是评价建筑面积经济性的指标之一。建筑平面的设计布局应能在满足功能需求的前提下，得到最大化的有效使用面积，所以有效面积越大，越经济。

答案：A

1-38 解析：格式塔心理学派的创始人最早提出了五项格式塔原则，分别是简单、接近、相似、闭合、连续。后来又延伸出一些其他的格式塔原则，比如对称性原则、主体/背景原则、命运共同体原则等。本题 D 选项正是对应了这五项原则中的"简单"原则，即水平和垂直形态比斜向形态易成图形。

答案：D

1-39 解析：南疆气候干燥炎热、风沙大、雨水少，且日照时间长、昼夜温差大；这一区域的建筑应特别注意防风沙兼顾防热。阿以旺就形成于南疆的干热地区。这种房屋连成一片，庭院在四周。带天窗的前室称阿以旺，又称"夏室"，有起居、会客等多种用途；后室又称冬室，做卧室，一般不开窗。

答案：B

1-40 解析：天然气是地球在长期演化过程中，需在一定区域且特定条件下，经历漫长的地质演化才能形成的自然资源；一旦消耗，在相当长时间内不可再生；故 D 选项天然气属于不可再生能源。

而太阳能、潮汐能、生物能（植物、动物及其排泄物、垃圾及有机废水等）均属于可再生能源。

答案： D

1-41 **解析：** 门窗玻璃、钢结构的钢材和铝合金门窗型材都是可回收、可循环利用的建筑材料。而黏土砖的原材料是由挖掘土壤得到的，对耕地造成破坏；因此，黏土砖也是国家明令禁止使用的建筑材料。

答案： B

1-42 **解析：** 绿色建筑全生命周期是指建筑从建造、使用到拆除的全过程。因建筑设计合理使用年限一般能达到 50 年甚至更长，所以碳排放主要是在建筑的使用过程中产生。

答案： C

1-43 **解析：** 参见《民用建筑热工设计规范》GB 50176—2016 中表 4.1.2 的规定，并经查附录 A 表 A.0.1 可知，武汉属于夏热冬冷 A 区（3A 气候区），天津属于寒冷 B 区（2B 气候区），故 D 选项是正确的。

答案： D

第二章 中国建筑史

本章考试大纲：了解中外城市、建筑历史发展进程及规律；了解古代中外建筑与园林的主要特征和技术成就；了解近现代建筑的发展过程、理论、主要代表人物及其作品；了解历史建筑保护的基本原则与方法。

本章复习重点：中国古代各历史时期的建筑特点、代表作品、建筑成就，中国古代建筑的特征，中国古代城市、园林等的主要特点及代表实例，中国近现代建筑师及主要代表作品，历史建筑保护的原则和方法。

第一节 中国古代建筑的发展历程

一、原始社会时期（约距今 9000～4000 年）

在新石器时代的后期，人类从栖息于巢与穴，进步到有意识地建造房屋，出现了干阑式与木骨泥墙的房屋。干阑的实例如浙江余姚河姆渡村发现的建筑遗址，距今约六七千年，已有榫卯技术。木骨泥墙房屋实例以西安半坡村和陕西临潼姜寨最具代表性。姜寨有五座"大房子"共同面向一个广场，每座"大房子"周围环绕着若干或圆或方的小房子，其布局反映了母系氏族社会聚落的特色。二者属于仰韶文化时期的居住遗址，其中的"大房子"是仰韶文化时期母系氏族社会议事的地方。龙山文化时期的居住遗址以西安客省庄的一座吕字形平面的房屋为例，房屋面积比仰韶时期的变小，室内有供存贮的窖穴，表现了父系氏族社会私有财产的出现，建筑技术的进步是地面上铺有"白灰面"。近年在浙江余杭区的瑶山与汇观山发现有祭坛，为土筑的，呈长方形。在内蒙古大青山和辽宁喀左县东山嘴发现用石块堆成的方形和圆形的祭坛；在辽宁建平县发现了一处内中有女神像的中国最古老的神庙遗址。这些考古发现，使人们对于中国原始社会的建筑水平，有了进一步的了解。

二、奴隶社会时期（公元前 21 世纪～前 476 年）

此阶段包括夏、商、西周、春秋时期。

（一）夏（约公元前 2070～前 1600 年）

夏代的城市遗址在河南王城岗、山西夏县及河南淮阳平粮台有所发现。有人认为河南偃师市二里头遗址是夏代都城之一。已发现宫殿遗址两处，其中一号宫殿最大，是我国迄今发现的规模较大的廊院式建筑，二号宫殿是一座更为完整的廊院式建筑。

（二）商（公元前 1600～前 1046 年）

商代是我国奴隶社会大发展的时期，青铜工艺已达到纯熟程度，已有甲骨文等文字记述的历史。建筑技术明显提高。著名遗址有：①郑州商城，可能是商王仲丁时的隞都。②黄陂盘龙城商城遗址，夯土台基上平行排列三座殿堂，可能是商代某一诸侯国的宫殿。③河南偃师市尸乡沟早商城址，已发掘出两座庭院式建筑。④殷墟，是商代晚期的都城遗址，位于河南安阳小屯村。中国考古界多年来对殷墟做过细致的考古发掘工作，对于它的宫殿、墓葬等已有较清楚的认识。它的建筑建于长方形土台上，长面朝前，有纵有横，说明布局已具庭院的雏形。它的墓葬为土圹木椁墓，深达十几米，四出羡道，有很多随葬的人与物。安阳殷墟已列入世界文化遗产名录。

（三）西周（公元前1046～前771年）

西周时在奴隶主内部已有按宗法分封的制度，规定了严格的等级。其表现在城市的规模上就是诸侯的城按公、侯、伯、子、男的等级确定，且规模不准超过王城的1/3、1/5、1/9。否则即是"僭越"。西周最具代表性的建筑遗址是陕西岐山凤雏村的"中国第一四合院"，是一处二进院的建筑。另外在湖北蕲春出土了一处建筑遗址，为干阑式建筑。西周在建筑上突出的成就是瓦的发明，使建筑脱离了"茅茨土阶"的简陋状态。

（四）春秋（公元前770～前476年）

春秋时期宫殿建筑的特色是"高台榭、美宫室"。这一方面是高台建筑有利于防刺客、防洪水、可供帝王享受登临之乐；另一方面也是由于建筑技术的原因，当时要修建高大的建筑，要依傍土台才能建造成功。近年对秦国都城雍城的考古工作中出土了36cm×14cm×6cm的青灰色砖和质地坚硬有花纹的空心砖，说明我国早在春秋时期已开始了用砖的历史。此时期杰出的工匠为公输般——鲁班（姓公输，名般，鲁国人，因古时"般"与"班"通用，故又常被后人称为鲁班），被后世奉为多种行业工匠的祖师爷。

三、封建社会初期（公元前475～公元581年）

此阶段包括：战国、秦、汉、三国、两晋、南北朝。

（一）战国（公元前475～前221年）

战国时战乱频仍，"筑城以卫君，造郭以守民"，此前对诸侯国城址大小的限制已失去控制。城市规模扩大是这一时期的特点。战国七雄各国的都城都很大，以齐国的临淄为例：大城南北长5km、东西宽约4km，城内居民达7万户，街道上车毂相碰，人肩相摩。大城西南角有小城，推测是齐国宫殿所在地，其中有高达16m的夯土台。在陕西咸阳市东郊发掘的秦咸阳一号宫殿是一座以夯土台为核心，周围用空间较小的木构架建筑环绕的台榭式建筑。该建筑具有采暖、排水、冷藏、洗浴等设施，显示了战国时期高级建筑已达到的水平。当时的木工技术，从河南、湖南等地出土的战国墓的棺椁上，可看到已有形式多样的榫卯，说明木工已达到很高的水平。在河北平山县的战国中山王舋的墓中出土了一块铜板错银的"兆域图"，该图大体上是按一定比例制作的，有名称、尺寸、地形位置的说明，并有国王诏令。此图被誉为中国现在已知的最早的建筑总平面图。

（二）秦（公元前221～前206年）

秦始皇灭六国，统一天下。他每灭一国，就在咸阳北坂上仿建那一国的宫室，这在建筑技术、建筑风格上起到了交流融会作用。秦代的都城与宫殿均不遵周礼，而是在跨渭水南北广阔地区，弥山跨谷地修建。脍炙人口的阿房宫是秦始皇拟建的朝宫的前殿。《史记》记载："先作前殿阿房，东西五百步，南北五十丈，上可以坐万人，下可以建五丈旗。周驰为阁道，自殿下直抵南山。表南山之巅以为阙。络为复道，自阿房渡渭、属之咸阳……"把数千米以外的天然地形，组织到建筑空间中来。这种超尺度的构图手法，气魄之大，正是秦这个伟大帝国气势的反映。秦始皇的陵墓——骊山陵，尚未进行考古发掘，陵体遗存边长 350 余米，残高仍在 43m 以上。附近农民耕地时，常有一些建筑构件出土，在墓东侧发掘出的"兵马俑"，轰动世界，"秦俑学"已成为一种专门学科。史书中说墓中具有天文地理、宫观百官、奇珍异宝，当非臆测。修驰道、筑长城、也是秦代的重要建设。

（三）汉（公元前 206～公元 220 年，包括王莽新朝）

西汉在渭水南岸建长安城，其中包括了秦代未毁的部分宫殿。因受地形限制，城市的外轮廓曲折，附会为北像北斗、南像南斗，俗称"斗城"。城内布局全未按礼制对都城的规定，宫殿与民居杂处。全城面积 36km²，有城门 12 座，城内有五座宫城、八街九陌、168 闾里。在汉长安南郊出土了 11 座"礼制建筑"，应为王莽九庙遗址。其中一座周边有圜水的建筑，仍属有土台核心的木构建筑。分布在西安附近的 11 处西汉陵墓，其地上部分形制大体与秦始皇陵相似，为方形截锥体土阜。陵区仿宫殿的形式，四面设陵墙、陵门、陵旁有寝殿、便殿等设施。

东汉于公元 25 年定都洛阳，城内有东西二宫，两宫之间以阁道相通。文献上记载东汉的宫室中有椒房、温室殿、冰室等可以防寒祛暑的房屋，说明建筑已然注意到居住条件的改善。汉代遗存至今的地面以上建筑有墓前的石阙、墓表、石享堂、石象生，如：四川雅安高颐墓阙、北京西郊东汉幽州书佐秦君墓表、山东肥城孝堂山郭巨墓石享堂等，另外就是崖墓、砖石墓等中的明器、画像砖、画像石、壁画等间接的建筑形象资料。石墓中的石制仿木构件，显示了一些汉代建筑信息，但因石与木性质的不同，形象表现受局限，只能供参考。

（四）三国（公元 220～265 年）

此时期是东汉末魏、蜀、吴三国鼎立的战乱年代。位于河北临漳县的邺城，原是齐桓公所置的城，后属晋。三国时曹操以此为南征北战的大本营，城市的建设具有新的格局，文献上对此城记述颇多，城的面积为 6.5km²，有中轴线，有明确的分区，是中国第一座轮廓方正的都城。此城早已毁于兵燹，再加上漳河屡次泛滥，地上遗存已很少，有人认为它是隋唐长安城的蓝本。

（五）两晋、南北朝（公元 265～581 年）

$$此阶段包括：西晋\left\{\begin{array}{l}十六国、北魏\left\{\begin{array}{l}东魏—北齐\\西魏—北周\end{array}\right.\\东晋、宋、齐、梁、陈\end{array}\right.$$

佛寺、佛塔及石窟寺的出现，是本时期建筑最大的成就。佛教虽然于西汉末年已传入中国，但未兴盛。直到此时，由于战乱，百姓不堪其苦，寄希望于来世；帝王崇佛，大力提倡佛教，佛教才得以大兴。文献记载：南朝佛寺有 500 余所；北朝仅洛阳一地，就有佛寺 1367 所。公元 516 年，北魏胡灵太后在洛阳建的永宁寺塔，是一座方形平面的 9 层木塔，高达 40 余丈，《洛阳伽蓝记》对其描述甚详。现存的河南登封嵩山嵩岳寺塔，建于北魏正光四年（公元 523 年），是一座 15 层的密檐式塔，是我国地面之上真正的建筑遗存中最早的一座。石窟寺自印度传入，与中国开凿崖墓技术结合，很快地得到推广。敦煌莫高窟、大同云冈石窟、洛阳龙门石窟是最著名的三处。石窟中有许多反映当时建筑形象的雕刻，如塔、殿宇的屋顶、斗栱、柱等。在河北定兴有一座北齐的义慈惠石柱、柱顶上有一座小殿，有梭柱、平直檐口、屋面瓦脊等建筑细部的形象，是研究北朝建筑的重要资料。

南朝仅存有陵墓，以地面上的石刻墓表及石像生、辟邪较为出色。

综观此阶段历时千余年，以汉代为高潮。中国建筑作为一个独特的体系，到汉代已经确立。木构架体系、院落式布局等特点已基本定型。后期由于佛教哲学与艺术的传入，以及中国社会中玄学的兴起，建筑形象趋于雄浑而带巧丽的风格。东晋和南朝是我国自然式山水风景园林的奠基时期。

四、封建社会中期（公元 581～1279 年）

此阶段包括隋、唐、五代、宋、辽、金。

（一）隋（公元 581～618 年）

隋代最突出的建筑成就就是新建一座都城——大兴城。隋文帝杨坚以汉长安城内宫殿与民居杂处，不便于民，水苦涩，不宜饮用为由，在汉长安的东南创建了一座全新的都城。城的面积达 84km²。城的外廓方正，城内有纵横干道各三条，称为"六街"。中轴线北端是宫城，宫城前是皇城。全城设 108 个坊和两个市。每个坊都有坊墙围绕。城的东南隅曲江所在的低洼地段，辟为供居民游赏的园林，这在世界城市建设史上，都是值得称赞的举措。大兴城布局严整，街道平直，功能分区明确，规划设计得井井有条。这主要出自哲匠宇文恺之手。宇文恺是一位杰出的建筑家，隋代的东都也是由他规划设计的。他考证"明堂"，广引文献，并用 1/100 比例尺制图、做模型。他还有许多具有巧思的建筑创作。隋代对佛教十分重视，隋文帝建国之初，曾诏令全国各州建"仁寿塔"，是方形平面五层的楼阁式木塔，可能有标准图，今塔已无一遗存。隋代遗存至今最著名的建筑是河北赵县的安济桥，是一座敞肩拱桥，它比欧洲同样类型的桥要早 700 年。桥由 28 道石券并列而成，跨度达 37.47m。"两涯嵌四穴，盖以杀怒水之激荡"。这种两端做成空腹拱的做法，不仅可减轻桥的自重，更可以减低洪水的冲击力。此桥在技术上、造型上都达到了很高的水平。桥的建造人是隋匠李春，这在中国一向不重视工匠的古代，能留下匠人的名字，是极难能可贵的。隋代遗存的另一建筑是山东济南柳埠的神通寺四门塔，是一座平面为方形的单层石塔，建于隋大业七年（公元 611 年）。

（二）唐（公元 618～907 年）

唐代将隋代的大兴城改称长安城，作为都城，继续加以完善。后来因为宫殿不敷使用，在长安城东北隅城墙之外龙首原上修建了一座大明宫，大明宫逐渐成为唐代的政治中心。大明宫遗址已经考古发掘，其中的主要建筑含元殿、麟德殿等按遗址做了复原设计。大明宫的尺度比明清北京紫禁城的尺度要大得多，就是非主殿的麟德殿也是明清正殿太和殿面积的 3 倍。唐代最宏伟的木构建筑当推武则天所建的"明堂"。文献记载它的平面为方形，约合 98m 见方，高约合 86m，是一座底部为方形而顶部为圆形的 3 层楼阁。建造如此复杂的高层建筑，工期只用 10 个月，由此可见当时的建筑设计与施工技术已臻于成熟。据近年对明堂遗址的考古发掘，其平面尺寸与结构同文献记载基本一致。

中国历史上曾有过多次"灭法"，即消灭宗教的活动，如著名的"三武一宗"灭佛（北魏太武帝灭佛、北周武帝灭佛、唐武宗灭佛、后周世宗灭佛）。从北魏到五代，佛教建筑被拆毁殆尽，再加上木构建筑材料本身的不耐久，致使中国现存的木构佛殿很少有年代很早的。最早的一座是山西五台的南禅寺大殿（唐建中三年，公元 782 年）。建于唐大中十一年（公元 857 年）的佛光寺东大殿是唐代会昌灭法以后所建。佛光寺东大殿是现存唐代木构建筑中规模最大，质量最好的一座，但以之与敦煌壁画上所绘的唐代佛寺中殿阁楼台恢宏的建筑群相比，仍不免简约。不过仅就佛光寺东大殿来看，其结构的有机、木构件的雄劲，已能让人领会到唐代木构建筑所达到的高水平。它的木构用料已具模数、斗栱功能分明，尤其是脊檩之下只用大叉手而不施侏儒柱，表明唐代匠人已经了解三角形为稳定形的原理。它的屋顶平缓、出檐深远，造型庄重美观，建筑技术与艺术达到了和谐统一。

唐代的木塔无一幸存到今天，砖塔则尚有数座，如西安大慈恩寺的大雁塔、兴教寺的玄奘墓塔，这两座塔属于楼阁式塔。西安荐福寺小雁塔、河南登封法王寺塔和云南大理崇圣寺千寻塔，三者属于密檐式塔。唐代的单层塔多属于高僧的墓塔，如河南登封净藏禅师塔、山西平顺海会院明惠大师塔等。唐塔一般是方形平面，单层塔壁，以木楼板木扶梯分层。净藏禅师塔是八角形平面，是已知唐塔中用八角形平面的首例。

唐代帝陵的特点是"因山为穴"。18座唐陵中有16座是利用天然山体凿隧道修筑的。以唐高宗李治与武则天的乾陵为例，以阙及神道形成前导空间，在建筑布局上有显著进步。每座陵都有若干陪葬墓。经考古发掘的永泰公主墓等若干陪葬墓中的壁画、明器等为了解唐代宫廷生活与唐代建筑形象提供了珍贵资料。

唐代对各等级住宅的堂、舍、门屋的间数、架数、屋顶形式以及装饰等，均有制度规定。盛唐时，显贵住宅趋于奢丽。安史之乱后，长安有些豪宅修建过度，规模庞大，装修华丽，使用高级木料，一时号为"木妖"。

（三）五代（公元907～960年）

这又是一个多战乱的时代，北方尤甚。相对地说南方的吴越、前蜀、南汉等较为稳定。此时期重要的建筑遗物如：苏州虎丘的云岩寺塔。该塔原为9层，现存7层，是一座八角形平面，双层塔壁的砖塔。它是砖塔由唐代的方形平面单层塔壁，向宋塔的多边形平面、有塔心室转变的首例。南京栖霞山舍利塔也是此时期的遗物。前蜀王建墓位于成都近郊，是中国属于王一级的墓最早被正式考古发掘的，在建筑史上有一定价值，墓中棺床的石刻较著名。

（四）宋（公元960～1279年）

宋代建都汴梁，即今开封，汴梁原为州治所在，作为国都过于狭隘。再加上宋代手工业商业活跃繁荣，自古以来的城市里坊制度被突破，拆除坊墙，临街设市肆，沿巷建住房，形成开放性城市。这是中国城市史上一个重要的转折点。宋代的建筑风格趋向于精致绮丽，屋顶形式丰富多样，装修细巧，门、窗、勾阑等棂格花样很多。留存至今的木构殿堂尚有不少，常以山西太原晋祠圣母殿（宋天圣年间初建，崇宁元年重建）和河北正定隆兴寺摩尼殿（宋皇祐四年即公元1052年建）为宋代建筑的代表作。其实，它们尚不能充分地表现出宋代建筑的风格与实际达到的水平。可以从宋代的"界画"上看到宋代的重楼飞阁是如何的华丽繁复。汴梁地处南北两种建筑风格之间，同时受北方唐代的壮硕与南方五代秀丽风格的影响，形成了宋代建筑的风格。

宋塔遗存至今的尚有许多，有砖塔、石塔还有琉璃贴面的琉璃塔。如：河北定县开元寺料敌塔，是现存最高的砖塔，高84m。河南开封祐国寺塔，俗称铁塔，是第一座砌琉璃面砖的塔。福建泉州开元寺双石塔，是现存最高的石塔。

宋崇宁二年（公元1103年）颁布的《营造法式》，内容包括了"以材为祖"的木作做法及各工种的功限料例，附有图样。全书共34卷，是一部极有价值的术书，作者是宋代的将作监李诚。李诚字明仲，河南管城县人。李诚是很有学问的人，他广读文献，并深入工匠做了解，写成此书。据传他参考的书中有一本《木经》是五代哲匠喻皓所著。

自南北朝时胡床、交椅等高足坐具传入中原以来，室内家具日渐多样，桌椅等垂足坐家具逐渐取代了供跪坐的几案等。从五代《韩熙载夜宴图》上可见一斑。至宋代，垂足坐家具已基本普及，这影响了建筑的室内高度。

宋代的造园之风甚炽，从宫廷、州县公署到市肆和一般士庶，都热衷于造园。宋徽宗的"艮岳"更成为亡宋的导火线。

南宋定都临安，即今杭州。建筑规模不大，但精致，属南方风格，多采用穿斗架，即使是官方所建寺观，也具南方地方风格。

（五）辽（公元 907～1125 年）

辽是由北方契丹族统治的朝代，与北宋对峙。辽的统治者积极吸取汉族文化，辽代建筑可视为唐代建筑的延续。辽代遗留至今的两处最著名的古建筑，一处是蓟县[①]独乐寺的山门和观音阁（公元 984 年），另一处是山西应县佛宫寺释迦塔（公元 1056 年）。前者是现存最大的木构楼阁的精品，后者是现存年代最早而且是独一无二的楼阁式木塔。观音阁外观二层，内部三层，中间有一夹层。释迦塔俗名应县木塔，塔高 67.31m，斗栱式样有60 余种，外观 5 层，有 4 个夹层，实为 9 层，夹层中均有斜撑构件，结构合乎力学原理。由辽代这两座木构建筑的技术与艺术所达到的水平，可以反过来推断唐及北宋中原地区木构建筑达到了何等的高水平。

（六）金（公元 1115～1234 年）

金破宋都汴梁时，拆迁若干宫殿苑囿中的建筑及太湖石等至中都，并带去图书、文物及工匠等。在中都兴建的宫殿被称为"工巧无遗力，所谓穷奢极侈者"。宫殿用彩色琉璃瓦屋面，红色墙垣，白色汉白玉华表、石阶、栏杆，色彩浓郁亮丽，开中国建筑用色强烈之始。金代的地方建筑中用减柱造、移柱造之风盛行，被认为"制度不经"。如五台山佛光寺文殊殿，内柱仅留两根，是减柱造极端之例。北京西郊的卢沟桥，长 265m，是金代所建的一座联拱石桥。桥栏望柱头上的石狮子极多，以数不清到底有多少而著称。

综观此阶段历时 700 余年，以唐代为高潮。长安城规模之大，列为人类进入资本主义社会之前城市中的世界第一。这时期遗留下来的陵墓、木构佛殿、石窟寺、塔、桥及城市宫殿遗址，在布局上、造型上都是气概雄伟、技术与艺术均有很高水平，建筑物中的雕塑、壁画尤为精美。唐代是中国建筑发展的最高峰，唐代的大建筑群布局舒展，前导空间流畅，个体建筑结构合理有机，斗栱雄劲。建筑风格明朗、雄健、伟丽。本阶段中国建筑体系达到成熟。

五、封建社会后期（公元 1279～1911 年）

此阶段包括元、明、清。

（一）元（公元 1279～1368 年）

元代是由蒙古族统治的朝代，是中国由少数民族建立的列入正统的第一个统一的大帝国。此前的各少数民族建立的国家只是局部的地方政权。元代在建筑上最重大的成就是完

---

① 今为天津蓟州区，下文同。

58

全新建了一座都城——大都。元大都基本上符合《周礼·考工记》中所述的"王城之制"。它位于金中都的东北方，城的外廓近于方形，除北面开二门外，其余三面都是开三门。宫城靠南，宫城以北是漕运终点的商业区，太庙在东侧，社稷坛在西侧，布局上基本符合"方九里，旁三门……面朝后市、左祖右社"的规矩。大都的街道取棋盘状，在南北走向的干道之间平行排列着称为"胡同"的小巷，是成排四合院住宅院落之间的通道。元大都是一座规划周密的城市，街道平直，市政工程完备，郭守敬引西山和昌平水源解决了漕运问题。元大都的规划设计人有刘秉忠和阿拉伯人也黑迭耳。元代的宫殿多用工字殿，这是继承宋代传统。元代宫殿的特色是使用多彩琉璃、高级木料紫檀、金色红色装饰，壁上挂毛或丝制品的帐幕等。宫殿中出现盝顶殿、棕毛殿、畏吾儿殿、石造浴室、石皮藏室等。

元代的木构建筑趋于简化，用料及加工都较粗放。主要表现是斗栱缩小，柱与梁直接联络，多做彻上明造，减柱仍在采用。通常以山西洪洞县广胜寺下寺正殿作为元代建筑的代表作。山西芮城的道观永乐宫是元初的建筑，以内中的壁画著称。永乐宫原址在山西永济，因修三门峡水库而移建芮城，是我国文物保护迁建古建筑较成功的一例。

元代引进了若干新的建筑类型，如大都中的大圣寿万安寺（妙应寺）白塔，是一座覆钵式塔（喇嘛塔），是尼泊尔匠人阿尼哥所建。在河南登封有一座由郭守敬建造的观星台，是中国最早的一座天文台。居庸关云台原是一座过街塔的塔座，上面原有三座覆钵式塔。元代的戏曲极盛行，元曲与唐诗、宋词并称，与之相应的戏台建筑很多，至今在山西临汾等多处仍有元代戏台留存。

（二）明（公元 1368～1644 年）

明代曾在南京、临濠（凤阳）、北京先后三次建造都城和宫殿，建设经验丰富，有一批熟练的工官与工匠。明成祖在元大都的基址上建设北京城。在用砖甃砌元大都的土城时，去掉了北边不发达的五里，向南边扩展一里。到嘉靖年间加建外城时，从南郊开始，中途收口，形成了北京城特有的凸字形外轮廓。北京城有一条从南到北约长 7.5km 的中轴线。中轴线通过紫禁城，最重要的建筑都位于这条中轴线上。紫禁城宫殿规划设计严整、造型壮丽、功能完备，是院落式建筑群的最高典范。明代在北京还建造了各种坛庙，如：太庙、社稷、天、地、日、月、先农、先蚕等坛，并修建了衙署、仓廪、寺观、府邸等。重要建筑均采用楠木，规模及造型严谨规整。明代的 13 座陵墓位于昌平天寿山麓。它的地形选择和神道等前导空间的处理都很成功。明长陵的祾恩殿木构架中的 12 根金丝楠木柱，柱高约 23m，最大柱径达 1.17m，蔚为壮观。

明代制砖的数量与质量均有很大提高，不仅把大都的土墙改为砖甃，万里长城以及许多州、府、县的砖城墙也多是明代所建。砌砖技术的大发展，出现了完全不用木料，以砖拱券为结构的无梁殿。最著名的一处是南京灵谷寺的无量殿。明代的琉璃制品也达到了极高水平，色彩及纹饰丰富。南京报恩寺塔，高 80 余米，塔身遍饰有佛像、力士、飞天等纹饰的彩色琉璃砖，绚丽壮观，被列为当时世界七大建筑奇迹之一，可惜在太平天国时被毁。山西大同的九龙壁和山西洪洞广胜寺上寺飞虹塔也是明代的琉璃建筑，可以略见明代琉璃的风采。

在明代，中国佛塔增加一种类型，即在北京大正（真）觉寺仿印度佛陀伽耶大塔建造的一座金刚宝座式塔。

明代家具用花梨、紫檀等质地坚实的名贵木料，构件断面小，榫卯严紧密实，不多加装饰，造型与受力情况和谐一致。美观高雅，明式家具驰誉世界。

明初朱元璋曾明令禁止宅旁多留隙地营造花园，但明中叶后，江南富庶之地，私家造园之风甚炽。明末吴江人计成著有《园冶》一书，记述反映了明代造园理论与艺术水平。

明代修建北京宫殿、坛庙、陵墓的工匠来自全国各地，其中主力来自江南，以徐杲、蒯祥最为杰出。蒯祥能"目量意营""随手图之无不称上意"，人称"蒯鲁班"。

（三）清（公元 1644~1911 年）

清代定都北京，没有沿用过去每改朝换代均要焚毁前朝宫室以煞王气的传统，继续使用了明代的紫禁城，在使用中加以完善。清代在建筑方面最突出的成就表现在皇家苑囿的建设上。除了在北京城内的三海多有建树之外，在西郊所建的三山五园和在承德所建的避暑山庄都达到了很高的水平。私家园林也大有发展，江南园林达到极盛。中国园林影响所及，不仅是近邻的日本、朝鲜，18 世纪时更远及欧洲。中国园林成为世界园林渊源之一。

清代为满族统治的朝代，为了团结蒙、藏兄弟民族，在西藏、青海、甘肃、蒙古等地修建了若干喇嘛庙。清初在拉萨修建的布达拉宫，在呼和浩特修建的席力图召，都是汉藏混合式的建筑。在承德避暑山庄周围修建的"外八庙"结合山坡地形，仿建布达拉宫等建筑，融合了汉藏两式建筑而有所创新，使中国建筑有了一个新的发展。

清代于雍正十二年（公元 1734 年）颁布了工部《工程做法则例》，列出了 27 种单体官式建筑的各种构件的尺寸。改宋式的以"材""栔"为模数的方法以"斗口"为模数，简化了计算，标准化程度提高，有利于预制构件、缩短工期，程式化程度加大了。清代承担宫廷建筑设计的是七世世袭的"样房"雷氏家族，人称"样式雷"，他们制作的建筑模型称为"烫样"。

民居、祠堂、会馆书院等民间建筑，尚有少量的明代实物遗存，主要是清代的。其中在技术上、艺术上，以及反映时代生活方面，蕴藏着很多宝贵的经验，值得学习汲取。这方面的研究探索工作也已然起步，有待于进一步开展。

综观此阶段历经 600 余年，其中元代除受宋代影响外，呈现出若干新的趋向。明清建筑则成为中国封建社会建筑的最后一个高潮。明代在经历少数民族统治的朝代之后以一切恢复正统为国策，在建筑方面制定了各类建筑的等级标准。明代修建的紫禁城宫殿、天坛、太庙、陵墓等都是规则严整的杰出之作。清代的造园和创造出体量极大的汉藏混合式建筑也是值得肯定的发展。

第二节　中国古代建筑的特征

（一）木构架体系，"墙倒屋不塌"

中国建筑中的重要建筑都是采用木构架的，墙只起围护作用。木构架的主要类型有抬梁式、穿斗式两种。由此体系而派生出以下特点：

1. 重视台基

为防止木柱根部受潮（包括土墙）需台基高出地面。逐渐，台基的高低与形式成为显示建筑物等级的标志。如王府台基高度有规定、太和殿用三层须弥座汉白玉台基等。

台基露出地面的部分称为台明。在宋代《营造法式》中有四种地盘概念，即单槽、双槽、分心槽和金箱斗底槽。辽代建筑山西应县佛宫寺释迦塔、天津蓟县独乐寺观音阁及山西五台唐代遗构佛光寺东大殿都是金箱斗底槽。按柱网分布，一般明清建筑平面由明间（宋称当心间）、次间、稍间、尽间等对称构成。

2. 屋身灵活

由于墙不承重，可以任意设置或取消，可亭可仓可室可厅。墙体可厚可薄，开窗可大可小，以适应各种不同的使用要求与气候。

屋身墙体及檐柱，汉唐至宋元时期注重使用侧脚（角）与收分（又称收溜）做法，以提高建筑稳定性。柱身收分在明清时期逐渐取代唐宋梭柱流行的卷杀做法，工匠口诀"溜多少，升多少"即指侧脚与收溜做法。

3. 屋顶呈曲线或曲面

"上欲尊，而宇欲卑，吐水疾而霤远。"屋顶以举折或举架形成上陡下缓的坡度曲线，以取得屋面雨水以最快的速度下注而远离屋身。檐部平缓又取得"反宇向阳"多纳日照的好处。中国建筑的曲线坡屋顶有如建筑的冠冕，优美而实惠。屋角起翘、"如鸟斯革、如翚斯飞"。

屋顶翼角有"冲三翘四"之说。组合屋顶在宋代多见，如清代尚存的十字脊等。屋顶除硬山、悬山、攒尖、歇山及庑殿之外，还有盝顶、囤顶、半坡及盌顶（平顶）等多种做法；民间及园林建筑中常有勾连搭或抱厦做法，以解决大空间问题；另有砖石生土发券、穹窿及无梁殿做法等。

4. 重要建筑使用斗栱

斗栱原为起承重作用的构件，随着结构功能的变化，斗栱成为建筑物等级的标志。

斗栱按位置主要分为柱头科、平身科及角科，分别对应《营造法式》的柱头铺作、补间铺作和转角铺作。单"攒"单"朵"斗栱可分解为斗形（斗、升）、弓形（栱类）、方形截面（枋类）和板类四大构件类型。斗栱可使屋檐出挑深远，并具有较好的装饰作用；此外，它还具有突出的抗震性能，也是唐宋至明清官式建筑定义下的典型等级象征。

5. 装饰构造而不去构造装饰

仅对必需的构造加以艺术处理，而不是另外添加装饰物。如在石柱础上加以雕饰，梁、柱做卷杀，形成梭柱、月梁。屋顶尖端接缝处加屋脊。脊端、屋檐等有穿钉处加设吻兽、垂兽、仙人走兽、帽钉等以防雨、防滑落。甚至油漆彩画也是由于木材需要防腐而引起的，在必需的条件下，加以美化处理，而非纯粹的装饰。

例 2-1 **（2021）** 中国古代木构建筑的外檐柱及角柱在前、后檐及两山处向内倾斜的做法称为（ ）。

    A 生起   B 侧脚   C 举折   D 推山

    解析： 参见《中国建筑史》（第七版）第8.2.1节："宋、辽建筑的檐柱由当心间向两端升高，因此檐口呈一缓和曲线，这在《营造法式》中称为生起""为使建筑有较好的稳定性，宋代建筑规定外檐柱在前、后檐均向内倾斜柱高的10/1000，在两山向内倾斜8/1000，而角柱则两个方向都有倾斜。这种做法称为侧脚"；故B正确。

另据第8.2.4节"在计算屋架举高时，由于各檩升高的幅度不一致，所以求得的屋面横断面坡度不是一根直线，而是若干折线组成的，宋称举折""推山是庑殿建筑处理屋顶的一种特殊手法。由于立面上的需要，将正脊向两端推出，从而四条垂脊由45°斜直线变为柔和曲线，并使屋顶正面和山面的坡度与步架距离都不一致"。

答案：B

（二）院落式布局

用单体建筑围合成院落，建筑群以中轴线为基准，由若干院落组合，利用单体建筑的体量大小和在院中所居位置来区别尊卑内外，符合中国封建社会的宗法观念。中国的宫殿、庙宇、衙署、住宅都属院落式。另外，院落式平房比单幢的高层木楼阁在防救火灾方面大为有利。

（三）有规划的城市

历史上大多数朝代的都城都比附于《周礼·考工记》的王城之制，虽不是完全体现，但大多数都是外形方正，街道平直，按一定规划建造的。包括州县等城市也是如此。只有在自然条件极为特殊的地段，才偶然有不规则形状的城存在。

（四）山水式园林

中国园林园景构图采用曲折的自由布局，因借自然，模仿自然，与中国的山水画、山水诗文有共同的意境，与欧洲大陆的古典园林惯用的几何图形、树木修剪、人为造作的气氛，大异其趣，强调"虽由人作，宛自天开"。

（五）特有的建筑观

视建筑等同于舆服车马，不求永存。从来不把建筑作为一种学术。崇尚俭朴，把"大兴土木"一贯列为劳民伤财的事。对于崇伟新巧的建筑，贬多于褒。技术由师徒相传，以实地操作、心传口授为主。读书人很少有人关心建筑，术书极少，这些建筑观影响了中国建筑的进步。

第三节 中国建筑历史知识

（一）城市

都城的制度。"匠人营国，方九里，旁三门，国中九经九纬，经涂九轨，左祖右社，面朝后市……"（《周礼·考工记·匠人》）（图2-1）。

中国历代都城规模大小的顺序：①隋大兴城（唐长安城，图2-2）；②北魏洛阳城（图2-3）；③明、清北京城（图2-4、图2-5）；④元大都（图2-6）；⑤隋、唐洛阳；⑥明南京城（图2-7）；⑦汉长安城（图2-8）。

图2-1 《三礼图》中的周王城图

图 2-2 唐长安城复原图

图 2-3 北魏洛阳城平面推想图

图 2-4 明北京发展三阶段示意图

中国第一座轮廓方正的都城曹魏邺城（图2-9）。

北宋东京平面想象图见图 2-10。

中国五大古都：西安、洛阳、开封、南京、北京。

中国七大古都：以上五处加安阳、杭州。

金中都、元大都、明清北京城址变迁图（应会默画）。元大都是与《周礼·考工记》王城之制最接近的。列入世界文化遗产的中国城市：平遥古城、丽江古城。

唐长安城为里坊制，为封闭型；宋汴梁、临安转变为开放型，沿街设市，沿巷建住房。

（二）宫殿

周制三朝五门：外朝——决定国家大事，治朝——王视事之朝，内朝——办理皇族内部事务、宴会；五门包括皋门、库门、雉门、应门、路门。其设置示意如下：

外朝 ｜ 治朝 ｜ 内朝

皋门 库门 雉门 应门 路门

图 2-5　清代北京城平面图（乾隆时期）

1—亲王府；2—佛寺；3—道观；4—清真寺；5—天主教堂；6—仓库；7—衙署；8—历代帝王庙；9—满洲堂子；10—官手工业局及作坊；11—贡院；12—八旗营房；13—文庙、学校；14—皇史宬（档案库）；15—马圈；16—牛圈；17—驯象所；18—义地、养育堂

东西堂制：大朝居中，两侧为常朝。汉代开东西堂制之先声，晋、南北朝（北周除外）均行东西堂制。隋及以后均行三朝纵列之周制。

隋、唐的三朝五门：承天门、太极门、朱明门、两仪门、甘露门。外朝承天门、中朝太极殿、内朝两仪殿。

唐代宫殿雄伟，尺度大。大明宫主殿含元殿建于龙首原上，前有长达75m的龙尾道。麟德殿面积达5000余平方米，约为清太和殿的3倍（图2-11）。

65

图 2-6 元大都平面复原想象图

1—大内；2—隆福宫；3—兴圣宫；4—御苑；5—南中书省；6—御史台；7—枢密院；8—崇真万寿宫（天师宫）；9—太庙；10—社稷；11—大都路总管府；12—巡警二院；13—倒钞库；14—大天寿万宁寺；15—中心阁；16—中心台；17—文宣王庙；18—国子监学；19—柏林寺；20—太和宫；21—大崇国寺；22—大承华普庆寺；23—大圣寿万安寺；24—大永福寺（青塔寺）；25—都城隍庙；26—大庆寿寺；27—海云可庵双塔；28—万松老人塔；29—鼓楼；30—钟楼；31—北中书省；32—斜街；33—琼华岛；34—太史院

图 2-7　明南京城复原图

明南京城的规划突破隋唐以来方整对称的都城形制，结合地形和城防
需要，保留旧城，新辟新区，形成不规则的格局

图 2-8　汉长安城平面图

图 2-9　曹魏邺城平面想象图

图 2-10　北宋东京平面想象图

宋代宫殿创造性发展是御街千步廊制度。另一特点是使用工字形殿。

轴心舍：即工字形殿的唐代名称，用于官署。

元代宫殿喜用工字形殿。受游牧生活、藏传佛教及西亚建筑影响，用多种色彩的琉璃，金、红色装饰，挂毡毯毛皮帷幕。建盝顶殿，棕毛殿、畏吾儿殿、石造浴室等。

图 2-11 唐大明宫重要建筑遗址图

明、清紫禁城宫殿（应全面了解），清北京故宫总平面如图 2-12 所示。

（三）坛庙

坛——祭祀天、地、日、月、桑、农等自然物的建筑。

庙——祭祀帝王祖先的建筑。

大祭，皇帝亲自祭祀。中祭，皇帝派大臣代祭。望祭，不设庙，只朝所祭方向遥祭。

圜丘——祭天的坛。

天坛如图 2-13、图 2-14 所示。

孔庙，结合《中国建筑史》了解孔庙布局特点。

（四）陵墓

四出羡道。商、周帝王陵墓的形制，由东西南北四方，以斜坡道及踏步由地面通向墓室（图 2-15）。

封土——帝王陵墓地表以上陵体。

方上——累土为堆，呈截顶方锥体形的封土。

中国已发现的最早的一幅建筑总平面图：河北平山县战国中山国王譻墓出土的一块铜板兆域图。

寿皇殿

景　山

神武门

御花园

乾清宫

乾清门

武英殿

太和殿

西华门

太和门

文华殿

东华门

午门

社稷坛

太庙

端门

天安门

北

0　100　200　300m

大清门

图 2-12　清北京故宫总平面图

图 2-13　北京天坛总平面图
1—坛西门；2—西天门；3—神乐署；4—牺牲所；5—斋宫；
6—圜丘；7—皇穹宇；8—成贞门；9—神厨神库；10—宰牲亭；
11—具服台；12—祈年门；13—祈年殿；14—皇乾殿；
15—先农坛；16—丹陛桥

图 2-14　天坛祈年殿外观

図 2-15　河南安阳市后岗殷代四出羡道大墓

兆域——墓地的界址。

黄肠题凑——汉代帝王陵制，用栢木段垒成墓室，栢木心为黄色，木段头皆朝内。

陵邑——汉陵各设陵邑，即小城市。迁各地豪富及前朝官吏来居住，名为守陵，实是强干弱枝，便于管理统治。

唐代陵墓——"因山为穴"（以乾陵为例，了解其布局特点）。

五音姓利——阴阳堪舆术先按姓分属五音（宫、商、角、徵、羽）而择地不同。宋代国姓赵，属角音，墓地要"东南地穿、西北地垂"，故宋陵由高向低而建。

明十三陵，其选址、布局、单体建筑均具很高水平（图 2-16）。

（五）宗教建筑

佛寺布局的演变：以塔为主→前塔后殿→塔殿并列→塔另置别院或山门前→塔可有可无。

明、清佛寺建筑典型布局：山门→钟鼓楼→天王殿→大雄宝殿→配殿→藏经楼→另附各种院。

佛教四大名山：①山西五台山（文殊菩萨道场）；②四川峨眉山（普贤菩萨道场）；③安徽九华山（地藏菩萨道场）；④浙江普陀山（观音菩萨道场）。

道教名山：江西龙虎山，江苏茅山，湖北武当山，四川青城山，山东崂山，陕西华山，江西三清山。其中武当山的主峰天柱峰上的石城，名曰"紫禁城"。

道教建筑之特点：①以"宫""观""院"等命名，不以寺称；②所奉神像蓄发长须，穿中式衣袍；③不以塔为膜拜对象；④常有洞天福地等园林布置。

伊斯兰教礼拜寺建筑特点：①不供偶像；②设向圣地麦加朝拜的龛；③不用动物图像作装饰，用《古兰经》经文、植物及几何图案作装饰；④设有邦克楼、望月楼、浴室等。

中国伊斯兰教四大寺：①广州怀圣寺（俗名狮子寺）；②泉州清净寺（俗名麒麟寺）；③杭州真教寺（俗名凤凰寺）；④扬州仙鹤寺。

图 2-16　北京明十三陵分布图

舍宅为寺：南北朝盛行的社会风尚。致仕之人舍出住宅作佛寺，以前厅为佛殿，后堂为讲堂。

最具代表性的著名古建筑：

（1）佛光寺东大殿——山西五台，唐大中十一年（公元857年）建，是现存最大的唐代木构建筑（图2-17、图2-18）。

图 2-17　山西五台佛光寺东大殿平面图

（2）南禅寺大殿——山西五台，唐建中三年（公元782年）建，是现存最早的木构建筑（图2-19）。

（3）隆兴寺摩尼殿——河北正定，北宋皇佑四年（公元1052年）建，四出抱厦，山面朝前（图2-20）。

（4）独乐寺观音阁及山门——辽统和二年（公元984年）重建，结构合理（图2-21）。

（5）晋祠圣母殿——山西太原，宋崇宁元年（公元1102年）重修，殿前有鱼沼飞梁（图2-22）。

（6）永乐宫——山西芮城，元中统三年（公元1264年）建，殿内壁画极珍贵。

（7）清净寺——福建泉州，元至正年间（公元1341～1370年）重修，保持外来影响。

（8）布达拉宫——西藏拉萨，清顺治二年（公元1645年）重建，是最大的藏传佛教寺院。

（9）席力图召——内蒙古呼和浩特，清康熙三十五年（公元1696年）重建，汉藏混合式喇嘛庙。

中国佛塔的五种主要类型：

（1）楼阁式塔——山西应县佛宫寺释迦塔（图2-23）。

（2）密檐塔——河南登封嵩岳寺塔（图2-24）。

（3）单层塔——山东济南神通寺四门塔（图2-25）。

（4）喇嘛塔——北京妙应寺白塔（图2-26）。

（5）金刚宝座式塔——北京大正觉寺金刚宝座塔（图2-27）。

图 2-18 五台佛光寺东大殿梁架示意图

1—柱础；2—檐柱；3—内槽柱；4—阑额；5—栌斗；6—华栱；7—泥道栱；8—柱头方；9—下昂；10—耍头；11—令栱；12—瓜子栱；13—慢栱；14—罗汉方；15—替木；16—平棋方；17—压槽方；18—明乳栿；19—半驼峰；20—素方；21—四椽明栿；22—驼峰；23—平闇；24—草乳栿；25—缴背；26—四椽草栿；27—平梁；28—托脚梁；29—叉手；30—脊槫；31—上平槫；32—中平槫；33—下平槫；34—椽；35—檐椽；36—飞子（复原）；37—望板；38—栱眼壁；39—牛脊方

图 2-19　山西五台南禅寺大殿立、平面图

图 2-20　河北正定隆兴寺摩尼殿剖面图

图 2-21　天津蓟县独乐寺观音阁外观

图 2-22　山西太原晋祠圣母殿立面图

图 2-23　山西应县佛宫寺释迦塔外观

图 2-24　河南登封嵩岳寺砖塔平、立面图

图 2-25　山东济南神通寺四门塔外观

图 2-26　北京妙应寺白塔立面图

图 2-27　北京大正觉寺金刚宝座塔

其他名塔：

河北定县开元寺料敌塔——宋塔，现存最高的砖塔，高 84m；

河南开封祐国寺塔——宋塔，俗称铁塔，是第一座砌琉璃面砖的塔；

福建泉州开元寺双石塔——宋塔，是现存最高的石塔；

南京报恩寺琉璃塔——明建，已毁，被当时誉为世界建筑七大奇迹之一；

河北正定广惠寺华塔——造型华丽，是塔的一种类型，也可视为金刚宝座；

经幢——河北赵县陀罗尼经幢（图2-28）；

石窟寺——在山崖上开凿出来的洞窟形佛寺。

著名石窟寺：甘肃敦煌石窟、山西大同云冈石窟、河南洛阳龙门石窟、山西太原天龙山石窟、甘肃天水麦积山石窟、新疆拜城克孜尔石窟。

（六）住宅

了解古代住宅依靠的间接资料：文献、图画、壁画、画像石、画像砖、明器。

唐代的住宅制度见《唐会要·舆服志》："……王公以下舍屋不得施重栱藻井，三品以上堂屋不得过五间九架、厅厦两头，门屋不得过五间五架。五品以上堂舍不得过三间五架，门屋不得过一间两架……士庶公私第宅皆不得造楼阁临视人家……又庶人所造堂舍不得过三间四架，门屋一间两架，仍不得辄施装饰。"

现存明代住宅，在山西、安徽、江西、浙江、福建等地均有遗存。

1. 庭院式住宅

（1）北京四合院：有单进院、二进院、三进院及多进院；通常多是"三正两耳"的"五间口"院落（图2-29）。

图2-28 河北赵县陀罗尼经幢立面图

图2-29 北京典型三进四合院住宅鸟瞰、平面图

（2）云南白族住宅穿斗式：云南白族民居的照壁与正房和两侧楼房构成"三坊一照壁"的格局；此外，更高等级的还有"四合五天井""六合同春"等套院格局。

将云南白族四合院与北京四合院加以比较：首先从主房的方位来看，北京四合院的主房以坐北朝南为贵；而白族民居的主房一般为坐西向东。其次，北京四合院的住宅大多是一层的平房，而白族民居基本上都是两层（图2-30）。

图2-30　云南白族住宅穿斗式

（3）晋陕窄院：大体比例为1.5∶1或2∶1，单坡屋顶的俗称"四水归一"。

（4）东北大院：以"一正四厢"的两进院为基本形制。

（5）云南"一颗印"：其典型格局是"三间四耳倒八尺"（图2-31）。

（6）徽州天井院：可形成带两个天井的二进院，其中间两厅合脊，俗称"一脊翻两堂"。

（7）浙江天井院：大型天井院以"十三间头"最常见，当地俗称"五凤楼"（图2-32）。

图2-31　"一颗印"住宅剖视

图2-32　东阳"十三间头"

（8）苏南地区天井院：典型案例有明代的吴县东山尊让堂，平面呈倒"凸"字形（图2-33）。

（9）闽粤天井院：有两种基本形制——"爬狮""四点金"，以及由前两者串联构成"三座落"。

图 2-33　江苏吴县东山尊让堂一层平面图

2. 永定客家土楼

永定土楼分为圆楼和方楼两种。圆楼的典型案例有承启楼（图2-34），方楼的典型案例有遗经楼（图 2-35）。

图 2-34　福建永定客家圆楼承启楼

（林嘉书、林浩、阎亚宁，《客家土楼与客家文化》，第 31 页图）

图 2-35　福建永定客家方楼遗经楼平面

（林嘉书、林浩、阎亚宁，《客家土楼与客家文化》，第 55、第 56 页图）

1—前门；2—前院；3—院；4—祖堂；5—公井；6—饭堂；7—卧室；

8—厨房；9—仓库；10—天井

3. 窑洞

分为三种基本类型——靠崖窑、下沉式窑院（地坑院）和砖砌锢窑。靠崖窑的典型案例有河南巩县（今巩义市）康店村中的明清"康百万庄园"窑群（图 2-36）。

图 2-36　河南巩县康百万庄园靠崖窑群平面图

（陆元鼎，《民居史论与文化》，刘金钟、韩耀舞一文之图 4）

4. 其他住宅形式

包括毡包、藏式碉房、西南干阑（图 2-37）、新疆"阿以旺"（图 2-38）。

图 2-37　云南景洪县傣族住宅图

平面

剖视

图 2-38　新疆和田县"阿以旺-阿克赛乃"大型住宅

例 2-2　(2021) 关于窑洞的说法，错误的是(　　)。

A　窑洞的前身是原始社会穴居中的横穴

B　窑洞分靠崖窑、下沉窑院及锢窑等类型

C　窑口处安排日常起居，尽端处安排炉灶和火炕

D　窑洞具有冬暖夏凉、防火隔声等优点

解析：参见《中国建筑史》(第七版)第3.1.2节："窑洞的前身是原始社会穴居中的横穴"，故 A 正确。另据第3.2.4节"窑洞主要有三种：①开敞式靠崖窑；②下沉式窑院(地坑院)；③砖砌的锢窑"，故 B 正确。另据"一般临窑口空气充足处，安排灶、炕及日常起居，深处用于贮藏"，故 C 错误。另据"窑洞……具有冬暖夏凉、防火隔声、经济适用、少占农田等优点"，故 D 正确。

答案：C

(七) 园林

中西方园林大异其趣。中国园林以表现自然意趣为目的，师法自然，以山水为景观骨干，"虽由人作，宛自天开"。其与欧洲古典园林追求轴线对称，几何图形，分行列队，树木修剪，显示人力的做法，大不相同。

中国园林发展的五个历史阶段：①汉以前以帝王贵族狩猎苑囿为主体；②魏、晋、南北朝山水园奠基(园林成为真正的艺术)；③唐代风景园全面发展；④两宋造园普及；⑤明、清——园林的最后兴盛时期。

三山五园——清代皇家在北京西郊所建的园林(图2-39)，三山为瓮山(万寿山)、

图 2-39　北京西郊清代苑园分布图

玉泉山、香山；五园为清漪园（颐和园）、静明园、静宜园、畅春园、圆明园。

江南名园：位于无锡的寄畅园，位于苏州的留园（图2-40）、拙政园、沧浪亭、狮子林、网师园、环秀山庄，位于扬州的个园、小盘谷，位于南京的瞻园。

图 2-40　江苏苏州市寒碧庄（今留园）平面图

1—寻真阁（今古木交柯）；2—绿荫；3—听雨楼；4—明瑟楼；5—卷石山房（今涵碧山房）；6—餐秀轩
（今闻木樨香轩）；7—半野堂；8—个中亭（今可亭）；9—定翠阁（今远翠阁）；10—原为佳晴喜雨快雪之亭，
今已迁建；11—汲古得修绠；12—传径堂（今五峰仙馆）；13—垂阴池馆（今清风池馆）；14—霞啸（今西楼）；
15—西奕（今曲溪楼）；16—石林小屋；17—揖峰轩；18—还我读书处；19—冠云台；
20—亦吾庐，今为佳晴喜雨快雪之亭；21—花好月圆人寿

例2-3　（2021） 现存圆明园西洋建筑残迹原属于哪座清代皇家园林？

　　A　畅春园　　　　B　长春园　　　　C　绮春园　　　　D　万春园

　　解析： 参见《中国建筑史》（第七版）P197："其中长春园还有一区欧洲式园林，内有巴洛克式宫殿、喷泉和规则式植物布置（现存圆明园西洋建筑残迹即属之）"，故 B 正确。

　　答案： B

(八) 构造、部件及装修

1. 木构架的两种主要形式

(1) 抬梁式如图 2-41 所示。

图 2-41 抬梁式构架构造（清代七檩硬山大木小式）示意图

(2) 穿斗式如图 2-42 所示。

2. 屋顶的五种主要形式 （图 2-43）

(1) 庑殿顶——四阿顶；

(2) 歇山顶——九脊顶、厦两头；

(3) 悬山顶——不厦两头；

(4) 硬山顶；

(5) 攒尖顶。

另有盝顶、盔顶等。

3. 其他部件

柱顶石——即柱础的清式名称，柱下的承载构件。

榰——柱与础之间的垫，起隔潮作用。

梭柱——上下端或仅上端做卷杀之柱。

图 2-42　穿斗式构架构造示意图

图 2-43　中国古代建筑屋顶——单体形式图

生起——檐柱由当心间向两端逐间升高，使檐口呈一缓和曲线；宋《营造法式》规定，次间柱升高 2 寸，以下依次递增 2 寸。

侧脚——宋《营造法式》规定，檐柱向内倾柱高的 10/1000，两山檐柱向内倾8/1000，角柱两个方向都倾，以增加建筑物的稳定性。

宋《营造法式》的四种地盘图：①金厢斗底槽；②单槽；③双槽；④分心槽。

副阶周匝——在主体建筑之外，加一圈回廊，《营造法式》称之为"副阶周匝"。

普拍方之变化——唐代尚未见，宋开始有，宽于阑额。宽度减小渐与阑额趋于一致。明清时阑额宽，普拍方窄于阑额，改称平板枋。

斗栱之演变趋势：①由大而小；②由简而繁；③由雄壮而纤巧；④由结构的而装饰的；⑤由真结构的而假刻的；⑥分布由疏朗而繁密。

举架与举折——定屋架坡度的方法。清式为举架，由檐部逐步架加大坡度。宋式先定脊槫高度，逐步架减小坡度。

推山与收山：推山是加长庑殿顶正脊长度的做法。有推山的年代晚（明及以后）。收山是歇山顶两山向内收进的做法，收进大的年代早，清代只收进一檩径。

建筑色彩的等级。春秋时期——天子丹，诸侯黝、大夫苍，士黈（黄色），以红色为最尊贵。清代以黄色为最尊贵，以下次序是：赤、绿、青、蓝、黑、灰。

清代彩画三种：（由尊至卑）和玺，旋子，苏式。

宋式雕刻分类——剔地起突（高浮雕），压地隐起华（浅浮雕），减地平钑（线刻），素平。

正脊两端构件——晋始用鸱尾，唐鸱尾，宋鸱尾、龙尾、鱼尾，元鸱吻，明、清吻兽。

仙人走兽——《大清会典》规定顺序为：仙人骑鸡、龙、凤、狮子、海马、天马、押鱼、狻猊、獬豸、斗牛。走兽共九只，出列时必须为奇数，只有太和殿例外，加了一只"行什"，共十只。

平闇与平棋——小方格的天花板为平闇，年代早。平棋为大方格的。

铺首——门上的供推拉叩门的构件。

螭首——螭是龙子之一，在碑首，殿阶上常用石刻成龙首形。

象眼——台阶侧面三角形的部分，宋式象眼层层凹入，《营造法式》规定凹入三层，每层凹入半寸至一寸。另外在中国建筑中凡呈直角三角形的部位常称象眼。

须弥座——尊贵的台座，源于佛教圣山须弥山，用于佛像及佛殿的基座。

石柱——北齐义慈惠石柱是位于河北定兴的一处石刻纪念柱。柱顶有一三开间的小殿，殿的歇山顶、梭柱等反映了南北朝建筑的形象（图2-44）。

石屋立面图

图 2-44　河北定兴北齐义慈惠石柱立面图

（九）其他

历代建筑哲匠：春秋—鲁班，西汉—阳城延，北魏—杨衒之，隋—宇文恺，五代—喻皓，宋—李诫，明—蒯祥，清—样式雷。

古代建筑术书：《周礼·考工记·匠人》《木经》，宋《营造法式》，清工部《工程做法则例》《鲁班营造正式》《园冶》。此外，尚有《清式营造则例》及《营造法原》二书，前者为近代建筑学家梁思成研究清式建筑之专著；后者为近代建筑营造家姚补云有关江南地区古建筑的讲义，由刘敦桢、张至刚审核、增补。

宋《营造法式》，作者李诫，共34卷，3555条，包括释名、各作制度、功限、料例和图样，是研究我国古代建筑最重要的术书。

明《园冶》，作者计成，内容"由绘而园，水石之外，旁及土木"。

下列各名句的出处：

"凿户牖以为室，当其无，有室之用，故有之以为利，无之以为用。"——老子《道德经》。

"天子以四海为家，非壮丽，无以重威"——萧何在向刘邦解释为什么未央宫要建得壮丽时所说。

"虽由人作，宛自天开"计成在《园冶》中语。

第四节　中国近现代建筑

一、中国近代建筑的发展历程

中国近代建筑发展大致可以划分为以下三个阶段。

1. 19世纪中叶到19世纪末

1840年鸦片战争到1894年甲午战争前，清政府签订了一系列不平等条约，开放广州、厦门、福州、宁波、上海等商埠24处，这些商埠有些设立外国人居留地，有些开辟租界，是帝国主义列强侵华的据点，也带来了资本主义的生产方式和物质文明，造成了建筑观念、建筑管理和建筑技术的变革。

这个时期是中国近代建筑活动的早期阶段，新建筑在类型、数量和规模上都十分有限，是中国近代建筑发展的开端和酝酿时期。

2. 19世纪末到20世纪30年代

这个时期外国资本合法进入中国，建设迅速增多，中国被迫纳入世界市场。中国政府为了抵制被动开埠，实施了"自行开放"的口岸，陆续开辟了35处。胶州湾、广州湾、旅大、九龙、威海等重要港湾被"租界"，沙俄在中东铁路沿线、日本在南满铁路沿线相继圈占附属地。青岛、大连、哈尔滨、长春等，分别成为德、俄、日先后占领的城市。

在租界和租借地、附属地城市中，建筑活动逐渐频繁，建筑类型大大丰富，建筑规模逐渐增大，建筑设计和施工水平显著提高。

这个阶段是中国近代建筑的发展阶段，中国本土建筑师也逐渐成长。

3. 20世纪30年代末到40年代末

从1937年到1949年，持续的战争状态使建筑建设和发展趋于停滞，建筑活动较少，是近代中国建筑活动的一段停滞期。

二、中国现代建筑的发展历程

1. 三年经济恢复阶段

1949～1952年是经济恢复阶段，各地各部门的设计单位陆续建立。1952年8月，在成立建筑工程部的会议上提出了建筑设计的总方针为：适用；坚固、安全；经济。另一方面，建筑物又是文化的代表，必须不妨碍上面三个主要原则，也要适当照顾外形的美观。这些原则孕育了后来的"适用、经济、在可能的条件下注意美观"的建筑设计方针，影响长达半个世纪之久。

2. 第一个五年计划阶段——复兴与探索阶段

从1950年代开始，绝大部分建设活动都是通过社会工作国家化、半军事化，以战争期间形成的有力、有效的政府行为进行的。1952 年政务院作出关于国家建设的基本方针是"国防第一、工业第二、普通建设第三、一般修缮第四"的规定。20 世纪初留学归国的第一代建筑师及他们培养的第二代建筑师，在 1952 年之后已经成为各级重要国营设计机构的主要建筑师。

3. 从"大跃进"到"设计革命"——再探索与挫折阶段

第三个阶段为 1958~1965 年，从"大跃进"运动到"设计革命"，建筑设计充满了上下求索的精神。1958 年 2 月，《建筑》杂志发表社论，反对保守，反对浪费，争取建筑事业上的"大跃进"，各设计院纷纷下场搞设计。1964 年 11 月，在全国各设计单位又开展了"设计革命"运动，倡导设计人员"下楼出院"，到现场去，到群众中去，进行调查研究和现场设计。

4. "文化大革命"阶段——全面倒退与局部突破阶段

这个时期为 1966~1978 年。在此期间，产业结构失调，生产关系受到伤害和扭曲，建筑师的地位也是 1950 年代以来最低的。

5. 改革开放阶段

这个阶段，建筑业内部发生了脱胎换骨的变化，建筑施工项目的投资与管理已通过市场招标、承包贷款等制度进行，建筑设计的体制也在 1980 年代实行企业化管理，1990 年代发展集体所有制及民营的设计单位，并推行注册建筑师制度、注册工程师与规划师制度，推行了工程建设监理制度。尤其是房地产业从建筑业中分化出来，成为住宅等建筑活动的杠杆，物业管理也成为促进提高设计水平的重要因素。

三、主要代表人物及其作品[①]

1. 吕彦直（1894~1929 年）

被称为中国"近现代建筑的奠基人"。1911~1913 年清华学堂留美预备部，后被派赴美国康奈尔大学，先攻读电气专业，后改学建筑，1918 年毕业。毕业前后，曾作为美国著名建筑师亨利·墨菲的助手，参加金陵女子大学和燕京大学校舍的规划与设计，同时描绘整理了北京故宫大量建筑图纸。1925 年在中外建筑师参与的南京中山陵设计竞赛中，吕彦直的方案获得首奖（图 2-45）。1929 年中山陵建成，标志着由中国建筑师规划设计的大型建筑组群的诞生。1927 年 5 月，吕彦直主持设计的广州中山纪念堂和纪念碑方案，在 28 份中外建筑师应征设计方案中，再夺魁首。南京中山陵的设计着力陵园总体境界、空间意韵的塑造；广州中山纪念堂则对大跨度空间、大体量建筑创造中国式风

图 2-45 中山陵

---

① 本部分建筑师按出生年份排序。

貌作了开创性的尝试。

2. 刘敦桢（1897～1968 年）

著名建筑学家、建筑史学家、建筑教育学家。1916 年入东京高等工业学校机械科，1917 年转入建筑科，1921 年毕业。1922 年回国，与友人创办华海建筑师事务所，1923 年任教于苏州工业专门学校建筑科，1925 年任教于湖南大学土木系，1927 年创办并任教于国立中央大学工学院建筑科，1932 年加入中国营造学社，1943 年回到重庆沙坪坝国立中央大学建筑系任教，1945 年任国立中央大学工学院院长，1949 年 8 月任国立南京大学建筑系教授，1952 年任南京工学院建筑系教授、系主任，1955 年当选为中国科学院学部委员。

主要作品：中山陵仰止亭，中山陵光化亭（图 2-46），南京瞻园改建等。

3. 童寯（1900～1983 年）

著名建筑学家、建筑教育家，中国第一代杰出建筑师，中国近代造园理论和西方现代建筑研究的开拓者。1921 年入清华学校，1925 毕业后留学美国宾夕法尼亚大学建筑系，1928 年获学士、硕士学位。1930 年回国后受聘于东北大学建筑系，先后任教授、系主任。1931 年加入赵深、陈植建筑事务所，1933 年事务所定名"华盖建筑事务所"。1944 年中央大学建筑系任教，1949 年中华人民共和国成立后，任教于南京大学（原中央大学）建筑系。1952 年后，南京工学院（现东南大学）建筑系任教授。

主要作品：上海恒利银行、南京国民政府外交部大楼（图 2-47）、上海金城大戏院、上海浙江兴业银行等。

图 2-46　南京中山陵光化亭

4. 梁思成（1901～1972 年）

著名建筑历史学家、建筑教育家和建筑学家，被誉为"中国近代建筑之父"。1923 年毕业于清华学校，1924 年赴美国宾夕法尼亚大学建筑系学习，1927 年获学士和硕士学位，又前往哈佛大学学习建筑史，研究中国古代建筑。1928 回国后创办东北大学建筑系，任系主任，1930 年加入中国营造学社，1946 年创办清华大学建筑系，1948 年当选中央研究院院士。中华人民共和国成立后，除在清华大学任教授和建筑系主任外，还先后担任了北京都市计划委员会副主任和其他多项兼职，1955 年当选中国科学院技术科学部委员。

主要作品：王国维纪念碑，梁启超墓（图 2-48）、吉林大学礼堂、图书馆、北平仁立地毯公司铺面改建，北京大学地质馆，北京大学女生宿舍，天安门广场人民英雄纪念碑等。

5. 杨廷宝（1901～1982 年）

著名建筑学家、建筑教育家。1921 年清华学校毕业后留学美国宾夕法尼亚大学建筑

图 2-47　南京国民政府外交部大楼

图 2-48　梁启超墓

系。1927 年学成回国，成为基泰工程司建筑设计负责人之一，1940 年起相继在国立中央大学和其后改名的南京大学、南京工学院建筑系任教授、系主任、副院长，他也是中国科学院技术科学部委员。

主要作品：沈阳少帅府，东北大学图书馆，清华大学图书馆扩建（图 2-49），清华大学气象台，南京中山陵音乐台，北京交通银行，南京中央大学大门，南京大华大戏院，南京中央体育场，南京中央医院主楼，北京天坛维修，南京前国民党中央党史史料陈列馆与前国民党中央监察委员会，成都刘湘墓园，南京北极阁宋子文寓所，南京新生俱乐部，南京国际联欢社，南京中山陵孙科别墅"延晖馆"，北京和平宾馆，北京王府井百货大楼，南京航空学院教学楼，徐州淮海战役革命烈士纪念塔，南京雨花台红领巾广场等。

6. 夏昌世（1903～1996 年）

岭南现代建筑的创始人、岭南建筑理论的先行者。1928 年在德国卡尔斯普厄工业大学建筑专业毕业并考取工程师资格，1932 年德国蒂宾根大学艺术史研究院获博士学位。

图 2-49　清华大学图书馆扩建（黎志涛　摄）

回国后于 1932～1939 年在南京任铁道部、交通部工程师。1940～1941 年任国立艺术专科学校、同济大学教授，1942～1945 年任中央大学、重庆大学教授，1946～1952 年任中山大学教授，1952 年起改任华南工学院教授，1973 年 8 月移居德国。曾担任中国建筑学会第二届和第三届理事会理事、广东省园林学会常务理事长。后曾返回广州指导和参加暨南大学华侨医院设计工作。

主要作品：广州文化公园水产馆，广州中山医学院医院大楼、教学楼群和实验室等，鼎湖山教工疗养所等。

7. 张镈（1911～1999 年）

1934 年毕业于中央大学，后在基泰工程司从事建筑设计工作。1951 年任北京市建筑设计院总建筑师，1990 年被评为首批全国工程勘察设计大师。

主要作品：北京自然博物馆、北京友谊宾馆、民族饭店、民族文化宫（图 2-50）、新侨饭店、友谊医院、前门饭店、积水潭医院、钓鱼台国宾馆 18 号楼、北京饭店东楼等。

8. 华揽洪（1912～2012 年）

1928 年赴法留学，获法国国授建筑师称号。1951 年回国后任北京市都市计划委员会总建筑师，1954 年任北京市建筑设计研究院总建筑师，1977 年退休后移居法国，1981 年任中国建筑学会名誉理事。

主要作品：北京儿童医院（图 2-51）、北京市社会路住宅楼等。

9. 张开济（1912～2006 年）

1935 年毕业于中央大学建筑系，1949 年任北京市建筑设计院总建筑师，曾任中国建筑学会副理事长。1990 年被评为首批全国工程勘察设计大师，2000 年获中国首届"梁思成建筑奖"。

图 2-50　民族文化宫

图 2-51　北京儿童医院

　　主要作品：北京"四部一会"建筑群、天安门观礼台、北京天文馆、中国革命历史博物馆（图 2-52）、钓鱼台国宾馆等。

　　10. 张嘉德（1913～1982 年）

　　1934 年毕业于中央大学建筑工程系，中华人民共和国成立后，曾任中国建筑科学研究院副总工程师。

　　主要作品：南京国民会议场、成都中央大戏院、重庆人民大礼堂（图 2-53）等。

图 2-52　中国革命历史博物馆

图 2-53　重庆人民大礼堂

11. 赵冬日（1914～2005 年）

1941 年毕业于日本东京早稻田大学建筑系，曾任东北大学工学院教授、系主任。中华人民共和国成立后，历任北京市建设局副处长、北京市建筑设计院总工程师、北京市城市规划管理局总工程师、北京市建筑设计院总建设师、高级建筑师，中国建筑学会第三届与第五届理事。1990 年被评为首批全国工程勘察设计大师。

主要作品：中直礼堂，全国政协礼堂，北京市委大楼，人民大会堂方案，天安门广场规划等。

12. 冯纪忠(1915～2009 年)

1934～1936 年就读于上海圣约翰大学土木系，1936 年初赴奥地利维也纳工科大学留学，1955~1981年任同济大学建筑系主任。

主要作品：武汉"东湖客舍"、上海松江方塔园（图2-54）等。

13. 林乐义（1916~1988年）

1937年毕业于上海沪江大学，抗战胜利后到美国佐治亚理工学院研究建筑学。1950年回国，任建筑工程部北京工业建筑设计院总建筑师，建设部建筑设计院总建筑师等职。主持编写的《建筑设计资料集》（第一版）是建筑和其他专业设计人员常备的重要工具书。

主要作品：南京邮政储金汇业办公大楼、北京首都剧场、北京电报大楼（图2-55）、郑州二七罢工纪念塔，北京国际饭店等。

14. 莫伯治（1914~2003年）

1936年毕业于广州中山大学工程院土木建筑系，曾任广州规划局总建筑师、广州市规划局技术总顾问等，1994年被评为全国工程勘察设计大师，1995年当选中国工程院院士，2000年获首届梁思成建筑奖。

图2-54　方塔园

图2-55　北京电报大楼

主要作品：广州矿泉别墅、广州白云宾馆、珠海宾馆、广州西汉南越王墓博物馆（图2-56）、岭南画派纪念馆等。

15. 戴念慈（1920~1991年）

1942年毕业于中央大学建筑系。1950年后于北京中直修建办事处、建筑工程部设计院、中国建筑科学研究院工作，任总建筑师。1982~1986年任城乡建设环境保护部副部

图 2-56　广州西汉南越王墓博物馆

长，1983～1991 年任中国建筑学会理事长，1991 年 11 月当选中国工程院院士。

主要作品：苏联展览馆（今北京展览馆）、北京饭店西楼、中国美术馆（图 2-57）、杭州西湖国宾馆、山东曲阜阙里宾舍、斯里兰卡国际会议大厦等。

图 2-57　中国美术馆

第五节　中国建筑遗产保护

一、中国世界文化遗产名录

1. 中国世界文化遗产（38 处）

长城；明清皇宫（北京故宫、沈阳故宫）；秦始皇陵及兵马俑；莫高窟；周口店北京人遗址；武当山古建筑群；拉萨布达拉宫历史建筑群（含罗布林卡和大昭寺）；承德避暑山庄及其周围寺庙；曲阜孔庙、孔林和孔府；庐山国家公园；平遥古城；苏州古典园林；丽江古城；北京皇家园林—颐和园；北京皇家祭坛—天坛；大足石刻；皖南古村落—西递、宏村；明清皇家陵寝；龙门石窟；青城山—都江堰；云冈石窟；高句丽王城、王陵及贵族墓葬；澳门历史城区；殷墟；开平碉楼与村落；福建土楼；五台山；登封"天地之中"历史建筑群；杭州西湖文化景观；元上都遗址；红河哈尼梯田文化景观；丝绸之路：长安—天山廊道的路网；大运河；土司遗址；左江花山岩画文化景观；鼓浪屿：历史国际社区；良渚古城遗址；泉州：宋元中国的世界海洋商贸中心。

2. 中国世界自然遗产（14 处）

黄龙风景名胜区；九寨沟风景名胜区；武陵源风景名胜区；三江并流保护区；四川大熊猫栖息地；中国南方喀斯特；三清山国家公园；中国丹霞；澄江化石遗址；新疆天山；湖北神农架；青海可可西里；梵净山；黄渤海候鸟栖息地。

3. 中国世界文化和自然混合遗产（4 处）

泰山；黄山；峨眉山—乐山大佛；武夷山。

二、历史文化名城保护

历史文化名城保护是我们从事建筑设计和进行城市建设过程中必须面对的重要课题，应该受到每一位建筑师的关注。2005 年 10 月 1 日，由建设部和国家质检总局联合发布的《历史文化名城保护规划规范》开始实施。2008 年国务院又颁布了《历史文化名城名镇名村保护条例》（第 524 号条例，2017 年修订）。

《历史文化名城保护规划标准》GB/T 50357—2018（节选）

1 总 则

1.0.3 保护规划必须应保尽保，并应遵循下列原则：

 1 保护历史真实载体的原则；

 2 保护历史环境的原则；

 3 合理利用、永续发展的原则；

 4 统筹规划、建设、管理的原则。

3 历史文化名城

3.1 一般规定

3.1.1 历史文化名城保护应包括下列内容：

 1 城址环境及与之相互依存的山川形胜；

 2 历史城区的传统格局与历史风貌；

 3 历史文化街区和其他历史地段；

 4 需要保护的建筑，包括文物建筑、历史建筑、已登记尚未核定公布为文物保护单位的不可以动文物、传统风貌建筑等；

 5 历史环境要素；

 6 非物质文化遗产以及优秀传统文化。

3.1.5 历史文化名城保护规划应包括下列内容：

 1 城址环境保护；

 2 传统格局与历史风貌的保持与延续；

 3 历史地段的维修、改善与整治；

4 文物保护单位和历史建筑的保护和修缮。

3.1.6 历史文化名城保护规划应划定历史城区、历史文化街区和其他历史地段、文物保护单位、历史建筑和地下文物埋藏区的保护界限，并应提出相应的规划控制和建设要求。

3.2 保护界限

3.2.4 历史文化名城保护规划应当划定历史建筑的保护范围界限。历史文化街区内历史建筑的保护范围应为历史建筑本身，历史文化街区外历史建筑的保护范围应包括历史建筑本身和必要的建设控制地带。

3.2.5 当历史街区的保护范围与文物保护单位的保护范围和建设控制地带出现重叠时，应坚持从严保护的要求，应按更为严格的控制要求执行。

3.3 格局与风貌

3.3.2 历史文化名城保护规划应对体现历史城区传统格局特征的城垣轮廓、空间布局、历史轴线、街巷肌理、重要空间节点等提出保护措施，并应展现文化内在关联。

3.3.3 历史文化名城保护规划应运用城市设计方法，对体现历史城区历史风貌特征的整体形态以及建筑的高度、体量、风格、色彩等提出总体控制和引导要求。并应强化历史城区的风貌管理，延续历史文脉，协调景观风貌。

3.3.4 历史文化名城保护规划应明确历史城区的建筑高度控制要求，包括历史城区建筑高度分区、重要视线通廊及视域内建筑高度控制、历史地段保护范围内的建筑高度控制等。

3.4 道路交通

3.4.1 历史城区应保持或延续原有的道路格局，保护有价值的街巷系统，保持特色街巷的原有空间尺度和界面。

3.4.5 历史城区内道路交叉口的改造，应充分考虑历史街道的原有空间特征。

3.5 市政工程

3.5.3 历史城区市政管线布置和市政管线建设应结合用地布局、道路条件、现状管网情况以及市政需求预测结果确定，并符合下列规定：

　　1 应根据居民基本生活需求，合理确定市政管线建设的优先次序；

　　2 应因地制宜确定排水体制，在有条件的地区推广雨水低影响开发建设模式；

　　3 管线宜采用地下敷设的方式，当受条件限制需要采用架空或沿墙敷设的方式时，应进行隐蔽和美化处理；

　　4 当在狭窄地段敷设管线无法满足国家现行相关标准的安全间距要求时，可采用新技术、新工艺，以满足管线安全运营管理要求。

3.6 防灾和环境保护

3.6.1 防灾和环境保护设施应满足历史城区历史风貌的保护要求。

3.6.2 历史城区必须健全防灾安全体系。

4　历史文化街区

4.1 一般规定

4.1.2 历史文化街区保护规划应确定保护的目标和原则，严格保护历史风貌，维持整体空间尺度，对街区内的历史街巷和外围景观提出具体的保护要求。

4.1.3 历史文化街区保护规划应达到详细规划深度要求。历史文化街区保护规划应对保护范围内的建筑物、构筑物提出分类保护与整治要求。对核心保护范围应提出建筑的高度、体量、风格、色彩、材质等具体控制要求和措施，并应保护历史风貌特征。建设控制地带应与核心保护范围的风貌协调，至少应提出建筑高度、体量、色彩等控制要求。

4.1.4 历史文化街区增建设施的外观、绿化景观应符合历史风貌的保护要求。

4.1.5 历史文化街区保护规划应包括改善居民生活环境、保持街区活力、延续传统文化的内容。

4.2 保护界限

4.3 保护与整治

4.3.4 当对历史文化街区内与历史风貌有冲突的建筑物、构筑物采取拆除重建的方式时，应符合历史风貌的保护要求；当采取拆除不建的方式时，宜多增加公共开放空间，提高历史文化街区的宜居性。

5　文物保护单位与历史建筑

5.0.3 应对具有一定历史价值、科学价值、艺术价值的建筑物、构筑物进行全面普查、整理、确定，并应提出列入历史建筑保护名录的建议。

5.0.4 应科学评估历史建筑的历史价值、科学价值、艺术价值以及保存状况，提出历史建筑的场地环境、平面布局、立面形式、装饰细部等具体的修缮维护要求，所有修缮维护、设施添加或结构改变等行为均不得破坏历史建筑的历史特征、艺术特征、空间和风貌特色。

5.0.5 保护规划应对历史建筑保护范围内的各项建设活动提出管控要求，历史建筑保护范围内新建、扩建、改建的建筑，应在高度、体量、立面、材料、色彩、功能等方面与历史建筑相协调，并不得影响历史建筑风貌的展示。

5.0.6 历史建筑应保持和延续原有使用功能；确需改变功能的，应保护和提示原有的文化特征，并不得危害历史建筑的安全。

三、中国历史文化名城

中国的历史文化名城按照各个城市的特点主要分为以下七类：

古都型——以都城时代的历史遗存物、古都的风貌为特点，如北京、西安；

传统风貌型——保留一个或几个历史时期积淀的有完整建筑群的城市，如平遥、韩城；

风景名胜型——由建筑与山水环境的叠加而显示出鲜明个性特征的城市，如桂林、苏州；

地方及民族特色型——由地域特色或独自的个性特征、民族风情、地方文化构成城市风貌主体的城市，如丽江、拉萨；

近现代史迹型——反映历史上某一事件或某个阶段的建筑物或建筑群为其显著特色的城市，如上海、遵义；

特殊职能型——城市中的某种职能在历史上占有极突出的地位，如"盐城"自贡、"瓷都"景德镇；

一般史迹型——以分散在全城各处的文物古迹为历史传统体现主要方式的城市，如长沙、济南。

中国历史文化名城由国务院审批，目前已公布三批及 31 座增补城市，共计 129 座。

第一批历史文化名城，1982 年公布，24 个：

北京、承德、大同、南京、苏州、扬州、杭州、绍兴、泉州、景德镇、曲阜、洛阳、开封、江陵（现荆州）、长沙、广州、桂林、成都、遵义、昆明、大理、拉萨、西安、延安。

第二批历史文化名城，1986 年公布，38 个：

上海、天津、沈阳、武汉、南昌、重庆、保定、平遥、呼和浩特、镇江、常熟、徐州、淮安、宁波、歙县、寿县、亳州、福州、漳州、济南、安阳、南阳、商丘、襄樊、潮州、阆中、宜宾、自贡、镇远、丽江、日喀则、韩城、榆林、武威、张掖、敦煌、银川、喀什。

第三批历史文化名城，1994 年公布，37 个：

正定、邯郸、新绛、代县、祁县、哈尔滨、吉林、集安、衢州、临海、长汀、赣州、青岛、聊城、邹城、临淄、郑州、浚县、随州、钟祥、岳阳、肇庆、佛山、梅州、海康、柳州、琼山、乐山、都江堰、泸州、建水、巍山、江孜、咸阳、汉中、天水、同仁。

增补城市 42 座（2001～2022 年）：山海关区、凤凰县、濮阳市、安庆市、泰安市、海口市、金华市、绩溪县、吐鲁番市、特克斯县、无锡市、南通市、北海市、宜兴市、嘉兴市、太原市、中山市、蓬莱市、会理县、库车县、伊宁市、泰州市、会泽县、烟台市、青州市、湖州市、齐齐哈尔市、常州市、瑞金市、惠州市、温州市、高邮市、永州市、龙泉市、长春市、蔚县、辽阳市、通海县、黟县、桐城市、抚州市、九江市。

截至 2022 年 3 月 28 日，国务院已将 141 座城市（琼山市已并入海口市，两者算一座城市）列为国家历史文化名城，并对这些城市的文化遗迹进行了重点保护。

四、历史建筑保护

（一）历史建筑保护的基本原则

1. 真实性（authenticity）与完整性（integrity）是历史建筑保护的核心原则

真实性原则，包含"真实的"（real）、"原初的"（original）、"有价值的"（worthy），在历史建筑保护的工作中，指真实性、可靠性、原真性等。真实性的内涵大致可以归结为①物质形态的真实性；②技术工艺的真实性；③环境场所的真实性；④社会生活的真实性等几个方面。

完整性原则是历史建筑保护的另一个基本原则。关于完整性的界定，《实施〈世界遗产公约〉的操作指南》有如下论述："完整性用来衡量自然和/或文化遗产及其特征的整体性和无缺憾状态"。如果我们把历史建筑看作动态的、复合的、多维的整体，而非静态的、独立的、一元的"对象"，完整性便应包括社会、功能、结构和美学等方面的内容。

2. 衍生原则

在真实性原则与完整性原则基础上，在历史建筑保护实践中，形成了一些衍生原则，如合理利用原则、最小干预原则、日常维护保养原则、档案记录原则、慎重选择保护技术原则、可识别原则、可逆原则、原址保护原则、不提倡重建原则等。

（二）历史建筑保护的方法

应科学评估历史建筑的历史价值、科学价值、艺术价值以及保存状况，提出历史建筑的场地环境、平面布局、立面形式、装饰细部等具体的修缮维护要求。所有修缮维护、设施添加或结构改变等行为均不得破坏历史建筑的历史特征、艺术特征、空间和风貌特色。

具体做法包括：

① 立法：依法保护，根据《文物保护法》对日常使用、修缮改建进行规范处理。

② 保存：保存历史建筑信息，对整体或主要部位进行测绘、留存，作为日后修缮依据。

③ 维护：日常维护。

④ 防范：加强防火防盗等日常管理，消除安全隐患。

⑤ 定时修缮：对于已遭破坏的地方要及时修缮。

习　题

2-1　**(2019)**我国北方地区古代官式建筑主要采用的木结构体系是(　　)。

　　　A　干阑式　　　　　　B　抬梁式　　　　　　C　穿斗式　　　　　　D　井干式

2-2　**(2019)**题2-2图所示中国古代建筑屋顶形式依次是(　　)。

题 2-2 图

　　　A　硬山、悬山、庑殿、歇山、卷棚　　　　　B　悬山、硬山、歇山、庑殿、卷棚

　　　C　悬山、硬山、庑殿、歇山、卷棚　　　　　D　硬山、卷棚、悬山、庑殿、歇山

2-3　**(2019)**角楼与护城河是明清北京城中哪一个区域的边界？(　　)

　　　A　皇城　　　　　　　B　内城　　　　　　　C　宫城　　　　　　　D　外城

2-4　**(2019)**华夏传统文化中以五色土来象征东西南北五个方位，其中心部分铺的是(　　)。

　　　A　青土　　　　　　　B　赤土　　　　　　　C　黄土　　　　　　　D　白土

2-5　**(2019)**题2-5图所示蓟县独乐寺观音阁剖面图，对其描述错误的是(　　)。

题 2-5 图

　　　A　采用"双槽"结构　　　　　　　　　　　B　上檐柱头铺作双抄双下昂

　　　C　上、下层檐柱采用叉柱造　　　　　　　　D　外观2层，内部3层

2-6　**(2019)**宋代《营造法式》中规定作为造屋的尺度标准是(　　)。

　　　A　间　　　　　　　　B　材　　　　　　　　C　斗口　　　　　　　D　斗栱

2-7　**(2019)**唐代建筑的典型特征是(　　)。

A　斗栱结构职能鲜明，数量少，出檐深远

B　屋顶陡峭，组合复杂

C　木架采用各种彩画，色彩华丽

D　大量采用格子门窗，装饰效果强

2-8　**(2019)**中国建筑师主导的传统复兴潮流的标志性作品是(　　　)。

A　南京中山陵

B　北京协和医院西区

C　南京金陵大学北大楼

D　金陵女子大学

2-9　**(2019)**杨廷宝主持的近代中国建筑事务所是(　　　)。

A　基泰工程司　　　　　　　　　　B　华盖建筑事务所

C　华信工程司　　　　　　　　　　D　中国工程司

2-10　**(2019)**厚重的夯土墙是下列哪种传统民居的特征?(　　　)

A　福建土楼　　　　　　　　　　　B　云南一颗印

C　河南靠崖窑洞　　　　　　　　　D　北京四合院

2-11　**(2019)**题2-11图是下列哪种传统建筑构筑类型?(　　　)

题2-11图

A 云南白族穿斗结构   B 四川彝族木拱架

C 广西壮族干阑式住宅   D 安徽汉族穿斗式

2-12 **(2019)**在题 2-12 图所示四合院中,哪个房间用作客房?(   )

题 2-12 图

A A 房间   B B 房间   C C 房间   D D 房间

2-13 **(2019)**寄畅园龙光塔的理景手法是(   )。

A 框景   B 对景

C 借景   D 补景

2-14 **(2019)**颐和园中谐趣园是模仿哪个江南园林?(   )

A 吴江退思园   B 苏州留园

C 苏州拙政园   D 无锡寄畅园

2-15 **(2019)**题 2-15 图所示为私家园林剖面,其厅堂形制为(   )。

题 2-15 图

A　四面厅　　　　　　　　　　　　　　　B　鸳鸯厅

C　花篮厅　　　　　　　　　　　　　　　D　楼厅

2-16 **(2019)**题 2-16 图所示平面图是哪座园林?（　　　　）

祠堂旧址　　　　　　　　盛宅旧址

题 2-16 图

A　拙政园　　　　　B　个园　　　　　　C　寄畅园　　　　　D　留园

2-17 **(2019)**平遥属于我国历史文化名城中的哪一种类型（　　　　）。

A　风景名胜型　　　　　　　　　　　　B　民族及民间特色型

C　传统城市风貌型　　　　　　　　　　D　历史古都型

2-18 具有以祠堂为中心、中轴对称且基本居住模式是单元式住宅特征的民居是（　　　　）。

A　北京四合院　　　B　新疆阿以旺　　　C　福建客家土楼　　　D　徽州民居

2-19 西安半坡村遗址中的建筑结构形式属于（　　　　）。

A　抬梁式　　　　　B　穿斗式　　　　　C　木骨泥墙式　　　D　井干式

2-20 世界上最早的一座敞肩拱桥是（　　　　）。

A　法国泰克河上的赛兰特桥　　　　　　B　汴梁的虹桥

C　河北赵县的安济桥　　　　　　　　　D　北京的卢沟桥

2-21 清代太和殿与唐代大明宫麟德殿的体量之比为（　　　　）。

A　二者大小相近　　　　　　　　　　　B　为麟德殿的 2 倍

C　为麟德殿的 3 倍　　　　　　　　　　D　只相当于麟德殿的 1/3

2-22 宋代东京汴梁城的特点是（　　　　）。

A　里坊制度　　　　　　　　　　　　　B　面积与长安城相同

C　大内居于城的正中　　　　　　　　　D　沿街设肆，里坊制破坏

2-23 明代北京城的城址与元大都及金中都的关系是（　　　　）。

A　在金中都城址上加以扩大　　　　　　B　在元大都城址上略向南移并加大

C　在元大都之东另建新城　　　　　　　D　与元大都完全一致

2-24 用砖甃万里长城的是（　　　　）。

A　秦代　　　　　　　B　汉代　　　　　　C　隋代　　　　　　D　明代

2-25 清代皇家园林中的"三山五园"指的是下列哪五园?（　　　　）

A　颐和园、万春园、圆明园、静明园、静宜园

B 清漪园、长春园、畅春园、静明园、静宜园

C 畅春园、静明园、静宜园、清漪园、圆明园

D 畅春园、圆明园、颐和园、长春园、万春园

2-26 沧浪亭、豫园、瞻园、个园分别位于（ ）。

    A 苏州、上海、扬州、南京   B 南京、上海、苏州、扬州

    C 扬州、上海、南京、苏州   D 苏州、上海、南京、扬州

2-27 "虽由人作，宛自天开"是哪本书中的话？（ ）

    A 《营造法式》   B 《鲁班正式》

    C 《园冶》   D 《扬州画舫录》

2-28 历代帝王陵墓中"因山为穴"的是（ ）。

    A 明代   B 唐代   C 宋代   D 元代

2-29 我国现存木构建筑年代最早的是（ ）。

    A 五台山佛光寺东大殿   B 正定隆兴寺摩尼殿

    C 五台山南禅寺大殿   D 蓟县独乐寺观音阁

2-30 宋代建筑方面重要的术书是（ ）。

    A 《营造法原》   B 《营造法式》

    C 《鲁班正式》   D 《园冶》

2-31 在主体建筑外加一圈周围廊的做法在《营造法式》中称作（ ）。

    A 回廊   B 檐廊   C 抄手游廊   D 副阶周匝

2-32 《营造法式》中规定的"侧脚"指的是（ ）。

    A 山墙向内侧倾斜   B 外檐柱向内倾斜

    C 檐柱向当心间向两端逐渐升高   D 即"移柱法"

2-33 垂花门与抄手游廊是哪地民居常有的建筑？（ ）

    A 山西民居   B 福建土楼   C 徽州民居   D 北京四合院

2-34 窑洞式民居分布于哪一带？（ ）

    A 东北地区   B 河南、山西、陕西

    C 内蒙古地区   D 河北、山东

2-35 天坛中祭天的建筑是哪一座？（ ）

    A 祈年殿   B 圜丘   C 皇穹宇   D 斋宫

2-36 下列建筑中哪一类不属于宗教建筑？（ ）

    A 塔   B 石窟   C 道观   D 祠堂

2-37 中国营造学社的创始人是（ ）。

    A 梁思成、刘敦桢   B 单士元

    C 朱启钤   D 罗哲文

2-38 下列哪座城市是以其独特的不规则城市布局在中国都市建筑史上占有重要地位的？（ ）

    A 唐长安   B 明南京   C 明清北京   D 北宋东京

参考答案及解析

2-1 **解析**：参见《中国建筑史》（第七版）"绪论 中国古代建筑的特征"，我国木构建筑的结构体系主要有穿斗式与抬梁式两种。穿斗式木构架广泛应用于江西、湖南、四川等南方地区；抬梁式木构架多用于北方地区及宫殿、庙宇等规模较大的建筑物。

    答案：B

2-2 **解析**：参见《中国建筑史》（第七版）"绪论 中国古代建筑的特征"图 0-5(a)，题 2-2 图所示中

国古代单体建筑的屋顶式样从左至右依次为：悬山、硬山、庑殿、歇山和卷棚。

答案：C

2-3 **解析**：参见《中国建筑史》（第七版）"2.2.6 元大都与明清北京的建设"，作为皇城核心部分的宫城（紫禁城）位居全城中心部位，四面都有高大的城门，城的四角建有华丽的角楼，城外围以护城河。

答案：C

2-4 **解析**：在中国的五行观念中，金、木、水、火、土分别对应白、青、黑、红、黄五色土；五行中黄色居中（题2-4解表）。北京社稷坛（即今中山公园五色土）就是按照五行观念设置坛台铺土的，参见《中国建筑史》（第七版）"4.2.2 北京社稷坛"。

五行元素对应色彩、方位、四神示意 题 2-4 解表

五行元素	金	木	水	火	土
五行色彩	白	青	黑	赤	黄
五行方位	西	东	北	南	中
五行与四神	白虎	青龙	玄武	朱雀	—

答案：C

2-5 **解析**：参见《中国建筑史》（第七版）"5.2.1 佛教寺院"中的"3) 天津蓟县独乐寺"，观音阁面阔五间，进深四间八椽；外观2层，内部3层（中间有一夹层）；平面为"金厢斗底槽"式样（非"双槽"结构）；上、下层柱的交接采用叉柱造的构造方式；上檐柱头铺作双抄双下昂；梁架分明栿与草栿两部分。

答案：A

2-6 **解析**："凡构屋之制，皆以材为祖"是北宋将作监李诫主持修编的《营造法式》（卷四《大木作制度一》）中规定的造屋尺度标准。另见《中国建筑史》"图 8-11 宋《营造法式》大木作用材之制"。

答案：B

2-7 **解析**：唐代建筑的斗栱体现了鲜明的结构职能，一般只在柱头上设斗栱或在柱间只用一组简单的斗栱，以增加承托屋檐的支点。屋顶舒展平远，墙体为夯土，在北方地区尤其需通过斗栱造成深远的出檐，以防雨水淋湿墙体，造成坍塌。门窗以直棂窗为主，朴实无华。琉璃瓦的运用比北魏时多，但多半用于屋脊、檐口部位。唐代的朱白彩画主要体现为阑额上间断的白色长条，即《营造法式》所谓"七朱八白"。由此可见，唐代的建筑风貌是严整开朗、朴实无华的。

B、C、D选项皆为宋代建筑特征。

答案：A

2-8 **解析**：参见《中国建筑史》（第七版）"14.2 传统复兴：三种设计模式"P414，"以1925年南京中山陵设计竞赛为标志，中国建筑史开始了传统复兴的建筑设计活动"。南京中山陵为中国建筑师吕彦直设计；是4个建筑作品中，唯一由中国建筑师主导的传统复兴潮流的标志性作品。

北京协和医院由美国建筑师沙特克和赫士（Shattuck & Hussey，另译赫西）主持完成。南京金陵大学北大楼是20世纪10年代末，教会大学转向后期"中国式"的转折之作，设计者是美国建筑师史摩尔（A. G. Small）。南京金陵女子大学是在美国建筑师亨利·墨菲（Henry Killam Murphy）的主持下，由吕彦直协助墨菲完成的作品。

答案：A

2-9 **解析**：参见《中国建筑史》（第七版）"13.3.2 建筑五宗师"P400，"杨廷宝1927年从美国学成归国，进入基泰工程司"。与梁思成同样毕业于宾夕法尼亚大学建筑系的杨廷宝，多次在全美建

筑学生竞赛中获奖；新中国成立后，设计有和平宾馆等著名现当代建筑。

中国工程司的创办人为阎子亨。天津华信工程司为沈理源于 1931 年经营。成立于 1933 年的华盖建筑事务所（取"中华盖楼"之意）的合伙人为赵深、陈植、童寯。

答案： A

2-10 **解析：** 参见《中国建筑史》（第七版）"3.2.3 福建永定客家土楼"，客家人的住宅，由于移民之故，以群聚一楼为主要方式，楼高耸而墙厚实，用土夯筑而成，称为土楼。

答案： A

2-11 **解析：** 参见《中国建筑史》（第七版）P92 图 3-9，题 2-11 图是云南白族的穿斗式住宅，即白族民居建筑"三坊一照壁，四合五天井"的基本形制。

答案： A

2-12 **解析：** 在题 2-12 图中，房间 A 位于坎宅巽门的大门左侧，是倒座房的位置。参见《中国建筑史》（第七版）P100，倒座主要用作门房、客房、客厅。靠近大门的一间多用于门房或男仆居室，大门以东的小院为塾；倒座西部小院内设厕所。前院属对外接待区，非请不得入内。

答案： A

2-13 **解析：** 寄畅园位于无锡惠山东麓，初建于明正德年间，旧名"凤谷行窝"，后更名为"寄畅园"。寄畅园的选址很成功，西靠惠山，东南有锡山，可在丛树缝隙中看见锡山上的龙光塔，将园外景色借入园内，巧妙地将远景与园林融为一体，是借景手法的著名实例。

答案： C

2-14 **解析：** 参见《中国建筑史》（第七版）P204，谐趣园仿无锡寄畅园手法……富于江南园林意趣；和北海静心斋一样，同是清代园囿中成功的园中之园。

答案： D

2-15 **解析：** 题 2-15 图是鸳鸯厅，前后两坡屋顶内两重轩，即两榀卷棚所营造的对称性空间模式；如拙政园的"三十六鸳鸯馆"和"十八曼陀罗花馆"。四面厅主要为便于四面观景，四周绕以围廊，长窗装于步柱之间，不做墙壁；如拙政园"远香堂"、沧浪亭"面水轩"等。苏州等地的建筑带有垂柱，呈花篮状雕刻装饰（类似北京四合院的垂莲柱造型建筑构造）为花篮厅；如狮子林"荷花厅"。楼厅有上、下楼层空间。

答案： B

2-16 **解析：** 参见本教材图 2-40，答案为 D 选项。

答案： D

2-17 **解析：** 参见本教材本章第五节中"三、中国历史文化名城"，传统风貌型——保留一个或几个历史时期积淀的有完整建筑群的城市，如平遥、韩城。平遥为 1986 年颁布的第二批历史文化名城之一。

答案： C

2-18 **解析：** 参见《中国建筑史》（第七版）"3.2.3 福建永定客家土楼"，客家土楼的特征：第一，以祠堂为中心；第二，无论圆楼、方楼、弧形楼，均中轴对称；第三，基本居住模式是单元式住宅。故 C 选项正确。

答案： C

2-19 **解析：** 参见《中国建筑史》（第七版）"第 1 章 古代建筑发展概况"P19，仰韶文化时期的西安半坡村遗址墙体多采用木骨架上扎结枝条后再涂泥的做法，屋顶往往也是在树枝扎结的骨架上涂泥而成；此即是黄河流域由穴居发展而来的木骨泥墙房屋。

中国古代建筑的主要类型有：干阑式、毡包式、窑洞式、井干式，以及木构架建筑等。其中以木构架承重建筑应用、分布最广，木构架建筑体系主要有抬梁式和穿斗式两种。

答案： C

2-20 **解析**：参见《中国建筑史》（第七版）"1.4.1 隋"P38，隋代留下的建筑物有著名的河北赵县安济桥（又叫赵州桥），它是世界上最早出现的敞肩拱桥（或称空腹拱桥），是我国古代建筑的瑰宝。负责建造此桥的匠人是李春。

答案：C

2-21 **解析**：参见《中国建筑史》（第七版）"1.4.2 唐"P39，（唐代）大明宫中的麟德殿面积约为故宫太和殿的 3 倍。

答案：D

2-22 **解析**：参见《中国建筑史》（第七版）"1.4.4 宋"P42，唐以前的封建都城实行夜禁和里坊制度……但到了宋代，日益发展的手工业和商业必然要求突破这种封建统治的桎梏，都城汴梁也无法再采取里坊制度和夜禁，而仅保留了"坊"的名称。

答案：D

2-23 **解析**：参见本教材图 2-4，由该图可知明代北京城址是在当时元大都城市的基础上将城墙向南迁移，并将元大都西南金中都遗址纳入外城的扩大部分；结合外城的城墙建设，最终形成凸字形平面形态。

答案：B

2-24 **解析**：甃（音同皱），砌筑的意思。在明代，砖已普遍用于民居的砌筑（元代之前，木架建筑均以土墙为主，砖仅用于铺地、台基、墙基等处）。在秦、汉时期至隋代，长城主要以夯土、毛石砌筑为主；明以后才普遍采用砖墙。参见《中国建筑史》（第七版）"1.5.2 明"P49"明代……各地的城墙和北疆的边墙——长城也都用砖包砌筑"。

答案：D

2-25 **解析**：参见本章第三节中"（七）园林"中的"三山五园"词条，三山五园是北京西郊皇家园林的代表，至清代形成。其园林中的"三山"是万寿山、香山和玉泉山；五园是颐和园（也叫清漪园）、静宜园、静明园、圆明园及畅春园。

答案：C

2-26 **解析**：参见本章第三节中"（七）园林"中的"江南名园"词条，沧浪亭在苏州，豫园在上海，瞻园是南京的名园，个园在扬州。江南私家园林，又称文人园林，以苏州、扬州为代表；南京和上海的名园也非常经典。

答案：D

2-27 **解析**：《园冶》成书于明代，作者为计成，字无否。计成在总结实践经验的基础上，阐述了"虽由人作，宛自天开"的造园理念。是我国古代最系统的园林艺术论著。

《营造法式》和《鲁班正式》（又名《鲁班营造正式》《鲁班经》）均以古代建筑构造为主要内容，分别为北宋李诫主持修编和明代民间工匠流传的匠作手册。后者内容涵盖数术、医药方面的内容。《扬州画舫录》作者为清代李斗，该书被称为清代扬州的百科全书。

答案：C

2-28 **解析**：因唐代皇族为拓跋鲜卑后人，祖先来自东北山区，其民族性，辅以唐代流行的风水观念，葬俗以"因山为穴"为当时皇家陵墓制度。汉代四川崖墓及部分皇陵也有类似"因山为穴"的情况。宋代皇陵以截顶方锥形夯土台为形制；元代皇陵葬俗比较隐秘，或为衣冠冢方式。明代为适应南方多雨的地理及气候条件，多采用覆钵式陵墓。

答案：B

2-29 **解析**："三武一宗"中的唐会昌五年的武宗灭法，使得当时的五台山佛光寺被毁。后于唐大中十一年（公元 857 年）重建；而建于唐建中三年（公元 782 年）的南禅寺，由于位置偏僻，木构大殿得以幸免于难，留存至今，故其建造年代早于佛光寺东大殿。南禅寺大殿是中国目前保留最早的唐代木构建筑。

正定隆兴寺摩尼殿为宋构；蓟县独乐寺观音阁为辽代木构遗存。

答案：C

2-30　**解析**：北宋伴随王安石变法，将作监李诫主持修编《营造法式》一书；随着王安石变法的失败，《营造法式》逐渐流入江南民间；对后期官式做法及江南地区的匠作流派有深刻的影响。

　　　　《营造法原》为清末姚承祖编写；《园冶》为明末计成所著，是我国古代最系统的园林艺术论著；《鲁班正式》为明代民间工匠流传的匠作手册，主要流传于民间。

答案：B

2-31　**解析**：副阶周匝，即指主体建筑之外附着的一圈周围廊，是来自《营造法式》的概念。辽代应县木塔外观六层檐（内部五层明层，四层暗层），其最低的一重檐为典型的"副阶周匝"实物。

　　　　回廊、檐廊是带屋顶的形成回路的廊子及檐下走道比较通识的定义。抄手游廊指的是平面接近L形或I形的衔接正房、厢房及垂花门等门户的四段廊子，主要在北京四合院中使用。

答案：D

2-32　**解析**：B选项是"柱侧脚之制"，檐柱向内倾斜形成挤压力，可防止梁柱节点的开卯拔榫，使木构架更为稳固。侧脚可见于我国古代的木屋架及家具。C选项为"角柱生起之制"，即檐柱的高度从当心间的平柱，向两端角柱逐渐增高的做法。D选项"移柱法"是在室内空间中，移动个别柱子的位置，可形成大空间，但破坏了结构的整体性，故仅在金、元时期流行一时。

答案：B

2-33　**解析**：垂花门与抄手游廊是北京四合院的建筑要素。

答案：D

2-34　**解析**：参见《中国建筑史》（第七版）"3.1.2住宅构筑类型"中的"7)窑洞"P96，窑洞主要分布地：豫西、晋中、陇东、陕北、新疆吐鲁番一带。主要流行于黄土高原和干旱少雨、气候炎热的吐鲁番一带。

答案：B

2-35　**解析**：北京天坛是明、清两朝的皇帝们初春祈谷、夏至祈雨、冬至祀天的坛庙建筑群。在天坛建筑群中，祈年殿是祈谷、祈雨的场所；皇穹宇是昊天上帝的祭祀空间；斋宫是明清皇帝在天坛的斋戒场所；天坛中祭天的建筑是坛台式建筑"圜丘"。

答案：B

2-36　**解析**：A选项——塔是印度窣堵坡（灵骨塔）与中国楼阁等建筑形制相结合的建筑形式，在佛教、伊斯兰教及道教等宗教建筑中都有塔。B选项——石窟是印度宗教建筑空间的一种，早期石窟与僧侣的修行及中心塔有关。C选项——道观是中国本土宗教建筑，借鉴了佛教建筑的组织形式。D选项——祠堂是中国式的祭祀空间，祭祀对象为天、地、君、亲、师等，此祭祀活动非宗教行为。

答案：D

2-37　**解析**：参见《中国建筑史》（第七版）"13.2建筑设计机构和职业团体"P396，中国营造学社是近代中国最重要的建筑学术研究团体，成立于1929年，由创建人朱启钤担任社长，于1946年停办。

答案：C

2-38　**解析**：参见《中国建筑史》（第七版）"2.2.7明南京的建设"P76，明南京以独特的不规则城市布局而在中国都城建设史上占有重要地位。4个选项中的唐长安、明清北京和及北宋东京都是方整平面构成的都城格局，有着棋盘式的格局及平面轮廓。

答案：B

第三章 外国建筑史

本章考试大纲：了解中外城市、建筑历史发展进程及规律；了解古代中外建筑与园林的主要特征和技术成就；了解近现代建筑的发展过程、理论、主要代表人物及其作品；了解历史建筑保护的基本原则与方法。

本章复习重点：各历史时期主要建筑流派特征、技术成就、代表人物及其代表建筑作品与理论著作。

第一节 古代埃及建筑

（一）历史分期及其代表性建筑类型

1. 古王国时期(公元前 27～前 22 世纪)

本时期的代表性建筑是陵墓。最初是仿照住宅的"玛斯塔巴"（MASTAB）式，即略有收分的长方形台子。经多层阶梯状金字塔逐渐演化为方锥体式的金字塔陵墓。多层金字塔以在萨卡拉的昭塞尔（Zoser）金字塔为代表。在墓群的祭祀厅堂及附属建筑上仍有木构痕迹。方锥形金字塔以在吉萨的三大金字塔：胡夫（Khufu）、哈夫拉（Khafra）、门卡乌拉（Menkaura）为代表，金字塔墓主要由临河处的下庙、神道、上庙（祭祀厅堂）及方锥形塔墓组成。哈夫拉金字塔前有著名的狮身人面像。

2. 中王国时期(公元前 21～前 18 世纪)

首都迁到上埃及的底比斯，在深窄峡谷的峭壁上开凿出石窟陵墓，如曼都赫特普三世（Mentuhotep Ⅲ）墓。此时祭祀厅堂成为陵墓建筑的主体，加强了内部空间的作用，在严整的中轴线上按纵深系列布局，整个悬崖被组织到陵墓的外部形象中。女法老哈特什帕苏（Hatshepsut）建在帝王谷的陵墓，在祭祀厅室外顶部淘汰金字塔部分，建筑师为珊缪。

3. 新王国时期(公元前 17～前 11 世纪)

该时期形成了适应专制制度的宗教，太阳神庙代替陵墓成为主要建筑类型。著名的太阳神庙，如卡纳克—卢克索的阿蒙（Amun）神庙（图 3-1）。其布局沿轴线依次排列高大的牌楼门、柱廊院、多柱厅等神殿、密室和僧侣用房等。庙宇的两个艺术重点：一是牌楼门及其门前的神道及广场，是群众性宗教仪式处，力求富丽堂皇而隆重以适应戏剧性的宗教仪式；一是多柱厅神殿内少数人膜拜皇帝之所，力求

图 3-1 阿蒙神庙

幽暗而威严以适应仪典的神秘性。神庙的建筑艺术重点已从外部形象转到了内部空间，从雄伟阔大而概括的纪念性转到内部空间的神秘性与压抑感。

（二）风格特点

高超的石材加工制作技术创造出巨大的体量、简洁的几何形体、纵深的空间布局，追求雄伟、庄严、神秘、震撼人心的艺术效果。

第二节　古代西亚建筑

（一）范围及时期

古代西亚建筑又称两河流域建筑，约在公元前 3500 年至前 4 世纪。包括早期的阿卡德—苏马连文化，以后依次建立的奴隶制国家为古巴比伦王国（公元前 19～前 16 世纪）、亚述帝国（公元前 8～前 7 世纪）、新巴比伦王国（公元前 626～前 539 年）和波斯帝国（公元前 6～前 4 世纪）。

（二）建筑技术成就

两河流域缺石少木，故从夯土墙开始，至土坯砖、烧砖的筑墙技术，并以沥青、陶钉、石板贴面及琉璃砖保护墙面，使材料、结构、构造与造型有机结合，创造以土作为基本材料的结构体系和墙体饰面装饰方法。

（三）代表性建筑

（1）山岳台（Ziggurat），又译为观象台、庙塔，是古代西亚人崇拜山岳、天体，为观测星象而建的多层塔式建筑。如在乌尔的山岳台高约 21m。

（2）亚述帝国的萨艮王宫（Sargon）（图 3-2），由 210 个房间围绕 30 个院落组成，防御性强。由四座碉楼夹着三个拱门的宫城门为两河下游的典型形式，门洞处人首翼牛雕刻有特色。

（3）新巴比伦王国的新巴比伦城及其城北的伊什达（Ishtar）城门（图 3-3），用彩色

图 3-2　萨艮王宫

图 3-3　伊什达城门

琉璃装饰，采用在大面积墙面上均匀排列、重复动物形象的装饰构图。王宫内建有"空中花园"，是古代世界的七大奇迹之一。

（4）波斯帝国的帕赛玻里斯（Persepolis）王宫，两个仪典大厅、后宫、财库之间以"三门厅"为联系。后面一座仪典大厅叫"百柱殿"（因有 100 根石柱而得名）。百柱殿石柱长细比很大，雕刻精致，艺术水平很高，但有损构造逻辑。

第三节 古 代 希 腊 建 筑

（一）古代爱琴海地区建筑

公元前 3 世纪出现于爱琴海岛屿、希腊半岛和小亚细亚西海岸地区，以克里特岛和希腊半岛的迈锡尼为中心，又称克里特—迈锡尼（Crete-Mycenae）文化。

1. 克里特

克里特岛的建筑全是世俗性的。著名的克诺索斯的米诺斯（Minos）王宫，空间高低错落，依山而建，规模很大，楼梯走道曲折多变，宫内厅堂柱廊组合多样，柱子上粗下细，造型独特。建筑风格精巧纤丽、房屋开敞、色彩丰富。宫殿西北有世界上最早的露天剧场。

2. 迈锡尼

其文化略晚于克里特，主要建筑成就是城市中心的卫城。迈锡尼卫城及泰仑（Tiryns）卫城，风格粗犷，防御性强。迈锡尼卫城的城门因其雕刻得名为"狮子门"（图 3-4）。

（二）古代希腊建筑

古希腊是欧洲文化的发源地，古希腊建筑是欧洲建筑的先河，范围包括巴尔干半岛南部、爱琴海诸岛屿、小亚细亚西海岸，以及东至黑海，西至西西里的广大地区。

1. 历史分期

古风时期。公元前 8～前 6 世纪，纪念性建筑形成。

古典时期。公元前 5 世纪，纪念性建筑成熟，古希腊本土建筑繁荣昌盛期。

希腊化时期。公元前 4 世纪～前 1 世纪，希腊文化传播到西亚、北非，并同当地传统相结合。

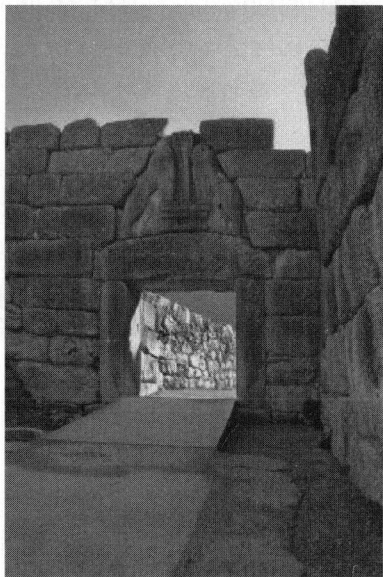

图 3-4 迈锡尼卫城狮子门

2. 石梁柱结构体系的演进及神庙形制

早期的建筑是木构架结构，利用陶器进行保护，促进了建筑构件形式的定型化和规格化，并形成稳定的檐部形式。以后用石材代替柱子、檐部，从木构过渡到石梁柱结构。形制脱胎于贵族宫殿的正厅以狭面为正面并形成三角形山墙。为保护墙面而形成了柱廊。

庙宇只有一间圣堂、平面为长方形，以其窄端为正面。布局形制有端墙列柱式，端柱式，围柱式（包括双重围柱式、假围柱式）等。

3. 古希腊柱式

古希腊庙宇除屋架外，全部用石材建造。柱子、额枋和檐部的艺术处理基本上决定了庙宇的外貌。希腊建筑所历经的长期推敲改进主要体现在这些构件的形式、比例及其相互组合上，这套做法稳定后即形成不同的柱式（Order）。在希腊的庙宇、公共建筑、住宅、纪念碑等建、构筑物中普遍使用柱式。柱式由柱子和其承受的上部水平檐部组成，而柱子则由柱头、柱身和柱础组成。

（1）盛期的两大主要柱式，各有自己强烈的特色。

1）多立克（Doric）柱式。起始于意大利、西西里一带，后在希腊各地庙宇中使用。其特点是比例较粗壮，开间较小，柱头为简洁的倒圆锥台，柱身有尖棱角的凹槽，柱身收分、卷杀较明显，没有柱础，直接立在台基上，檐部较厚重，线脚较少，多为直面。总体上，力求刚劲、质朴有力、和谐，具有男性性格。

2）爱奥尼（Ionic）柱式。产生于小亚细亚地区，其特点是比例较细长、开间较宽，柱头有精巧的圆形涡卷，柱身带有小圆面的凹槽，柱础为复杂组合而有弹性，柱身收分不明显，檐部较薄，使用多种复合线脚。总体上风格秀美、华丽，具有女性的体态与性格。

（2）晚期成熟的科林斯（Corinthian）柱式。柱头由毛茛叶组成，宛如一个花篮，其柱身、柱础与整体比例与爱奥尼柱式相似。

4. 美学思想与风格特征

古希腊建筑中反映出平民的人本主义世界观，体现着严谨的理性精神，追求一般的理想的美。其美学观受到初步发展起来的理性思维的影响，认为"美是由度量和秩序所组成的"，而人体的美也是由和谐的数的原则统辖着，故人体是最美的。当客体的和谐同人体的和谐相契合时，客体就是美的。

建筑风格特征为庄重、典雅、精致、有性格、有活力。"表现明朗和愉快的情绪……如灿烂的、阳光照耀的白昼……"

5. 典型实例

（1）古典盛期的代表有雅典卫城（图 3-5）及其主要建筑——山门、胜利神庙、帕提农神庙（Parthenon）、伊瑞克提翁（Erechtheion）神庙，以及雅典娜雕像。群体布局体现了对立统一的构图原则，根据祭祀庆典活动的路线，布局自由活泼，建筑物安排顺应地势，照顾山上、山下观赏，综合运用多立克和爱奥尼两种柱式。

雅典卫城的主体建筑帕提农神庙外围是一圈列柱围廊，采用多立克柱式，被誉为典范；有女像柱廊的伊瑞克提翁神庙为古典盛期爱奥尼柱式的代表。

（2）会堂与半圆形露天剧场。如麦迦洛波里斯（Megalopolis）剧场与会堂。

（3）希腊晚期出现集中式纪念性建筑物，如雅典的奖杯亭（图 3-6）和哈利克纳苏的莫索列姆（Mausoleum）陵墓；出现了集中式向上发展的多层构图新手法。

祭坛发展为独立的建筑物，如帕格玛卫城上的宙斯祭坛。

城市广场普遍设敞廊，神庙多在广场一端。

图 3-5　雅典卫城平面图

图 3-6　雅典奖杯亭

第四节　古代罗马建筑

（一）建筑成就

古罗马建筑直接继承并大大推进了古希腊建筑成就，开拓了新的建筑领域，丰富了建筑艺术手法，在建筑形制、技术和艺术方面的广泛成就达到了奴隶制时代建筑的最高峰。

（二）建筑技术

建筑材料除砖、木、石外使用了火山灰制的天然混凝土，并发明了相应的支模、混凝土浇灌及大理石饰面技术。结构方面在伊特鲁里亚和希腊的基础上发展了梁柱与拱券结构技术。拱券结构是罗马最大成就之一。种类有：筒拱、交叉拱、十字拱、穹隆（半球）。古罗马创造出一套复杂的拱顶体系。罗马建筑的布局方式、空间组合、艺术形式都与拱券结构技术、复杂的拱顶体系密不可分。

（三）建筑艺术

（1）继承古希腊柱式并发展为五种柱式：塔司干柱式，罗马多立克柱式，罗马爱奥尼柱式，科林斯柱式，混合柱式。

（2）解决了拱券结构的笨重墙墩同柱式艺术风格的矛盾，创造了券柱式，为建筑艺术造型创造了新的构图手法。

（3）解决了柱式与多层建筑的矛盾，发展了叠柱式，创造了水平立面划分构图形式。

（4）适应高大建筑体量构图，创造了巨柱式的垂直式构图形式。

（5）创造了拱券与柱列的结合，将券脚立在柱式檐部上的连续券。

（6）解决了柱式线脚与巨大建筑体积的矛盾，用一组线脚或复合线脚代替简单的线脚。

（四）建筑空间创造

利用穹隆、筒拱、交叉拱、十字拱和拱券平衡技术，创造出拱券覆盖的单一空间，单向纵深空间，序列式组合空间等多种建筑空间形式。

（五）重要建筑类型

1. 神庙

罗马万神庙（Pantheon Basilica），是单一空间、集中式构图建筑的代表，也是罗马穹顶技术的最高代表。其平面与剖面内径都是 43.3m，顶部有直径 8.9m 的圆洞。

2. 军事纪念物

凯旋门是为炫耀侵略战争胜利而建，提图斯（Titus）凯旋门为单拱门（图 3-7），塞维鲁斯（Severus）和君士坦丁（Constantine）为三拱门凯旋门。纪功柱：歌颂皇帝战功的纪念物，如图拉真纪功柱（图 3-8），是欧洲流行的纪念柱的早期代表。

3. 剧场

在希腊半圆形露天剧场基础上，对剧场的功能、结构和艺术形式都有很大提高。如罗马的马采鲁斯（Marcellus）剧场。

图 3-7　提图斯凯旋门 　　　　　　　　　　图 3-8　图拉真纪功柱

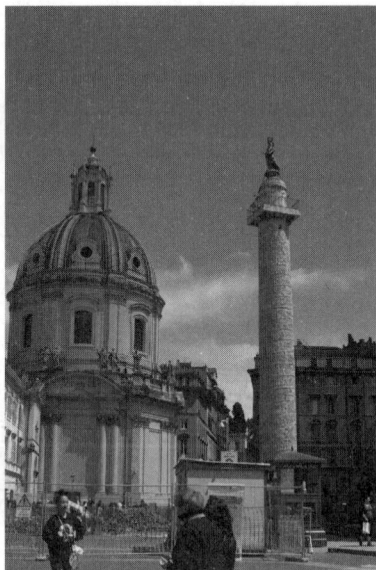

4. 罗马大斗兽场（Colosseum）

罗马大斗兽场在功能、结构和形式上三者和谐统一，是现代体育场建筑的原型。其立面处理，下部三层由下至上依次为塔司干、爱奥尼、科林斯三种柱式。

5. 公共浴场

代表性的有卡拉卡拉（Caracalla）浴场、戴克利提乌姆（Diocletium）浴场。内部空间流转贯通丰富多变，开创了内部空间序列的艺术手法。

6. 巴西利卡（Basilica）

巴西利卡是具有多种功能的大厅性公建，如图拉真巴西利卡。

7. 居住建筑

一类是四合院式或明厅式，内庭与围柱院组合式如庞贝城中的藩萨府邸；另一类是奥斯蒂亚城中的公寓式。

8. 宫殿

代表性的建筑有<u>罗马的哈德良离宫</u>、<u>斯巴拉多的戴克利提乌姆宫</u>。

（六）城市广场

共和时期的广场是城市的社会、政治、经济活动中心，周围各类公建、庙宇等自发性建造，形成开放式广场，代表性广场为<u>罗马的罗曼奴姆广场（Forum of Romanum）</u>。帝国时期的广场以一个庙宇为主体，形成封闭性广场，轴线对称，有的呈多层纵深布局，如<u>帝国时期最大的广场——罗马的图拉真广场（Forum of Trajan）</u>。

（七）风格特征

其大型公建风格雄浑、凝重、宏伟，形式多样，构图和谐统一。

（八）建筑师与建筑著作

<u>维特鲁威（Vitruvius）的《建筑十书》是现存欧洲古代最完备的建筑专著</u>，书中提出了"坚固、适用、美观"的建筑原则，奠定了欧洲建筑科学的基本体系。

第五节 拜占庭建筑

（一）时代

公元 330 年罗马皇帝迁都于帝国东部的拜占庭，名君士坦丁堡。公元 395 年罗马帝国分裂为东西两部分。东罗马帝国又称拜占庭帝国，也是东正教的中心。

拜占庭帝国存在于 330～1453 年，4～6 世纪为建筑繁荣期。

（二）成就

<u>该时期发展了古罗马的穹顶结构和集中式形制，创造了穹顶支在四个或更多的独立柱上的结构方法和穹顶统率下的集中式形制建筑，形成了彩色镶嵌和粉画装饰艺术。</u>

（三）结构方式

<u>帆拱、鼓座、穹顶相结合的做法解决了在方形平面上使用穹顶的结构和建筑形式问题。</u>

（四）代表实例

君士坦丁堡（现名伊斯坦布尔，属土耳其）的<u>圣索菲亚（Santa Sophia）大教堂</u>（图 3-9）。

（五）希腊十字式教堂的特点

拜占庭属东正教，其教堂形制早期采用<u>巴西利卡式</u>，后来主要采用等臂的<u>希腊十字式</u>，与中央穹顶平衡的四面筒形拱等长；或四臂用穹顶代替筒拱，形成集中式的平面形制。外观为以中央为主的五个穹顶，形成集中式垂直构图的纪念性形象。如威尼斯的圣马可教堂（图 3-10）。

图 3-9　圣索菲亚大教堂

（六）东欧等东正教国家的教堂

采用改进了的拜占庭式风格，一般教堂规模都较小，其特点：外部造型多为饱满的穹顶高举在拉长的鼓座之上，统率整体形成中心垂直轴线，形成集中式构图。

图 3-10　威尼斯圣马可教堂平面图

第六节　西欧中世纪建筑

（一）早期基督教建筑

西罗马帝国至灭亡后的三百多年间的西欧封建混战时期的教堂建筑。典型的教堂形制由罗马的巴西利卡发展而来的。

1. 拉丁十字巴西利卡

在罗马巴西利卡的东端建半圆形圣坛，用半穹顶覆盖，其前为祭坛，坛前是歌坛。由于宗教仪式日渐复杂，在祭坛前增建一道横向空间，形成了十字形的平面，纵向比横向长得多，即为拉丁十字平面。其形式象征着基督受难，适合仪式需要，成为天主教堂的正统形制。

2. 代表实例

罗马的圣保罗教堂是代表性建筑。

3. 风格特点

体形较简单，墙体厚重，砌筑较粗糙，灰缝厚，教堂不求装饰，沉重封闭，缺乏生气。

4. 形制

巴西利卡长轴东西向，入口朝西，祭坛在东端。巴西里卡前有内柱廊式院子，中央有洗池（后发展为洗礼堂），巴西里卡纵横厅交叉处上建采光塔。为召唤信徒礼拜建有钟塔兼瞭望用。

（二）罗马风（Romanesque）建筑

10～12世纪欧洲基督教地区的一种建筑风格，又叫罗曼建筑、似罗马、罗马式。

1. 造型特征

承袭早期基督教建筑，平面仍为拉丁十字，西面有一两座钟楼。为减轻建筑形体的封闭沉重感，除钟塔、采光塔、圣坛和小礼拜室等形成变化的体量轮廓外，采用古罗马建筑的一些传统做法如半圆拱、十字拱等或简化的柱式和装饰。其墙体巨大而厚实，墙面除露出扶壁外，在檐下、腰线用连续小券；门窗洞口用同心多层小圆券；窗口窄小、朴素的中厅与华丽的圣坛形成对比，中厅与侧廊有较大的空间变化，内部空间阴暗，有神秘气氛。

2. 实例

代表建筑：比萨主教堂群、法国昂古莱姆（Angoulême）主教堂。

（三）哥特式（Gothic）建筑

11世纪下半叶起源于法国，12～15世纪流行于欧洲的一种建筑风格。

1. 结构特点

框架式骨架券作拱顶承重构件，其余填充，围护部分减薄，使拱顶减轻；独立的飞扶壁在中厅十字拱的起脚处抵住其侧推力，和骨架券共同组成框架式结构，侧廊拱顶高度降低，使中厅高侧窗加大；使用二圆心的尖拱、尖券，侧推力减小，使不同跨度拱可一样高。

2. 内部特点

中厅一般不宽但很长，两侧支柱的间距不大，形成自入口导向祭坛的强烈动势。中厅高度很高，两侧束柱柱头弱化消退，垂直线控制室内划分，尖尖的拱券在拱顶相交，如同自地下生长出来的挺拔枝干，形成很强的向上升腾的动势。两个动势体现对神的崇敬和对天国向往的暗示。

3. 外部特点

典型构图是山墙被两个钟塔和中厅垂直划为三部分，山墙上的栏杆、门洞上的雕像带等把三部分联为整体。三座多层线脚的"透视门"之上的中央是巨大"玫瑰窗"。外部的扶壁、塔、墙面都是垂直向上的垂直划分，全部局部和细节顶部为尖顶，整个外形充满着向天空的升腾感。

4. 装饰特点

内部近似框架式结构，几乎没有墙面可做壁画或雕塑。祭坛是装饰重点。两柱间的大窗做成彩色玻璃窗，极富装饰效果。

外部力求削弱重量感，一切局部和细节都减小断面，凹凸大，用山花、龛、小尖塔等装饰外墙。

5. 代表性建筑

法国：巴黎圣母院（Notve Dame）（图3-11），亚眠主教堂（Amiens）、兰斯（Rheims）主教堂。

英国：索尔兹伯里（Salisbury）主教堂，水平划分突出，比较舒缓。

德国：科隆（Cologne）主教堂，乌尔姆主教堂（Ulmer Münster），立面水平线弱，垂直线密而突出，显得森冷峻峭。

意大利：米兰大教堂，有较多的传统因素。

西班牙：布尔戈（Burgos）主教堂，由于大量伊斯兰建筑手法掺入哥特建筑中而形成穆旦迦风格（Müdajar Style）。

6. 风格特点

完全脱离了古罗马的影响，以尖拱、尖形肋、拱顶、坡度很大的屋面、飞扶壁、束柱、彩色玻璃花窗、钟塔等造成外部向上的动势，艺术与结构、整体与细部相互统一。内部空间高旷、单纯，具有导向祭坛的动势和垂直向上的升腾感，创造出浓厚的向往天国的宗教气氛，体现了"神圣的忘我"。15世纪以后，法国发展为"辉煌式"哥特建筑；英国发展为"垂直式"哥特建筑。

7. 中世纪的世俗建筑

（1）威尼斯总督府（图3-12）：其立面造型极富创造性，是欧洲中世纪最美的建筑物之一。

图 3-11　巴黎圣母院　　　　　　　图 3-12　威尼斯总督府

（2）半露木构建筑：市民建筑多采用将木构架的一些外露涂以彩色，其间以砖石填充，有时抹灰，表现出轻快的性格。

第七节　中古伊斯兰建筑

（一）范围

7～13世纪的阿拉伯帝国的建筑；

14世纪以后的奥斯曼帝国建筑；

16～18世纪的波斯萨非王朝、印度、中亚等国家建筑。

（二）结构技术

使用多种拱券，采用大小穹顶覆盖主要空间。纪念性建筑的穹顶位于中央主体上，为求高耸，在其下加筑一个高高的鼓座，起统率整体的作用，为使内部空间完整，在里面鼓座之下另砌穹顶。

（三）主要建筑类型

主要建筑类型包括清真寺、陵墓、宫殿。

（四）建筑的一般特征

清真寺与住宅形制相似；普遍使用拱券结构，拱券式样富有装饰性，喜用满铺的表面装饰，题材与手法大致一样，装饰纹样受《古兰经》制约。

（五）清真寺的主要形制

封闭式庭院，周围有柱廊，院落中有洗池，朝向麦加方向加宽做成礼拜殿。西亚的清真寺大都采用横向的巴西利卡形制。中亚一带引进了集中式形制。寺内建有数量不等的光塔，成为外部体量构图的重要因素。

（六）各地的代表性建筑实例

耶路撒冷的圣石庙（奥马尔礼拜寺）为集中式圆顶建筑。大马士革的大清真寺是早期最大清真寺。开罗的伊本·图伦清真寺是埃及唯一有外螺旋楼梯宣礼塔的清真寺。西班牙的科尔多瓦大清真寺是伊斯兰最大的清真寺之一。摩尔人在西班牙格拉纳达建造的阿尔罕布拉宫（图 3-13），是伊斯兰世界保存较为完好的一座宫殿。其中两个著名的院子，南北向的叫"石榴院"；东西向的叫"狮子院"，是后妃们的住处。

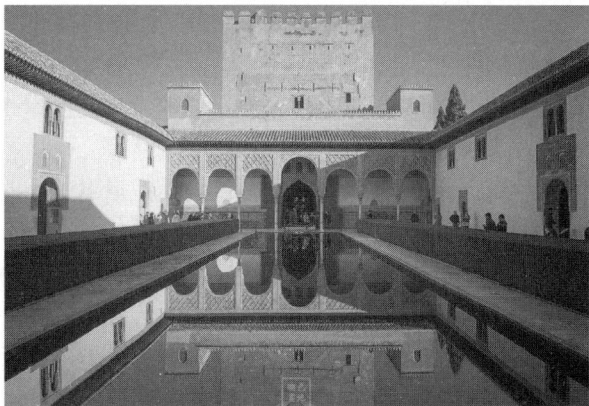
图 3-13　阿尔罕布拉宫

伊斯法罕的皇家清真寺；伊斯坦布尔的艾哈迈德清真寺（又称蓝色清真寺，是唯一拥有 6 座宣礼塔的清真寺），其形制模仿了圣索菲亚大教堂。印度的泰姬陵，为莫卧儿王朝所修建，被称作"印度的珍珠"，是世界建筑精品之一。

第八节　文艺复兴建筑与巴洛克建筑

（一）年代

有广义与狭义的划分，以 15 世纪意大利文艺复兴为起点，广义的指直到 18 世纪末近 400 年都为文艺复兴时期；狭义的指到 17 世纪初结束的意大利文艺复兴，后来传至欧洲其他地区形成各自特点的文艺复兴建筑。

（二）风格特征

抛弃中世纪哥特建筑风格，认为哥特式建筑是基督教神权统治的象征。采用古代希腊、罗马柱式构图要素。认为古典柱式构图体现和谐与理性，同人体美有相通之处，符合文艺复兴运动的人文主义观念。

（三）意大利文艺复兴建筑

1. 早期（15 世纪），以佛罗伦萨为中心

意大利文艺复兴建筑的第一个作品：佛罗伦萨圣母百花大教堂大穹顶（图 3-14），设计者是早期文艺复兴的奠基人——伯鲁乃列斯基（Brunelleschi）。

府邸建筑：美第奇—里卡尔迪（Ricardi）府邸是早

图 3-14　佛罗伦萨圣母百花大教堂

期文艺复兴府邸的典型作品，建筑师为米开罗佐（Michelozzo）。

教堂建筑：圣十字教堂的巴齐礼拜堂（Pazzi），其内部与外部都由柱式控制，力求轻快和雅洁，由伯鲁乃列斯基设计。

2. 盛期（15世纪末～16世纪上半叶），以罗马为中心

罗马的坦比哀多礼拜堂（Tempietto）（图3-15），纪念性风格的典型代表，伯拉孟特（Bramante）设计，构图完整、体积感强，是穹顶统率整体的集中式形制，是当时有重大创新的建筑，对后世建筑影响很大。

罗马的法尔内塞府邸（Farnese），追求雄伟的纪念性，有较强的纵轴线，门厅为巴西利卡形式，由小桑迦洛（San Gallo）设计。

佛罗伦萨的劳伦齐阿纳（Laurenzina）图书馆：室内采用外立面处理手法，是较早将楼梯作为建筑艺术部件处理的实例，由米开朗琪罗设计。

威尼斯的文特拉米尼（Vendramini）府邸是威尼斯文艺复兴府邸代表，其比例和谐，细部精致，立面轻快开朗，由龙巴都（Lombardo）设计。

威尼斯的圣马可图书馆（S. Marco），券柱式控制立面，体形简洁明快，由桑索维诺（Jacopo Sansovino）设计。

3. 晚期（16世纪下半叶），以维晋寨为中心

维晋寨的巴西利卡，是晚期文艺复兴重要建筑师帕拉第奥（Palladio）的重要作品之一。其立面构图处理是柱式构图的重要创造，名为"帕拉第奥母题"（图3-16）。

图3-15　坦比哀多礼拜堂

图3-16　帕拉第奥母题

圆厅别墅（La Rotonda），晚期文艺复兴庄园府邸的代表，外形由明确而单纯的几何体组成，依纵横两轴线对称布置，比例和谐、构图严谨，形体统一完整，是帕拉第奥的重要作品之一，对后世创作产生影响（图3-17）。

奥林匹克剧场（Teatro Olimpico），帕拉第奥设计，第一个把露天剧场转化为室内剧场，为剧场形制的发展开辟了道路。

尤利亚三世别墅（Villa Giulia），维尼奥拉（Vignola）设计，抛弃了传统的四合院制，在纵轴线上组织空间并力求开敞，富有变化，是建筑布局上的进步。

马西莫柱宫（Palazzo Massimo alle Colonne），帕鲁齐（Peruzzi）的杰作，把建筑的平面、空间和艺术形式一起作了完整、细致的处理，在功能上有所突破。

图 3-17　圆厅别墅

（四）意大利文艺复兴晚期出现形式主义的两种表现

（1）教条式地模仿过去大师的创作手法，为柱式制定烦琐而死板的规则。

（2）追求新颖尖巧，堆砌建筑装饰构件，致力于追求光影变化，不安定的体形和意外的起伏转折，被称为"手法主义（Mannerism）"。

（五）意大利文艺复兴的纪念碑——梵蒂冈的圣彼得大教堂

初时选中的伯拉孟特的方案为希腊十字式，后经拉斐尔、维尼奥拉、小桑迦洛等的修改，最终由米开朗琪罗主持，恢复了伯拉孟特设计的集中形制。但17世纪初教皇又命令建筑师玛丹纳在米开朗琪罗设计的教堂正立面前加建了一座三跨的巴西利卡式大厅。教堂的修建过程反映了进步力量与反动宗教力量的斗争。至此，圣彼得大教堂的外部形体和内部空间的完整性都被破坏。尺度过大，却没有充分发挥巨大高度的艺术效果。

（六）建筑成就

（1）世俗建筑类型增加，造型设计出现灵活多样的处理方法，有许多创新。

（2）在建筑技术方面，梁柱系统与拱券技术混合应用，墙体砌筑技术多样，穹顶采用内外壳和肋骨建造，施工技术提高。

（七）城市广场

恢复了古典的传统，克服了中世纪广场的封闭、狭隘，注意广场建筑群的完整性。

（1）佛罗伦萨的安农齐阿广场（Pizza Annunziata），由阿尔伯蒂设计，是早期文艺复兴最完整的广场。

（2）罗马的市政广场（Pizza del Campidoglio），文艺复兴时期较早按轴线对称布局的梯形广场，米开朗琪罗设计。

（3）威尼斯的圣马可广场（Pizza San Marco），文艺复兴时期最终完成的，由大小两个梯形组合而成，被誉为"欧洲最漂亮的客厅"。

（八）建筑理论

1485年出版的《论建筑》（阿尔伯蒂）是意大利文艺复兴时期最重要的建筑理论著作，影响很大。此外，《建筑四书》（帕拉第奥）、《五种柱式规范》（维尼奥拉）等书以后成为欧洲的建筑教科书。

（九）巴洛克建筑

17~18世纪在意大利文艺复兴建筑基础上发展起来的一种建筑和装饰风格。以天主教堂为代表的巴洛克建筑十分复杂。它形式上是文艺复兴的支流与变形，但其思想出发点与人文主义截然不同，它反映天主教的思想意识和奢侈的欲望，包含着矛盾的倾向，它敢于破旧立新，创造出不少富有生命力的新形式和新手法，被长期广泛地流传；但它又有非理性的、反常的、违反建筑艺术的一些基本法则，一些形式主义的倾向曾起着消极的作用。所以，其评价褒贬不一。

1. 风格特征

(1) 追求新奇。建筑处理手法打破古典形式，建筑外形自由，有时不顾结构逻辑，采用非理性组合，以取得反常的幻觉效果。

(2) 追求建筑形体和空间的动态，常用穿插的曲面和椭圆形空间。

(3) 打破建筑与雕刻绘画的界限，使其相互渗透。

(4) 炫耀财富。大量使用贵重材料，喜好富丽的装饰、强烈的色彩。

(5) 趋向自然，追求自由奔放的格调，表达世俗情趣，具有欢乐气氛。

2. 代表性实例

(1) 教堂建筑：罗马耶稣会教堂（维尼奥拉）、罗马四泉圣卡洛教堂（博洛米尼）。

(2) 城市广场：圣彼得大教堂广场（贝尔尼尼）、波波洛广场（丰塔纳）、纳沃那广场（博洛米尼）。

(3) 别墅园林：阿尔多布兰地尼别墅（其园林为传统的多层台地式，所谓的意大利式园林即以意大利的巴洛克园林为主要代表）。

> **例 3-1　【2021】** 下列关于巴洛克建筑的特征描述，正确的是（　　）。
> A　追求自然朴素的美学趣味　　　B　建筑形体与空间逻辑严谨
> C　建筑构图严格遵循古典规则　　　D　在装饰中增加了自然题材
> **解析：** 根据本节关于巴洛克建筑风格特征的阐述，本题应选 D。
> **答案：** D

第九节　法国古典主义建筑与洛可可风格

(一) 古典主义建筑的概念

广义的指意大利文艺复兴建筑、巴洛克建筑和古典复兴建筑等采用古典柱式的建筑风格。狭义的指运用纯正的古典柱式的建筑，主要是法国古典主义及其他地区受其影响的建筑，即指 17 世纪法王路易十三、十四专制王权时期的建筑。

(二) 古典主义的哲学基础——唯理论

认为客观世界是可以认识的，理性是方法论的唯一依据，不承认感觉经验的真实性；认为几何学和数学是适用于一切知识领域的理性方法，君主制与等级制是理性的体现。

(三) 风格特征

推崇古典柱式，排斥民族传统与地方特色；在建筑平面布局和立面造型中以古典柱式为构图基础，把巨柱式当作构图的主要手段，强调轴线对称，注意比例，讲求主从关系，突出中心与规则的几何形体；运用三段式构图手法，追求外形端庄与雄伟完整统一和稳定感；内部空间与装饰上常有巴洛克特征。

（四）古典主义建筑理论和创作的影响

创造了大型纪念性建筑的壮丽形象，其建筑理论有一定的进步意义；但也有局限性，甚至也有过消极的影响。

（五）代表实例

（1）典型的古典主义建筑作品卢浮宫（勒伏、勒勃亨、彼洛）的东立面，体现了古典主义的各项原则（图3-18）。

图 3-18　卢浮宫东立面

（2）凡尔赛宫（孟莎），是法国绝对君权时期最重要的纪念碑。其花园采用几何形式设计，是法国古典主义园林的杰出代表。其总体布局对欧洲的城市规划产生了较大影响，是法国 17～18 世纪艺术和技术的集中体现者。

（3）恩瓦立德新教堂（孟莎），是第一个完全的古典主义教堂建筑，也是 17 世纪最完整的古典主义纪念物。

（4）旺道姆广场（孟莎），平面为抹去四角的长方形，对线对称、四周一色的封闭性广场，轴线交点上立有纪念柱。

（5）孚·勒·维贡府邸（勒诺特尔），构图强调主从关系，突出轴线，讲求对称，是第一个把法国古典主义构图手法运用到园林设计中的作品。

（六）建筑教育

古典主义时期，法国建立了欧洲最早的建筑学院（1671 年）——巴黎美术学院培养建筑师，制定严格的规范，形成了欧洲建筑教学的体系。因大本营在巴黎美术学院，这一教学体系后被称为巴黎美术学院体系，也称"布扎体系（Beaux-Arts）"。

（七）洛可可风格

洛可可风格是18 世纪 20 年代产生于法国的一种建筑装饰风格。

（1）风格特点。主要表现在室内装饰上，应用明快鲜艳的色彩、纤巧的装饰，家具精致而偏于烦琐，具有妖媚柔糜的贵族气味和浓厚的脂粉气。

（2）装饰特点。细腻柔媚，常用不对称手法，喜用弧线和 S 形线，爱用自然物做装饰题材，有时流于矫揉造作。色彩喜用鲜艳的浅色调的嫩绿、粉红等，线脚多用金色，反映了法国路易十五时代贵族的生活趣味。

（3）实例。巴黎苏俾士（Soubise）府邸客厅，设计者是洛可可装饰名家勃夫杭（Germain Boffrand）。

（4）本时期的法国广场特点。由封闭性的单一空间变为较开敞的组合式广场，如南锡广场群，由长圆形的王室广场、长方形的路易15广场和狭长的跑马广场组成，是半开敞半封闭式，形体多样，既统一又变化，既收又放。巴黎的协和广场属于开放式广场，<u>是巴黎主轴线上的重要枢纽。</u>

第十节　资产阶级革命至19世纪上半叶的西方建筑

（一）英国资产阶级革命时期的建筑：革命的妥协性和不彻底性，缺乏创造新文化的自觉性，把法国宫廷倡导的古典主义文化当作榜样

1. 古典主义代表——王室建筑师克里斯道弗·仑（Christopher Wren）

（1）克里斯道弗·仑设计修建一批伦敦的教区小教堂，其钟塔构图很成功。

（2）其代表作品圣保罗大教堂，体现唯理主义原则，成为英国资产阶级革命的纪念碑。

2. 帕拉第奥主义

18世纪追求豪华、雄伟、盛气凌人风格的英国庄园府邸与追随意大利文艺复兴柱式规范和构图原则的大型公共建筑，忽视使用功能，缺乏创造性和现实感。

（二）法国资产阶级革命时期

（1）启蒙主义的"理性"与唯理主义"理性"之不同

启蒙主义建筑理论的核心——批判的理性，认为合乎理性的社会是"人人在法律面前一律平等"的社会，宣扬唯物主义和科学。

（2）代表作

1）波尔多（Bordeaux）剧院，标志着马蹄形多层包厢式观众厅的成熟。

2）万神庙（Pantheon），又叫圣什内维埃夫（St. Geneviève）教堂，是法国资产阶级革命时期最大的建筑物，启蒙主义的重要体现者。

（3）以勒杜（Ledoux）、部雷（Boulée）为代表的激进建筑师，力图标新立异，表现了昂奋、狂热的激情和昂扬的英雄主义。

（4）帝国风格——拿破仑帝国的纪念性建筑物上形成的风格，如马德兰（Madeleine）教堂（军功庙），雄狮凯旋门。它们体量高大，外形简单，喜用巨柱，尺度很大，外墙少线脚及细部装饰，表现出矜夸僵冷的肃杀之气。

（三）18世纪下半叶至19世纪上半叶的西方建筑

（1）欧洲各主要国家在资产阶级革命影响下，经历着资本主义性质的改革，民主运动和民族解放交织成为先进的思想文化潮流，各国的思想文化和建筑以各种方式方法发生联系并相互影响。建筑创作中复古思潮流行的社会背景主要是新兴资产阶级政治上的需要。

1）古典复兴既有政治原因也受到考古发掘进展的影响。

<u>法国以罗马式样为主，如巴黎的万神庙、雄狮凯旋门。</u>

<u>英国以希腊式样为主，如不列颠博物馆、爱丁堡中学。</u>

<u>德国以希腊式样为主，如布兰登堡门、柏林宫廷剧院。</u>

<u>美国以罗马式样为主，如美国国会大厦、弗吉尼亚州议会大厦。</u>

2）浪漫主义始源于18世纪下半叶的英国，其表现分为两个阶段：先浪漫主义，模仿中

世纪寨堡或追求异国情调，如封蒂尔修道院府邸、布赖顿皇家墅。伦敦郊区的丘园（又译作邱园）则是一座受到中国传统园林影响的风景式花园。后浪漫主义，常以哥特风格出现，又叫哥特复兴，如英国国会大厦。

3）折中主义任意模仿历史上的各种风格，或自由组合各种式样，故也被称为集仿主义，如巴黎歌剧院，圣心教堂，美国1893年芝加哥的哥伦比亚博览会。

（2）工业大生产的发展，新材料、新结构技术、新施工方法的出现和新的使用要求与创作中的复古思潮矛盾，促使新的建筑思潮与新建筑形式的变化，如铁结构、升降机与电梯的应用，新公共建筑类型的出现，迫切需解决建筑创作的新方向。

1）1851年英国伦敦世界博览会"水晶宫"展览馆，开辟了建筑形式新纪元。设计人为帕克斯顿（Paxton）。8个月内完成74400m² 建筑面积的展览建筑，是建筑工业化体系建造思想的先驱作品、现代建筑史上的里程碑。

2）1889年巴黎世界博览会的埃菲尔铁塔、机械馆，创造了当时世界最高（328m）和最大跨度（115m）的新纪录。

（3）工业革命后欧美资本主义人口急剧增加，城市环境与面貌遭到破坏，既危害人民的生活，又妨碍资产阶级自身的利益，为了解决城市矛盾进行过一些有益的探索：

1）巴黎改建：奥斯曼进行了一个规模宏伟的城市改建规划，其侧重点在于市中心区的市容，拓宽大道、疏导城市交通。改造后的气派及其交通功能在当时是世界之冠，对后世有不小的影响，但没有顾及广大劳动群众急切需要解决的居住、工作、文化和休息问题。

2）田园城市：霍华德于19世纪末提出，其后各国的卫星城镇理论与新城运动都受它的影响。亦城亦乡的田园式城市布局，使其兼具城乡两者的优点并从一定程度上缓解了资本主义城市固有矛盾。

3）新协和村：欧文在自己的乌托邦中描绘了未来的共产主义社会。

4）工业城市：加尼埃提出的设想方案，是资本主义人口与工业发展的一种必然产物，它已觉察到应把工业作为城市结构的一个主要组成部分。

5）带形城市：索里亚提出，被以后的规划工作者用作沿高速干道以带状向外延伸发展布置工业与人口的一种规划组织形式。

6）美国的方格形城市：这个时期划分小街坊的典型实例，是为解决世界上最迅速发展的新建的大商业城市的一种典型平面布局。

第十一节　19世纪下半叶至20世纪初的西方建筑

这个时期是对新建筑的探求时期，也是向现代建筑过渡的时期。

（一）工艺美术运动

工艺美术运动反映了19世纪50年代在英国出现的小资产阶级浪漫主义思想，以拉斯金（Ruskin，拉斐尔前派的一员，代表作有1849年的《建筑七灯》和1853年的《威尼斯之石》等）和莫里斯（Morris，拉斐尔前派艺术家）为首的一些社会活动家的哲学观点在艺术上的表现。他们敌视工业文明，认为机器生产是文化的敌人，热衷于手工艺的效果与自然材料的美。在建筑上主张建造"田园式"住宅，来摆脱古典建筑形式。

代表作品：韦布（Webb）设计的莫里斯的住宅"红屋"（图 3-19），根据使用要求布置，用红砖建造，将功能材料与艺术造型结合的尝试。

图 3-19　红屋

（二）新艺术运动

19 世纪 80 年代开始于比利时布鲁塞尔，主张创造一种前所未有的，能适应工业时代精神的简化装饰，反对历史式样，目的是想解决建筑和工艺品的艺术风格问题。其装饰主题是模仿自然生长草木形状的曲线，并大量使用便于制作曲线的铁构件。其建筑特征主要表现在室内，外形一般简洁。这种改革只局限于艺术形式与装饰手法，没能解决建筑形式与内容的关系，以及与新技术的结合问题，是在形式上反对传统形式。代表人物及作品如下：

（1）比利时的霍塔（Horta）设计的布鲁塞尔都灵路 12 号住宅（图 3-20）。

（2）德国的青年风格派，奥尔布里奇（Olbrich）的路德维希展览馆。

（3）英国的麦金托什（Mackintosh）的格拉斯哥艺术学校图书馆。其"四人组"的创作被称为格拉斯哥学派。

（4）西班牙的高迪（Gaudi）设计的巴塞罗那米拉公寓（图 3-21）、圣家族教堂。

（三）维也纳学派

维也纳学派以瓦格纳（Wagner）为首，认为新结构新材料必导致新形式出现，反对使用历史式样。其代表作品如维也纳地下铁道车站和邮政储蓄银行。

维也纳学派中的一部分人成立了"分离派"，宣布同过去的传统决裂。代表人物是奥尔布里奇（Olbrich）和霍夫曼（Hoffmann）。代表作品是在维也纳的分离派展览馆（奥尔布里奇）和斯托克

图 3-20　都灵路 12 号住宅

莱公馆（霍夫曼）。维也纳的另一位建筑师路斯（Loos）认为建筑"不是依靠装饰，而是

以形体自身之美为美"，反对把建筑列入艺术范畴，主张建筑以实用为主，甚至认为"装饰是罪恶"，强调建筑物的比例。代表作是建在维也纳的斯坦纳(Steiner) 住宅。

（四）北欧对新建筑的探索

反对折中主义，提倡"净化"建筑，主张表现建筑造型的简洁明快及材料质感。

代表人物有：荷兰的贝尔拉格（Berlage），其代表作品为阿姆斯特丹证券交易所(图 3-22)；以及芬兰的沙里宁（Saarinen），他的代表作为赫尔辛基的火车站。

图 3-21　米拉公寓

图 3-22　阿姆斯特丹证券交易所

（五）美国芝加哥学派（19 世纪 70 年代）

美国芝加哥学派是美国现代建筑的奠基者，在工程技术上创造了高层金属框架结构和箱形基础，在建筑造型上趋向简洁，并创造独特的风格。

创始人：工程师詹尼（Willam Le Baron Jenney）。詹尼 1879 年设计建造了第一拉埃特大厦，1885 年完成了他最负盛名的芝加哥的家庭保险公司十层办公楼，这是第一座钢铁框架结构建筑，标志着芝加哥学派的真正开始。

代表人物：沙利文（Louis H·Sullivan）。沙利文提出"形式追随功能"的口号，为现代主义的建筑设计思想开辟了道路。他提出了高层办公楼建筑类型在功能上的特征。其思想在当时具有重大的进步意义。

代表作品：芝加哥百货公司大厦（图 3-23）。其立面采用了"芝加哥窗"形式的网格式处理。

（六）德意志制造联盟

德意志制造联盟是 19 世纪末 20 世纪初德国建筑领域里创新活动的重要力量。

1. 代表人物

彼得·贝伦斯（Peter Behrens）以工业建筑为基地发展符合功能与结构特征的建筑。他是德国现代主义设计的重要奠基人之一、著名建筑师、工业产品设计的先驱、"德意志制造联盟"的首席建筑师。

2. 代表作品

德国通用电气公司 AEG 透平机制造车间与机械车间（图 3-24），为探求新建筑起了示范作用，成为"现代建筑"的雏形，里程碑式的建筑，由贝伦斯设计。德意志制造联盟展览会办公楼（科隆）由格罗皮乌斯设计。

图 3-23　芝加哥百货公司大厦

图 3-24　透平机车间

3. 主张

建筑应当是真实的，现代结构应当在建筑中表现出来，以产生新的建筑形式。

4. 人才培养

著名的第一代现代主义大师格罗皮乌斯、密斯·凡·德·罗和勒·柯布西耶都先后在贝伦斯的建筑事务所工作，为其后来的发展奠定了基础。

（七）钢筋混凝土的应用

1850 年法国建筑师拉布鲁斯特（Labrouste）在巴黎圣日内维埃夫图书馆拱顶用交错的铁筋和混凝土的成功，为近代钢筋混凝土奠定了基础。

1890 年以后，钢筋混凝土在建筑中得到广泛的应用。

法国建筑师博多（Baudot）建的巴黎蒙玛尔特（Montmartre）教堂是第一个用钢筋混凝土框架结构建造的教堂（1894 年）。

法国建筑师佩雷（Perret）建造的巴黎富兰克林路 25 号公寓（1903 年）、庞泰路车库（1905 年），显示出钢筋混凝土新结构的艺术表现力。瑞士工程师马亚尔特（Maillart）在苏黎世建造了第一座无梁楼盖仓库（1910 年）。

第十二节　两次世界大战之间——现代主义建筑形成与发展时期

一、革新派建筑师在战后初期对新建筑形式的探索

（一）表现派

首先在德国、奥地利产生，常采用奇特而夸张的建筑形体来表现某种思想情绪，象征某种时代精神。

代表实例：德国波茨坦市爱因斯坦天文台（图 3-25），由孟德尔松（Mendelsohn）设计。

（二）未来派

首先在意大利出现，创始人为作家马里内蒂（Marinetti），宣扬各种机器的威力，赞美大城市，歌颂现代生活的运动、变化速度，否定文化艺术的传统，主张创造全新的未来

艺术。

代表人物：意大利的建筑师圣·伊利亚（Sant Elia），认为新材料已把传统古典形式排除出建筑领域，笨重庄严的建筑形象应代之以机器般简便轻灵的形体，一切都要动、要变。

（三）风格派

风格派又被称为"新造型派""要素派"，1917 年产生于荷兰，认为基本几何形象的组合和构图是最好的艺术。成员有蒙德里安、杜斯伯格、奥德等。

代表性建筑：里特维尔德（Rietveld）设计的在乌得勒支的施罗德住宅（图 3-26）。

图 3-25　爱因斯坦天文台

图 3-26　乌得勒支的施罗德住宅

（四）构成派

产生于俄国，他们把抽象几何形体组成的空间作为艺术的内容。

代表作品：塔特林（Tatlin）设计的第三国际纪念碑，维斯宁兄弟的列宁格勒真理报馆方案。

二、20 世纪 20 年代欧洲现代建筑思潮——现代主义建筑

现代主义建筑又被人称为"理性主义""功能主义"建筑。现代主义建筑思潮发生于19 世纪后期，成熟于 20 世纪 20 年代，20 世纪 50～60 年代风行全世界。现代主义建筑师各人对建筑的看法不尽一致，但有些基本观点是共同的。

（一）设计思想的共同点

强调建筑要随时代而发展，现代建筑应同工业化社会相适应；强调建筑师要研究和解决建筑的实用功能和经济问题；主张积极采用新材料、新结构，在建筑设计中发挥新材料、新结构的特征；主张摆脱过时的建筑式样的束缚，放手创造新的建筑风格；主张发展新的建筑美学，其中包括表现手法和建造手段的统一，建筑形体和内部功能的配合，建筑形象的逻辑性，灵活均衡的非对称构图，简洁的处理手法和纯净的造型等。

例 3-2　（2021）关于现代主义建筑思想的说法，正确的是（　　）。

A　重使用方便和效率轻形式构图　　B　重材料与结构性能轻经济成本

C　重风格创新轻传统样式　　　　　D　重建筑空间轻建筑形体

解析：根据《外国近现代建筑史》（第二版）P63～64，现代建筑派在设计方法上有一些共同的特点：（一）重视建筑的使用功能，注重建筑使用时的方便和效率；（二）注

意发挥新型建筑材料和建筑结构的性能特点；（三）把建筑的经济性提到重要的高度；（四）主张创造现代建筑新风格，坚决反对套用历史上的建筑样式；（五）强调建筑艺术处理的重点应该从平面和立面构图转到空间和体量的总体构图方面，并且在处理立体构图时考虑到人观察建筑过程中的时间因素；（六）废弃表面外加的建筑装饰，认为建筑美的基础在于建筑处理的合理性与逻辑性。故本题应选C。

答案：C

（二）现代建筑派四位大师及其代表作品、理论观点

1. 格罗皮乌斯（1887～1969年）

格罗皮乌斯很早就提出建筑要随时代向前发展，必须创造这个时代的新建筑的主张。认为"建筑没有终极，只有不断的变革""美的观念随着思想和技术的进步而改变"，反对复古主义，主张用工业化方法解决住房问题，在建筑设计原则和方法方面把功能因素和经济因素放在最重要的位置上，并创造了一些很有表现力的新手法和新语汇。

代表作品：

（1）早期活动：

1911年，设计法古斯工厂，适应实用性建筑功能需要，设计手法与钢筋混凝土的结构性能一致，符合玻璃、金属等材料特性，同时又产生了一种新的建筑形式美。

1913年，发表论文《论现代工业建筑的发展》，是建筑师中最早主张走建筑工业化道路的人之一。

1914年，设计德意志制造联盟科隆展览会办公楼。

1919年，成立魏玛公立建筑学院，简称包豪斯，形成了新的工艺美术风格和建筑风格。

1925年，设计德绍的包豪斯新校舍（图3-27），将建筑的实用功能作为设计的出发点，采用灵活不规则的构图手法，按照现代建筑材料和结构特点，是现代建筑史上一个重要里程碑。

图3-27　包豪斯新校舍

（2）到美国后的活动：

1945年，成立协和建筑事务所（简称TAC）。

1952 年，发表论文《工业化社会中的建筑师》，强调现代工业发展对建筑的影响。

在他的著作《全面建筑观》中提出："现代建筑不是老树上的分枝，而是从根上长出来的新株"。

2. 勒·柯布西耶（1889～1965 年）

勒·柯布西耶在《走向新建筑》中提出要创造新时代的新建筑，激烈否定因循守旧的建筑观，主张建筑工业化，把住房比作机器（"住房是居住的机器"），并要求建筑师向工程师的理性学习，在设计方法上提出"平面是由内到外开始的，外部是内部的结果"。他在住宅设计中提出了"新建筑的五个特点"。同时他又强调建筑的艺术性，把建筑看成纯精神的创造。勒·柯布西耶是现代建筑运动的激进分子和主将，也是 20 世纪最重要的建筑师之一。在他的建筑活动和建筑作品中，前期表现出更多的理性主义，后期表现出更多的浪漫主义。

代表作品：

1920 年，创办《新精神》杂志，杂志第一期上写着"一个新的时代开始了，它根植于一种新的精神：有明确目标的一种建设性和综合性的新精神"。

1923 年，出版《走向新建筑》，把住房比作机器（"住房是居住的机器"）。书中的主要观点：（1）呼唤创造新时代的新建筑；（2）主张走工业化的道路；（3）把住房比作机器，主张建筑师向工程师的理性学习。在设计方法上提出"平面是由内到外开始的，外部是内部的结果"。

1926 年，就自己设计的住宅提出新建筑的五个特点：底层架空、屋顶花园、自由平面、横向长窗、自由立面。

1928 年，设计萨伏伊别墅，好像一架复杂的机器，柯布追求的不是机器般的功能和效率，而是机器般的造型，这种艺术趋势被称为"机器美学"，充分体现了新建筑的五个特点。

1927 年，完成日内瓦国际联盟总部设计方案。

1930 年，设计巴黎瑞士学生宿舍。

1946 年，设计了竖向居住小区马赛公寓（图 3-28）。柯布认为带有服务设施的居住大楼应该是组成现代城市的一种基本单位，故将其称为"居住单位"。他理想的现代化城市就是由"居住单位"和公共建筑所组成。

1950 年，设计朗香教堂，从前期的理性主义转变为后期的浪漫主义。

图 3-28　马赛公寓

1951～1957 年，设计印度昌迪加尔行政中心建筑群。

柯布西耶对现代城市和居住问题的设想（城市集中主义者）：立体交叉的道路网；中心摩天楼，外围高层楼房，楼房有屋顶花园、阳台花园；楼房之间有大片绿地。

3. 密斯·凡·德·罗（1886～1970 年）

密斯·凡·德·罗强调建筑要符合时代特点，要创造新时代的建筑而不能模仿过去。

他重视建筑结构和建造方法的革新，认为"建造方法必须工业化"，他以"少就是多"为建筑处理原则，设计的巴塞罗那世界博览会德国馆（1929年）和位于布尔诺的图根德哈特住宅，体现了他对结构、空间、形式的见解。其以"少就是多"为理论依据，以"全面空间""纯净形式"和"模数构图"为特征的设计手法，熟练运用玻璃和钢材，发挥它们表现力的风格，结构精美是他追求的目标。这种风格曾于20世纪50～60年代风靡一时，而被称为"密斯风格"。

代表作品：

1923年，出版专著《关于建筑与形式的箴言》，"我们不考虑形式问题，只管建造问题。形式不是我们工作的目的，它只是结果"。

图 3-29　巴塞罗那世界博览会德国馆

1926年，设计李卜克内西和卢森堡纪念碑，采用立体主义构图手法。

1928年，提出"少就是多"的建筑处理原则。

1929年，设计巴塞罗那世界博览会德国馆（图3-29），是现代建筑中常用的流动空间的一个典型实例。

1930年，设计图根德哈特住宅。

4. 赖特（1869～1959年）

赖特对建筑的看法与现代建筑中的其他人有所不同，他在美国西部建筑基础上融合了浪漫主义精神，并创造了富有田园情趣的"草原式住宅"，再后来发展为"有机建筑"论。他主张建筑应"由内而外"，他的目标是"整体性"。他反对袭用传统建筑样式，主张创新，但不是从现代工业化社会出发，认为20世纪20年代现代建筑把新建筑引入了歧途。他在创作方法上重视内外空间的交融，既运用新材料和新结构，又注意发挥传统建筑材料的优点。同自然环境的结合是他建筑作品的最大特色。他提出"有机建筑"论。

代表作品：

19世纪末至20世纪初的10年间，设计了许多中产阶级的郊外住宅——草原式住宅。

1904年，设计拉金公司大楼（图3-30）。

1908年，设计罗比住宅。

1915年，设计东京帝国饭店，采用了新的抗震措施。

1936年，设计约翰逊制蜡公司总部、流水别墅。

1938年，设计西塔里埃森（图3-31）。

1942年，设计连续空间的古根海姆美术馆。

（三）国际现代建筑协会（CIAM，1928年在瑞士成立）

在第二次世界大战前开过五次会，研究建筑工业化、最低限度的生活空间、高层和多层居住建筑、生活区规划和城市建设等问题。1933年的雅典会议专门研究现代城市建设问题，提出了一个城市规划大纲，即《雅典宪章》。指出现代城市应解决好居住、工作、游息、交通四大功能，应科学地制定城市总体规划。1959年停止活动。

图 3-30　拉金公司大楼

图 3-31　西塔里埃森

第十三节　二战后 20 世纪 40～70 年代的建筑思潮
——现代建筑派的普及与发展

第二次世界大战后，政治形势的变动，经济的盛衰，建筑业在国民经济中的地位，局部地区战争等多种因素，都直接与间接影响各国的建筑活动。经过战后恢复时期，发达国家经济开始迅速发展，尽管有的国家曾受到经济衰退或能源危机等不利因素的影响，第三世界一些国家的建筑也很活跃。总之，在 20 世纪 60 年代以前，建筑技术飞速发展，建筑与科学技术紧密结合，"现代建筑"设计原则大普及。60 年代以后，生产的急速发展，生活水平的迅速提高，各种标榜个人与个性的社会思潮兴起，受社会各种思潮的影响，及几位现代主义建筑大师的去世，各种设计思潮应运而生。出现建筑思潮多元化的局面，促使建筑向讲求形式，标新立异的方向发展。

（一）对理性主义进行充实与提高（Rationalism）

特点：在坚持"现代主义"的设计原则和方法，讲求功能与技术合理的同时，注意结合环境与服务对象的生活情趣需要，力图在新的要求与条件下把同建筑有关的在形式上、技术上、社会上和经济上的各种问题统一起来考虑，创造出一些切实可行的新经验。是战后现代派建筑中最普遍、最多数的一种设计倾向。

代表人物及其代表作品：

（1）协和建筑师事务所（简称 TAC）：

1）1949 年，设计哈佛大学研究生中心，按功能结合地形布置，空间错落有致，尺度得当；

2）1954 年，设计西水桥小学（马萨诸塞州），采用"多簇式"设计；

3）1957 年，设计西德西柏林汉莎区 Interbau 国际住宅展览会高层公寓楼；

4）1977 年，设计何塞·昆西社区学校（波士顿），用多方协商、共同研究的方法设计出具有特点的建筑。

（2）1953～1969 年，曾任哈佛大学设计研究院院长的约瑟夫·尤伊斯·塞尔特（Josep Lluís Sert）

1) 1963年，设计皮博迪公寓；

2) 1970年，设计哈佛大学本科生科学中心。

（3）1958年，Team X 的成员、〔荷〕凡·艾克设计的阿姆斯特丹儿童之家，空间形式与组合形态属"多簇式"。

（4）1970年，〔荷〕赫茨贝格设计的中央贝赫保险公司总部大楼，是表现结构主义最成功的实例。

（二）讲求技术精美的倾向（Perfection of Technique）

特点：这是20世纪40年代末至60年代占主导地位的设计倾向。在设计方法上属于"重理"的一种思潮，以密斯·凡·德·罗为代表强调结构逻辑性（即对结构的合理运用和忠实表现）和自由分割空间在建筑造型中的体现。其特点是用钢和玻璃为主要材料，构造与施工精确，外形纯净、透明，清晰地反映出建筑的材料、结构和它的内部空间。密斯·凡·德·罗在伊利诺伊工学院的讲话中说："当技术实现了它真正的使命，它就升华为艺术"。

代表人物及其代表作品：

（1）密斯·凡·德·罗

1) 1950年，设计范斯沃斯住宅；

2) 1951年，设计芝加哥湖滨公寓，是密斯以结构的不变来应功能的万变的一次体现；居住单元是以矮墙或家具来划分、隔而不断的大空间，密斯称之为"全面空间"（Total Space）；

图3-32 西格拉姆大厦

3) 1956年，设计纽约西格拉姆大厦（图3-32）；

4) 1939年，伊利诺伊工学院校园规划是密斯的"条理性"在建筑群体规划上的体现；

5) 1956年，设计伊利诺伊工学院克朗楼；

6) 1962年，设计西柏林新国家美术馆新馆，这是密斯生前最后的一个作品。

（2）1951年，小沙里宁（Eero Saarinen）设计的通用汽车技术中心，是技术上精益求精与人们在形式上的心理要求相协调的一次尝试。

（三）粗野主义倾向（Brutalism）

特点：是20世纪50年代中期到60年代中期名噪一时的建筑设计倾向。有时被理解为艺术形式，有时是指一种设计倾向。其作品的特点是毛糙的混凝土，沉重的构件和它们粗鲁的组合（以柯布西耶为代表）。同时还认为建筑的美不仅以结构与材料的真实表现作为准则，而且还要暴露房屋的服务性设施。与讲求技术精美倾向的不同点是要经济地，从不修边幅的钢筋混凝土（或其他材料）的毛糙、沉重与粗野感中寻求形式上的出路（以史密森夫妇为代表）。而从形式上看，其表现又是多种多样的。

代表人物及其代表作品：

（1）勒·柯布西耶

1) 1947年，设计马赛公寓大楼；

2）1951年，设计印度昌迪加尔行政中心建筑群（图3-33）；

3）1954年，设计尧奥住宅。

（2）〔英〕史密森夫妇（Team X成员，"粗野主义"是1954年由史密森夫妇首次提出）

1）1954年，设计亨斯特顿学校；

2）1954年，设计谢菲尔德大学设计方案。

（3）〔英〕斯特林和戈文（合作）

1）1958年，设计伦敦的兰根姆住宅；

2）1959年，设计莱斯特大学工程馆（也有人称其为高技派）；

3）1964年，设计剑桥大学历史系图书馆，由斯特林设计，也有人称其为高技派。

（4）1959年，〔美〕保罗·鲁道夫的耶鲁大学建筑与艺术系大楼（图3-34）——其"灯芯绒"式的混凝土墙面给人以粗而不野之感。

（5）〔日〕丹下健三设计的仓敷市厅舍、香川县厅舍

图3-33　印度昌迪加尔行政中心　　　　图3-34　耶鲁大学建筑与艺术系大楼

（四）典雅主义倾向（Formalism）

特点： 致力于运用传统美学法则来使现代的材料与结构产生规整、端庄与典雅的庄严感，主要在美国。

代表人物及其代表作品：

（1）〔美〕斯东（Edward Durell Stone）

1）1955年，设计新德里美国驻印度大使馆；

2）1958年，设计布鲁塞尔世界博览会美国馆。

（2）〔美〕菲利普·约翰逊

1）1958年，设计谢尔登艺术纪念馆；

2）1957年，设计纽约的林肯文化中心，其中舞蹈与轻歌舞剧院由约翰逊设计，大都会歌剧院由哈里逊设计（位于广场中央），爱乐音乐厅由阿伯拉莫维茨（M. Abramowitz）设计，以及一个包含图书馆、展览馆和实验剧院的综合性建筑由小沙里宁等几位建筑师设计。

（3）〔美〕雅马萨奇

1）1959年，设计麦格拉格纪念会议中心；

2）1964 年，设计西雅图世界博览会科学馆；

3）1973 年，设计纽约世界贸易中心。

（五）注重高度工业技术的倾向（High-Tech）

特点：指形成于 20 世纪 50 年代末，不仅坚持在建筑中采用新技术，而且在美学上极力表现新技术的倾向。主张采用最新的材料制造体量轻、用料省、能快速灵活地装配改造的结构与房屋，并加以表现。设计上强调系统设计和参数设计。使"机器美"迎合人们的悦目要求。日本出现以丹下健三为代表的新陈代谢派强调事物的生长变化与死亡，极力主张采用最新技术来解决。为解决城市问题，出现用预制标准化构件装配成大型、多层或高层的"巨型结构"。

代表人物及其代表作品：

（1）1949 年，〔美〕伊姆斯夫妇（Charles & Ray Eames）的自宅（又称"专题研究住宅"）是最早应用预制钢构架的住宅建筑之一。

（2）〔德〕埃贡·艾尔曼（Egon Eiermann）

1）1951 年，设计布伦贝格麻纺厂的锅炉间；

2）1958 年，设计布鲁塞尔世界博览会德国馆。

（3）1960 年，布劳耶（Marcel L. Breuer）的国际商业机器公司（IBM）研究中心。

（4）美国 SOM 事务所

1）1956 年，设计科罗拉多州空军士官学校教堂；

2）1957 年，设计兰伯特银行大厦（布鲁塞尔）。

（5）1971 年，〔意〕彼得罗·贝鲁奇和皮埃尔·奈尔维等人设计的旧金山圣玛利亚教堂。

（6）〔日〕新陈代谢派

1）1967 年，丹下健三设计的山梨文化会馆；

2）1970 年，黑川纪章设计的大阪世界博览会 Takara Beautilion 实验性住宅，只重复使用同一种构件搭建的房屋。

（7）1972 年，〔意〕伦佐·皮亚诺和〔英〕理查德·罗杰斯设计的蓬皮杜国家艺术与文化中心。

（六）讲究人情化与地域性的倾向（Regionalism）

特点：形成于 20 世纪 20 年代的北欧和 50 年代中叶以后的日本，是现代建筑中比较偏"情"的方面，它是将"理性主义"设计原则结合当地的地方特点和民族习惯的发展，既要讲技术又要讲形式，而在形式上又强调自己特点。

图 3-35　珊纳特赛罗镇中心主楼

代表人物及其代表作品：

（1）〔芬〕阿尔瓦·阿尔托（北欧人情化、地域性的代表）

1）1950 年，设计珊纳特赛罗镇中心主楼（图 3-35）；

2）1956 年，设计卡雷住宅；

3）1959年，设计沃尔夫斯堡文化中心。

（2）1950年，〔丹〕阿恩·雅各布森的哥本哈根苏赫姆联立住宅。

（3）1948年，〔英〕拉尔夫·厄斯金的瑞典拉普兰滑雪旅馆（又称体育旅馆）。

（4）〔日〕丹下健三①

1）1955年，设计香川县厅舍；

2）1958年，设计仓敷县厅舍。

例 3-3 **（2021）**不是阿尔瓦·阿尔托作品的是（　　　）。

A　巴黎大学瑞士学生宿舍　　　　B　帕米欧肺病疗养院

C　维堡市立图书馆　　　　　　　D　玛丽亚别墅

解析：帕米欧肺病疗养院、维堡市立图书馆、玛丽亚别墅都是阿尔瓦·阿尔托在两次世界大战之间的代表作品，而巴黎大学瑞士学生宿舍的设计师是勒·柯布西耶。故应选 A。

答案：A

（七）第三世界国家对地域性与现代性结合的探索

特点：对现代性与地域性结合的探索始于 20 世纪 50 年代中期。二次世界大战结束后，不少第三世界国家（东南亚、南亚、非洲和中东）在建国后民族意识高涨、经济上升。一批在西方先进工业国家学成回国的本国建筑师，面对国家大量出现的需要适应现代生活需求的公共建筑和住宅建筑，迫切需要探索一条既符合生活实际，又在形式上具有不同于以往、不同于他人的可识别性的道路。

代表人物及其代表作品：

（1）〔埃〕哈桑·法赛设计的新古尔那村（1945 年）和新巴里斯城规划（1964 年）；1969 年芝加哥大学出版社出版了他的著作《为了穷苦者的建筑》（*Architecture for the Poor*）。

（2）1962年，〔斯〕杰弗里·巴瓦的依那地席尔瓦住宅。

（3）〔印度〕查尔斯·柯里亚

1）1958年，设计甘地纪念馆；

2）1970年，设计干城章嘉公寓；

3）1975年，设计印度国家工艺美术馆。

（4）1977年，〔印度〕巴克里斯纳·多西设计了位于班加罗尔的印度管理学院。

（5）1984年，〔马来西亚〕杨经文设计的自宅——双顶屋。

（八）讲求个性与象征的倾向

开始活跃于 20 世纪 50 年代末，到 60 年代很盛行，其动机是对现代建筑风格"共性"的反抗，而要使每幢房屋，每一场地具有不同于他人的个性和特征，使人一见印象深刻。因此认为建筑设计是个人的一次精彩表演，认为设计首先来自个人的灵感（路易斯·康），来自形式上的与众不同。故反对集体创作，认为"建筑是不能共同设计的"。挪威建筑历

---

① 也有人因丹下健三把混凝土墙面和构件处理得比较粗重，而称这两个作品为"粗野主义"。

史学家与建筑评论家诺伯格·舒尔茨认为"建筑首先是精神上的庇护所，其次才是身躯的庇护所"。其手法有三种：运用几何图形、运用抽象的象征和运用具体的象征。

代表人物及其代表作品：

（1）运用几何图形的手法——代表人物是赖特。

1）1936 年，赖特设计的流水别墅；

2）1941 年，赖特设计的位于纽约的古根海姆美术馆；

3）1978 年，贝聿铭设计的国家美术馆东馆。

图 3-36　柏林爱乐音乐厅

（2）运用抽象象征的手法——代表人物是柯布西耶

1）1950 年，柯布西耶设计的朗香教堂；

2）1956 年，汉斯·夏隆设计的柏林爱乐音乐厅（图 3-36）；

3）1958 年，路易斯·康设计的理查德医学实验楼（图 3-37）；

4）1976 年，塞尔特设计的加泰罗尼亚的当代艺术研究中心。

（3）运用具体象征的手法——代表人物是小沙里宁。

1）1956 年，小沙里宁设计的环球航空公司候机楼（图 3-38）；

2）1958 年，小沙里宁设计的耶鲁大学冰球馆；

3）1959 年，小沙里宁为杰斐逊公园设计的国土扩展纪念碑——大券门；

4）1957 年，〔丹〕约翰·伍重设计的悉尼歌剧院（1973 年建成）。

图 3-37　理查德医学实验楼

图 3-38　环球航空公司候机楼

第十四节　现代主义之后的建筑思潮

现代主义之后的建筑思潮是指 20 世纪 60 年代后期，欧美一些发达国家建筑发展的一个新时期。

（一）后现代主义（Postmodernism）

后现代主义也被称作"后现代古典主义"或"后现代形式主义"。

查尔斯·詹克斯在他 1977 年出版的《后现代建筑语言》中最先提出和阐释了"后现代主义"的概念，他把后现代归纳为"激进的折中主义"，并把美国密苏里州圣路易斯城的普鲁伊特—艾格大厦于 1972 年 7 月 15 日被炸毁的事件称为"现代建筑已经死亡"的标志（该大厦 1954 年由雅马萨奇设计）。詹克斯认为，"后现代主义建筑至少在两个层次上说话：一方面它面对其他建筑师和留心建筑含义的少数人士；另一方面它又面向广大公众或当地居民"。

戴安·吉拉尔多（Diane Ghirardo）在她 1996 年出版的《现代主义之后的建筑》中将这一时期的建筑现象统称作"现代主义之后的建筑"。

罗伯特·斯特恩（Robert A. M. Stern）将后现代建筑的特征总结为："文脉主义""隐喻主义"和"装饰主义"。

罗伯特·文丘里是后现代主义的核心人物。他著有《建筑的复杂性与矛盾性》（1966年）一书：针对"少就是多"提出"少是厌烦"；赞成"杂乱而有活力胜过明显的统一"；提出"兼容并蓄"（both-and）、对立统一的设计策略和模棱两可的设计方法；明确宣布"赞同二元论"的哲学思想。该书被建筑理论家文森特·斯卡利（Vincent Scully）称为"1923 年柯布西耶写了《走向新建筑》以来有关建筑发展的最重要的著作"。此外，他还著有《向拉斯维加斯学习》（1972 年）一书。

代表人物及其代表作品：

（1）1962 年，罗伯特·文丘里设计的母亲住宅（与约翰·劳奇合作设计）（图 3-39）。

图 3-39　母亲住宅

（2）1960 年，文丘里设计的老年人公寓。

（3）1975 年，查尔斯·摩尔设计的新奥尔良市的意大利广场（图 3-40）。

（4）1978 年，菲利普·约翰逊设计的美国电话电报公司总部大楼（AT&T）。

（5）1980 年，迈克尔·格雷夫斯设计的俄勒冈州波特兰市市政厅。

（6）1987 年，迈克尔·格雷夫斯设计的迪士尼世界的海豚旅馆和天鹅旅馆。

（7）1959 年，意大利建筑师及建筑历史学家保罗·波托盖西设计的巴尔第住宅（Casa Baldi）。

图 3-40　新奥尔良市的
意大利广场

（8）1976 年，〔奥〕汉斯·霍莱因设计的奥地利维也纳旅行社。

（9）1982 年，詹姆斯·斯特林设计的斯图加特州立美术馆扩建工程。

（10）1987 年，罗伯·克里尔和汉斯·霍莱因等人设计的德国柏林国际建筑展——城市花园住宅。

（11）1979 年，〔日〕矶崎新设计的筑波中心。

（二）新理性主义（New Rationa Lism）

20 世纪 60 年代，与后现代主义几乎同时出现的意大利新理性主义运动形成了一股颇有影响力的建筑思潮，新理性主义也被称作坦丹萨（Tendenza）学派。

以朱塞普·特拉尼为代表的意大利理性建筑运动为其理论基础。

阿尔多·罗西在《城市建筑》（1966 年）一书中，将类型学方法运用于建筑学，开始"回归秩序"的建筑探索。

乔吉奥·格拉西（Giorgio Grassi）的《建筑的逻辑结构》（1969 年）也为新理性主义作出过贡献。

代表人物及其代表作品：

（1）〔意〕阿尔多·罗西——新理性主义的代表人物

1）1971 年，设计的圣·卡塔多公墓；

2）1970 年，设计的米兰格拉拉公寓；

3）1979 年，设计的 1980 年威尼斯双年展的水上剧场；

4）1990 年，设计的荷兰马斯特里赫特博尼芳丹博物馆。

（2）〔瑞士〕马里奥·博塔——瑞士提挈诺学派 Ticino School 的代表人物

1）1972 年，设计的圣·维塔莱河畔住宅，是博塔建筑生涯的第一个重要作品；

2）1982 年，设计的瑞士卢加诺的戈塔尔多银行；

3）1995 年，设计的旧金山现代艺术博物馆（图 3-41）。

（3）〔德〕O·M·昂格尔斯

1）1976 年，设计的马尔堡市利特街的住宅群；

2）1981 年，设计的法兰克福某处旧宅改建的建筑博物馆——屋中之屋。

图 3-41　旧金山现代艺术博物馆

（4）〔卢森堡〕罗伯·克里尔和莱昂·克里尔兄弟

1）1975 年，罗伯·克里尔出版了《城市空间》一书，该书以类型学为基础，建立了城市空间类型学理论；

2）1976 年，巴黎拉维莱特区规划；

3）1978 年，卢森堡市中心规划。

（三）新地域主义（New Regionalism）

新地域主义名称的提出与后现代主义和新理性主义不同，它并不是那种以一系列标志性建筑活动和代表性人物为特征的建筑运动或思潮，而是一种分布广泛，形式多样的建筑实践倾向。

美国的建筑史学家肯尼斯·弗兰姆普敦在 20 世纪 80 年代初发表的论文《走向批判的地域主义——"抵抗的建筑学"的六个要点》和其 1992 年出版的专著《现代建筑：一部批判的历史》，对理解新地域主义的设计倾向提供了理论指导。

代表人物及其代表作品：

（1）〔西〕拉菲尔·莫内欧——西班牙新地域主义的活跃人物

1）1973 年，设计的马德里银行大楼；

2）1980 年，设计的国家罗马艺术博物馆。

（2）1993 年，〔葡〕阿尔瓦罗·西扎设计的加利西亚艺术中心（图 3-42）。

（3）〔美〕安东尼·普雷多克——土坯建筑师

1）1989 年，设计的奈尔森美术中心；

2）1991 年，设计的威南迪住宅。

图 3-42　加利西亚艺术中心

（4）〔墨〕路易斯·巴拉干

1）1967 年，设计的艾格斯托姆住宅（图 3-43）；

2）1978 年，设计的迈耶住宅。

（5）1990 年，〔印度〕查尔斯·柯里亚设计的斋普尔市博物馆（图 3-44），其平面形式来自于曼陀罗图形。

图 3-43　艾格斯托姆住宅

图 3-44　斋普尔市博物馆

（6）1984 年，〔马来西亚〕杨经文设计的自宅——双顶屋。

（7）〔印度〕多西

1）1981年，为自己设计的位于桑伽的事务所；

2）1995年，设计的侯赛因—多西画廊。

（8）1990年，〔新加坡〕林少伟设计的吉隆坡中心广场。

（9）1998年，〔美〕西萨·佩里设计的马来西亚吉隆坡双子座大厦。

（10）1995年，〔意〕伦佐·皮亚诺设计的芝柏（或译作吉巴欧）文化中心（图3-45）。

图3-45　芝柏文化中心

（四）解构主义（Deconstruction ism）

解构主义是一个具有广泛批判精神和大胆创新姿态的建筑思潮，它不仅质疑现代建筑，还对后现代主义之后出现的那些历史主义或通俗主义的思潮和倾向都持批判态度，并试图建立起关于建筑存在方式的全新思考。

名称来源于：①以德里达为代表的解构主义哲学；②20世纪20年代俄国的先锋派构成主义。

其兴起的标志：①1988年，在纽约现代艺术博物馆举办的"解构主义建筑"7人作品展：伯纳德·屈米、彼得·埃森曼、雷姆·库哈斯、丹尼尔·李伯斯金（此4人更关注哲学和人文的思考）；扎哈·哈迪德、弗兰克·盖里和蓝天组（此3人更关注建筑艺术形式和空间语言的创造）；②1988年，在伦敦泰特美术馆举办的"建筑与艺术中的解构主义"国际研讨会。

代表人物及其代表作品：

（1）1982年，〔法〕伯纳德·屈米设计的拉维莱特公园（图3-46），是"点""线""面"三个迥然不同的系统的叠合。

（2）〔美〕彼得·埃森曼

1）1985年，设计的俄亥俄州立大学韦克斯纳视觉艺术中心（图3-47）；

图3-46　拉维莱特公园

图3-47　俄亥俄州立大学
韦克斯纳视觉艺术中心

2）1988 年，设计的阿洛诺夫设计与艺术中心；

3）1989 年，设计的哥伦布会议中心。

（3）〔荷〕雷姆·库哈斯

1）1978 年，《癫狂的纽约：关于曼哈顿的回顾性宣言》；

2）1984 年，设计的海牙国际舞剧院；

3）1995 年，《广普城市》。

（4）1989 年，丹尼尔·李伯斯金的柏林犹太人博物馆。

（5）扎哈·哈迪德

1）1989 年，设计的东京札幌餐厅；

2）1993 年，设计的德国维特拉消防站。

（6）1983 年，蓝天组在纽约"解构主义建筑"7 人作品展上展出的屋顶加建。

（7）弗兰克·盖里——解构主义思潮中最具形式创新精神的建筑师

1）1987 年，设计的德国维特拉家具设计博物馆；

2）1993 年，设计的毕尔巴鄂古根汉姆博物馆（图 3-48）（弗兰克·盖里因此获得 1989 年度的建筑普利茨克奖）；

3）1994 年，设计的布拉格的尼德兰大厦。

（五）新现代（Neo-Modenism）

这一名称的出现，主要是指那些相信现代建筑依然有生命力并力图继承和发展现代派建筑师的设计语言与方法的建筑创作倾向。新现代也可以有更广义的所指，它包括 20 世纪 70 年代以后绝大部分与有历史主义倾向的思潮和各种后现代思潮不同的当代建筑实践。

兴起标志：1969 年，纽约现代艺术博物馆举办的美国 5 位建筑师的作品展：彼得·埃森曼、迈克尔·格雷夫斯、理查德·迈耶、查尔斯·格瓦斯梅、约翰·海杜克，他们又被称为"纽约五"。"纽约五"的作品在继承现代建筑设计语言的基础上，也试图拓展这种语言的可能性。

代表人物及其代表作品：

（1）理查德·迈耶

1）1980 年，设计的海尔艺术博物馆；

2）1985 年，设计的位于洛杉矶的盖提中心（Getty Center）（图 3-49）。

图 3-48　毕尔巴鄂古根汉姆博物馆

图 3-49　盖提中心

（2）1987 年，〔法〕亨利·奇里亚尼设计的法国一战纪念馆。

（3）1984 年，〔法〕克里斯蒂安·鲍赞巴克设计的拉维莱特音乐城。

（4）1981 年，贝聿铭设计的巴黎卢浮宫扩建。

（5）1985 年，新陈代谢派创始人之一桢文彦设计的螺旋体大厦。

（6）1988 年，安藤忠雄设计的水之教堂和 1989 年的光之教堂。

（7）斯蒂文·霍尔

1）1989 年，设计的日本福冈公寓；

2）1994 年，设计的圣伊格内修斯小教堂（Chapel of St. Ignatius）。

（六）高技派的新发展（High Tech）

20 世纪 70 年代后高技派的新特征为：①更关注新技术影响下如何拓展建构语言，如何使建造方式更加精良；②表现出对环境生态甚至文化历史的思考，其作品既注重高度技术，又强调高度感人。20 世纪 80 年代末，柯林·戴维斯出版的《高技派建筑》一书对这一倾向做了历史性总结与思考。

代表人物及其代表作品：

（1）英国高技派代表人物理查德·罗杰斯，称自己采用的是适宜技术。

1）1978 年，设计的伦敦的劳埃德大厦，是这一时期英国高技派的代表作；

2）1989 年，设计的欧洲人权法庭。

（2）英国高技派代表人物诺曼·福斯特，主张适宜技术、结构创造空间、"建筑即产品"。

1）1965 年，设计的信托控股公司；

2）1974 年，设计的塞恩斯伯里视觉艺术中心；

3）1979 年，设计的香港汇丰银行新楼；

4）1980 年，设计的雷诺公司产品配送中心，巨型悬挂结构；

5）1981 年，设计的第三斯坦斯梯德机场，采用智能化的热量再生系统进行热量回收；

6）1992 年，设计的法兰克福商业银行，为第一座生态型高层塔楼；

7）1992 年，设计的柏林国会大厦重建，大厦采用了太阳能、机械通风、地下湖的天然资源、热电厂、废热发电等能源技术并使用了可再生材料。

（3）〔英〕尼古拉斯·格雷姆肖

1）1984 年，设计的牛津滑冰馆；

2）1987 年，设计的伦敦金融时报印刷厂；

3）1992 年，设计的塞维利亚世博会英国馆。

（4）〔英〕迈克尔·霍普金斯以其出色的帐篷结构设计获得声誉，其代表作是 1984 年设计的苏拉姆伯格研究中心。

（5）1981 年，〔法〕让·努维尔设计的巴黎阿拉伯世界研究中心（图 3-50）。

（6）〔西〕建筑师、结构工程师圣地亚哥·卡拉特拉瓦，因其出色地将运动的形态与富于逻辑性的建构方式融合起来，而被称为"建造大师"。

1）1987 年，设计的阿拉米洛大桥；

2）1989 年，设计的里昂郊区的萨特拉斯车站。

图 3-50　阿拉伯世界研究中心

(七) 简约的设计倾向 (Minimalism)

20 世纪 90 年代，在习惯了现代建筑的流动空间、后现代主义的隐喻和解构主义的分裂特征后，建筑界开始关注一种以继承和发展现代建筑的一个明显特征的潮流——向"简约"（Simplicity）回归。又称"新简约"（New Simplicity）、"极少主义"或"极简主义"（Minimalism）。

代表人物及其代表作品：

（1）1995 年，〔日〕坂茂设计的 2/5 住宅。

（2）〔葡〕德·穆拉

1）1981 年，设计的波尔图文化中心；

2）1991 年，设计的阿威罗大学地质系馆。

（3）〔奥〕鲍姆施拉格和埃伯勒

1）1997 年，设计的 BTV 银行商住综合楼；

2）1995 年，设计的格拉夫电力公司办公楼扩建项目。

（4）〔瑞士〕雅克·赫尔佐格和皮埃尔·德梅隆

1）1991 年，设计的沃尔夫信号楼；

2）1991 年，设计的慕尼黑戈兹美术馆；

3）1995 年，设计的伦敦泰特现代美术馆；

4）1996 年，设计的多米那斯酿酒厂，将建筑面层处理为两层金属网中填入碎石；

5）1997 年，设计的鲁丁住宅。

（5）〔瑞士〕彼得·卒姆托

1）1990 年，设计的瓦尔斯镇温泉浴场（图 3-51）；

图 3-51　瓦尔斯镇温泉浴场

2）1990 年，设计的奥地利的布列根兹美术馆。

（6）1997 年，〔西〕阿尔伯托·坎波·巴埃萨设计的马洛卡岛新技术中心。

第十五节　历史文化遗产保护

包括建筑和城市在内的历史文化遗产记载着人类社会发展的历史，蕴涵着丰富的文化，它是不同地域和不同民族历史与文化的载体，也是一种文化现象。历史文化遗产是城市发展的一种独特的资源，有利于提高城市社会、经济、环境综合效益，有利于城市整体健康而持续地发展。

自19世纪末起，世界各国陆续开始通过立法保护文物建筑。法国1840年颁布了《历史性建筑法案》等；英国1882年颁布了《历史纪念物保护法》等；日本1897年制定了《古神社寺庙保存法》，1919年制定了《古迹名胜天然纪念物保存法》等；美国1906年制定了《古物保护法》等。

1933年，国际现代建筑协会制定了第一个获得国际公认的城市规划纲领性文件——《雅典宪章》，其中有一节专门论述"有历史价值的建筑和地区"，指出了保护的意义与基本原则。

1964年5月，联合国教科文组织在威尼斯召开的第二届历史古迹建筑师及技师国际会议上，通过了著名的《国际古迹保护与修复宪章》，即通常所称的《威尼斯宪章》。《威尼斯宪章》的制定是国际历史文化遗产保护发展中的一个重要事件，这是关于保护文物建筑的第一个国际宪章。它确定了文物建筑的定义及保护、修复与发掘的宗旨与原则，其指导意义延续至今。

自20世纪60年代起，城市历史文化遗产保护的实践开始从文物建筑扩大到历史地段。很多国家也陆续制定了自己国家的历史地段保护法规。

1976年11月，联合国教科文组织大会第19届会议提出《关于历史地区的保护及其当代作用的建议》，简称《内罗毕建议》。《内罗毕建议》重点提出了历史地区在立法、行政、技术、经济和社会方面的保护措施，并将研究、教育和信息工作作为历史地区保护的重要工作之一。

1987年10月，国际古迹遗址理事会在美国首都华盛顿通过的《保护历史城镇与城区宪章》（或称《华盛顿宪章》），是继《威尼斯宪章》之后又一个关于历史文化遗产保护的重要国际性法规文件。这一文件总结了20世纪70年代以来各国在保护的理论与实践方面的经验，明确了历史地段以及更大范围的历史城镇、城区的保护意义和保护原则。《华盛顿宪章》再次提到保护与现代生活的关系，并明确指出，城市保护必须纳入城市发展政策与规划之中。

二战前后至今，世界建筑及城市规划历史上具有跨时代意义的经典规章制度及相关国际组织详见表3-1、表3-2。

历史文化遗产及城市规划重要文献一览表　　　　　　　　　　表3-1

序号	年代	名称	组织	内容简介
1	1933.8	雅典宪章	国际现代建筑协会（CIAM）	城市规划的纲领性文件 (The Athens Charter for the Restoration of Historic Monuments) 勒·柯布西耶提出，城市要与其周围影响地区成为一个整体来研究，城市规划的目的是综合四项基本的社会功能"居住、工作、游憩和交通"；有历史价值的古建筑均应妥为保存，不可加以破坏

序号	年代	名称	组织	内容简介
2	1964.5	威尼斯宪章	国际古迹遗址理事会（ICOMOS）	保护修复文物建筑及历史地段的国际宪章 （International Charter for the Conservation and Restoration of Monuments and Sites） 《威尼斯宪章》是保护文物建筑及历史地段的国际原则；古迹的保护与修复必须求助于对研究和保护考古遗产有利的一切科学技术；保护与修复古迹的目的旨在把它们既作为历史见证，又作为艺术品予以保护
3	1972.6	人类环境宣言	联合国人类环境会议（UNCHE）	联合国人类环境宣言 （Declaration of United Nations Conference on Human Environment） 为保护和改善环境，在瑞典首都斯德哥尔摩召开的有各国政府代表团及政府首脑、联合国机构和国际组织代表参加的讨论当代环境问题的第一次国际会议；人类环境的两个方面，即天然和人为的两个方面，对于人类的幸福和对于享受基本人权，甚至生存权利本身，都是必不可少的；联合国人类环境会议的背景材料是《只有一个地球》，这本书的副标题为《对一个小小行星的关怀和维护》[英国经济学家 B. 沃德（B. Ward）和美国微生物学家 R. 杜博斯（R. Dubos）]
4	1976.6	温哥华人居宣言	联合国人居中心（UNCHS）（Habitat-1）	联合国第一次人类居住大会的宣言 （The Vancouver Declaration on Human Settlements） 人类居住与环境问题受到各国重视，从而促使联合国人居机构的成立
5	1976.11	内罗毕建议	联合国教科文组织（UNESCO）	历史地段及其环境保护文件 《与历史城镇的保护及当代功能相关的建议》（Recommendation Concerning the Safeguarding and Contemporary Role of Historic Areas）历史地区及其环境应被视为不可替代的世界遗产的组成部分，应得到积极保护，使之免受各种损坏；各成员国的当务之急是采取全面而有力的政策，把保护和复原历史地区及其周围环境作为国家、地区或地方规划的组成部分，并制定一套有关建筑遗产及其与城市规划相互联系的有效而灵活的法律
6	1977.12	马丘比丘宪章	建筑师及城市规划设计师	城市规划的纲领性文件 （Testimony to the Advocacy and Pursuit of Enlightened Principles of Planning and Design in Professional Education） 这次会议以雅典宪章为出发点进行了讨论，批判地继承了雅典宪章的理念，对于雅典宪章关于城市进行功能分区而牺牲了城市结构的有机性进行了批判
7	1981.5	佛罗伦萨宪章	国际古迹遗址理事会（ICOMOS）国际风景园林师联合会（IFLA）	历史园林保护宪章 （Historic Gardens） The ICOMOS-IFLA International Committee for Historic Gardens 于 1981 年 5 月在佛罗伦萨召开会议；国际古迹遗址理事会于 1982 年登记作为涉及有关具体领域的"威尼斯宪章"的附件；"历史园林指从历史或艺术角度而言民众所感兴趣的建筑和园艺构造"；鉴于此，它应被看作是古迹

序号	年代	名称	组织	内容简介
8	1987.4	我们共同的未来	联合国环境与发展会议（UNCED）	我们共同的未来 (Our Common Future or Brundtland Report) 　1978 年提出"没有破坏的发展"，联合国环境规划理事会第六届会议的临时议程是《环境与可持续发展》；1980 年 3 月，联合国大会首次正式使用了"可持续发展"(Sustainable Development)的概念；联合国于 1983 年 11 月成立了由挪威首相布伦特兰夫人为主席的"世界环境与发展委员会"（WECD）；报告于 1987 年 4 月正式出版，报告以"持续发展"为基本纲领，分为"共同的问题""共同的挑战"和"共同的努力"三大部分；1. 环境危机、能源危机和发展危机不能分割；2. 地球的资源和能源远不能满足人类发展的需要；3. 必须为当代人和下一代人的利益改变发展模式
9	1987.10	华盛顿宪章	国际古迹遗址理事会（ICOMOS）	保护历史城镇与城区的宪章 (Charter for the Conservation of Historic Towns and Urban Areas) 　历史地段的定义是："城镇中具有历史意义的大小地区，包括城镇的古老中心区或其他保存着历史风貌的地区"，它们不仅可以作为历史的见证，而且体现了城镇传统文化的价值；文件列举了"历史地段"中应该保护的五项内容
10	1992.6	<u>里约环境与发展宣言</u> 地球宪章	联合国环境与发展会议（UNCED）	<u>里约环境与发展宣言</u> (The Rio Declaration on Environment and Development)是一份由联合国环境与发展会议(又称地球高峰会议)发表的简短文件；里约宣言包括 27 条原则，旨在指导今后世界各地的可持续发展；人类处在关注持续发展的中心；他们有权同大自然协调一致，从事健康的、创造财富的生活；大会上可持续发展的理念得到与会者的共识与承认；会议的成果是发表《里约环境与发展宣言》《二十一世纪议程》并签署了<u>《联合国气候变化框架公约》</u>和<u>《生物多样性公约》</u>
11	1996.6	伊斯坦布尔人居宣言	联合国人居中心（UNCHS）(Habitat-2)	联合国第二次人类居住大会的宣言 (Istanbul Declaration on Human Settlements) 　通过了《伊斯坦布尔人居宣言》和《人居议程》；人居议程的两大主题是："人人享有适当的住房和日益城市化进程中人类居住区的可持续发展"
12	1999.5	北京宪章	国际建筑师协会（UIA）	21 世纪建筑发展的重要纲领性文件 (UIA Beijing Charter) 　从地区、文化、科技、经济、艺术、政策法规、业务、教育、方法论等不同侧面思考这一问题；宪章认为，广义建筑学是建筑学、地景学、城市规划学的综合，即三位一体；广义建筑学把建筑看作一个循环体系，建筑学要着眼于人居环境的建造；两个基本结论：既要"在纷繁的世界中，探寻一致之点"，又要"各循不同的道路，达到共同目标"

序号	年代	名称	组织	内容简介
13	2011.11	瓦莱塔原则	国际古迹遗址理事会（ICOMOS）	保护历史城镇、城区的文件（The Valletta Principles for the Safeguarding and Management of Historic Cities，Towns and Urban Areas）《关于维护与管理历史城镇与城区的瓦莱塔原则》对《华盛顿宪章》和《内罗毕建议》的方法和考虑事项加以修订，主要目标是提出适用于历史城镇和城区介入的原则和策略
14	2016.10	新城市议程	联合国人居署（UNHSP）（Habitat-3）	联合国第三次住房和城市可持续发展大会的议程（New Urban Agenda）第三次住房和城市可持续发展大会在厄瓜多尔首都基多召开，大会通过了《新城市议程》；议程的内容有：永续城市发展的转型承诺、有效的实施、随访和回顾

注：瓦莱塔（Valletta）是地中海岛国马耳他共和国的首都，位于马耳他本岛东部沿岸。瓦莱塔城的设计理念源于意大利文艺复兴时期的城市规划原则，是早期城市规划的典范。

重要国际组织一览表 表 3-2

序号	名称	简介
1	国际现代建筑协会（CIAM）	全称：Congrès International d'Architecture Moderne 1928 年在瑞士成立；发起人包括勒·柯布西耶、格罗皮乌斯、阿尔瓦·阿尔托等；1959 年荷兰鹿特丹举行的 CIAM 第 11 次会议上，由于新老两派建筑师的严重分歧，导致 CIAM 宣告解散
2	联合国教科文组织（UNESCO）	全称：United Nations Educational，Scientific and Cultural Organization 1945 年成立于英国伦敦
3	国际建筑师协会（UIA）	全称：Union International des Architectes 1948 年成立于瑞士洛桑，会址设在巴黎
4	国际风景园林师联合会（IFLA）	全称：International Federation of Landscape Architects 1948 年成立于英国剑桥，组织总部在法国巴黎
5	国际古迹遗址理事会（ICOMOS）	全称：International Council on Monuments and Sites 1965 年在华沙成立

习　题

3-1 (2019)方尖碑最早出现在哪个国家？（　　）

A 埃及　　　　　B 希腊　　　　　C 罗马　　　　　D 巴比伦

3-2 帕提农神庙是古典建筑的代表性作品，它是由什么柱式组成的？（　　）

A 多立克柱式　　　　　　　　B 爱奥尼柱式

C 多立克柱式＋爱奥尼柱式　　D 多立克柱式＋科林斯柱式

3-3 古罗马大型公共建筑主要的结构体系是（　　）。

A 梁柱系统　　　B 拱券系统　　　C 砖石系统　　　D 框架系统

3-4 古罗马维特鲁威所著的建筑著作是（　　）。

A 《建筑十书》　　B 《建筑四书》　　C 《建筑十卷》　　D 《建筑五柱式》

3-5 古罗马时期最杰出的穹顶实例是（　　）。

A 梅宋卡瑞神庙　　　　　　　B 罗马城的维奈尔和罗马神庙

C 巴尔贝克大神庙　　　　　　D 罗马万神庙

3-6 帆拱是何种建筑风格的主要成就？（　　）

　　A　古罗马建筑　　　B　拜占庭建筑　　　　C　罗马风建筑　　　　D　文艺复兴建筑

3-7 以下几座中世纪教堂中何者是拜占庭建筑最光辉的代表？（　　）

　　A　威尼斯的圣马可教堂　　　　　　　　B　基辅的圣索菲亚教堂

　　C　君士坦丁堡的圣索菲亚教堂　　　　　D　诺夫哥罗德的圣索菲亚教堂

3-8 哥特建筑结构的成就主要是采用了以下什么系统？（　　）

　　A　拱券系统　　　B　骨架券系统　　　　C　石结构系统　　　　D　穹窿系统

3-9 (2019)以下哪座建筑属于罗曼风格？（　　）

A

B

C

D

3-10 意大利佛罗伦萨主教堂的穹顶是由谁设计并负责监督完成的？（　　）

　　A　阿尔伯蒂　　　B　米开朗琪罗　　　　C　伯鲁涅列斯基　　　　D　伯拉孟特

3-11 (2019)意大利文艺复兴建筑发源地是（　　）。

　　A　威尼斯　　　B　罗马　　　　C　佛罗伦萨　　　　D　米兰

3-12 (2019)题3-12图所示维琴察巴西利卡（Vicenza Basilica）采用的构图通常被称为（　　）。

题 3-12 图

A 帕拉第奥母题 　　　　　　　B 维琴察母题
C 券柱式构图 　　　　　　　D 连续券构图

3-13 (2019)如图所示，意大利威尼斯圣马可广场是（　　　）。

A

B

C

D

3-14 欧洲古典主义时期建筑的代表作品是（　　　）。
A 巴黎圣母院 　　　　　　　B 威尼斯总督宫
C 佛罗伦萨圣母百花教堂 　　　D 巴黎卢佛尔宫东立面

3-15 中亚地区伊斯兰教纪念性建筑的代表形制是什么？（　　　）
A 集中式 　　　B 巴西利卡式 　　　C 围柱式 　　　D 拉丁十字

3-16 印度的泰姬陵被称为印度的一颗明珠，它是哪种宗教建筑？（　　　）
A 印度教 　　　B 婆罗门教 　　　C 伊斯兰教 　　　D 佛教

3-17 (2019)题3-17图所示是哪个城市规划理论？（　　　）

题 3-17 图

A 新协和 　　　B 田园城市 　　　C 广亩城市 　　　D 光辉城市

3-18 被称为第一座真正的"现代建筑"的作品是(　　)。

    A　包豪斯校舍　　　　　　　　　　B　德国通用电气公司透平机车间

    C　德意志制造联盟展览会办公楼　　D　芝加哥百货公司大楼

3-19 意大利未来派建筑师是(　　)。

    A　圣·伊利亚　　B　马里内蒂　　C　门德尔松　　　　D　里特维德

3-20 CIAM的准确含义是(　　)。

    A　国际建筑师协会　　　　　　　　B　国际现代建筑协会

    C　国际规划师协会　　　　　　　　D　现代建筑师协会

3-21 (2019)下述关于法古斯工厂立面不对的是(　　)。

    A　转角无立柱　　B　对称构图　　C　无挑檐　　　　D　外立面光滑

3-22 关于包豪斯的建筑设计特点,以下何者是错误的?(　　)

    A　先决定建筑的总体外观体形,再把建筑的各个部分安排进去,体现了由外向内的设计思想

    B　采用灵活的不规则的构图手法

    C　发挥现代建筑材料和结构的特点,运用建筑本身的要素取得艺术效果

    D　造价低廉

3-23 "住房是居住的机器"是谁说的?(　　)

    A　贝伦斯　　B　格罗皮乌斯　　C　勒·柯布西耶　　D　密斯

3-24 勒·柯布西耶设计的能体现新建筑五点的代表作是(　　)。

    A　萨伏伊别墅　　　　　　　　　　B　马赛公寓

    C　巴黎瑞士学生宿舍　　　　　　　D　昌迪加尔法院

3-25 (2019)在勒·柯布西耶的新建筑五点中,有关自由立面的解释不正确的是(　　)。

    A　轴线对称　　　　　　　　　　　B　结构和立面分离

    C　突破古典主义立面构图　　　　　D　探索自由的立面构图方式

3-26 (2019)"少就是多"言论出自于(　　)。

    A　赖特　　　　　　　　　　　　　B　格罗皮乌斯

    C　密斯·凡·德·罗　　　　　　　D　柯布西耶

3-27 (2019)题3-27图所示彼得·库克设想的未来城市是(　　)。

题 3-27 图

    A　空间城市　　B　插入城市　　C　巨构城市　　　　D　海上城市

3-28 下列哪一座建筑不属于"粗野主义"的作品?(　　)

    A　马赛公寓　　　　　　　　　　　B　昌迪加尔行政中心

C 代代木体育馆 D 仓敷市厅舍

3-29 以下何人不是"典雅主义"的代表人物?( )

A 约翰逊 B 斯东 C 密斯 D 雅马萨奇

3-30 新陈代谢理论是谁提出的?( )

A 前川国男 B 丹下健三 C 矶崎新 D 桢文彦

3-31 阿尔瓦·阿尔托的建筑设计强调的是( )。

A 理性主义+浪漫主义 B 地方性+人情化

C 民族特点 D 用新技术表现传统形式

3-32 (2019)雅各布斯批判城市规划的著作是( )。

A 《美国大城市的死与生》 B 在 《向拉斯维加斯学习》

C 《拼贴城市》 D 《城市建筑》

3-33 后现代主义的主要哲学思想是( )。

A 强调应用传统形式 B 强调应用地区性形式

C 主张激进的折中主义 D 主张表达高技术

3-34 (2019)下列不属于后现代主义作品的是( )。

A 母亲住宅

B 美国电话电报公司总部

C 波特兰市市政厅

D 韦克斯纳视觉艺术中心

3-35 (2019)首次提出历史城区保护的是( )。

A 华盛顿宪章 B 威尼斯宪章 C 佛罗伦萨宪章 D 雅典宪章

3-36 (2019)负责评定世界遗产的世界遗产委员会隶属于( )。

A 联合国教科文组织 B 古迹遗迹保护协会

C 国际建筑师协会 D 世界遗产城市联盟

参考答案及解析

3 - 1 **解析：**根据《外国建筑史》（第四版）"1.5 太阳神庙"P15，在古埃及的新王国时期，适应专制制度的宗教终于形成了，皇帝与高于一切的太阳神结合起来，被称为太阳神的化身。

太阳神庙在门前有一两对作为太阳神标志的方尖碑。方尖碑外形呈尖顶方柱状，由下而上逐渐缩小，顶端形似金字塔，塔尖通常以金、铜或金银合金包裹。碑身高度不等，一般长细比为（9～10)：1，用整块花岗石制成。碑身刻有象形文字的阴刻图案。

答案：A

3 - 2 **解析：**根据《外国建筑史》（第四版）"4.3 雅典卫城"P53，帕提农神庙内部分成两半：朝东的一半是圣堂，其内部的南、北、西三面都采用了多立克式列柱；朝西的一半是存放国家财务和档案的方厅，里面 4 根柱子用爱奥尼式。

帕提农神庙代表着古希腊多立克柱式建筑的最高成就。

答案：C

3 - 3 **解析：**根据《外国建筑史》（第四版）"5.1 光辉的券拱技术"P67，券拱技术，尤其是混凝土的券拱技术，是罗马建筑最大的特色、最大的成就。罗马建筑典型的布局方法、空间组合、艺术形式和风格，以及有些建筑的功能和规模等都同券拱结构有关。正是出色的券拱结构技术才使得罗马宏伟壮丽的建筑有了实现的可能。

答案：B

3 - 4 **解析：**根据《外国建筑史》（第四版）"5.3 维特鲁威与《建筑十书》"P73，古罗马建筑事业很发达，建筑学的著作应运而生，可惜流传下来的只有维特鲁威撰写的《建筑十书》。该书的主要成就为：（1）奠定了欧洲建筑科学的基本体系；（2）系统地总结了希腊和早期罗马建筑的实践经验；（3）全面建立了城市规划和建筑设计的基本原理，以及各类建筑物的设计原理；（4）论述了一些基本的建筑艺术原理，总结了希腊晚期和罗马共和时期的柱式经验。

答案：A

3 - 5 **解析：**根据《外国建筑史》（第四版）"5.7 庙宇"P85，古罗马的万神庙采用穹顶覆盖的集中式形制，是单一空间、集中式构图的建筑物的代表，也是罗马穹顶技术的最高代表。

答案：D

3 - 6 **解析：**根据《外国建筑史》（第四版）"6.1 穹顶和集中式形制"P98，拜占庭教堂采用集中式建筑形制。为进一步完善外部形象，在方形平面 4 边的 4 个券的顶点的高程上作水平切口，水平切口和 4 个发券之间所余下的 4 个角上的球面三角形部分，称为帆拱。

帆拱、鼓座、穹顶这一套拜占庭的结构方式和艺术形式，对欧洲纪念性建筑的发展影响很大。

答案：B

3 - 7 **解析：**根据《外国建筑史》（第四版）"6.3 圣索菲亚大教堂"P101、P102，拜占庭建筑最光辉的代表是首都君士坦丁堡的圣索菲亚大教堂。圣索菲亚大教堂在建筑上的主要成就：一、结构体系关系明确、层次井然；二、内部空间既集中统一又曲折多变；三、室内的色彩效果灿烂夺目。

答案：C

3 - 8 **解析：**根据《外国建筑史》（第四版）"7.2 以法国为中心的哥特式教堂"P 116、P117，哥特式教堂结构的特点是：一、使用骨架券作为拱顶的承重构件；二、骨架券把拱顶荷载集中到每间十字拱的 4 角，用独立的飞券在两侧凌空越过侧廊上方，在中厅每间十字拱 4 角的起脚抵住它的侧推力；三、全部使用两圆心的尖券和尖拱。

答案：B

3 - 9 **解析：**根据《外国建筑史》（第四版）"7.1～7.3"P109、P113、P131，中世纪之初，除了意大利北部小小一个地区之外，西欧各地普遍失去了券拱技术。10 世纪起，券拱技术又重新传遍西欧。因券拱技术在古罗马时代最发达，长期失传之后重新使用，人们便称之为"罗曼建筑"（即"罗马式建筑"）。图 D 是意大利的比萨主教堂，是意大利罗曼风格的典型手法。罗曼建筑进一步发展，就形成了 12～15 世纪西欧的哥特建筑。

图 A 为韩斯主教堂，图 B 为巴黎圣母院，图 C 为米兰大教堂；三座教堂均为典型的哥特式建筑。

答案：D

3-10　**解析：**根据《外国建筑史》（第四版）"8.1 春讯——佛罗伦萨主教堂的穹顶" P145，意大利佛罗伦萨主教堂的穹顶是意大利文艺复兴建筑的第一个作品。它的设计者是伯鲁涅列斯基。

答案：C

3-11　**解析：**根据《外国建筑史》（第四版）"8.1 春讯——佛罗伦萨主教堂的穹顶" P145，意大利文艺复兴建筑史开始的标志，是佛罗伦萨主教堂的穹顶。它的设计和建造过程、技术成就和艺术特色，都体现着新时代的进取精神。

答案：C

3-12　**解析：**根据《外国建筑史》（第四版）"8.3 众星璀璨" P164，因维琴察巴西利卡外廊开间不适合古典券柱式的传统构图，帕拉第奥大胆创新，创造了虚实互生、有无相成的立面构图形式。这一构图是柱式构图的重要创造，被称为"帕拉第奥母题"，在威尼斯的圣马可图书馆二楼立面和佛罗伦萨的巴齐礼拜堂内部侧墙均有采用。

答案：A

3-13　**解析：**根据《外国建筑史》（第四版）P174、P77，图 A 为圣马可广场；图 B 为古罗马帝国广场群；图 C 为意大利锡耶纳城的坎波广场；图 D 为意大利罗马的纳沃纳广场。

答案：A

3-14　**解析：**根据《外国建筑史》（第四版）"9.3 绝对君权的纪念碑" P209，巴黎卢佛尔宫东立面是一个典型的古典主义建筑作品，完整地体现了古典主义的各项原则。它标志着法国古典主义建筑的成熟。

答案：D

3-15　**解析：**根据《外国建筑史》（第四版）"16.2 中亚和伊朗的纪念性建筑" P307、P308，中亚、伊朗等地的代表性建筑是集中式形制的伊斯兰纪念性建筑。建筑中央用穹顶覆盖，在外形上占有重要地位，利用穹顶的集中、挺拔、高耸，塑造宏伟的纪念性形象。

答案：A

3-16　**解析：**根据《外国建筑史（第四版）》"17.5 印度的伊斯兰建筑" P343，印度莫卧儿王朝最杰出的建筑物是泰姬陵，它是世界建筑史中最美丽的作品之一。这座陵墓属于伊斯兰教建筑，可以说是整个伊斯兰世界经验的结晶。

答案：C

3-17　**解析：**根据《外国近现代建筑史》（第二版）P24、P25 图 1-4-6，霍华德于 1902 年出版了《明日的田园城市》一书，该书揭示了工业化条件下的城市与理想的居住条件之间的矛盾以及大城市与自然之间的矛盾，并提出了"田园城市"的设想方案。

答案：B

3-18　**解析：**根据《外国近现代建筑史》（第二版）P50、P51，贝伦斯为德国通用电气公司设计的透平机制造车间，造型简洁，摒弃了任何附加的装饰，为探求新建筑起到了一定的示范作用。它是现代建筑史中的一座里程碑，被西方称之为第一座真正的"现代建筑"。

答案：B

3-19　**解析：**根据《外国近现代建筑史》（第二版）P59，意大利未来主义的代表建筑师是圣·伊利亚（Antonio Sant-Elia）。在一次未来主义展览会中，展出了他的许多未来城市和建筑的设想图，并发表了"未来主义建筑宣言"。

答案：A

3-20 **解析**：根据《外国近现代建筑史》（第二版）P64，1928年，格罗皮乌斯、勒·柯布西耶和建筑历史与评论家S·基甸（Sigfried Giedion）等在瑞士建立了由8个国家的24位建筑师组成的国际现代建筑协会（CIAM）。他们交流与研究建筑工业化、低收入家庭住宅、有效地使用土地，以及生活区的规划和城市建设等问题。

答案：B

3-21 **解析**：根据《外国近现代建筑史》（第二版）P67，1911年，格罗皮乌斯设计了法古斯工厂。法古斯工厂的主要设计手法为：一、非对称构图；二、简洁整齐的墙面；三、没有挑檐的平屋顶；四、大面积的玻璃墙；五、取消柱子的建筑转角处理。这些手法和钢筋混凝土结构的性能一致，符合玻璃和金属的特性，也适合实用性建筑的功能需要，同时又产生了一种新的建筑形式美。法古斯工厂是格罗皮乌斯早期的重要作品，也是第一次世界大战前最先进的工业建筑。

答案：B

3-22 **解析**：根据《外国近现代建筑史》（第二版）P70、P71，包豪斯校舍的建筑设计有以下特点：一、把建筑物的实用功能作为建筑设计的出发点；二、采用灵活的不规则的构图手法；三、按照现代材料和结构的特点，运用建筑本身的要素取得建筑艺术效果。在建造经费比较困难的情况下，周到地解决了实用功能问题；同时，又创造了清新活泼的建筑形象，是很成功的建筑作品。

答案：A

3-23 **解析**：根据《外国近现代建筑史》（第二版）P76，勒·柯布西耶在1923年出版了《走向新建筑》一书。在书中，柯布西耶给住宅下了一个新的定义——"住房是居住的机器"。他认为如果我们从头脑中清除所有关于房屋的固有观念，而用批判的、客观的观点来观察问题，我们就会得到"房屋机器——大规模生产的房屋"的概念。

答案：C

3-24 **解析**：根据《外国近现代建筑史》（第二版）P77，1926年，柯布西耶就自己的住宅设计提出了"新建筑五个特点"，这五点是：一、底层独立支柱；二、屋顶花园；三、自由的平面；四、横向长窗；五、自由的立面。这些都是由于采用框架结构，墙体不再承重以后产生的建筑特点。柯布西耶充分发挥这些特点，在20世纪20年代设计了一些与传统建筑完全异趣的住宅，萨伏伊别墅是其中的代表作。

答案：A

3-25 **解析**：根据《外国近现代建筑史》（第二版）P77，1914年，柯布西耶在拟建的一处住宅区设计中，用一个图解说明现代住宅的基本结构，是用钢筋混凝土的柱子和楼板组成的骨架；在这个骨架之中，可以灵活地布置墙壁和门窗，因为墙壁已经不再承重了。1926年，柯布西耶就自己的住宅设计提出了"新建筑五个特点"。"轴线对称"是古典主义的构图手法，故A选项错误。

答案：A

3-26 **解析**：根据《外国近现代建筑史》（第二版）P84，1928年，密斯提出了著名的"少就是多"的建筑处理原则。其建筑特点是形体处理简单、不同构件和不同材料之间不作过渡性的处理；一切都非常简单明确、干净利索。

答案：C

3-27 **解析**：根据《外国近现代建筑史》（第二版）P177，阿基格拉姆派建筑师彼得·库克于1964年设计了一种插入式城市。这是一栋在已有交通设施和其他各种市政设施上面的网状构架，上面插入形似插座的房屋或构筑物。它们的寿命一般为40年，可以轮流地每20年在构架插座上由起重设备拔掉一批和插上一批。这是他们对未来的高科技与乌托邦时代城市的设想。

答案：B

3-28　**解析：**根据《外国近现代建筑史》（第二版）P250，粗野主义是 20 世纪 50 年代中期到 60 年代中期喧噪一时的建筑设计倾向。用来识别像勒·柯布西耶的马赛公寓和昌迪加尔行政中心那样的建筑形式，或者那些受他启发而做出的此类形式。特点是用毛糙的混凝土、沉重的构件和它们粗鲁的组合。A、B、D 选项都是粗野主义的作品，而 C 选项是丹下健三结构表现主义时期的顶峰之作。

　　答案：C

3-29　**解析：**根据《外国近现代建筑史》（第二版）P265，典雅主义是同粗野主义同时并进然而在审美上却完全相反的一种倾向。粗野主义主要流行于欧洲，典雅主义主要在美国。它的代表人物主要是美国的约翰逊、斯东、雅马萨奇等一些现代派的第二代建筑师。

　　答案：C

3-30　**解析：**根据《外国近现代建筑史》（第二版）P281，黑川纪章和丹下健三同为新陈代谢派成员。后者在 1959 年曾说："在向现实的挑战中，我们必须准备要为一个正在来临的时代而斗争，这个时代必须以新型的工业革命为特征……，在不远的将来，第二次工业技术革命的冲击将会改变整个社会的根本特性"。因此，丹下健三是新陈代谢理论的提出者。

　　答案：B

3-31　**解析：**根据《外国近现代建筑史》（第二版）P284，芬兰的阿尔托被认为是北欧人情化、地域性的代表。他肯定建筑必须讲究功能、技术与经济，但批评两次世界大战之间的现代建筑，说它是只讲经济而不讲人情的"技术的功能主义"；提倡建筑应该同时并进地综合解决人们的生活功能和心理情感需要。

　　答案：B

3-32　**解析：**根据《外国近现代建筑史》（第二版）P330，美国城市理论家简·雅各布斯于 1961 年出版了《美国大城市的死与生》一书。该书对以柯布西耶为代表的功能城市的规划思想公开挑战，甚至对在这之前包括霍华德的花园城市在内的近代种种工业化城市的规划思想都提出了批判。

　　答案：A

3-33　**解析：**根据《外国近现代建筑史》（第二版）P346，后现代主义有这样一些基本的共同特征：一、回归历史，喜欢用古典建筑元素；二、追求隐喻的设计手法，以各种符号的广泛使用和装饰手段来强调建筑形式的含义和象征作用；三、走向大众与通俗文化，戏谑地使用古典元素；四、并不排斥现代建筑。因此，詹克斯把后现代归纳为激进的折中主义。

　　答案：C

3-34　**解析：**根据《外国近现代建筑史》（第二版）P337、P341、P374：图 A 为文丘里的母亲住宅，图 B 为约翰逊设计的美国电话电报公司总部大楼，图 C 为格雷夫斯设计的俄勒冈波特兰市市政厅，这三座建筑均为后现代主义建筑风格。图 D 为美国俄亥俄州立大学韦克斯纳视觉艺术中心，为解构主义建筑风格。

　　答案：D

3-35　**解析：**1987 年，国际古迹遗址理事会通过了《华盛顿宪章》，全称为《保护历史城镇与城区宪章》。宪章所涉及的历史城区包括城市、城镇以及历史中心或居住区，也包括这里的自然和人工环境；"它们不仅可以作为历史的见证，而且体现了城镇传统文化的价值"。

　　答案：A

3-36　**解析：**在联合国教科文组织内，建立了文化遗产和自然遗产的政府间委员会，即世界遗产委员会。世界遗产委员会成立于 1976 年 11 月，由 21 名成员组成，负责《保护世界文化和自然遗产公约》的实施。委员会每年召开一次会议，主要决定哪些遗产可以录入《世界遗产名录》，并对已列入名录的世界遗产的保护工作进行监督指导。

　　答案：A

第四章 城市规划基础知识

本章考试大纲：了解城市规划、城市设计和居住区规划设计的基础理论和相关知识；了解城市生态与可持续发展的基本理念；了解城市规划、城市设计和居住区规划设计经典案例；了解景观设计的基础理论和相关知识。

本章复习重点：城市规划思想发展历史的代表性理论、人物及案例，国土空间规划体系及主要工作内容，城市用地的组成及不同类型用地的规划布局原则与方法，居住区规划设计基本原理和方法，城市设计和景观设计的基本理论和方法。《城乡规划法》《城市用地分类与规划建设用地标准》《城市居住区规划设计标准》等重要的城乡规划法规和技术规范。

第一节 城市规划理论与城乡规划体系

一、城市的形成

（一）城市的形成

随着人类生产的发展，农业从畜牧业中分离，产生了固定的居民点。由于生产力的提高，产生了以物易物的生产品交换，也就是我国古代《易经》所说的"日中为市，致天下之民，聚天下之货，交易而退，各得其所"。随着交换频繁，逐渐出现了专门从事交易的商人，交易场所也由临时的改为固定的市。由于生活需要的多样化，劳动分工的加强，出现了专门的手工业者。商业与手工业从农业中分离出来，一些具有商业及手工业职能的居民点就形成了城市。可以说城市是生产发展和人类第二次劳动大分工的产物。据考证，人类历史上最早的城市出现在公元前3000年左右。春秋战国时期，在《墨子》文献中，记载有关于城市建设与攻防战术的内容，各诸侯国之间攻伐频繁，也正是在这个时期，形成了中国古代历史上一个筑城的高潮。

农业社会时代的城市称为古代城市，工业化时代的城市称为近代城市。

（二）城市的含义

古代城市，城是一种防御的构筑物，市是交易场所。

现代城市，包含人口数量、产业结构及社会行政三层意义的聚居地。

城市定义：城市是一定社会的物质空间形态，其人口具有一定规模，居民大多数从事非农业生产活动的聚居地。

（三）城市的特征

（1）城市是一定地域的政治、经济、文化中心。

（2）城市是人类物质文明和精神文明发展的产物，是历史文化的积淀。

（3）城市是一个社会化、多功能、有机的整体，是一个复杂的、动态的综合体。

城市的产生、发展和建设，受社会、经济、文化、科学技术及地理环境等多种因素影响。城市是由于人类在聚居中对防御、生产、生活等方面的要求而产生，并随着这些要求的变化而发展。人类聚居形成社会，城市建设要适应和满足社会的需求，同时也受到科学技术发展的促进和制约。

（四）城镇化

城镇化，也可称为城市化，是工业革命后的重要现象，城镇化速度的加快已成为历史的趋势。我国当前正处于城镇化加速发展的重要时期，城市的规模、数量急剧扩张。

城镇化，简单来说就是农业人口和农用土地向非农业人口和城市用地转化的现象及过程，具体包括以下三个方面：

（1）人口职业的转变：由农业转变为非农业的第二、第三产业，表现为农业人口不断减少，非农业人口不断增加。

（2）产业结构的转变：工业革命后，工业不断发展，第二、第三产业的比重不断提高，第一产业的比重相对下降。

（3）土地及地域空间的转变：农业用地转化为非农业用地；分散、低密度的居住形式转变为集中成片、高密度的居住形式；与自然环境接近的空间转变为以人工环境为主的空间形态。

二、城市规划思想发展

城市规划是为了合理地制定城市规模和发展方向，实现城市的经济和社会发展目标，对城市物质空间建设及其时间顺序安排的综合部署。其目的是为城市社会的生存和发展建立一个良好的时空秩序，以满足市民的物质文明和精神文明日益发展的需要。

城市规划涉及政治、经济、文化、科学技术、建筑、地理、历史、资源、环境、美学、艺术等方面内容。城市规划是一门综合学科。

城市规划理论是随着人类社会的不断发展而发展的，因此，城市规划是一门动态的、发展中的学科。

（一）古代的城市规划理论

1. 中国古代城市规划的概况

中国古代，关于城镇修建、房屋建造的论述多是以阴阳、五行、堪舆学的方式出现，许多理论和学说散见于《周礼》《商君书》《管子》和《墨子》等政治、伦理、经史书中。

中国奴隶社会的城市是在奴隶主封地中心（邑）的基础上发展起来的。商代开始出现了我国的城市雏形，如：商代早期建设的河南偃师商城，中期建设的位于今天郑州的商城、安阳的殷墟和位于今天湖北的盘龙城。周代召公和周公曾去相土勘测定址，进行了有目的、有计划、有步骤的城市建设，这是中国历史上第一次有明确记载的城市规划事件。

成书于春秋战国之际的《周礼·考工记》记述了周代王城建设的空间布局："匠人营国，方九里，旁三门。国中九经九纬，经涂九轨。左祖右社，面朝后市。市朝一夫。"书中还记述了按照封建等级，不同级别的城市建设形制，如"都""王城"和"诸侯城"等都规定城市用地面积、道路宽度、城门数目、城墙高度等方面的等级差别；同时还有城外的郊、田、林、牧地的相关论述，强调整体观念和长远发展。《周礼·考工记》记述的周代城市建设的空间布局的形制，对中国古代城市规划实践活动产生了深远的影响。如隋唐

图 4-1　周王城平面想象图

时代由宇文恺创建的长安城，元代刘秉忠规划的元大都等城市，其布局严整、分区明确，以宫城为中心，道路、街坊、市肆的位置以中轴线对称布置。从秦汉到明清，中国历代城市规划思想，反映了中国古代宗法礼制文化，体现了以儒家为代表的维护礼制、皇权至上的理念（图 4-1）。

战国时代的城市布局，丰富了城市规划理念，伍子胥提出了"相土尝水，象天法地"的规划思想。他主持规划建造了吴国国都阖闾城，充分考虑了江南水乡的特点——水网、交通、排水布局——展示了水乡城市规划的高超技巧。越国的范蠡按照《孙子兵法》为国都选址。临淄城的规划则因地制宜，根据自然地形布局，南北向取直，东西向沿河曲折，防洪排涝设施精巧实用，并与防御功能完美结合。鲁国济南城也打破严格对称格局，与水体和谐布置。赵国的国都建设考虑北方特点，高台建设，壮丽的视觉效果与城市防御功能相得益彰。而江南淹国国都淹城，城与河浑然一体，自然蜿蜒，利于防御。《管子》立正篇："凡立国都，非于大山之下，必于广川之上。高毋近旱而水用足，下毋近水而沟防省。因天材，就地利，故城郭不必中规矩，道路不必中准绳。"从思想上打破了《周礼》单一模式的束缚，强调了人工环境与自然环境的和谐。《商君书》则更多地从城乡关系、区域经济和交通布局的角度，对城市的发展和城市的管理制度进行了阐述。秦统一中国后，发展了"象天法地"的理念，即强调方位，以天体星象坐标为依据，布局灵活具体。

西汉国都长安的城市布局并不规则（图 4-2），没有贯穿全城的对称轴线，说明周礼制布局没有得到实现。东汉洛邑城（即今之洛阳）空间规划布局为长方形，整个城市的南北轴线上分布了宫殿，强调了皇权，周礼制的规划思想理念得到全面的体现。

三国时期，魏王邺城规划继承了战国时期以宫城为中心的规划思想，功能分区明确、结构严谨，城市交通干道轴线与城门对齐，道路分级明确（图 4-3）。邺城的规划布局对以后的中国古代城市规划思想的发展产生了重要影响。吴国国都迁都于金陵，其城市用地依自然地势发展，以石头山、长江险要为界，皇宫位于城市南北中轴线上，重要建筑以此对称布局。金陵是周礼制城市规划思想和与自然结合的规划理念相结合的典范。

公元 7 世纪，由宇文恺规划建造的隋唐长安城，整个城市布局严整，分区明确，以宫城为中心，"官民不相参"（图 4-4）。城市道路系统、坊里、市肆的位置以中轴线对称布局。里坊制在唐长安得到进一步发展。

五代后周世宗柴荣在显德二年，为改、扩建东京（汴梁）而发布的诏书，论述了城市改建和扩建要解决的问题，是中国古代关于城市建设的一份杰出文件，为研究中国古代"城市规划和管理问题"提供了代表性文献。宋代开封城按此诏书进行了有规划的城市扩建。随着商品经济的发展，在开封城中开始出现了开放的街巷制，延续数千年的里坊制度逐渐被废除，这是中国古代城市规划思想的重要发展。

元代由刘秉忠规划建设的元大都（图 4-5），明清时代在元大都基础上建造的北京城（图 4-6、图 4-7），都是根据当时的政治、经济、文化发展的需求，结合了当地的地形地貌特点，按照《周礼·考工记》所述的王城空间布局制度而规划建设的都城。整个城市以

洛城门

厨城门

横门

宜平门

西市　东市　明光宫

雍门

桂宫　北宫　清明门

北阙甲第区

长乐宫

直城门　高台建筑遗址　宫殿遗址

渐台

双凤阙　作室门　石渠阁　北宫门　武库　漏城门

太液池

宫殿遗址

建童宫前殿　少府　椒房殿　长乐宫

中央官署

章城门　前殿　来央宫

沧池

角楼　高庙遗址　覆盎门

西安门

安门

北

辟雍

社稷　宗庙

0　　1000m

图 4-2　西汉国都长安城

冰井台　后宫　戚里

铜雀台

金虎台　文昌殿　听政殿

铜雀园

鼓楼　钟楼

衙署　衙署

图 4-3　魏王邺城

163

图 4-4 隋唐长安城

图 4-5　元大都城

图 4-6　明北京城

图 4-7　清北京城

1—宫殿；2—太庙；3—社稷坛；4—天坛；5—地坛；6—日坛；7—月坛；8—先农坛；
9—西苑；10—景山；11—文庙；12—国子监；13—清王府公主府；14—衙门；
15—仓库；16—佛寺；17—道观；18—伊斯兰礼拜寺；19—贡院；20—钟鼓楼

宫城为中心，功能分区明确，布局严整，道路、街坊、市肆以南北中轴线对称布置，充分体现了皇权至上和封建社会的等级秩序；城市住宅院落、大型公共建筑的组合、形式、规模、色彩，也都主次尊卑等级分明，中轴对称。这是中国封建社会后期的都城代表，充分表明中国儒家思想对中国古代城市规划思想的深刻影响，反映了中国古代宗法礼制的文化理念和"天人合一"的中国古代哲学思想。

2. 西方古代城市规划概况

西方古代，公元前500年的古希腊城邦时期，在城市建设中有希波丹姆模式，提出了方格形的道路系统和广场设在城中心等建设原则。此模式，在米列都城和提姆加得城得到完整体现（图4-8、图4-9），以城市广场为中心，反映了古希腊的市民民主文化。

公元前1世纪，古罗马建筑师维特鲁威的著作《建筑十书》，是西方古代最完整的古典建筑典籍，内有城市规划的论述。

图 4-8　米列都城

图 4-9　罗马帝国盛期的提姆加
得城

欧洲中世纪城市多为自发成长。1889 年，维也纳建筑师卡美洛西特出版的《按照艺术原则进行城市设计》一书，对欧洲中世纪的城市进行了描述。这是一本较早的城市设计论著，它力争从城市美学和艺术角度解决大城市的环境和社会问题。

（二）近现代城市规划理论

在工业革命之后，城市急剧膨胀，城市矛盾日益尖锐。如居住拥挤、环境恶化、交通堵塞等问题，直接危害人民生活和社会发展。为解决这些矛盾，在欧美先后提出了种种城市规划思想、理论。

1. 空想社会主义的城市

空想社会主义的城市规划理论是针对资本主义城市的城乡对立而提出的改革方案。其中有：

（1）托马斯·莫尔（Thomas More）在 16 世纪提出的"乌托邦"对后来的城市规划理论产生了一定的影响。

（2）康帕内拉（Tommaso Campanelta）1602 年的著作《太阳城》。

（3）傅立叶（Charles Fourier）以名为"法郎吉"（Phalange）生产者联合会为单位的组织社会化大生产等。

（4）罗伯特·欧文（Robert Owen）在 19 世纪初提出建立"新协和村"（New Harmony）。他们的学说，把城市当作一个社会经济范畴，并为适应新的生活而变化。

2. "田园城市" 理论

1898 年英国人霍华德（Ebenezer Howard）提出"田园城市"理论。在他的著作《明天——一条引向真正改革的和平道路》中，提出"城市应与乡村结合"，他以一个"田园城市"的规划图解方案更具体地阐述其理论（图 4-10）。规划人口 3 万人，占地 400hm²。城市部分由一系列同心圆和 6 条放射线路组成，中心是占地 20hm² 的公园，沿公园可建公共建筑，包括：市政厅、音乐厅、剧院、图书馆、医院等，它们的外面一圈是公园，公

图 4-10　霍华德"田园城市"方案图

1—图书馆；2—医院；3—博物馆；4—市政厅；5—音乐厅；

6—剧院；7—水晶宫；8—学校运动场

园外圈是商店，再外一圈是住宅，住宅外面是宽 128m 的林荫道，大道当中是学校、儿童游戏场及教室，大道另一面又是一圈住宅。城市外围有 2000hm² 土地供农牧业生产。霍华德的理论把城市当作一个整体来研究，联系城乡关系，对人口密度、城市经济、城市绿化的重要性等问题提出了见解，对现代城市规划学科的建立起了重要作用。

霍华德的这一理论受到了广泛重视，在英国也出现了两座以"田园城市"为名的建设实践，第一座是1903 年伦敦东北的莱奇沃斯（Letchworth），第二座是 1919 年伦敦附近的韦林（Welwyn）。

3. 卫星城规划的理论与实践

1898 年霍华德（Ebenezer Howard）提出了"田园城市"理论，他的追随者雷蒙德·昂温（Raymond Unwin）进一步将其发展成为在大城市外围建立城镇，以疏散人口、控制大城市规模的理论。1915 年，美国学者泰勒（Graham Romeyn Taylor）正式提出"卫星城"的概念，1918 年他出版了《Satellite Cities：A Study of Industrial Suburbs》一书。同时期，美国规划师惠依顿也提出在大城市周围用绿地围起来，限制其发展，在绿地之外建设卫星城，设有工业企业并和大城市保持一定的联系。

卫星城的形成和发展经历了以下三个阶段：

第一阶段　卧城

1912～1920 年，巴黎制订了郊区的居住建设规划，意图在距巴黎 16km 的范围内建立 28 座居住城市；这里没有生活服务设施，生产工作和文化生活的需求尚需去巴黎解决，一般称这种城镇为"卧城"。

第二阶段　半独立式卫星城

1918 年，芬兰建筑师伊利尔·沙里宁（Eliel Saarinen）与荣格（Bertel Jung）为赫尔辛基新区明克尼米-哈格（Munkkiniemi-Haaga）制订了一个 17 万人口的规划方案，因该方案远远超出了当时的财政经济和政治处理能力，故其中只有一小部分得以实施。该规划方案体现了沙里宁提出的"有机疏散"理论。这类卫星城不同于"卧城"，除了居住建筑外，还设有一定数量的工厂及服务设施。

第三阶段　独立式卫星城

（1）20世纪40年代

1946年（英）斯蒂夫尼奇（Stevenage），它开辟了完整步行街的先例。

1947年（英）哈洛（Harlow），由《市镇设计》的作者吉伯德（F. Gibberd）规划，在哈洛新城中，佩里（C. Perry）有关"邻里单位"的理论得以实现。

1947年（英）考文垂（Coventry），考文垂的步行街以开敞的楼梯及连廊连接二层商场，并分隔成院落。

其中，哈洛是英国第一代卫星城的代表。同一时期，还有法国的勒阿弗尔（Le Havre）；该城由佩雷（Auguste Perret）规划设计，受法国建筑师加尼埃（Tony Garnier）"工业城市"的影响。

（2）20世纪50年代

1950年（瑞典）魏林比（Vallinby），它是斯德哥尔摩的六个卫星城镇之一，距母城16km。与这个时期的其他卫星城不同，它对母城有较大的依赖性，是半独立式的卫星城。

1956年（英）坎伯诺尔德（Cumbernauld），是位于英国北部苏格兰格拉斯哥附近的一座新城，坎伯诺尔德是英国第二代卫星城的代表，其住宅建筑群环绕布置在市中心周边，与市中心保持尽可能短的距离。

（3）20世纪60年代

1965年（法）塞尔吉-蓬图瓦兹（Cergy-Pontoise），同一时期在巴黎外围一共建了五座新城，现塞尔吉与蓬图瓦兹已经合并为一座城市。

1967年（英）米尔顿-凯恩斯（Milton-Keynes），位于英格兰中部，为英国的经济重镇，还是英国新城镇建设的成功典范；它是英国第三代卫星城的代表。

现阶段的卫星城，为多中心敞开式城市结构，用高速交通线把卫星城和主城联系起来，主城的功能扩散到卫星城中去。为了控制大城市人口过分膨胀，疏散大城市的部分工业和人口，同时也是为了抵消大城市对周围地区人口的吸引力。

4. 《雅典宪章》与《马丘比丘宪章》

1922年勒·柯布西耶写了《明日的城市》一书，提出了巴黎改造方案，主张减少市中心的建筑密度、增加人口密度，建筑向高层发展，增加道路宽度及两旁的空地、绿地，大胆改变大城市的传统形式的结构布局。

正当勒·柯布西耶提出空间集中的规划理论时，另一位建筑师却提出了反集中的空间分散规划理论。赖特在1935年发表了题为"广亩城市：一个新的社区规划"的论文，充分反映了他所倡导的美国化的规划思想，强调城市中人的个性，反对集体主义。他相信电话和小汽车的力量，认为大都市将死亡，美国人将走向乡村。勒·柯布西耶与赖特规划理论的共性是：城市中有大量绿化空间，都已经开始思考以电话和汽车为代表的新技术变革对城市产生的影响。

1933年国际现代建筑协会（CIAM）在雅典开会，制定了《城市规划大纲》，后称为《雅典宪章》。大纲首先提出城市要与其周围影响地区作为一个整体来研究，城市规划的目的是解决居住、工作、游憩与交通四大活动功能的正常运行，城市规划的核心是解决好城市功能分区。

1977年12月，一批著名的建筑师、规划师在秘鲁的利马集会，对《雅典宪章》的实践做了评价，认为《雅典宪章》的某些原则是正确的，但认为城市规划追求功能分区的办法，忽略了城市中人与人之间多方面的联系，应创造一个综合的、多功能的生活环境。同时提出，私人车辆要服从公共运输系统的发展，要注意在发展交通与能源"危机"之间取得平衡，提出了生活环境与自然环境的和谐问题。会后发表了《马丘比丘宪章》，其中还提出了生活环境与自然环境的和谐问题。

5. 邻里单位与小区规划

1929 年美国建筑师克拉伦斯·佩里（Clarence Perry）提出了"邻里单位"的居住区规划思想。邻里单位"是组成居住区的基本单元，其中设置小学使幼儿上学不穿越马路，并以此控制与计算人口和用地规模，后来考虑了设置日常生活需要的公共设施。第二次世界大战后，欧洲发展为"小区规划"理论。一般按交通干道划分小区成为居住区构成的基本单元，把居住建筑、公共建筑、绿地等进行综合安排，一般的生活服务可在小区内解决。

6. 有机疏散理论

为解决城市膨胀而产生的"城市病"，伊利尔·沙里宁在 1943 年出版的《城市——它的发展、衰败与未来》一书中完善了有机疏散理论。他从生物有机体的细胞成长现象中受到启示，认为把扩大的城市范围划分为不同的集中点所使用的区域，这种区域内又可分为不同活动所需要的地段。他是把无秩序的集中变为有秩序的分散，把密集地区分为一个个的集镇或地区，彼此之间用绿化带分隔，以便城市居民接近大自然。

7. 区域规划和国土规划

城市的日益发展和城市问题的复杂化，使人们认识到不能就城市论城市，必须从区域、国土的范围来研究有关社会、经济、资源、交通等各方面问题。从地区着眼，对社会、经济的发展和生产力分布进行整体思考和规划调节。西方区域规划理论从 20 世纪后期发展起来，英国格迪斯提出了集合城市（组团城市）和区域规划概念。欧美一些国家实行了经济区规划，大城市也把区域作为一个经济单位、社会单位和城市体系来研究，并进行了大城市地区的规划。

例 4-1　（2021）城市规划应努力创造一个综合的、多功能的生活环境，不要过分追求功能分区，这一主张出自（　　）。

A　雅典宪章　　　　　　　　　B　马丘比丘宪章

C　威尼斯宪章　　　　　　　　D　华盛顿宪章

解析：根据《城市规划原理》（第四版）P33，《马丘比丘宪章》认为城市规划过于追求功能分区的做法，忽略了城市中人与人之间多方面的联系，其主张城市规划应努力创造一个综合的多功能的生活环境；故本题应选 B。

答案：B

例 4-2　（2021）针对大城市过度膨胀所带来的弊病，提出有机疏散理论的是（　　）。

A　霍华德　　　　　　　　　　B　赖特

C　勒·柯布西耶　　　　　　　D　伊利尔·沙里宁

（三）城乡规划学科的新发展

通过深入的科学研究，科学地预测未来，不断地及时地调节和完善城市规划。规划学科的发展主要表现在如下方面：

1. 宏观研究的扩展与微观研究的深入

城市规划，在宏观上从形体扩展到社会、经济及城市之间、城乡之间与城市体系的宏观问题；在微观上深入研究住房、就业、交通、社会服务等问题。

2. 交叉科学研究城市问题

各种学科的交叉，丰富更新本学科的理论与实践、更广泛地应用新的科学技术手段。如系统论、控制论、信息论及计算机、数理分析、遥感遥测等新观念、新技术在城市规划中应用等。

3. 重视城市规划的时间要素

通过城市的产生、发展、兴衰的变化规律，研究历史与现状。

20 世纪 60 年代以来，世界范围内社会、经济的战略思想转变和更新，对城市规划的理论和实践提出了新的要求。

4. 可持续发展的概念

1978 年联合国世界环境与发展大会第一次在国际社会正式提出"可持续发展"的观念。

1987 年联合国世界环境与发展委员会发表了《我们共同的未来》，全面阐述了可持续发展的理念，核心是实现经济、社会和环境之间的协调发展，它的影响已成为全球共识和指导各国社会经济发展的总原则。它具有现代意义的发展观，它所追求的是社会、经济和环境目标的协调统一，给后人的生存与发展留有余地。城市化的快速发展带来了巨大的社会效益和经济效益，但也造成广泛的"城市病"，面对错综复杂的城市问题，可持续发展的战略思想要求转变建筑与城市规划的狭义认识和传统理念，适应时代发展的需要，要研究社会、经济、环境、资源、文化等方面的综合发展目标，纳入统一的城乡发展规划中来，落实到物质环境的建设上，从而促进城市可持续发展。例如环境保护是城市发展的组成部分，环境质量是发展水平和发展质量的根本标志，环境权利和环境义务是一致的、统一的。

5. 人居环境科学

人居环境科学是为建筑更符合人类理想的聚居环境，在 20 世纪下半叶国际上逐渐发展起来的一门综合性学科。它以包括乡村、集镇、城市等在内的所有人类聚居环境为研究对象，着重研究人与环境之间的相互关系，强调把人类聚居作为一个整体，从政治、社会、文化、技术等方面，全面地、系统地、综合地加以研究，促使人居环境的可持续发展，使人类生存环境越来越美好。

6. 建设生态城市

为了摆脱城市负面困扰，使人们充分享受城市的优越条件，20世纪下半叶出现生态城市概念。

我国城市规划专家黄光宇教授对其的解释为：生态城市是应用生态学原理和现代科学技术手段来协调城市、社会、经济、工程等人工生态系统与自然生态系统之间的关系，以提高人类对城市生态系统的自我调节与发展的能力，使社会、经济、自然复合生态系统结构合理、功能协调，物质、能量、信息高效利用，生态良性循环。

在生态学理论的发展下，人们认识到自然环境是一个庞大、复杂的生态系统，人类本身是其中一个组成部分，只有保持系统各部分的平衡，人类生存的载体及其本身才能持续发展。节能减排、应对全球气候变化、保护地球、保护物种，已成为全人类的共同任务；因此，城市发展有利于环境生态，与自然环境和谐发展，才是正确的最高标准。建设生态城市，按照生态学的规律来规划城市、建设城市和改造城市。

7. "全球城"理论

发达国家在20世纪70年代完成了城市化进程（城市化水平≥70%），步入后城市化阶段。80年代的世界经济的发展，90年代信息技术的革命，相继出现了"全球城"和全球化理论。世界经济结构变化，资本、劳动力、产业及经济中心全球性的流动、迁移、集聚促使全球城市体系的多极化。建筑综合体实现更高效率，以跨国集团总部为标志的"全球城"开始出现。在世界各地具有国际性质的大城市，纷纷建起了具有国际意义的中央商务区，即"CBD"。地方建筑传统受到挑战。

8. 《北京宪章》

1999年6月，国际建筑师协会（UIA）第20届世界建筑师大会在北京召开，大会一致通过了吴良镛院士起草的《北京宪章》，《北京宪章》总结了百年来建筑发展的历程，并在剖析和整合20世纪的历史与现实、理论与实践、成就与问题及各种新思路和新观点的基础上，展望了21世纪建筑学的前进方向。

9. "碳达峰"和"碳中和"

2021年3月5日，国务院《政府工作报告》中指出：扎实做好碳达峰、碳中和各项工作，制定2030年前碳排放达峰行动方案，优化产业结构和能源结构。"做好碳达峰、碳中和工作"被列为2021年重点任务之一，"十四五"规划也将加快推动绿色低碳发展列入其中。我国力争2030年前实现碳达峰，2060年前实现碳中和。

（四）当代城市规划思想方法的变革

社会、经济、文化的发展变化是思想方法变革的基础。

（1）由单向的封闭思想方法，转向复合发散型的思想方法，包括系统内外的多条思维和反馈。

（2）由静态最终理想状态的思想方法转向动态过程的思想方法。

（3）由刚性规划的思想方法转向弹性规划的思想方法。刚性思想缺乏多种选择性，弹性规划表现在规模、时效期和用地形态上的必要弹性等。

（4）由指令性的思想方法，转向引导性的思想方法。指令思想是把城市规划看作控制发展的枢纽；引导性是强调规划在城市发展过程的引导作用。

三、城乡规划体系概述

城乡规划体系是通过规划法规体系、规划行政体系、规划技术体系以及规划运作体系来共同构建的，详见图 4-11。城乡规划体系的演进常表现在规划行政、规划编制和开发控制三个方面所发生的重大变革。

图 4-11　城乡规划体系示意图

注：依据《中华人民共和国城乡规划法》及《城市规划原理》（第四版）绘制。

四、国土空间规划

国土空间规划是国家空间发展的指南、可持续发展的空间蓝图，是各类开发保护建设活动的基本依据。建立国土空间规划体系并监督实施，将主体功能区规划、土地利用规划、城乡规划等空间规划融合为统一的国土空间规划，实现"多规合一"，强化国土空间规划对各专项规划的指导约束作用，是党中央、国务院作出的重大部署。

（一）主要目标

2020年——基本建立国土空间规划体系，逐步建立"多规合一"的规划编制审批体系、实施监督体系、法规政策体系和技术标准体系；基本完成市县以上各级国土空间总体规划编制，初步形成全国国土空间开发保护"一张图"。

2025年——健全国土空间规划法规政策和技术标准体系；全面实施国土空间监测预警和绩效考核机制；形成以国土空间规划为基础，以统一用途管制为手段的国土空间开发保护制度。

2035年——全面提升国土空间治理体系和治理能力现代化水平，基本形成生产空间集约高效、生活空间宜居适度、生态空间山清水秀、安全和谐、富有竞争力和可持续发展的国土空间格局。

（二）总体框架

1. 分级分类建立国土空间规划

国土空间规划是对一定区域国土空间开发保护在空间和时间上作出的安排，包括总体规划、详细规划和相关专项规划。

国家、省、市县编制国土空间总体规划，各地结合实际编制乡镇国土空间规划。

相关专项规划是指在特定区域（流域）、特定领域，为体现特定功能，对空间开发保护利用作出的专门安排，是涉及空间利用的专项规划。

国土空间总体规划是详细规划的依据、相关专项规划的基础；相关专项规划要相互协同，并与详细规划做好衔接（图4-12）。

图4-12 国土空间规划的"五级三类"编制体系

2. 明确各级国土空间总体规划编制重点

全国国土空间规划是对全国国土空间作出的全局安排，是全国国土空间保护、开发、利用、修复的政策和总纲，侧重战略性，由自然资源部会同相关部门组织编制，由党中央、国务院审定后印发。

省级国土空间规划是对全国国土空间规划的落实，指导市县国土空间规划编制，侧重协调性。由省级政府组织编制，经同级人大常委会审议后，报国务院审批。

市县和乡镇国土空间规划是本级政府对上级国土空间规划要求的细化落实，是对本行政区域开发保护作出的具体安排，侧重实施性。

需报国务院审批的城市国土空间总体规划，由市政府组织编制，经同级人大常委会审议后，由省级政府报国务院审批；其他市县及乡镇国土空间规划由省级政府根据当地实际，明确规划编制审批内容和程序要求。各地可因地制宜，将市县与乡镇国土空间规划合并编制，也可以几个乡镇为单元编制乡镇级国土空间规划。

3. 强化对专项规划的指导约束作用

海岸带、自然保护地等专项规划及跨行政区域或流域的国土空间规划，由所在区域或上一级自然资源主管部门牵头组织编制，报同级政府审批；涉及空间利用的某一领域专项规划，如交通、能源、水利、农业、信息、市政等基础设施，公共服务设施，军事设施，以及生态环境保护、文物保护、林业草原等专项规划，由相关主管部门组织编制。相关专项规划可在国家、省和市县层级编制，不同层级、不同地区的专项规划可结合实际选择编制的类型和精度。

4. 在市县及以下编制详细规划

详细规划是对具体地块用途和开发建设强度等作出的实施性安排，是开展国土空间开发保护活动、实施国土空间用途管制、核发城乡建设项目规划许可、进行各项建设等的法定依据。在城镇开发边界内的详细规划，由市县自然资源主管部门组织编制，报同级政府审批；在城镇开发边界外的乡村地区，以一个或几个行政村为单元，由乡镇政府组织编制"多规合一"的实用性村庄规划，作为详细规划，报上一级政府审批。

（三）编制要求

1. 体现战略性

全面落实党中央、国务院重大决策部署，体现国家意志和国家发展规划的战略性，自上而下编制各级国土空间规划，对空间发展作出战略性、系统性安排。

2. 提高科学性

坚持生态优先、绿色发展，尊重自然规律、经济规律、社会规律和城乡发展规律，因地制宜开展规划编制工作；坚持节约优先、保护优先、自然恢复为主的方针，在资源环境承载能力和国土空间开发适宜性评价的基础上，科学有序统筹布局生态、农业、城镇等功能空间，划定生态保护红线、永久基本农田、城镇开发边界等空间管控边界以及各类海域保护线，强化底线约束，为可持续发展预留空间。

3. 加强协调性

强化国家发展规划的统领作用，强化国土空间规划的基础作用。国土空间总体规划要统筹和综合平衡各相关专项领域的空间需求。详细规划要依据批准的国土空间总体规划进行编制和修改。相关专项规划要遵循国土空间总体规划，不得违背总体规划强制性内容，其主要内容要纳入详细规划。

4. 注重操作性

按照谁组织编制、谁负责实施的原则，明确各级各类国土空间规划编制和管理的要点。明确规划约束性指标和刚性管控要求，同时提出指导性要求。制定实施规划的政策措施，提出下级国土空间总体规划和相关专项规划、详细规划的分解落实要求，健全规划实施传导机制，确保规划能用、管用、好用。

（四）实施与监管

1. 强化规划权威

规划一经批复，任何部门和个人不得随意修改、违规变更，防止出现换一届党委和政府改一次规划。

2. 改进规划审批

按照谁审批、谁监管的原则，分级建立国土空间规划审查备案制度。精简规划审批内容，管什么就批什么，大幅缩减审批时间。减少需报国务院审批的城市数量，直辖市、计划单列市、省会城市及国务院指定城市的国土空间总体规划由国务院审批。相关专项规划在编制和审查过程中应加强与有关国土空间规划的衔接及"一张图"的核对，批复后纳入同级国土空间基础信息平台，叠加到国土空间规划"一张图"上。

3. 健全用途管制制度

以国土空间规划为依据，对所有国土空间分区、分类实施用途管制。

（1）在城镇开发边界内的建设，实行"详细规划＋规划许可"的管制方式。

（2）在城镇开发边界外的建设，按照主导用途分区，实行"详细规划＋规划许可"和"约束指标＋分区准入"的管制方式。

（3）对以国家公园为主体的自然保护地、重要海域和海岛、重要水源地、文物等实行特殊保护制度。因地制宜制定用途管制制度，为地方管理和创新活动留有空间。

4. 监督规划实施

依托国土空间基础信息平台，建立健全国土空间规划动态监测评估预警和实施监管机制。

5. 推进 "放管服" 改革

以"多规合一"为基础，统筹规划、建设、管理三大环节，推动"多审合一""多证合一"。优化现行建设项目用地（海）预审、规划选址以及建设用地规划许可、建设工程规划许可等审批流程，提高审批效能和监管服务水平。

（五）法规政策与技术保障

1. 完善法规政策体系

研究制定国土空间开发保护法，加快国土空间规划相关法律法规建设。梳理与国土空间规划相关的现行法律法规和部门规章，对"多规合一"改革涉及突破现行法律法规规定的内容和条款，按程序报批，取得授权后施行，并做好过渡时期的法律法规衔接。完善适应主体功能区要求的配套政策，保障国土空间规划有效实施。

2. 完善技术标准体系

按照"多规合一"要求，由自然资源部会同相关部门负责构建统一的国土空间规划技术标准体系，修订完善国土资源现状调查和国土空间规划用地分类标准，制定各级各类国土空间规划编制办法和技术规程。

3. 完善国土空间基础信息平台

以自然资源调查监测数据为基础，采用国家统一的测绘基准和测绘系统，整合各类空间关联数据，建立全国统一的国土空间基础信息平台。以国土空间基础信息平台为底板，结合各级各类国土空间规划编制，同步完成县级以上国土空间基础信息平台建设，实现主体功能区战略和各类空间管控要素精准落地，逐步形成全国国土空间规划"一张图"，推进政府部门之间的数据共享以及政府与社会之间的信息交互。

第二节　国土空间规划的工作内容

一、国土空间规划的调查研究与基础资料

调研是国土空间规划编制的基础，通过调研能够厘清城市发展的历史、地理、自然、文化的背景及社会经济发展的状况和条件，找出决定城市建设发展的主要矛盾。开展资源环境承载能力和国土空间开发适宜性评价（简称"双评价"），分析区域资源禀赋与环境条件，研判国土空间开发利用问题和风险，识别生态、农业、城镇等不同开发保护利用方式的适宜程度，为编制国土空间规划提供基础性依据。

当前国土空间规划编制统一采用第三次全国国土调查数据作为规划现状底数和底图基础，统一采用 2000 国家大地坐标系和 1985 国家高程基准作为空间定位基础。

二、总体规划的主要内容

（一）省级国土空间规划

根据《省级国土空间规划编制指南》（试行），省级国土空间规划的重点管控性内容包括：

（1）目标与战略：明确省级国土空间发展的总体定位，确定国土空间开发保护目标；落实全国国土空间规划纲要确定的省级国土空间规划指标要求，完善指标体系。制定省级国土空间开发保护战略，推动形成主体功能约束有效、科学适度有序的国土空间布局体系。

（2）开发保护格局：完善和细化省级主体功能区，按照主体功能定位划分政策单元，确定协调引导要求，明确管控导向。明确生态屏障、生态廊道和生态系统保护格局；确定生态保护与修复重点区域；构建生物多样性保护网络；优先保护以自然保护地体系为主的生态空间，明确省域各类自然保护地布局、规模和名录。推进现代农业规模化发展；明确种植业、畜牧业、养殖业等农产品主产区，优化农业生产结构和空间布局。确定城镇体系的等级和规模结构、职能分工，提出区域协调重点地区的空间格局，引导大、中、小城市和小城镇协调发展；确定城镇空间发展策略，促进集中集聚集约发展；优化民生领域重要设施的空间布局；加强产城融合，完善产业集群布局。加强生态空间、农业空间和城镇空间的有机互动；促进形成省域国土空间网络化。确定省域三条控制线的总体格局和重点区域，明确市、县划定任务，提出管控要求，将三条控制线的成果在市、县、乡级国土空间规划中落地。

（3）资源要素保护与利用：统筹各类自然资源的保护利用，确定自然资源利用上线和环境质量安全底线；建立永久基本农田储备区制度；明确省域内大中型能源矿产、金属矿

产和非金属矿产的勘查开发区域，明确禁止、限制矿产资源勘查开采的空间；提出存量围填海的利用方向；明确无居民海岛保护利用的底线要求，加强特殊用途海岛保护；确定资源节约集约利用的目标、指标与实施策略；明确统筹地上地下空间，以及其他对省域发展产生重要影响的资源开发利用要求。系统建立包括国家文化公园、世界遗产、各级文物保护单位、历史文化名城名镇名村、传统村落、历史建筑、非物质文化遗产、未核定公布为文物保护单位的不可移动文物、地下文物埋藏区、水下文物保护区等在内的历史文化保护体系，编撰名录；构建历史文化与自然景观网络。

（4）基础支撑体系：明确省级重大基础设施项目、建设时序安排，确定重点项目表；构建与国土空间开发保护格局相适应的基础设施支撑体系；明确重大基础设施廊道布局要求。提出防洪排涝、抗震、防潮、人防、地质灾害防治等防治标准和规划要求，明确应对措施；明确省级综合防灾减灾重大项目布局及时序安排，并纳入重点项目表。

（5）生态修复和国土综合整治：提出修复和整治目标、重点区域、重大工程。

（6）区域协调与规划传导：确保省际之间生态格局完整、环境协同共治、产业优势互补，基础设施互联互通，公共服务共建共享。明确分区发展指引和管控要求，促进整体保护和修复；明确省域重点区域的引导方向和协调机制；建设用地资源向中心城市和重点城市倾斜，使优势地区有更大发展空间；促进解决资源枯竭型城市、传统工矿城市发展活力不足的问题；明确主体功能定位和管控导向，促进各类要素合理流动和高效集聚；完善全民所有自然资源资产收益管理制度，健全自然资源资产收益分配机制，作为区域协调的重要手段。统筹市县国土空间开发保护需求，实现发展的持续性和空间的合理性。协调各专项规划空间安排。

规划成果包括规划文本、附表、图件、说明和专题研究报告，以及基于国土空间基础信息平台的国土空间规划"一张图"等。

（二）市级国土空间总体规划

根据《市级国土空间总体规划编制指南（试行）》，市级国土空间规划的主要编制内容包括：

（1）落实主体功能定位，明确空间发展目标战略：确定城市性质和国土空间发展目标，提出国土空间开发保护战略；确定国土空间开发保护的量化指标。

（2）优化空间总体格局，促进区域协调、城乡融合发展：完善区域协调格局，发挥综合交通对区域网络化布局的引领和支撑作用；重点解决资源和能源、生态环境、公共服务设施和基础设施、产业空间和邻避设施布局等区域协同问题。优先确定生态保护空间，明确自然保护地等生态重要和生态敏感地区，构建重要生态屏障、廊道和网络，形成连续、完整、系统的生态保护格局和开敞空间网络体系，维护生态安全和生物多样性。保障农业发展空间，优化农业生产空间布局；明确具备整治潜力的区域，以及生态退耕、耕地补充的区域。融合城乡发展空间，明确城镇体系的规模等级和空间结构，提出村庄布局优化的原则和要求；完善城乡基础设施和公共服务设施网络体系。彰显地方特色空间，系统保护自然景观资源和历史文化遗存，划定自然和人文资源的整体保护区域。协同地上地下空间，提出地下空间和重要矿产资源保护开发的重点区域；提出城市地下空间的开发目标、规模、重点区域、分层分区和协调连通的管控要求。统筹陆海空间，确定生态保护红线，并提出海岸带两侧陆海功能衔接要求，制定陆域和海域功能相互协调的规划对策。明确战略性的预留空间，应对未来发展的不确定性。

（3）强化资源环境底线约束，推进生态优先、绿色发展：明确重要资源利用上限，划定各类控制线。提出历史文化、矿产资源等其他需要保护和控制的底线要求。制定水资源供需平衡方案，明确水资源利用上限；优化生产、生活、生态用水结构和空间布局，建设节水型城市。制定能源供需平衡方案；优化能源结构，提高可再生能源比例，建设低碳城市。明确海洋、河湖水系、湿地、蓄滞洪区和水源涵养地的保护范围，确定海岸线、河湖自然岸线的保护措施；明确天然林、生态公益林、基本草原等为主体的林地、草地保护区域。

（4）优化空间结构，提升连通性，促进节约集约、高质量发展：注重城乡融合、产城融合，优化城市功能布局和空间结构，改善空间连通性和可达性，促进形成高质量发展的新增长点。优化城市功能布局和空间结构，划分规划分区。确定全域主要用地用海的规模和比例，制定市域国土空间功能结构调整表；提出城乡建设用地集约利用的目标和措施。确定中心城区各类建设用地总量和结构，制定中心城区城镇建设用地结构规划表；提出不同规划分区的用地结构优化导向，鼓励土地混合使用。优化建设用地结构和布局，促进产业园区与城市服务功能的融合，保障发展实体经济的产业空间；促进产城融合、职住平衡。提高空间连通性和交通可达性，明确综合交通系统发展目标，优化综合交通网络，完善物流运输系统布局，促进新业态发展，增强交通服务能力。坚持公交引导城市发展，提出与城市功能布局相融合的公共交通体系与设施布局。

（5）完善公共空间和公共服务功能，营造健康、舒适、便利的人居环境：优化居住和公共服务设施用地布局，完善开敞空间和慢行网络，提高人居环境品质。完善服务功能，改善服务的便利性；确定中心城区公共服务设施用地总量和结构比例。优化居住用地结构和布局，改善职住关系；确定中心城区人均居住用地面积；严控高层高密度住宅。完善社区生活圈，建设全年龄友好健康城市。优化中心城区城市道路网结构和布局，提高中心城区道路网密度。构建系统安全的慢行系统，建设步行友好城市。确定结构性绿地、城乡绿道、市级公园等重要绿地以及重要水体的控制范围，划定中心城区的绿线、蓝线，并提出控制要求。确定中心城区绿地与开敞空间的总量、人均用地面积和覆盖率指标。

（6）保护自然与历史文化，塑造具有地域特色的城乡风貌：加强自然和历史文化资源的保护，突显本地特色优势。明确和整合各级文物保护单位、历史文化名城名镇名村、历史城区、历史文化街区、传统村落、历史建筑等历史文化遗存的保护范围，统筹划定包括城市紫线在内的各类历史文化保护线；明确整体保护和促进活化利用的空间要求。提出全域山水人文格局的空间形态引导和管控原则。明确空间形态重点管控地区，提出开发强度分区和容积率、密度等控制指标，以及高度、风貌、天际线等空间形态控制要求。明确有景观价值的制高点、山水轴线、视线通廊等，严格控制新建超高层建筑。对乡村地区分类分区提出特色保护、风貌塑造和高度控制等空间形态管控要求。

（7）完善基础设施体系，增强城市安全韧性：构建集约高效、智能绿色、安全可靠的现代化基础设施体系，提高城市综合承载能力，建设韧性城市。提出市域重要交通廊道和能源通道空间布局，以及市域重大水利工程布局安排。提出中心城区基础设施的规模和网络化布局要求，明确廊道控制要求，鼓励新建城区提出综合管廊布局方案。确定主要灾害类型的防灾减灾目标和设防标准，划示灾害风险区。明确各类重大防灾设施标准、布局要求与防灾减灾措施；优化防洪排涝通道和蓄滞洪区，划定洪涝风险控制线，修复自然生态系统。完善应急空间网络，提出网络化、分布式的应急避难场所、疏散通道的布局要求。预留一定应急用地和大型危险品存储用地，科学划定安全防护和缓冲空间。确定重要基础设施用地控制范围，划定中心城区重要基础设施的黄线。

（8）推进国土整治修复与城市更新，提升空间综合价值：分类开展整治、修复与更新，提高国土空间的品质和价值。明确生态系统修复的目标、重点区域和重大工程，维护生态系统，改善生态功能。提出农用地综合整治、低效建设用地整治等综合整治目标、重点区域和重大工程，建设美丽乡村。明确实施城市有机更新的重点区域，优化功能布局和开发强度。

（9）建立规划实施保障机制，确保一张蓝图干到底：提出对下位规划和专项规划的指引；制定近期行动计划；提出规划实施保障措施和机制，以"一张图"为支撑完善规划全生命周期管理。

规划成果包括规划文本、附表、图件、说明、专题研究报告、国土空间规划"一张图"相关成果等。

（三）乡镇级国土空间总体规划

乡镇级国土空间总体规划的工作内容由各省（自治区、直辖市）根据本地实际制定，体现落地性、实施性和管控性，突出土地用途和全域管控，对具体地块的用途作出确切的安排，对各类空间要素进行有机整合，充分融合原有的土地利用规划和村庄建设规划。

乡镇级总体规划的内容应当包括：对县级规划的战略、目标任务和约束性指标的具体落实；对生态保护修复、耕地和永久基本农田保护目标任务的具体安排；统筹产业发展空间；住宅、道路、供水、排水、供电、垃圾收集、畜禽养殖场所等农村生产、生活基础设施和公共服务设施的建设用地布局、建设要求；对历史文化遗产保护、防灾减灾等的具体安排。根据需要并结合实际，在乡（镇）域范围内，以一个村或几个行政村为单元编制"多规合一"的实用性村庄规划，规划成果纳入国土空间基础信息平台统一实施管理。

三、详细规划的主要内容

（一）控制性详细规划

《城市规划编制办法》对控制性详细规划的内容提出以下明确要求：

（1）确定规划范围内不同性质用地的界线，确定各类用地内适建、不适建或者有条件地允许建设的建筑类型。

（2）确定各地块建筑高度、建筑密度、容积率、绿地率等控制指标；确定公共设施配套要求、交通出入口方位、停车泊位、建筑后退红线距离等要求。

（3）提出各地块的建筑体量、体形、色彩等城市设计指导原则。

（4）根据交通需求分析，确定地块出入口位置、停车泊位、公共交通场站用地范围和站点位置、步行交通以及其他交通设施。规定各级道路的红线、断面、交叉口形式及渠化措施、控制点坐标和标高。

（5）根据规划建设容量，确定市政工程管线位置、管径和工程设施的用地界线，进行管线综合；确定地下空间开发利用的具体要求。

（6）制定相应的土地使用与建筑管理规定。

另外，控制性详细规划确定的各地块的主要用途、建筑密度、建筑高度、容积率、绿地率、基础设施和公共服务设施配套规定应当作为强制性内容。图纸比例为 1/2000 或 1/1000。

（二）修建性详细规划

《城市规划编制办法》确定了修建性详细规划的内容：

（1）建设条件分析及综合技术经济论证。

（2）建筑、道路和绿地等的空间布局和景观规划设计，布置总平面图。

（3）对住宅、医院、学校和托幼等建筑进行日照分析。

（4）根据交通影响分析，提出交通组织方案和设计方案。

（5）市政工程管线规划设计和管线综合。

（6）竖向规划设计。

（7）估算工程量、拆迁量和总造价，分析投资效益。

修建性详细规划文件为规划设计说明书及图纸。图纸包括：规划范围现状图、规划总平面图、各项专业规划图、竖向规划和反映规划意图的透视效果图等。图纸比例一般为 1/1000～1/500。

（三）村庄规划

村庄规划是乡村地区开展国土空间开发保护活动、实施国土空间用途管制、核发城乡建设项目规划许可、进行各项建设等的法定依据。村庄规划的主要内容包含：

（1）安排村域范围内的农业生产用地布局及为其配套服务的各项设施。

（2）确定村庄居住、公共设施、道路、工程设施等用地布局。

（3）确定村庄内的给水、排水、供电等工程设施及其管线走向、敷设方式。

（4）确定垃圾分类及转运方式，明确垃圾收集点、公厕等环境卫生设施的分布、规模。

（5）确定防灾减灾、防疫设施分布和规模。

（6）对村口、主要水体、特色建筑、街景、道路以及其他重点地区的景观提出规划设计。

（7）对村庄分期建设时序进行安排，提出 3～5 年内近期项目的具体安排，并对近期建设的工程量、总造价、投资效益等进行估算和分析。

（8）提出保障规划实施的措施和建议。

四、专项规划

相关专项规划是指在特定区域（流域）、特定领域，为体现特定功能，对空间开发保护利用作出的专门安排，是涉及空间利用的专项规划。其强调的是专门性，一些专项规划针对海岸带、自然保护地及跨行政区域或流域等特定区域编制；也可针对空间利用的某一领域，如交通、能源、水利、农业、信息、市政等基础设施，公共服务设施，军事设施，以及生态环境保护、文物保护、林业草原等领域编制专项规划。相关专项规划可在国家、省和市、县层级编制，不同层级、不同地区的专项规划可结合实际选择编制的类型和精度。

第三节 城市性质与城市人口

（一）城市性质与类型

1. 城市性质的含义

城市性质是指城市在国家经济和社会发展中的地位和作用，在全国城市网络中的分工和职能。城市性质体现城市的个性，反映其所在区域的政治、经济、社会、地理、自然等因素的特点。

确定城市性质，是确定城市发展方向和布局的依据，有利于突出规划结构的特点，为规划方案提供可靠的技术经济依据。

城市性质是由城市形成与发展的主导因素的特点所决定，由主要部门职能所体现。

2. 城市类型

我国城市按行政等级可分为全国性中心城市（首都及直辖市）、区域性中心城市（省会城市以及计划单列市）、地方性中心城市（地级市）和县城。

我国城市按职能分为：工业城市、交通港口城市、综合中心城市、县城、特殊职能城市。

3. 城市规模

城市规模是以城市人口规模和用地规模表示城市的大小，通常以城市人口规模来表示。当前，我国城镇化正处于深入发展的关键时期，为了更好地实施人口和城市分类管理，满足经济社会发展需要，将城市规模划分标准调整如表4-1所示。

城市规模划分标准 表4-1

城市规模		人口规模（以城区常住类型为统计口径）
小城市	Ⅱ型小城市	20万以下的城市
	Ⅰ型小城市	20万以上50万以下的城市
中等城市		50万以上100万以下的城市
大城市	Ⅱ型大城市	100万以上300万以下的城市
	Ⅰ型大城市	300万以上500万以下的城市
特大城市		500万以上1000万以下的城市
超大城市		1000万以上的城市

注：1. 本表是依据《国务院关于调整城市规模划分标准的通知》国发［2014］51号文编制的。

2. 城区是指在市辖区和不设区的市，区、市政府驻地的实际建设连接到的居民委员会所辖区域和其他区域。

3. 常住人口包括：居住在本乡镇街道，且户口在本乡镇街道或户口待定的人；居住在本乡镇街道，且离开户口登记地所在的乡镇街道半年以上的人；户口在本乡镇街道，且外出不满半年或在境外工作学习的人。

（二）城市人口

1. 城市人口含义

城市人口是指那些与城市的活动有密切关系的人口，他们常年居住生活在城市范围内，构成该城市的社会主体，是城市经济发展的动力，建设的参与者，又都是城市服务的对象。他们依赖城市以生存，又是城市的主人。城市人口规模与城镇地区的界定及人口统计口径直接相关。

2. 城市人口构成

（1）年龄构成：分托儿（0～3 岁）、幼儿（4～6 岁）、小学（7～11 岁）、中学（12～16 岁）、成年（17～60 岁）、老年（61 岁以上）六个组。

（2）性别构成：反映男女人口之间的数量和比例关系。

（3）家庭构成：反映城市人口的家庭人口数量、性别、辈分等组合情况。

（4）劳动构成：在城市总人口中，分为劳动人口和非劳动人口，劳动人口中又分为基本人口和服务人口。

（5）职业构成：按行业性质分为 12 类，按产业类型划分为第一产业、第二产业和第三产业。

3. 城市人口变化的主要表现

（1）自然增长。自然增长率 $=\dfrac{\text{本年出生人口数}-\text{本年死亡人口数}}{\text{年平均人数}}\times 1000$（‰） （4-1）

（2）机械增长。机械增长率 $=\dfrac{\text{本年迁入人口数}-\text{本年迁出人口数}}{\text{年平均人数}}\times 1000$（‰） （4-2）

（3）人口平均增长速度。人口平均增长率 $=\sqrt[\text{年限}]{\dfrac{\text{期末人口数}}{\text{期初人口数}}}-1$

$$=\text{人口平均发展速度}-1 \qquad (4\text{-}3)$$

4. 城市人口规模预测方法

城市人口规模的预测方法主要有综合增长率法、时间序列法、增长曲线法、劳动平衡法，以及职工带眷系数法等。

第四节 城 市 用 地

城市用地是指用于城市建设和满足城市机能运转所需要的土地，它们既是指已经建设利用的土地，也包括已列入城市建设规划区范围而尚待开发使用的土地。城市的一切建设工程，都必然要落实到土地上，而城市规划的重要工作内容之一是制定城市土地利用规划，通过规划，确定城市用地的规模与范围，以及用地的功能组合与合理利用等。

城市用地具有自然属性、社会属性、经济属性和法律属性，具有使用价值和经济价值，具有行政区划、用途区划和地权区划。

城市是一个有机的整体，城市的各项机能是相互依存、相互制约的。城市用地是根据城市机能的需求，按比例、规模合理组合利用的。为了科学地制定城市规划，合理利用国土资源，世界各国都对城市用地分类与规划建设用地标准作了规定，对城市（镇）规划编制、管理具有指导作用。

依据《中华人民共和国城乡规划法》（以下简称《城乡规划法》），为统筹城乡发展，科学合理地利用土地资源，我国修订发布了《城市用地分类与规划建设用地标准》GB 50137—2011，该标准于 2012 年 1 月 1 日开始实施。

（一）用地分类

根据《城市用地分类与规划建设用地标准》GB 50137—2011 用地分类包括城乡用地分类、城市建设用地分类两部分，应按土地使用的主要性质进行划分。

1. 城乡用地分类

城乡用地共分为 2 大类、9 中类、14 小类。2 大类的名称、代码和用地内容如表 4-2 的规定。

城乡用地分类（大类）和代码　　　　　　　　　　　　表 4-2

类别代码	类别名称	内　　容
H	建设用地	包括城乡居民点建设用地、区域交通设施用地、区域公用设施用地、特殊用地、采矿用地及其他建设用地等
E	非建设用地	水域、农林用地及其他非建设用地等

2. 城市建设用地分类

城市建设用地共分为 8 大类、35 中类、42 小类。8 大类的名称、代码和用地内容如表 4-3 所列。

城市建设用地分类（大类）和代码　　　　　　　　　　　表 4-3

类别代码	类别名称	内　　容
R	居住用地	住宅和相应服务设施的用地
A	公共管理与公共服务设施用地	行政、文化、教育、体育、卫生等机构和设施的用地，不包括居住用地中的服务设施用地
B	商业服务业设施用地	商业、商务、娱乐康体等设施用地，不包括居住用地中的服务设施用地
M	工业用地	工矿企业的生产车间、库房及其附属设施用地，包括专用铁路、码头和附属道路、停车场等用地、不包括露天矿用地
W	物流仓储用地	物资储备、中转、配送等用地，包括附属道路、停车场以及货运公司车队的站场等用地
S	道路与交通设施用地	城市道路、交通设施等用地，不包括居住用地、工业用地等内部的道路、停车场等用地
U	公用设施用地	供应、环境、安全等设施用地
G	绿地与广场用地	公园绿地、防护绿地、广场等公共开放空间用地

此外，2020 年 11 月 17 日自然资源部印发《国土空间调查、规划、用途管制用地用海分类指南（试行）》，指导国土调查、国土空间规划编制和用途管制工作，当前部分地区的规划编制与管理工作已开始使用该指南作为用地分类方式。

（二）规划建设用地标准

1. 一般规定

（1）用地面积应按平面投影计算。每块用地只可计算一次，不得重复。

（2）城市（镇）总体规划宜采用 1/10000 或 1/5000 比例尺的图纸进行建设用地分类计算，控制性详细规划宜采用 1/2000 或 1/1000 比例尺的图纸进行用地分类计算。现状和规划的用地分类计算应采用同一比例尺。

（3）用地的计量单位应为万平方米（公顷），代码为"hm²"。数字统计精度应根据图纸比例尺确定，1/10000 图纸应精确至个位，1/5000 图纸应精确至小数点后一位，1/2000 和 1/1000 图纸应精确至小数点后两位。

（4）城市建设用地统计范围与人口统计范围必须一致，人口规模应按常住人口进行统计。

（5）规划建设用地标准应包括规划人均城市建设用地面积标准、规划人均单项城市建设用地面积标准和规划城市建设用地结构三部分。

2. 规划人均城市建设用地面积标准

（1）规划人均城市建设用地面积指标应根据现状人均城市建设用地面积指标、城市（镇）所在的气候区以及规划人口规模，按《城市用地分类与规划建设用地标准》GB 50137—2011 表 4.2.1 人均居住用地面积指标（m²/人）的规定综合确定，并应同时符合表中允许采用的规划人均城市建设用地面积指标和允许调整幅度双因子的限制要求。

（2）新建城市（镇）的规划人均城市建设用地面积指标宜在 85.1～105.0m²/人内确定。

（3）首都的规划人均城市建设用地面积指标应在 105.1～115.0m²/人内确定。

（4）边远地区、少数民族地区城市（镇）以及部分山地城市（镇）、人口较少的工矿业城市（镇）、风景旅游城市（镇）等，不符合规范规定时，应专门论证确定规划人均城市建设用地面积指标，且上限不得大于 150.0m²/人。

3. 规划人均单项城市建设用地面积标准

（1）规划人均居住用地面积指标应符合表 4-4 所列人均居住用地面积指标（m²/人）的规定。

人均居住用地面积指标（m²/人）　　　　　　　　　　　　　表 4-4

建筑气候区划	Ⅰ、Ⅱ、Ⅵ、Ⅶ气候区	Ⅲ、Ⅳ、Ⅴ气候区
人均居住用地面积	28.0～38.0	23.0～36.0

注：本表引自《城市用地分类与规划建设用地标准》GB 50137—2011。

（2）规划人均公共管理与公共服务设施用地面积不应小于 5.5m²/人。

（3）规划人均道路与交通设施用地面积不应小于 12.0m²/人。

（4）规划人均绿地与广场用地面积不应小于 10.0m²/人，其中人均公园绿地面积不应小于 8.0m²/人。

4. 规划城市建设用地结构

居住用地、公共管理与公共服务设施用地、工业用地、道路与交通设施用地和绿地与广场用地五大类主要用地规划占城市建设用地的比例宜符合表 4-5 的规定。

规划城市建设用地结构　　　　　　　　　　　　　表 4-5

用地名称	占城市建设用地比例（%）
居住用地	25.0～40.0
公共管理与公共服务设施用地	5.0～8.0

用地名称	占城市建设用地比例（%）
工业用地	15.0～30.0
道路与交通设施用地	10.0～25.0
绿地与广场用地	10.0～15.0

注：本表引自《城市用地分类与规划建设用地标准》GB 50137—2011。

工矿城市（镇）、风景旅游城市（镇）以及其他具有特殊情况的城市（镇），其规划城市建设用地结构可根据实际情况具体确定。

(三) 城市用地条件分析与适用性评价

我国现在国土空间规划中实施双评价体系，双评价是编制国土空间规划的前提和基础，也是国土空间规划编制过程中系统研究分析的重要组成部分。双评价由"资源环境承载力评价"和"国土空间开发适宜性评价"两部分构成。资源环境承载力评价是指在一定发展阶段、经济技术水平和生产生活方式、一定地域范围内，资源环境要素能够支撑的农业生产、城镇建设等人类活动的最大规模。国土空间开发适宜性评价是指在维系生态系统健康的前提下，综合考虑资源环境要素和区位条件以及特定国土空间，进行农业生产、城镇建设等人类活动的适宜度。

1. 自然条件的分析

（1）地质条件

表现在城市用地选择和工程建设的工程地质分析。

1）建筑地基：建筑地基分为天然地基和人工地基。无需经过处理可以直接承受建筑物荷载的地基称为天然地基；反之，需通过地基处理技术处理的地基称为人工地基。

2）滑坡与崩塌：斜坡上的岩土体在重力作用下整体向下滑动的地质现象称为滑坡；峭斜坡上的岩土体突然崩落、滚动，堆积在山坡下的地质现象称为崩塌。

3）冲沟：冲沟是由间断流水在地表冲刷形成的沟槽。

4）地震：地震是一种自然地质现象，又称地动、地振动，是地壳快速释放能量过程中造成的振动，期间会产生地震波的一种自然现象。

5）矿藏：是指地下埋藏的各种矿物的总称。

（2）水文条件及水文地质条件

1）水文条件。江河湖泊等水体可作城市水源，还对水运交通、改善气候、除污、排雨水、美化环境发挥作用。

2）水文地质。指地下水存在形式、含水层厚度、矿化度、硬度、水温及动态等。

（3）气候条件

1）太阳辐射。是确定建筑的日照标准、间距、朝向及热工设计的依据。

2）风象。对城市规划与建设的防风、通风、工程抗风设计和环境保护等有发多方面影响。风象是以风向与风速两个量来表示（图4-13）。

工业有害气体对下风侧污染系数 $= \dfrac{风向频率}{平均风速}$。为减轻工业对居住的污染影响，因风向不同，其用地布置方式也不同，如图4-14所示。

图 4-13 某城市地区累年风向频率、平均风速图　　图 4-14 工业与居住用地典型布置图式

3）温度。纬度由赤道向北每增加一度，气温平均降 1.5℃。如城市上空出现逆温层或"热岛效应"，在规划布局时，应重视绿化、水面对气温的调节作用。

4）降水与湿度。对城市排水和防洪有重大影响。

（4）地形条件

地形条件对城乡规划与建设的影响如下：

1）影响城乡规划布局、平面结构和空间布局。

2）地面高程和用地间的高差，是用地竖向规划、地面排水和防洪设计的依据。

3）地面坡度，对规划建设有多方面影响。依据《城乡建设用地竖向规划规范》CJJ 83—2016 的规定，城乡建设用地选择及用地布局应充分考虑竖向规划的要求，并应符合下列规定：

① 城镇中心区用地应选择地质、排水防涝及防洪条件较好且相对平坦和完整的用地，其自然坡度宜小于 20%，规划坡度宜小于 15%；

② 居住用地宜选择向阳、通风条件好的用地，其自然坡度宜小于 25%，规划坡度宜小于 25%；

③ 工业、物流用地宜选择便于交通组织和生产工艺流程组织的用地，其自然坡度宜小于 15%，规划坡度宜小于 10%；

④ 超过 8m 的高填方区宜优先用作绿地、广场、运动场等开敞空间；

⑤ 应结合低影响开发的要求进行绿地、低洼地、滨河水系周边空间的生态保护、修复和竖向利用；

⑥ 乡村建设用地宜结合地形，因地制宜，在场地安全的前提下，可选择自然坡度大于 25% 的用地。

4）地形与小气候的形成，有利于合理布置建筑。如阳坡建楼，以获得良好日照等。

5）地貌对通信、电波有一定影响。

城市用地的自然条件评定，通常是将用地分为以下三类：

一类用地：是用地自然条件优越，一般不需或只稍加工程措施即可用于建设的用地。

二类用地：是需采取一定工程措施，改善条件后才能修建的用地。

三类用地：是不适于修建的用地。

需要指出的是，在山丘地区，一般是按坡度的适用程度划分为＜10％、10％～25％、＞25％三类（也有分为0％～8％、8％～15％、15％～25％、＞25％四类）。

2. 城市用地的建设条件分析

城市用地的建设条件分析通常关注对建设条件产生影响的人为因素。

（1）建设现状条件

分析内容有三方面：

1）城市用地布局结构。是指布局结构能否适应发展，对生态环境的影响，与城市内、外交通的关系等。

2）城市设施。是指公共服务设施和市政设施现状的质量、数量、容量与利用的潜力等。

3）社会、经济构成。是指人口结构、分布密度、产业结构和就业结构对用地建设的影响。

（2）工程准备条件

视自然条件不同而异。

（3）基础设施条件

含用地本身和邻近地区中可利用的条件。

第五节 城市的组成要素及规划布局

在城乡一体化的新时期，城市的组成要素及规划布局分为城乡规划和城市规划两大层面。

一、城乡规划层面

根据当地自然条件和社会经济发展实际，在保护耕地和生态环境的基础上，将市域内的全部土地规划为建设用地和非建设用地两大类。

建设用地的组成要素，是由支撑城乡居民生产生活的城乡居民点、区域交通、区域公用设施、特殊用地、采矿和其他六大功能设施用地所构成。其规划布局是根据各项功能特点及技术规范，遵循城乡统筹、合理布局、节约土地、集约发展的原则，在保护自然资源、生态环境和历史文化遗产，防止污染和其他公害，保障公共卫生和公共安全的基础上，科学地做好各项功能用地的规划布局。

非建设用地规划，是为统筹城乡生产生活，改善城乡生态环境，保护耕地等自然资源，防止污染和其他公害、灾害，科学、合理地划定非建设用地范围。具体组成要素包括水域、农林用地和其他不能建设的空闲地等。

二、城市规划层面

城市是由居住、公共管理与公共服务设施、商业服务设施、工业、物流仓储、道路交通设施、公用设施、绿地与广场八类功能要素所组成。

（一）居住用地及规划布局

承担居住功能和居住生活的场所称为居住用地，是城市机能的主要组成部分。

1. 居住用地的内容组成与用地分类

（1）用地内容组成

居住用地内容组成包括住宅用地和相应服务设施用地。

（2）用地分类（参见《城市用地分类与规划建设用地标准》GB 50137—2011）

一类居住用地：设施齐全、环境良好、以低层住宅为主；

二类居住用地：设施较齐全、环境良好、以多、中、高层住宅为主；

三类居住用地：设施、环境较差，以需要加以改造的简陋住宅为主。

2. 居住用地的选择与分布

（1）用地的选择原则

1）有良好的自然条件；

2）与工业保持环保距离，靠近就业区；

3）用地数量与形态要适当集中布置；

4）依托现有城区，充分利用原有设施。

（2）居住用地的分布

1）分布方式分集中布置和分散布置两种；

2）居住密度分布是根据居住用地分类和集聚效益而定。

3. 居住用地组织与规模

（1）居住用地组织原则

1）服从总体规划的功能结构和综合效益，内部构成要体现生活的秩序与效能；

2）用地规模要结合城市道路系统；

3）配备公共设施要经济合理、方便、安全；

4）符合居民生活行为规律；

5）配合城市行政管理考虑居民组织的适宜规模。

（2）居住用地组织方式

居住区规划按照居民在合理的步行距离内满足基本生活需求的原则，分为十五分钟生活圈居住区、十分钟生活圈居住区、五分钟生活圈居住区及居住街坊4级。

4. 居住用地指标

在我国，按新国标规定，城市居住用地占城市建设用地一般为25%～40%，人均指标在I、II、VI、VII气候区一般控制在28～38m²/人，在III、IV、V气候区为23～36m²/人。

（二）公共管理与公共服务设施用地及规划布置

公共管理与公共服务设施是指政府控制以保障城市基础民生需求的、非营利的公益性服务设施。城市公共设施的内容和规模，在一定程度上反映了城市生活的质量和水平，其组织与分布直接影响到城市的布局结构。

1. 公共管理与公共服务设施用地分类

按照《城市用地分类与规划建设用地标准》GB 50137—2011的规定，城市公共管理与公共服务设施用地包括：行政办公、文化设施、教育科研、体育、医疗卫生、社会福利、文物古迹、外事、宗教共9中类功能设施用地。

（1）行政办公用地包括：党政机关、社会团体、事业单位等办公机构及相关设施用地。

（2）文化设施用地包括：图书、展览等公共文化活动设施用地。

（3）教育科研用地包括：高等院校、中等专业学校、中学、小学、科研事业单位及其附属设施用地，包括为学校配建的独立地段的学生生活用地。

（4）体育用地包括：体育场地和体育训练基地等用地，不包括学校等机构专用的体育设施用地。

（5）医疗卫生用地包括：医疗、保健、卫生、防疫、康复和急救等设施用地。

（6）社会福利用地包括：为社会提供福利和慈善服务的福利院、养老院、孤儿院等用地。

（7）文物古迹用地包括：古遗址、古墓葬、古建筑、石窟寺、近代的代表性建筑、革命纪念建筑等用地，不包括已作其他用途的文物古迹用地。

（8）外事用地包括：外国驻华使馆、领事馆、国际机构及其生活设施等用地。

（9）宗教用地系指宗教活动场所用地。

依据《城市公共设施规划规范》GB 50442—2008 的规定，城市公共设施用地分类应与城市用地分类相对应，分为：行政办公、商业金融、文化娱乐、体育、医疗卫生、教育科研设计和社会福利设施 7 类用地。

2. 公共设施用地指标

城市公共管理与公共服务设施用地指标是由城市规模、城市性质、特点，社会、经济发展水平及使用要求所决定。根据现行国家标准，此类用地是城市建设用地结构中五大类主要用地之一，其用地占城市建设用地的比例为 5％～8％。规划人均公共设施用地面积不应小于 5.5m²/人。

3. 公共设施的规划布局

根据不同性质的公共设施和不同的服务对象，其规划用地宜采用集中与分散相结合的布置方式。在城市总体规划阶段，要对全市性和地区性一级的公共设施进行用地分布，组织城市和地区的公共活动中心。在详细规划阶段，则根据总体规划和地区建设的实际需要，结合规划地区的其他设施内容，对其公共设施用地进行具体布置，以形成居住区级、山区级和不同专业的公共中心。

公共设施规划要求如下：

（1）公共设施项目要合理配置。

（2）各类公共设施要按照与居民生活的密切程度确定合理的服务半径。

（3）公共设施的分布要结合城市交通组织来考虑。

（4）根据公共设施本身的特点及其对环境的要求进行布置。

（5）公共设施布置要考虑城市景观组织的要求。

（6）公共设施的分布要考虑合理的建设时序。

（7）公共设施的布置要充分利用城市原有基础。

（三）商业服务业设施用地及规划布置

城市商业服务业设施用地（B）是指主要通过市场配置的服务设施，包括政府独立投资或合资建设的设施（如剧院、音乐厅等）用地。

1. 商业服务业设施用地分类

（1）商业用地，包括零售商业、批发市场、餐饮、旅馆等用地。

（2）商务用地，包括金融保险、艺术传媒、其他商务（含贸易、设计、咨询等技术服务办公）等用地。

（3）娱乐康体用地，包括娱乐、康体用地。

（4）公用设施营业网点用地，包括加油加气站和独立地段的电信、邮政、供水、燃气、供电、供热等营业网点用地。

（5）其他服务设施用地，包括业余学校、民营培训机构、私人诊所、宠物医院、殡葬、汽车修理站等服务设施用地。

2. 商业服务业设施用地指标

商业服务业设施用地指标是根据城市的性质，规模大小，社会、经济发展水平，以及市民的实际需求而决定。参照《城市公共设施规划规范》GB 50442—2008，商业服务业设施规划用地指标宜符合表4-6的规定。

商业金融设施规划用地指标 表4-6

分项＼城市规模	小城市	中等城市	大城市		
			Ⅰ	Ⅱ	Ⅲ
占中心城区规划用地比例（%）	3.1～4.2	3.3～4.4	3.5～4.8	3.8～5.3	4.2～5.9
人均规划用地（m²/人）	3.3～4.4	3.3～4.3	3.2～4.2	3.2～4.0	3.2～4.0

3. 商业服务业设施用地的规划布置

商业服务业设施用地的规划布置，根据自身的分类特点宜按市级、区级和地区分级设置，形成相应等级和规模的商业服务中心。各级商业服务中心规划用地规模宜为：小城市市级中心为30～40hm²；中等城市的市级中心为40～60hm²，区级中心为10～20hm²；大城市的市级中心为60～240hm²，区级中心为20～100hm²，地区级中心为12～40hm²。

市级中心服务人口为50万～100万人，服务半径不超过8km；区级中心服务人口为50万人以下，服务半径不超过4公里；地区中心服务人口为10万人以下，服务半径不超过1.5km。

商业服务业中心规划用地应有良好的交通条件，但不宜沿城市交通干道两侧布置。

在历史文化保护城区不宜布置新的大型商服设施用地。

商品批发市场宜根据经营的商品门类选址布局，且不得污染环境。

商业服务业设施根据与居民生活的密切程度，可按不同门类分别设在居住区内，或远离居住区单独设置。

（四）工业用地及规划布局

工业是城市形成与发展的主要因素，工业提供大量就业岗位，也带动了其他各项事业的发展。工业给城市以生命力，其布置方式也直接影响城市空间布局及城市健康发展。

1. 城市工业用地及其占地规模

（1）工业用地内容：包括为工矿企业服务的办公室、仓库、食堂等附属设施用地。

（2）工业用地分类：根据工业对居住和公共环境无干扰、有一定干扰或有严重干扰分为一类工业用地、二类工业用地和三类工业用地。

（3）工业占地规模：根据新国标，工业用地应占规划城市建设用地的 $15\%\sim30\%$ 为宜。规划人均工业用地面积指标一般为 $10\sim25m^2/$人之间，最多不大于 $30m^2/$人，在特大城市应为 $18m^2/$人以下。

2. 工业用地规划布局的基本要求

（1）对建设用地要求。工业布局要求用地形状、大小、地形、水源、能源、工程地质、水文地质，要符合工业的具体特点和需求。

（2）交通运输要求。工业建设与工业生产需要大量设备和物资，工业布局与运输方式的关系十分密切。在工业生产中一般采用铁路、水路、公路和连续运输等多种运输方式。

（3）防止工业对城市环境的污染。工业生产中排出大量废水、废气、废渣和噪声，使空气、水、土壤和环境受到污染。在规划中工业合理布局，有利于城市环境卫生。减少对城市污染的措施有：①工业不宜过分集中在一个地段；②工业布置要综合考虑风向、风速、季节、地形等影响因素；③设置必要的防护带；④对废水、废渣要及时处理、综合利用。

（4）工业区与居住区的位置。为减少劳动人流上下班的交通消耗，工业区与居住区距离步行应不超过 30min。当工厂本身过长，工业区与居住区距离过大时应组织公共交通。在规划中，应均衡分布工业区。

（5）工业区和城市各部分的发展，应保持紧凑集中，互不妨碍，节约用地。

（6）相关企业之间应开展必要的协作、资源的综合利用，减少市内运输。

3. 工业在城市中的布局

根据工业生产的类别、环境影响、货运量及用地规模，分为布置在远离城区的工业、城市边缘的工业和城市内及居住区内的工业。对各种工业的特点，必须细致分析，才能使布局真正科学合理。

（五）物流仓储用地

物流仓储用地是为组织城市生产和生活而设置的物资储备、中转、配送等用地，包括附属道路、停车场及货运公司车队的站场等用地。

1. 物流仓储用地分类

从对居住和公共环境的影响，可分为三类：

一类用地基本无干扰、污染和安全隐患；二类用地有一定干扰、污染和安全隐患；三类用地为易燃、易爆和剧毒等危险品的专用物流仓储用地。

2. 仓库用地布置原则

（1）满足仓库用地的技术要求。

（2）有利于交通运输。

（3）有利于建设和经营使用。

（4）有足够用地和发展余地。

（5）沿河布置仓库时，必须留出为居民生活、游憩利用的岸线。

（6）注意环保、防止污染、保证城市安全。

（六）道路与交通设施用地及规划布局

城市道路是连接城市内各项功能用地的纽带，是城市内人流物流的载体，是城市机能的重要组成部分。

1. 道路与交通设施用地分类

根据新国标，城市道路与交通设施用地分类如下：

（1）城市道路用地，包括快速路、主干路、次干路、支路及其交叉口用地。

（2）城市轨道交通用地，包括独立地段的城市轨道交通地面以上部分的线路、站点用地。

（3）交通枢纽用地，包括铁路客货运站、公路长途客运站、港口客运码头、公交枢纽及其附属设施用地。

（4）交通场站用地，包括公共交通场站〔含城市轨道交通车辆基地及附属设施，公共汽（电）车首末站、停车场（库）、保养场、出租汽车场站设施等用地，轮渡、缆车、索道等的地面部分及附属设施用地〕，以及社会停车场（即独立地段的公共停车场和停车库用地）。

（5）其他交通设施用地，除以上之外的交通设施用地，包括教练场等用地。

2. 城市道路与交通设施用地指标

根据现行国家标准，规划人均道路与交通设施用地面积不应小于 $12m^2/$ 人；在规划城市建设用地结构中，城市道路与交通设施用地是五大类主要用地之一，其用地占城市规划建设用地的比例为 $10\%\sim25\%$。

3. 城市道路与交通设施用地规划

城市道路交通规划必须以总体规划为基础，满足城市功能对交通运输的需求，优化城市用地布局，提高城市的运转效能，提供安全、高效、经济、舒适和低公害的交通条件。

城市道路与交通设施规划的具体布局和要求，请参阅《城市综合交通体系规划标准》GB/T 51328—2018 并将在本章第六节中详述。

（七）公用设施

城市公用设施是城市供应、环境、安全的基础设施，是城市生产、生活正常运行的保障。

1. 公用设施分类

（1）供应设施，包括供水、供电、供（燃）气、供热、通信、广播电视等设施。

（2）环境设施，包括排水、环卫等设施。

（3）安全设施，包括消防、防洪等设施。

（4）其他公用设施，除以上之外的公用设施，包括防灾救灾、施工、养护、维修等设施。

2. 公用设施规划

公用设施规划，根据公用设施的功能性质的分类特点和不同的技术要求，根据国家规范和当地的实际情况做出全面、科学合理的规划。近些年，由于气候、地质变化异常，自然灾害频发，给城市和人民的生命财产造成巨大损失。加强城市公用设施的规划建设，确保城市安全运行，刻不容缓。城市公用设施规划的具体内容和要求，将在本章第七节中详述。

（八）城市绿地与广场

城市绿地是以绿色植被为主的城市开放空间，具有调节气候、净化空气、生态美化、避险防灾、卫生隔离、安全防护的功能；城市广场是以游憩、纪念、集会、避险等功能为主的公共活动场地。绿地与广场是城市公共开放空间用地，是城市机能必不可少的构成要素。

1. 绿地与广场分类

（1）公园绿地：是指向公众开放，以游憩为主要功能，兼具生态、美化、防灾等作用的绿地，包括城市中的综合公园、社区公园、专类公园、带状公园以及街旁绿地。公园绿地与城市的居住、生活密切相关，是城市绿地的重要部分。

（2）防护绿地：是指对城市具有卫生、隔离和安全防护功能的绿地，包括城市卫生隔离带、道路防护绿地、城市高压走廊绿带、防风林、城市组团隔离带等。

（3）广场用地：是指以游憩、纪念、集会和避险等功能为主的城市公共活动场地。不包括以交通集散为主的广场用地。

2. 绿地与广场的用地规模

依新国标，城市绿地与广场的用地规模应占规划城市建设用地的 $10\% \sim 15\%$。

3. 城市绿地与广场规划

（1）城市园林绿地系统规划的具体内容要求、规划布局将在本章第六节中详述。

（2）城市广场规划。

第六节　城市总体布局

城市总体布局是城市的社会、经济、环境及工程技术与建筑空间组合的综合反映，是一项为城市合理发展奠定基础的全局性工作。

一、城市用地功能组织

城市总体布局是通过城市用地组成的不同形态体现出来的，其核心是城市用地功能组织。城市功能组织是根据城市的性质、规模，分析城市用地和建设条件，研究各项用地的基本要求及它们之间的内在联系，安排好位置，处理好它们的关系，有利于城市健康发展。

城市用地功能组织可从下面几方面着手：

（一）点、面结合，城乡统一安排

城市的存在，必须以周围地区的生产发展和需要为前提。城市作为一个点，周围地区作为面，点、面结合，在分析地区工农业生产、地区交通运输、地区水利及矿产资源的综合利用对城市总体布局影响的基础上，必须把城市与农村、工业与农业、市区与郊区作为一个整体，统一考虑、全面安排、合理制定城市总体布局。

（二）功能明确、重点安排城市主要用地

工业生产是现代城市发展的主要组成。工业布局直接关系到城市的发展规模和方向。综合考虑工业布置与居住生活、交通运输、公共绿地关系，兼顾新、旧区的发展，是城市用地功能组织的重要内容。

（三）规划结构清晰、内外交通便捷

结构清晰是反映了城市各主要组成用地功能明确、相互协调，有安全、便捷的交通联系。在规划中应做到以下几点：

（1）城市用地各组成部分力求完整、避免穿插。

（2）充分考虑各功能分区之间有便捷的交通联系。

（3）反对从形式出发，必须因地制宜地探求切合实际的城市用地布局。

（四）规划建设阶段配合协调、留有发展余地

一个城市的形成，需要二三十年。需要不断发展、不断改造、更新、完善、提高。因此制定城市总体布局时，要有一个良好的开端。

（1）要合理确定第一期建设方案，建设用地力求紧凑、合理、经济、方便。

（2）城市建设各阶段要互相衔接、配合协调。

（3）加强预见性，布局中留有发展余地，规划布局要有"弹性"。

二、城市总体布局的方案比较

城市总体布局反映城市各项用地的内在联系，综合比较是城市规划设计中的重要工作方法。因此，城市总体布局需要多作几个不同的规划方案，探求一个经济合理、技术先进的综合方案。

在方案比较中，需抓住城市规划建设中的主要矛盾，提出不同的解决办法和措施。方案比较的内容如下：

（1）地理位置及工程地质条件。

（2）占地、迁居情况。

（3）生产协作情况。

（4）交通运输情况。

（5）环境保护情况。

（6）居住用地组织情况。

（7）防洪、防震、人防工程措施。

（8）市政工程及公用设施。

（9）城市总体布局合理。

（10）城市造价，估算近期建设的总投资。

上述各点力求文字条理清楚，数据准确明了，图纸形象深刻。

三、旧城总体布局的调整与完善

城市总体布局是整个城市空间的利用和组合，必须动态地、综合地解决城市问题。旧城总体布局的调整与完善要做好下列方面工作：

（1）因势利导地利用城市外部的动力，使城市内外部结构协调发展。

城市越现代化，综合效益越高，吸引力越大，影响越远；城市规模越大，城市结构越松散，越要求灵活性，以适应外部社会经济环境条件的变化。

（2）充实完善城市基础设施，使城市上下部结构协调发展。

（3）调整城市用地结构，使城市在发展中取得平衡。

四、城市综合交通体系规划

城市综合交通（简称"城市交通"）应包括出行的两端都在城区内的城市内部交通，和出行至少有一端在城区外的城市对外交通（包括两端均在城区外，但通过城区组织的城市过境交通）。按照城市综合交通的服务对象可划分为城市客运与货运交通。

（一）城市对外交通

城市对外交通运输方式包括铁路、公路、水运（港口）和航空（机场）。

1. 城市对外交通衔接规定

城市对外交通衔接应符合以下规定：

（1）城市的各主要功能区对外交通组织均应高效、便捷。

（2）各类对外客货运系统，应优先衔接可组织联运的对外交通设施，在布局上结合或邻近布置。

（3）规划人口规模 100 万人及以上城市的重要功能区、主要交通集散点，以及规划人口规模 50 万～100 万人的城市，应能 15min 到达高、快速路网，30min 到达邻近铁路、公路枢纽，并至少有一种交通方式可在 60min 内到达邻近机场。

2. 对外交通设施规划

对外交通设施规划应符合下列规定：

（1）城市重大对外交通设施规划要充分考虑城市的远景发展要求。

（2）市域内对外交通通道、综合客运枢纽和城乡客运设施的布局应符合市域城镇发展要求。

（3）承担城市通勤交通的对外交通设施，其规划与交通组织应符合城市交通相关标准及要求，并与城市内部交通体系一规划。

（4）城市规划区内，同一对外交通走廊内相同走向的铁路、公路线路宜集中设置。

（5）城市道路上过境交通量大于等于 10000pcu/d，宜布局独立的过境交通通道。

（二）城市道路系统规划

1. 一般规定

（1）城市道路系统应保障城市正常经济社会活动所需的步行、非机动车和机动车交通的安全、便捷与高效运行。

（2）城市道路系统规划应结合城市的自然地形、地貌与交通特征，因地制宜进行规划，并应符合以下原则：

1）与城市交通发展目标相一致，符合城市的空间组织和交通特征；

2）道路网络布局和道路空间分配应体现以人为本、绿色交通优先，以及窄马路、密路网、完整街道的理念；

3）城市道路的功能、布局应与两侧城市的用地特征、城市用地开发状况相协调；

4）体现历史文化传统，保护历史城区的道路格局，反映城市风貌；

5）为工程管线和相关市政公用设施布设提供空间；

6）满足城市救灾、避难和通风的要求。

（3）承担城市通勤交通功能的公路应纳入城市道路系统统一规划。

（4）中心城区内道路系统的密度不宜小于 8km/km²。

2. 城市道路的功能等级

按照城市道路所承担的城市活动特征，城市道路应分为干线道路、支线道路，以及联系两者的集散道路 3 个大类；快速路、主干路、次干路和支路 4 个中类和 8 个小类。不同城市应根据城市规模、空间形态和城市活动特征等因素确定城市道路类别的构成。干线道路应承担城市中、长距离联系交通；集散道路和支线道路共同承担城市中、长距离联系交通的集散和城市中、短距离交通的组织（表 4-7）。

城市道路功能等级划分与规划要求   表 4-7

大类	中类	小类	功能说明	设计速度（km/h）	高峰小时服务交通量推荐（双向 pcu）
干线道路	快速路	Ⅰ级快速路	为城市长距离机动车出行提供快速、高效的交通服务	80～100	3000～12000
		Ⅱ级快速路	为城市长距离机动车出行提供快速交通服务	60～80	2400～9600
	主干路	Ⅰ级主干路	为城市主要分区（组团）间的中、长距离联系交通服务	60	2400～5600
		Ⅱ级主干路	为城市分区（组团）间中、长距离联系以及分区（组团）内部主要交通联系服务	50～60	1200～3600
		Ⅲ级主干路	为城市分区（组团）间联系以及分区（组团）内部中等距离交通联系提供辅助服务，为沿线用地服务较多	40～50	1000～3000
集散道路	次干路	次干路	为干线道路与支线道路的转换以及城市内中、短距离的地方性活动组织服务	30～50	300～2000
支线道路	支路	Ⅰ级支路	为短距离地方性活动组织服务	20～30	—
		Ⅱ级支路	为短距离地方性活动组织服务的街坊内道路、步行、非机动车专用路等	—	—

3. 城市道路红线宽度

（1）城市道路的红线宽度应优先满足城市公共交通、步行与非机动车交通通行空间的布设要求，并应根据城市道路承担的交通功能和城市用地开发状况，以及工程管线、地下空间、景观风貌等布设要求综合确定。

（2）城市道路的红线宽度（快速路包括辅路），规划人口规模 50 万人及以上城市不应超过 70m，20 万～50 万人的城市不应超过 55m，20 万人以下城市不应超过 40m。

（3）城市道路红线宽度还应符合下列规定：

1）对城市公共交通、步行与非机动车，以及工程管线、景观等无特殊要求的城市道路，红线宽度取值应符合表 4-8 确定。

无特殊要求的城市道路红线宽度取值　　　　表 4-8

道路分类	快速路 (不包括辅路)		主干路			次干路	支路	
	Ⅰ	Ⅱ	Ⅰ	Ⅱ	Ⅲ		Ⅰ	Ⅱ
双向车道数 (条)	4~8	4~8	6~8	4~6	4~6	2~4	2	—
道路红线宽度 (m)	25~35	25~40	40~50	40~45	40~45	20~35	14~20	—

2) 城市道路红线还应符合如下步行与非机动车道的布设要求：

① 人行道最小宽度不应小于 2.0m，且应与车行道之间设置物理隔离；

② 大型公共建筑和大、中运量城市公共交通站点 800m 范围内，人行道最小通行宽度不应低于 4.0m；城市土地使用强度较高地区，各类步行设施网络密度不宜低于 14km/km²，其他地区各类步行设施网络密度不应低于 8km/km²。

3) 城市应保护与延续历史街巷的宽度与走向。

4. 干线道路系统

(1) 干线道路规划应以提高城市机动化交通运行效率为原则。

(2) 干线道路上的步行、非机动车道应与机动车道隔离。

(3) 干线道路不得穿越历史文化街区与文物保护单位的保护范围，以及其他历史地段。

(4) 干线道路的选择应满足下列规定：

1) 不同规模城市干线道路的选择宜符合表 4-9 的规定。

城市干线道路等级选择要求　　　　表 4-9

规划人口规模（万人）	最高等级干线道路
≥200	Ⅰ级快速路或Ⅱ级快速路
100~200	Ⅱ级快速路或Ⅰ级主干路
50~100	Ⅰ级主干路
20~50	Ⅱ级主干路
≤20	Ⅲ级主干路

2) 带形城市可参照上一档规划人口规模的城市选择。当中心城区长度超过 30km 时，宜规划Ⅰ级快速路；超过 20km 时，宜规划Ⅱ级快速路。

5. 集散道路与支路道路

(1) 城市集散道路和支线道路系统应保障步行、非机动车和城市街道活动的空间，避免引入大量通过性交通。

(2) 次干路主要起交通的集散作用，其里程占城市总道路里程的比例宜为 5%~15%。

（3）城市居住街坊内道路应优先设置为步行与非机动车专用道路。

（4）城市不同功能地区的集散道路与支线道路密度，应结合用地布局和开发强度综合确定，街区尺度宜符合表 4-10 的规定。城市不同功能地区的建筑退线应与街区尺度相协调。

不同功能区的街区尺度推荐值 表 4-10

类别	街区尺度（m）		路网密度（km/km²）
	长	宽	
居住区	≤300	≤300	≥8
商业区与就业集中的中心区	100～200	100～200	10～20
工业区、物流园区	≤600	≤600	≥4

注：工业区与物流园区的街区尺度根据产业特征确定；对于服务型园区，街区尺度应小于 300m，路网密度应大于 8km/km²。

6. 其他功能道路

（1）承担城市防灾救援通道的道路应符合下列规定：

1）次干路及以上等级道路两侧的高层建筑应根据救援要求确定道路的建筑退线；

2）立体交叉口宜采用下穿式；

3）道路宜结合绿地与广场、空地布局；

4）7 度地震设防的城市每个疏散方向应有不少于 2 条对外放射的城市道路；

5）承担城市防灾救援的通道应适当增加通道方向的道路数量。

（2）旅游道路、公交专用路、非机动车专用路、步行街等具有特殊功能的道路，其断面应与承担的交通需求特征相符合。以旅游交通组织为主的道路应减少其所承担的城市交通功能。

五、城市绿地系统规划

城市绿地系统规划的任务是：制定城市各类绿地的用地指标，选定各项绿地的用地范围，合理安排整个城市的绿地布局。

（一）城市绿地的功能

（1）保护环境：防风沙、保水土、净化空气、降低噪声。

（2）改善城市面貌、提供休息游览场所。

（3）有利于战备、防震、抗灾。

（二）城市绿地分类[①]

绿地应按主要功能进行分类，并可分为大类、中类、小类三个层次。

（1）公园绿地（G1）：向公众开放，以游憩为主要功能，兼具生态、景观、文教和应急避险等功能，有一定游憩和服务设施的绿地。

此大类下设综合公园（G11）、社区公园（G12）、专类公园（G13）、游园（G14）4 个中类。

（2）防护绿地（G2）：用地独立，具有卫生、隔离、安全、生态防护功能，游人不宜

---

① 依据《城市绿地分类标准》CJJ/T 85—2017。

进入的绿地。主要包括卫生隔离防护绿地、道路及铁路防护绿地、高压走廊防护绿地、公用设施防护绿地等。

（3）广场绿地（G3）：以游憩、纪念、集会和避险等功能为主的城市公共活动场地。绿化占地比例宜大于或等于35%；绿化占地比例大于或等于65%的广场用地计入公园绿地。

（4）附属绿地（XG）：附属于各类建设用地（除"绿地与广场用地"）的绿化用地。包括居住用地附属绿地、公共管理与公共服务设施用地附属绿地、商业服务业设施用地附属绿地、工业用地附属绿地、物流仓储用地附属绿地、道路与交通设施用地附属绿地、公用设施用地附属绿地共7个中类。不再重复参与城市建设用地平衡。

（5）区域绿地（EG）：位于城市建设用地之外，具有城乡生态环境及自然资源和文化资源保护、游憩健身、园林苗木生产等功能的绿地。不参与建设用地汇总，不包括耕地。

此大类下设风景游憩绿地（EG1）、生态保育绿地（EG2）、区域设施防护绿地（EG3）、生产绿地（EG4）4个中类。

（三）城市绿地的规划布置

（1）均衡分布，连成完整的园林绿地系统，做到点、线、面相结合。

（2）因地制宜，与河湖山川自然环境相结合。其布置形式有块状、带状、楔形、环形或穿插分布。

六、城市总体艺术布局

（一）城市总体艺术布局要求

1. 城市总体艺术布局与城市规划的关系

一个城市规划，不仅要创造良好的生产、生活环境，而且应有优美的城市景观。城市总体艺术布局，是根据城市的性质、规模、现状条件、城市用地总体规划，形成城市建设艺术布局的基本构思，确定城市建设艺术骨架。在详细规划中，要根据总体规划的艺术布局，进行城市空间组合，以达到城市建设艺术的整体与局部的协调统一。

2. 城市总体艺术布局与城市面貌的关系

城市艺术布局，要体现城市美学要求，为城市环境中自然美与人工美的综合，如建筑、道路、桥梁的布置与山势、水面、林木的良好结合；城市艺术面貌，是自然与人工、空间与时间、静态与动态的相互结合、交替变化而构成。

3. 城市总体艺术布局的协调统一要求

（1）艺术布局与适用、经济的统一。

（2）近期艺术面貌与远期艺术面貌的统一。

（3）整体与局部、重点与非重点的统一。要点、线、面相结合。

（4）历史条件、时代精神、不同风格、不同处理手法的统一。

（5）艺术布局与施工技术条件的统一。

4. 城市艺术面貌与环境保护、公用设施、城市管理密不可分

（二）自然环境、历史条件、工程设施与城市艺术布局关系密切

1. 自然环境的利用

（1）平原地区，规划布局紧凑整齐。为避免城市艺术布局单调，有时采用挖低补高、堆山积水、加强绿化、建筑高低配置得当，道路广场、主景对景的尺度处理适宜的手段，给城市创造丰富而有变化的立体空间。如北京。

（2）丘陵山川地区的城市规划布局，应充分结合地形条件。如兰州位于黄河河谷地带，采取分散与集中相结合的布局，城市分为四个相对独立的地区；拉萨建筑依山建设、层层叠叠，主体空间感较强。

（3）滨临河湖水域的城市，应充分利用水域进行城市艺术布局。如杭州、苏州、威尼斯等城市。

2. 历史条件的利用

对历史遗留下来的文化遗产和艺术面貌、要分情况进行保留、改造、迁移、拆除、恢复等多种方式的处理。

3. 结合城市工程设施、组织城市艺术面貌

结合城市的防洪、排涝、蓄水、护坡、护堤等工程设施，进行城市艺术面貌的处理。如北京的陶然亭公园、天津的水上公园的形成就是良好的范例。建筑是景观的重要组成部分，在完成景观规划设计后再进行工程施工，更能确保景观设计质量。

（三）城市景观设计

城市景观是城市形态特征给人们带来的视觉感受，是城市艺术的具体表现形式。一个优美的城市景观和优秀的环境艺术，是一个城市文明进步的象征和精神风貌的具体体现。

城市景观设计是根据城市的性质规模、社会文化、地形地貌、河湖水系、名胜古迹、林木绿化、有价值的建筑及可利用的优美景物，经研究分析后，通过艺术手段的再创造，将其组织到城市的总体艺术布局之中。例如利用地形可创造优美的山城、水城、平原型等不同特征的城市景观；根据社会文化背景可塑造美好的政治性、历史性、商业性、工业性、旅游性的不同特色的城市景观。

1. 城市景观的特征

①人工性与复合性；②地域性与文化性；③功能性与结构性；④复杂性与密集性；⑤可识别性与识别方式的多样性。

2. 城市景观规划设计原则

①适用经济原则；②美学原则；③时代原则；④大众原则；⑤地方特色原则；⑥生态原则；⑦整体原则。

3. 城市景观的类型

①街道景观；②广场景观；③建筑景观；④雕塑景观；⑤绿色景观；⑥山水景观；⑦特色景观。

第七节　城市公用设施规划

城市公用设施规划包括给水、排水、供电、通信、燃气、供热、防洪、消防、环卫、用地竖向及管线综合等工程系统规划。

（一）城市供水工程规划

城市给水工程系统由城市取水工程、净水工程、输配水工程等组成。

1. 城市用水量的估算

城市用水包括生活用水量、生产用水量、消防用水量和其他用水量等。

居住区生活用水量标准见表4-11。

居住区生活用水量标准　　　　　　　　　　　　　　　　　表 4-11

室内给水设备情况	用水量 [L/（人·d）]		时变化系数 K 时
	平均日	最高日	
室内无给水排水卫生设备，从集中给水龙头取水	10～40	20～60	2.5～2.0
室内有给水龙头，但无卫生设备	20～70	40～90	2.8～1.8
室内有给水排水卫生设备，但无淋浴设备	55～100	85～130	1.8～1.5
室内有给水排水卫生设备，并有淋浴设备	90～160	130～190	1.7～1.4
室内有给水排水卫生设备，并有淋浴设备和集中式热水供应	130～190	170～220	1.5～1.3

2. 取水工程位置和用地要求

（1）水源选择的原则

1）水源水量必须充沛，保证枯水期供水充足；

2）取用良好水质的水源；

3）根据城市布局，可选一个或几个水源，或集中供水或分散供水，或二者结合；

4）选择水源要考虑当前、近期和远期对水量、水质的要求；

5）选择水源，要考虑吸水、输水方便，施工、运输、管理、维护的安全经济；

6）坚持开源节流的方针，协调与其他经济部门的关系；

7）选择水源时还应考虑取水工程本身与其他各种条件；

8）保证安全供水。

（2）水源的卫生防护

在水源周围建立的卫生防护地带分为：警戒区和限制区（图4-15）。

图 4-15　水源卫生防护范围示意

P—从净水构筑物到下流距离（一般到城市下游），根据风向、潮水和航行

可能带来的污染决定；1—取水构筑物；2—净水构筑物

1）地表水源取水点周围半径 100m 的水域内，严禁捕捞、停靠船只、游泳和从事可能污染水源的任何活动，并应设有明显的范围标志。地表水源取水点上游 1000m 至下游 100m 的水域，不得排入工业废水和生活污水，其沿岸防护范围不得堆放废渣，不得设立有害化学物品仓库、堆站或装卸垃圾、粪便和有毒物品的码头，沿岸农田不得使用工业废水或生活污水灌溉及施用持久性或剧毒的农药，不得从事放牧等有可能污染该段水域水质的活动。

2）饮用水地下水源一级保护区位于开采井的周围，二级保护区位于一级保护区外，以保证集水有足够的滞后时间。以防止病原菌以外的其他污染。准保护区位于二级保护区外的主要补给区，以保护水源地的补给水源水量和水质。

（3）水厂的选址要求

1）水厂应选择在工程地质条件较好的地方；

2）水厂应尽可能选择在不受洪水威胁的地方，否则应考虑防洪措施；

3）水厂周围应具有较好的环境卫生条件和安全防护条件；

4）水厂应尽量设置在交通方便、靠近电源的地方；

5）水厂选址要考虑近、远期发展的需要；

6）当取水地点距离用水区较近时，水厂一般设置在取水设施附近；

7）井群应布置在城市上游，井管之间要保持一定的间距。

3. 给水管网规划

城市用水是通过输水干管和敷设配水管网送到用户的，输水管不少于两条。管网布置有树枝状和环状两种形式（图 4-16、图 4-17）。

图 4-16　树枝状管网　　　　　　　　　　图 4-17　环状管网

（二）城市排水工程规划

城市排水工程系统由雨水排放工程、污水处理与排放工程组成。

排水工程一是把污水、废水集中并送到适当地点进行处理，达到卫生要求后再排放到水体中；二是把雨水及时排除；三是污水的综合利用。

1. 城市排水量的估算

（1）生活污水量，可参考表 4-12。

（2）工业废水量包括生产污水和生产废水两种，由工厂提供数值。

（3）雨水量，根据降雨强度和汇水面积计算。

室内卫生设备情况	平均日污水量[L/(人·d)]
室内无给水排水卫生设备，从集中给水龙头取水，由室外排水管道排水	10～40
室内有给水排水设备，但无水冲式厕所	20～70
室内有给水排水卫生设备，但无淋浴设备	55～100
室内有给水排水卫生设备和淋浴设备	90～160
室内有给水排水卫生设备，并有淋浴和集中热水供应	130～190

2. 排水工程的组成和排水系统

排水工程包括排水管道和污水处理厂两部分。

（1）排水制度有分流制和合流制两种。

1）分流制排水系统是将生活污水、工业废水和雨水分别在两个或两个以上各自独立的管渠内排除的系统；分流制包括完全分流制和不完全分流制两种。

2）合流制排水系统是将生活污水、工业废水和雨水混合在一个管渠内排除的系统；合流制包括直排式合流制和截流式合流制两种。

（2）排水系统的几种布置形式：截流布置、扇形布置、分区布置和分散布置（图 4-18）。

图 4-18　排水系统布置形式

（a）截流布置；（b）扇形布置；（c）分区布置；（d）分散布置

3. 污水处理厂的用地选择

污水处理厂应设在城市水体的下游、地势较低、便于城市污水汇流入厂内，远离居住区之处。

1）其厂址选择应与排水管道系统布置以及水系规划统一考虑，充分考虑地形的影响；

2）宜设在水体附近，便于处理后的污水就近排入水体；

3）尽可能与回用处理后污水的主要用户靠近；

4）其厂址选择应注意城市近、远期发展问题；

5）不宜设在雨季易受水淹的低洼处；靠近水体的污水处理厂不应受到洪水威胁。

（三）城市电力系统规划

城市电力系统工程由城市电源工程和城市输配电网络工程组成。

1. 城市电源工程

城市电源工程具有自身发电或从区域电网上获取电源，为城市提供电源的功能。城市电源工程主要有城市电厂、区域变电所（站）等电源设施。城市电厂是专为本城市服务的火力发电厂、水力发电厂（站）、核能发电厂（站）、风力发电厂、地热发电厂等电厂。区域变电所（站）是区域电网上供给城市电源所接入的变电所（站），通常是≥110kV电压的高压变电所（站）或超高压变电所（站）。

2. 城市输配电网络工程

城市输配电网络工程由城市输送电网与配电网组成。城市输送电网含有城市变电所（站）和从城市电厂、区域变电所（站）接入的输送电线路等设施。城市变电所通常为＞10kV电压的变电所。城市输送电线路以架空电缆为主，重点地段采用直埋电缆、管道电缆等敷设形式。输送电网具有将城市电源输入城区，并将电源变压进入城市配电网的功能。

3. 城市供电工程系统规划

（1）城市供电工程系统规划的主要内容

根据城市规划编制层次，城市供电工程系统规划也分为总体规划和详细规划两个层次。

1）总体规划主要内容：确定用电标准，预测城市供电负荷；选择供电电源，进行供电电源规划；确定城市供电电压等级和变电设施容量、数量，进行变电设施布局；布局高、中压送电网和高压走廊；布局中、低压配电网；制订城市供电设施保护措施。

2）详细规划主要内容：计算供电负荷；选择和布局规划范围内的变配电设施；规划设计高压配电网；规划设计低压配电网。

（2）城市供电设施规划要点

城市电力设施通常分为城市发电厂和变电所两种基本类型。城市电力供应可以由城市发电厂直接提供，也可由外地发电厂经高压长途输送至电源变电所，再进入城市电网。变电所除变换电压外，还起到集中电力和分配电力的作用，并控制电力流向和调整电压。

1）城市发电厂选址要点

城市发电厂有火力发电厂、水力发电站、风力发电厂、太阳能发电厂等。目前我国作为城市电源的发电厂以火电厂和水电站为主。水电站布局往往距离城市较远，但一些火电厂需要在城市内部和边缘地区进行选址布局。

2）城市电源变电所选址要点

① 位于城市的边缘或外围，便于进出线。

② 宜避开易燃、易爆设施，避开大气严重污染地区及严重烟雾区。

③ 应满足防洪、抗震的要求：220～500kV变电所的所址标高，宜高于百年一遇洪水水位；35～110kV变电所的所址标高，宜高于五十年一遇洪水水位。变电所所址应有良

好的地质条件。

④ 不得布置在国家重点保护的文化遗址或有重要开采价值的矿藏上，并协调与风景名胜区、军事设施、通信设施、机场等的关系。电力系统距电台、机场导航等均应有足够的距离（表 4-13）。

干扰源与天线尖端最小距离

表 4-13

干 扰 源	与天线尖端最小距离 （km）	干 扰 源	与天线尖端最小距离 （km）
60kV 以上输电线	2.0	高于 35kV 变电所	2.0
35kV 以下送电线	1.0	35kV 以下变电所	5.5

（四）城市供热系统规划

城市采暖有分散和集中两种供热方式。分散式小锅炉房供热，耗煤多，有污染，逐步淘汰。分散式电供热，清洁热源是发展方向；集中供热有热电厂供热和区域锅炉房供热两种方式，这是城市现代化的要求。

供热系统是由热源、管网和热用户散热器三部分组成。供热载体分水载热体和蒸汽载热体两种。

供热管网一般为地下敷设，在不影响市容时可架空供热管网。其管网空间位置，应满足交通及其他各种管线的间距要求。

（五）城市燃气系统规划

城市燃气工程系统由燃气气源工程、储气工程、输配气管网工程等组成。城市燃气系统规划，要以城市工业、民用燃气的要求，对城市燃气作综合安排，确定燃气系统方式、气源、储备站的位置及规模。

1. 城市燃气的分类

（1）按燃气用途分类

1）远距离输气干管；

2）城市燃气管道；

3）工业企业燃气管道。

（2）根据燃气管输气压力分类

1）低压燃气管道：$P < 0.01$MPa；

2）中压燃气管道：A 0.2MPa$< P \leqslant 0.4$MPa；B 0.01MPa$\leqslant P \leqslant 0.2$MPa；

3）次高压燃气管：A 0.8MPa$< P \leqslant 1.6$MPa；B 0.4MPa$< P \leqslant 0.8$MPa；

4）高压燃气管：A 2.5MPa$< P \leqslant 4.0$MPa；B 1.6MPa$< P \leqslant 2.5$MPa。

（3）按燃气管敷设方式分类

1）地下燃气管道；

2）架空燃气管道（工厂中常用）。

（4）按燃气气源分类

城市燃气主要包括天然气、液化石油气和人工煤气三类。

2. 燃气气源设施规划要点

城市燃气气源设施主要是煤气制气厂、天然气门站、液化石油气供应基地等规模较大的供气设施。

城市燃气输配设施的规划要点：由于燃气易燃易爆的特点，这些设施布局时除了应满足系统本身的要求外，还应尽量保证设施与周边建筑或用地的安全距离，减少安全隐患。

3. 管网的布置要求

燃气管网在城市中的布置，应满足交通、各种管线的防护及建筑安全的要求。

4. 选址要求

燃气厂、焦化厂、储气站、调压站、液化石油气储配站、灌瓶站、液化石油气供应站的选址，应位于交通便利、经济安全、对环境无污染地段。

（六）城市防灾工程系统规划

1. 城市防灾工程体系的构成与功能

城市防灾指防御或防止灾害的发生，同时包括对城市灾害的监测、预报、防护、抗御、救援和灾后恢复重建等多方面的工作。城市防灾系统主要由城市消防、防洪（潮、汛）、抗震、防空袭等系统及救灾生命线系统等组成。

（1）城市消防系统

城市消防系统有消防站（队），消防给水管网、消火栓等设施。消防系统的功能是日常防范火灾、及时发现与迅速扑灭各种火灾，避免或减少火灾损失。

（2）城市防洪（潮、汛）系统

城市防洪（潮、汛）系统有防洪（潮、汛）堤、截洪沟、泄洪沟、分洪闸、防洪闸、排涝泵站等设施。城市防洪系统的功能是采用避、拦、堵、截、导等各种方法，抗御洪水和潮汛的侵袭，排除城区涝渍，保护城市安全。

（3）城市抗震系统

城市抗震系统主要在于加强建筑物、构筑物等的抗震强度，合理设置避灾疏散场地和道路。

（4）城市人民防空袭系统

城市人防系统的功能是提供战时市民防御空袭，核战争时提供安全空间和物资供应。城市人民防空袭系统（简称人防系统）包括防空袭指挥中心、专业防空设施、防空掩体工事、地下建筑、地下通道以及战时所需的地下仓库、水厂、变电站、医院等设施。城市人防设施在满足安全要求的前提下，应尽可能成为城市日常活动的场所。

（5）城市救灾生命线系统

城市救灾生命线系统由城市急救中心，疏运通道以及给水、供电、燃气、通信等设施组成。城市救灾生命线系统的功能是在发生各种城市灾害时，提供医疗救护，运输以及供水、电、通信调度等物质条件。

2. 城市防灾标准

（1）城市防洪标准

防护对象的防洪标准应以防御的洪水或潮水的重现期表示；对于特别重要的防护对象，可采用可能最大洪水表示。防洪标准可根据不同防护对象的需要，采用设计一级或设计、校核两级。

防洪工程设计是以洪峰流量和水位为依据的，而洪水的大小通常是以某一频率的洪水量来表示。防洪工程的设计是以工程性质、防范范围及其重要性的要求，选定某一频率作为计算洪峰流量的设计标准的。通常洪水的频率用重现期的倒数代替表示，例如重现期为50年的洪水，其频率为2%；重现期愈大，设计标准也就越高。

城市防护区根据其政治、经济地位的重要性、常住人口或当量经济规模指标，可分为Ⅰ～Ⅳ四个防护等级，其重要性和防洪标准应符合《防洪标准》GB 50201—2014的确定。

（2）城市抗震标准

城市的抗震标准即为抗震设防烈度，抗震设防烈度一般情况下可采用基本烈度。地震基本烈度指一个地区今后一段时期内，在一般场地条件下可能遭遇的最大地震烈度，即现行《中国地震烈度区划图》规定的烈度。

我国工程建设从地震基本烈度6度开始设防，抗震设防烈度有6、7、8、9、10几个等级（一般可以把"设防烈度为6度、7度……"简述为"6度、7度……"）。6度及6度以下的城市一般为非重点抗震防灾城市。但并不是说，这些城市不需要考虑抗震问题；6度地震区内的重要城市与国家重点抗震城市和位于7度以上（含7度）地区的城市，都必须考虑城市抗震问题，编制城市抗震防灾规划。

对于建筑来说，可以根据其重要性确定不同的抗震设计标准；根据建筑的重要性，可分为甲、乙、丙、丁四类建筑，各类建筑的抗震设防标准应符合《建筑抗震设计规范》GB 500011—2010（2016年版）的规定。

（3）城市消防标准

城市的消防标准主要体现在建、构筑物的防火设计上。在城市消防工作中，国家或地方制定的这些与消防有关的法律、规范、标准是重要依据。与城市消防密切相关的规范、标准有《建筑设计防火规范》GB 50016—2014（2018年版）、《消防站建筑设计标准》GNJ 1—81、《城镇消防站布局与技术装备配备标准》GNJ 1—82等。

（4）城市人防标准

城市人防规划需要确定人防工程的大致总量规模，由此确定人防设施的布局。预测城市人防工程总量首先需要确定城市战时留城人口数。一般说来，战时留城人口约占城市总人口的30%～40%。按人均1～1.5m² 的人防工程面积标准，则可推算出城市所需的人防工程面积。

在居住区规划中，按照有关标准，在成片居住区内应按总建筑面积的2%设置人防工程，或按地面建筑总投资的6%左右进行安排。居住区防空地下室的战时用途应以居民掩蔽为主，规模较大的居住区的防空地下室项目应尽量配套齐全。

3. 城市主要防灾设施规划布局要点

（1）消防站规划布局要点

1）我国城市消防站的设置要求

① 在接警5min后，消防队可到达责任区边缘，消防站责任区的面积宜为4～7km²；

② 1.5万～5万人的小城镇可设1处消防站，5万人以上的小城镇可设1～2处；

③ 沿海、内河港口城市，应考虑设置水上消防站；

④ 一些地处城市边缘或外围的大中型企业，消防队接警后难以在5min内赶到，应设专用消防站；

⑤ 易燃、易爆危险品生产运输量大的地区，应设特种消防站。

2）城市消防站布局要求

① 消防站应位于责任区的中心；

② 消防站应设于交通便利的地点，如城市干道一侧或十字路口附近；

③ 消防站应与医院、小学、幼托以及人流集中的建筑保持 50m 以上的距离，以防相互干扰；

④ 消防站应确保自身的安全，与危险品或易燃易爆品的生产储运设施或单位保持 200m 以上间距，且位于这些设施的上风向或侧风向。

（2）防洪堤设置要点

根据城市的具体情况，防洪堤可能在河道一侧修建，也可能在河道两侧修建。在城市中心区的堤防工程，宜采用防洪墙，防洪墙可采用钢筋混凝土结构，也可采用混凝土和浆砌石防洪墙。

堤顶和防洪墙顶标高一般为设计洪（潮）水位加上超高，当堤顶设防浪墙时，堤顶标高应高于洪（潮）水位 0.5m 以上。

（3）人防设施规划布局要点

1）避开易遭到袭击的重要军事目标，如军事基地、机场、码头等；

2）避开易燃易爆品生产储运单位和设施，控制距离应大于 50m；

3）避开有害液体和有毒重气体贮罐，距离应大于 100m；

4）人员掩蔽所距人员工作生活地点不宜大于 200m。

（4）避震疏散通道和疏散场地规划布局要点

1）避震疏散场地分类

城市避震和震时疏散可分为就地疏散、中程疏散和远程疏散。就地疏散指城市居民临时疏散至居所或工作地点附近的公园、操场或其他旷地；中程疏散指居民疏散至约 1～2km 半径内的空旷地带；远程疏散指城市居民使用各种交通工具疏散至外地的过程。

疏散场地可划分为：紧急避震疏散场所（临时、就近避难场所，通常选择城市内的小公园、小花园、小广场、专业绿地、高层建筑中的避难层、间等）、固定避震疏散场所（较长时间避难、集中性救援场所，通常选择公园、广场、体育场馆、大型人防工程、停车场、空地、绿化隔离带及公共设施等）、中心避震疏散场所（规模大、功能全、起避难中心作用的固定避难疏散场所）三种类型。

2）疏散通道规划布局要点

城市内疏散通道的宽度不应小于 15m，一般为城市主干道，通向市内疏散场地和郊外旷地，或通向长途交通设施。对于 100 万人口以上的大城市，至少应有两条以上不经过市区的过境公路，其间距应大于 20km。

城市的出入口数量应符合以下要求：中小城市不少于 4 个，大城市和特大城市不少于 8 个。与城市出入口相连接的城市主干道两侧应保证建筑倒塌后不阻塞交通。

紧急避震疏散场所内外的避震疏散通道有效宽度不宜低于 4m，固定避震疏散场所内外的避震疏散主通道有效宽度不宜低于 7m。与城市主入口、中心避震疏散场所、市政府抗震救灾指挥中心相连的救灾主干道不宜低于 15m。避震疏散主通道两侧的建筑应能保证疏散通道的安全畅通。

3）疏散场地规划布局要点

避震疏散场所的规模应符合以下标准：紧急避震疏散场所的用地不宜小于 0.1hm^2，

固定避震疏散场所不宜小于 $1hm^2$，中心避震疏散场所不宜小于 $50hm^2$。

紧急避震疏散场所的服务半径宜为 500m，步行大约 10min 之内可以到达；固定避震疏散场所的服务半径宜为 2～3km，步行大约 1h 之内可以到达。

应对避震疏散场所用地和避震疏散通道提出规划要求。新建城区应根据需要，规划建设一定数量的防灾据点、防灾公园。在进行避震疏散规划时，应充分利用城市的绿地和广场作为避震疏散场所；明确设置防灾据点和防灾公园的规划建设要求，改善避震疏散条件。

避震疏散场所应具有畅通的周边交通环境和配套设施。避震疏散场所不应规划建设在不适宜用地的范围内。避震疏散场所距次生灾害危险源的距离应满足国家现行重大危险源和防火的有关标准规范要求；四周有次生火灾或爆炸危险源时，应设防火隔离带或防火树林带。

例 4-3　（2021）城市抗震防灾规划中属于中心避难场所的是（　　）。
A　城市防灾公园　　　　　　B　临时避难绿地
C　紧急避难绿地　　　　　　D　隔离缓冲绿带
解析：根据《城市规划原理》（第四版）P470，中心避震疏散场所是规模较大，功能较全，起避难中心作用的固定避震疏散场所。场所内一般设抢险救灾部队营地、医疗抢救中心和重伤员转运中心等，故本题应选 A。
答案：A

（七）城市用地竖向规划

1. 竖向设计

竖向设计是为了满足道路交通、排水防涝、建筑布置、环境景观、综合防灾以及经济效益等方面的综合要求，对自然地形进行利用、改造，确定坡度、控制高程和平衡土石方等而进行的设计（规划）。

（1）竖向设计内容与方法
① 确定场地的竖向布置形式。
② 确定建筑物室内外地坪标高，构筑物关键部位的标高，广场、活动场地等的整平标高。
③ 确定道路标高和坡度。
④ 绿地地形设计。
⑤ 组织地面排水系统。
⑥ 安排场地的土方工程。
⑦ 设置必要的工程构筑物与排水构筑物。
⑧ 解决场地的防洪工程问题。

《全国民用建筑工程设计技术措施　规划·建筑·景观》（2009 年版）

3.1.3 不同类型场地竖向设计宜按照以下步骤进行：

1　场地的设计高程，应依据相应的现状高程(如城市道路标高、基地附近原有水系的常年水位和最高洪水位、临海地区的海潮防护标高、周围市政管线接口标高等)进行竖向设计。

2　地形平坦的场地，首先依据周边控制高程，确定室外地坪设计标高及建筑室内地坪标高。

3　地形复杂的场地，首先对场地地形进行分析，确定地形不同分类（如陡坡、中坡、缓坡等），以及各类用地的不同功能（如建筑用地、道路、绿地等），进行场地竖向设计，确定各地形高程与周边控制高程的联系。

4 大型公共建筑群依据周边控制高程，确定不同性质建筑的室内外标高，并进行场地竖向设计。

（2）竖向规划的地面形式

《城乡建设用地竖向规划规范》CJJ 83—2016

4.0.2 根据城乡建设用地的性质、功能，结合自然地形，规划地面形式可分为平坡式、台阶式和混合式。

4.0.3 用地自然坡度小于5％时，宜规划为平坡式；用地自然坡度大于8％时，宜规划为台阶式；用地自然坡度为5％～8％时，宜规划为混合式。

4.0.4 台阶式和混合式中的台地规划应符合下列规定：

1 台地划分应与建设用地规划布局和总平面布置相协调，应满足使用性质相同的用地或功能联系密切的建（构）筑物布置在同一台地或相邻台地的布局要求；

2 台地的长边宜平行于等高线布置；

3 台地高度、宽度和长度应结合地形并满足使用要求确定。

4.0.5 街区竖向规划应与用地的性质和功能相结合，并应符合下列规定：

1 公共设施用地分台布置时，台地间高差宜与建筑层高接近；

2 居住用地分台布置时，宜采用小台地形式；

3 大型防护工程宜与具有防护功能的专用绿地结合设置。

《城市居住区规划设计标准》GB 50180—2018

3.0.9 ……居住区的竖向规划设计应符合现行行业标准《城乡建设用地竖向规划规范》CJJ 83 的有关规定。

（3）防护工程

防止用地受自然危害或人为活动影响造成岩土体破坏而设置的保护性工程。如护坡、挡土墙、堤坝等。

① 护坡①

防止用地岩土体边坡变迁而设置的斜坡式防护工程，如土质或砌筑型等护坡工程。

② 挡土墙

防止用地岩土体边坡坍塌而砌筑的墙体。

③防护设计要求

《城乡建设用地竖向规划规范》CJJ 83—2016

4.0.6 挡土墙高度大于3m且邻近建筑时，宜与建筑物同时设计，同时施工，确保场地安全。

4.0.7 高度大于2m的挡土墙和护坡，其上缘与建筑物的水平净距不应小于3m，下缘与建筑物的水平净距不应小于2m；高度大于3m的挡土墙与建筑物的水平净距还应满足日照标准要求。

8.0.3 街区用地的防护应与其外围道路工程的防护相结合。

8.0.4 台阶式用地的台地之间宜采用护坡或挡土墙连接。相邻台地间高差大于0.7m时，

---

① 自然放坡时，为保证土体和岩石的稳定，斜坡面必须具有稳定的坡度，称为边坡坡度。

宜在挡土墙墙顶或坡比值大于0.5的护坡顶设置安全防护设施。

8.0.5 相邻台地间的高差宜为1.5~3.0m，台地间宜采取护坡连接，土质护坡的坡比值不应大于0.67，砌筑型护坡的坡比值宜为0.67~1.0；相邻台地间的高差大于或等于3.0m时，宜采取挡土墙结合放坡方式处理，挡土墙高度不宜高于6m；人口密度大、工程地质条件差、降雨量多的地区，不宜采用土质护坡。

8.0.6 在建（构）筑物密集、用地紧张区域及有装卸作业要求的台地应采用挡土墙防护。

（4）设计标高

1）标高设计要点

① 场地设计标高应高于或等于城市设计防洪、防涝标高；沿海或受洪水泛滥威胁地区，场地设计标高应高于设计洪水水位0.50~1.00m，否则必须采取相应的措施。

② 场地设计标高应高于多年平均地下水位。

③ 场地设计标高应比周边道路的最低路段高程高出0.2m以上。

④ 场地设计标高与住宅建筑首层地面标高之间的高差宜为0.15m；在湿陷性黄土地区、易下沉软地基地区应适当加大其高差，多层建筑的室内地坪应高出室外地坪0.45m。

⑤ 与路面、广场等硬化地面相连接的下凹式绿地，宜低于硬化地面100~200mm，当有排水要求时，绿地内宜设置雨水口，其顶面标高应高于绿地50~100mm。

2）道路设计标高

① 场地道路标高一般与场地地形标高一致，与相连道路协调过渡。

② 道路下设管道收集雨水时，道路中心线标高应低于地形0.2~0.3m。

③ 如雨水需排至周围绿地时，可使道路路面略高于地形。

3）建筑物室内外设计标高

建筑室内外地坪的高差一般根据建筑的类型，宿舍、住宅为0.15~0.75m，办公楼为0.50~0.60m，学校、医院为0.30~0.90m。

4）建筑结合地形的技术处理方法

场地室内外高差较大，布置建筑单体时，不需要把地形变成整平面，而是运用改变建筑物内部结构的方法，使建筑适应地形的变化，其布置方法主要有：提高勒脚、跌落、错层、错叠、掉层等。

（5）场地排水

场地雨水排除方式主要有自然排水、明沟排水和暗管排水等，应首先采取自然排水，尽可能使雨水下渗。

1）场地排水坡度及排水方案

① 场地排水坡度

《城乡建设用地竖向规划规范》CJJ 83—2016

6.0.2 城乡建设用地竖向规划应符合下列规定：

1 满足地面排水的规划要求；地面自然排水坡度不宜小于0.3%；小于0.3%时应采用多坡向或特殊措施排水；

2 除用于雨水调蓄的下凹式绿地和滞水区等之外，建设用地的规划高程宜比周边道路的最低路段的地面高程或地面雨水收集点高出0.2m以上，小于0.2m时应有排水安全保障措施或雨水滞蓄利用方案。

6.0.3 当建设用地采用地下管网有组织排水时，场地高程应有利于组织重力流排水。

6.0.4 当城乡建设用地外围有较大汇水汇入或穿越时，宜用截、滞、蓄等相关设施组织用地外围的地面汇水。

② 场地排水方案

场地总体排水方向一般与地形坡向一致，局部场地根据各自的功能及景观需要确定排水方向。在确定排水方向后，还要确定雨水口、排水管、排水明（暗）沟等设施。广场排水的基本形式见图4-19。

单坡　双坡　双坡

双坡　多坡　多坡

多坡　多坡　多坡

● 积水点

图 4-19　广场排水的基本形式

2) 道路、广场排水坡度

① 城乡道路及广场

《城乡建设用地竖向规划规范》CJJ 83—2016

5.0.2 道路规划纵坡和横坡的确定，应符合下列规定：

1 城镇道路机动车车行道规划纵坡应符合表 5.0.2-1 的规定；山区城镇道路和其他特殊性质道路，经技术经济论证，最大纵坡可适当增加；积雪或冰冻地区快速路最大纵坡不应超过 3.5%，其他等级道路最大纵坡不应大于 6.0%。内涝高风险区域，应考虑排除超标雨水的需求。

3 非机动车车行道规划纵坡宜小于 2.5%。大于或等于 2.5% 时，应按表 5.0.2-2 的规定限制坡长。机动车与非机动车混行道路，其纵坡应按非机动车车行道的纵坡取值。

4 道路的横坡宜为 1%～2%。

5.0.3 广场竖向规划除满足自身功能要求外，尚应与相邻道路和建筑物相协调。广场规划坡度宜为 0.3%～3%。地形困难时，可建成阶梯式广场。

上述广场竖向规划要求与《城市道路工程设计规范》CJJ 37—2012（2016 年版）第 11.3.4 条内容基本一致。

② 基地内道路、停车场及场地

《民用建筑设计统一标准》GB 50352—2019

5.2.5 室外机动车停车场应符合下列规定：

1 停车场地应满足排水要求，排水坡度不应小于0.3%。

5.3.1 建筑基地场地设计应符合下列规定：

1 当基地自然坡度小于5%时，宜采用平坡式布置方式；当大于8%时，宜采用台阶式布置方式，台地连接处应设挡墙或护坡；基地临近挡墙或护坡的地段，宜设置排水沟，且坡向排水沟的地面坡度不应小于1%。

2 基地地面坡度不宜小于0.2%；当坡度小于0.2%时，宜采用多坡向或特殊措施排水。

3 场地设计标高不应低于城市的设计防洪、防涝水位标高；沿江、河、湖、海岸或受洪水、潮水泛滥威胁的地区，除设有可靠防洪堤、坝的城市、街区外，场地设计标高不应低于设计洪水位0.5m，否则应采取相应的防洪措施；有内涝威胁的用地应采取可靠的防、排内涝水措施，否则其场地设计标高不应低于内涝水位0.5m。

4 当基地外围有较大汇水汇入或穿越基地时，宜设置边沟或排（截）洪沟，有组织进行地面排水。

5 场地设计标高宜比周边城市市政道路的最低路段标高高0.2m以上；当市政道路标高高于基地标高时，应有防止客水进入基地的措施。

6 场地设计标高应高于多年最高地下水位。

7 面积较大或地形较复杂的基地，建筑布局应合理利用地形，减少土石方工程量，并使基地内填挖方量接近平衡。

5.3.3 建筑基地地面排水应符合下列规定：

1 基地内应有排除地面及路面雨水至城市排水系统的措施，排水方式应根据城市规划的要求确定。有条件的地区应充分利用场地空间设置绿色雨水设施，采取雨水回收利用措施。

2 当采用车行道排泄地面雨水时，雨水口形式及数量应根据汇水面积、流量、道路纵坡等确定。

3 单侧排水的道路及低洼易积水的地段，应采取排雨水时不影响交通和路面清洁的措施。

5.3.4 下沉庭院周边和车库坡道出入口处，应设置截水沟。

5.3.5 建筑物底层出入口处应采取措施防止室外地面雨水回流。

3）排水设施

① 雨水口

按进水方式分类，雨水口有立箅式、平箅式、联合式或横向雨箅等形式（图4-20）。一个雨水口的汇水面积约为2500～5000m²。雨水口的底标高要低于地面或路面，并使周围路面（场地）坡向雨水口。道路纵坡与雨水口的间距有对应关系，雨水口间距宜为25～50m。当道路纵坡大于0.02时，雨水口的间距可大于50m，道路纵坡≤0.3%时，雨水口间距为20～30m。同等级道路交叉路口的雨水口布置见图4-21。

| 立箅式 | 平箅式 | 联合式 | 横向雨箅 |

图4-20 雨水口形式

1—路缘；2—雨水口

图 4-21　同等级道路交叉路口的雨水口布置

② 截水沟

为截引坡顶上方的地面径流，需设置截水沟，沟中心与坡顶间一般有 5m 左右的安全距离，若土质好、边坡不高、沟内有铺砌时，可小于 5m。

③ 排洪渠（沟）

当建设用地位于山脚处，受山体围合时，为保证场地内建筑不受洪水侵袭，需在场地外围坡脚下设置排洪沟泄洪。

（6）土方量计算与土石方平衡

1）土方量计算

主要有两种计算方法：方格网和横断面计算法。

① 方格网计算法（图 4-22）

图 4-22　方格网表达内容

② 横断面计算法（图 4-23）

图 4-23　断面法土方工程量计算示意图

2）土石方平衡

土石方平衡是指组织调配土石方，使某一地域内挖方数量与填方数量基本相等，确定取土、弃土场地的工作。城乡建设用地土石方平衡应遵循"就近合理平衡"（运距以 250～

215

400m 为宜）的原则，根据规划建设时序，分工程或分地段充分利用周围有利的取土和弃土条件进行平衡。

3）土石方量平衡标准指标

$$土石方平衡标准 = 挖、填方量 / 土石方工程量 \times 100\%$$

平原地区 $5\% \sim 10\%$；

浅、中丘地区 $7\% \sim 15\%$；

深丘、高山地区 $10\% \sim 20\%$。

（八）城市管线工程综合

关于"管线布置与管线综合规划"有两本主要规范：《城市工程管线综合规划规范》GB 50289—2016 和《民用建筑设计统一标准》GB 50352—2019；居住区的工程管线规划设计应符合现行国家标准《城市工程管线综合规划规范》GB 50289—2016 的有关规定；其他参见《城市地下综合管廊管线工程技术规程》T/CECS 532—2018。

1. 基本术语

（1）工程管线

"工程管线"为满足生活、生产需要，地下或架空敷设的各种专业管道和缆线的总称，但不包括工业工艺性管道。

（2）覆土深度

"覆土深度"指工程管线顶部外壁到地表面的垂直距离。

（3）水平净距

"水平净距"指工程管线外壁（含保护层）之间或工程管线外壁与建（构）筑物外边缘之间的水平距离。

（4）垂直净距

"垂直净距"指工程管线外壁（含保护层）之间或工程管线外壁与建（构）筑物外边缘之间的垂直距离。

2. 城市工程管线

《城市工程管线综合规划规范》GB 50289—2016

3.0.1 城市工程管线综合规划的主要内容应包括：协调各工程管线布局；确定工程管线的敷设方式；确定工程管线敷设的排列顺序和位置，确定相邻工程管线的水平间距、交叉工程管线的垂直间距；确定地下敷设的工程管线控制高程和覆土深度等。

3.0.2 城市工程管线综合规划应能够指导各工程管线的工程设计，并应满足工程管线的施工、运行和维护的要求。

3.0.3 城市工程管线宜地下敷设，当架空敷设可能危及人身财产安全或对城市景观造成严重影响时应采取直埋、保护管、管沟或综合管廊等方式地下敷设。

3.0.4 工程管线的平面位置和竖向位置均应采用城市统一的坐标系统和高程系统。

3.0.6 区域工程管线应避开城市建成区，且应与城市空间布局和交通廊道相协调，在城市用地规划中控制管线廊道。

3.0.7 编制工程管线综合规划时，应减少管线在道路交叉口处交叉。当工程管线竖向位置发生矛盾时，宜按下列规定处理：

1 压力管线宜避让重力流管线；

2 易弯曲管线宜避让不易弯曲管线；

3 分支管线宜避让主干管线；

4 小管径管线宜避让大管径管线；

5 临时管线宜避让永久管线。

4 地 下 敷 设

4.1 直埋、保护管及管沟敷设

4.1.1 严寒或寒冷地区给水、排水、再生水、直埋电力及湿燃气等工程管线应根据土壤冰冻深度确定管线覆土深度；非直埋电力、通信、热力及干燃气等工程管线以及严寒或寒冷地区以外地区的工程管线应根据土壤性质和地面承受荷载的大小确定管线的覆土深度。

工程管线的最小覆土深度应符合表 4.1.1 的规定。当受条件限制不能满足要求时，可采取安全措施减少其最小覆土深度。

工程管线的最小覆土深度（m） 表 4.1.1

管线名称		给水管线	排水管线	再生水管线	电力管线		通信管线		直埋热力管线	燃气管线	管沟
					直埋	保护管	直埋及塑料、混凝土保护管	钢保护管			
最小覆土深度	非机动车道（含人行道）	0.60	0.60	0.60	0.70	0.50	0.60	0.50	0.70	0.60	—
	机动车道	0.70	0.70	0.70	1.00	0.50	0.90	0.60	1.00	0.90	0.50

注：聚乙烯给水管线机动车道下的覆土深度不宜小于1.00m。

4.1.2 工程管线应根据道路的规划横断面布置在人行道或非机动车道下面。位置受限制时，可布置在机动车道或绿化带下面。

4.1.3 工程管线在道路下面的规划位置宜相对固定，分支线少、埋深大、检修周期短和损坏时对建筑物基础安全有影响的工程管线应远离建筑物。工程管线从道路红线向道路中心线方向平行布置的次序宜为：电力、通信、给水（配水）、燃气（配气）、热力、燃气（输气）、给水（输水）、再生水、污水、雨水。

4.1.4 工程管线在庭院内由建筑线向外方向平行布置的顺序，应根据工程管线的性质和埋设深度确定，其布置次序宜为：电力、通信、污水、雨水、给水、燃气、热力、再生水。

4.1.5 沿城市道路规划的工程管线应与道路中心线平行，其主干线应靠近分支管线多的一侧。工程管线不宜从道路一侧转到另一侧。道路红线宽度超过40m的城市干道，宜两侧布置配水、配气、通信、电力和排水管线。

4.1.6 各种工程管线不应在垂直方向上重叠敷设。

4.1.7 沿铁路、公路敷设的工程管线应与铁路、公路线路平行。工程管线与铁路、公路交叉时宜采用垂直交叉方式布置；受条件限制时，其交叉角宜大于60°。

4.1.9 工程管线之间及其与建（构）筑物之间的最小水平净距应符合本规范表4.1.9的规定。当受道路宽度、断面以及现状工程管线位置等因素限制难以满足要求时，应根据实际情况采取安全措施后减少其最小水平净距。大于1.6MPa的燃气管线与其他管线的水平净距应按现行国家标准《城镇燃气设计规范》GB 50028执行。

表 4.1.9

工程管线之间及其与建（构）筑物之间的最小水平净距（m）

序号	管线及建（构）筑物名称		1 建（构）筑物	2 给水管线 d≤200mm	2 给水管线 d>200mm	3 污水、雨水管线	4 再生水管线	5 燃气管线 低压	5 中压 B	5 中压 A	5 次高压 B	5 次高压 A	6 直埋热力管线	7 电力管线 直埋	7 电力管线 保护管	8 通信管线 直埋	8 通信管线 管道、通道	9 管沟	10 乔木	11 灌木	12 地上杆柱 通信照明及<10kV	12 高压铁塔基础边 ≤35kV	12 >35kV	13 道路侧石边缘	14 有轨电车钢轨	15 铁路钢轨（或坡脚）
1	建（构）筑物		—	1.0	3.0	2.5	1.0	0.7	1.0	1.5	5.0	13.5	3.0	0.6		1.0	1.5	0.5		—	0.5	3.0		—	—	—
2	给水管线	d≤200mm	1.0	—		1.0	0.5	0.5	0.5	1.5	1.0	1.5	1.5	0.5		1.0	1.0	1.5	1.5	1.0	0.5	3.0	1.5	1.5	2.0	5.0
		d>200mm	3.0		—	1.5																				
3	污水、雨水管线		2.5	1.0	1.5	—	0.5	1.2					1.5	0.5		1.0	1.0	1.5	1.5	1.0	0.5	1.5		1.5	2.0	5.0
4	再生水管线		1.0	0.5		0.5	—	0.5					1.0	0.5		1.0	1.0	1.5	1.0	1.0	0.5	3.0		1.5	2.0	5.0
5	燃气管线 低压 P<0.01MPa		0.7	0.5		1.0	0.5	DN≤300mm 0.4 DN>300mm 0.5					1.0	1.0		0.5	1.0	1.0	0.75		1.0	1.0		1.5	2.0	5.0
	中压 B 0.01MPa≤P≤0.2MPa		1.0																							
	中压 A 0.2MPa<P≤0.4MPa		1.5			1.2							1.5					1.5	1.2			2.0		1.5		
	次高压 B 0.4MPa<P≤0.8MPa		5.0	1.0		1.5	1.0						2.0	1.5		1.0	1.5	2.0			5.0			2.5		
	次高压 A 0.8MPa<P≤1.6MPa		13.5	1.5		2.0	1.5											4.0								

序号	管线及建(构)筑物名称		建(构)筑物 (1)	给水管线 (2) d≤200mm	d>200mm	污水、雨水排水管线 (3)	再生水管线 (4)	燃气管线 (5) 次高压A	次高压B	中压A	中压B	低压	直埋热力管线 (6)	电力管线 (7) 直埋	保护管	通信管线 (8) 直埋	管道、通道	管沟 (9)	乔木 (10)	灌木 (11)	地上杆柱 (12) 通信照明及<10kV	高压铁塔基础边 ≤35kV	>35kV	道路侧石边缘 (13)	有轨电车钢轨 (14)	铁路钢轨(或坡脚) (15)
6	直埋热力管线		3.0	1.5	1.5	1.5	1.0	2.0	1.5	1.5	1.0	1.0	—	2.0	2.0	1.0	1.0	1.5	1.5	1.5	1.0	3.0(>330kV 5.0)		1.5	2.0	5.0
7	电力管线	直埋	0.6	0.5	0.5	0.5	0.5	1.5	1.0	1.0	0.5	0.5	2.0	0.25	0.1	<35kV 0.5 / ≥35kV 2.0		1.0	1.0	0.7	1.0	2.0		1.5	2.0	10.0(非电气化 3.0)
		保护管												0.1	0.1											
8	通信管线	直埋	1.0	1.0	1.0	1.0	1.0	1.5	1.0	1.0	0.5	0.5	1.0	<35kV 0.5 / ≥35kV 2.0		0.5	0.5	1.0	1.5	1.0	0.5	0.5	2.5	1.5	2.0	2.0
		管道、通道	1.5																							
9	管沟		0.5	1.5	1.5	1.5	1.5	4.0	2.0	1.5	1.5	1.0	1.5	1.0	1.0	1.0	1.0	—	1.5	1.0	1.0	3.0		1.5	2.0	2.0
10	乔木		—	1.5	1.5	1.5	1.0	1.2	1.2	0.75	0.75	1.0	1.5	0.7	0.7	1.5	1.5	1.5	—	—	—	—		1.5	2.0	5.0
11	灌木		—	1.0	1.0	1.0	1.0	—	—	—	—	1.0	1.5	—	—	1.0	1.0	1.0	—	—	—	—		0.5	—	—

序号	管线及建(构)筑物名称		1 建(构)筑物	2 给水管线 d≤200mm	给水管线 d>200mm	3 污水、雨水排水管线	4 再生水管线	5 燃气管线 低压B	中压 B	中压 A	次高压 B	次高压 A	6 直埋热力管线	7 电力管线 直埋	保护管	8 通信管线 直埋	管道、通道	9 管沟	10 乔木	11 灌木	12 地上杆柱 通信照明及<10kV	高压铁塔基础边 ≤35kV	高压铁塔基础边 >35kV	13 道路侧石边缘	14 有轨电车钢轨	15 铁路钢轨(或坡脚)
12	地上杆柱	通信照明及<10kV	—	0.5	0.5	0.5	0.5	1.0	1.0		2.0		1.0	1.0	1.0	0.5	0.5	1.0		0.5				0.5		—
		高压塔基础边 ≤35kV	—	3.0	3.0	1.5	3.0	1.0			5.0		3.0 (>330kV 5.0)	2.0	2.0	0.5	0.5	3.0							—	—
		高压塔基础边 >35kV								2.0						2.5										
13	道路侧石边缘		—	1.5	1.5	1.5	1.5	1.5	1.5		2.5		1.5	1.5	1.5	1.5	1.5	1.5	0.5	0.5	0.5			—	—	—
14	有轨电车钢轨		—	2.0	2.0	2.0	2.0	2.0					2.0	2.0	2.0	2.0	2.0	2.0						—	—	—
15	铁路钢轨(或坡脚)		—	5.0	5.0	5.0	5.0	5.0					5.0	10.0(非电气化 3.0)		2.0	2.0	3.0						—	—	—

注：
1. 地上杆柱与建(构)筑物最小水平净距应符合本规范表5.0.8的规定；
2. 管线距建筑物距离，除次高压燃气管道为其至建筑物外墙面均为管道中心至建筑物基础，当次高压燃气管道采取有效的安全防护措施或增加管壁厚度时，管道距建筑物外墙面不应小于3.0m；
3. 地下燃气管线与铁塔基础边的水平净距，还应符合现行国家标准《城镇燃气设计规范》GB 50028 地下燃气管线和交流电力线接地体净距的规定；
4. 燃气管线采用聚乙烯管材时，燃气管线与热力管线的最小水平净距应按现行行业标准《聚乙烯燃气管道工程技术标准》CJJ 63 执行；
5. 直埋蒸汽管道与乔木最小水平净距为2.0m。

4.1.11 对于埋深大于建（构）筑物基础的工程管线，其与建（构）筑物之间的最小水平距离，应按下式计算，并折算成水平净距后与表4.1.9的数值比较，采用较大值。

$$L = \frac{(H-h)}{\tan\alpha} + \frac{B}{2}$$

式中　L——管线中心至建（构）筑物基础边水平距离（m）；

　　　　H——管线敷设深度（m）；

　　　　h——建（构）筑物基础底砌置深度（m）；

　　　　B——沟槽开挖宽度（m）；

　　　　α——土壤内摩擦角（°）。

4.1.12 当工程管线交叉敷设时，管线自地表面向下的排列顺序宜为：通信、电力、燃气、热力、给水、再生水、雨水、污水。给水、再生水和排水管线应按自上而下的顺序敷设。

4.1.13 工程管线交叉点高程应根据排水等重力流管线的高程确定。

4.1.14 工程管线交叉时的最小垂直净距，应符合本规范表4.1.14的规定。当受现状工程管线等因素限制难以满足要求时，应根据实际情况采取安全措施后减少其最小垂直净距。

工程管线交叉时的最小垂直净距（m）　　　　　表4.1.14

序号	管线名称		给水管线	污水、雨水管线	热力管线	燃气管线	通信管线		电力管线		再生水管线
							直埋	保护管及通道	直埋	保护管	
1	给水管线		0.15								
2	污水、雨水管线		0.40	0.15							
3	热力管线		0.15	0.15	0.15						
4	燃气管线		0.15	0.15	0.15	0.15					
5	通信管线	直埋	0.50	0.50	0.25	0.50	0.25	0.25			
		保护管、通道	0.15	0.15	0.15	0.15	0.25	0.25			
6	电力管线	直埋	0.50*	0.50*	0.50*	0.50*	0.50*	0.50*	0.50*	0.25	
		保护管	0.25	0.25	0.25	0.25	0.25	0.25	0.25	0.25	
7	再生水管线		0.50	0.40	0.15	0.15	0.15	0.15	0.50*	0.25	0.15
8	管沟		0.15	0.15	0.15	0.15	0.25	0.25	0.50*	0.25	0.15
9	涵洞（基底）		0.15	0.15	0.15	0.15	0.25	0.25	0.50*	0.25	0.15
10	电车（轨底）		1.00	1.00	1.00	1.00	1.00	1.00	1.00	1.00	1.00
11	铁路（轨底）		1.00	1.20	1.20	1.20	1.50	1.50	1.00	1.00	1.00

注：＊用隔板分隔时不得小于0.25m。

4.2　综合管廊敷设

4.2.1 当遇下列情况之一时，工程管线宜采用综合管廊敷设。

　　1 交通流量大或地下管线密集的城市道路以及配合地铁、地下道路、城市地下综合体等工程建设地段；

2 高强度集中开发区域、重要的公共空间；

3 道路宽度难以满足直埋或架空敷设多种管线的路段；

4 道路与铁路或河流的交叉处或管线复杂的道路交叉口；

5 不宜开挖路面的地段。

4.2.2 综合管廊内可敷设电力、通信、给水、热力、再生水、天然气、污水、雨水管线等城市工程管线。

4.2.3 干线综合管廊宜设置在机动车道、道路绿化带下，支线综合管廊宜设置在绿化带、人行道或非机动车道下。综合管廊覆土深度应根据道路施工、行车荷载、其他地下管线、绿化种植以及设计冰冻深度等因素综合确定。

5 架 空 敷 设

5.0.1 沿城市道路架空敷设的工程管线，其线位应根据规划道路的横断面确定，并不应影响道路交通、居民安全以及工程管线的正常运行。

5.0.2 架空敷设的工程管线应与相关规划结合，节约用地并减小对城市景观的影响。

5.0.3 架空线线杆宜设置在人行道上距路缘石不大于 1.0m 的位置，有分隔带的道路，架空线线杆可布置在分隔带内，并应满足道路建筑限界要求。

5.0.4 架空电力线与架空通信线宜分别架设在道路两侧。

5.0.8 架空管线之间及其与建（构）筑物之间的最小水平净距应符合表 5.0.8 的规定。

5.0.9 架空管线之间及其与建（构）筑物之间的最小垂直净距应符合表 5.0.9 的规定。

5.0.10 高压架空电力线路规划走廊宽度可按表 5.0.10 确定，35kV 电力线路规划走廊宽度为 15～20m。

《民用建筑设计统一标准》GB 50352—2019

5.5 工程管线布置

5.5.1 工程管线宜在地下敷设；在地上架空敷设的工程管线及工程管线在地上设置的设施，必须满足消防车辆通行及扑救的要求，不得妨碍普通车辆、行人的正常活动，并应避免对建筑物、景观的影响。

5.5.2 与市政管网衔接的工程管线，其平面位置和竖向标高均应采用城市统一的坐标系统和高程系统。

5.5.3 工程管线的敷设不应影响建筑物的安全，并应防止工程管线受腐蚀、沉陷、振动、外部荷载等影响而损坏。

5.5.4 在管线密集的地段，应根据其不同特性和要求综合布置，宜采用综合管廊布置方式。对安全、卫生、防干扰等有影响的工程管线不应共沟或靠近敷设。互有干扰的管线应设置在综合管廊的不同沟（室）内。

5.5.5 地下工程管线的走向宜与道路或建筑主体相平行或垂直。工程管线应从建筑物向道路方向由浅至深敷设。干管宜布置在主要用户或支管较多的一侧，工程管线布置应短捷、转弯少，减少与道路、铁路、河道、沟渠及其他管线的交叉，困难条件下其交角不应小 45°。

第八节　城市规划中的技术经济分析

（一）城市建设用地平衡表的作用及内容

（1）反映城市土地使用的水平和比例，作为制定规划的依据之一。

（2）用以比较城市之间建设用地情况。

（3）作为规划管理中审定城市建设用地的依据。

城市建设用地平衡表，见表4-14。

城市建设用地平衡表　　　　　　　　表 4-14

用地代码	用地名称		用地面积（hm²）		占城市建设用地比例（%）		人均城市建设用地面积（m²/人）	
			现状	规划	现状	规划	现状	规划
R	居住用地							
A	公共管理与公共服务设施用地							
	其中	行政办公用地						
		文化设施用地						
		教育科研用地						
		体育用地						
		医疗卫生用地						
		社会福利用地						
		……						
B	商业服务业设施用地							
M	工业用地							
W	物流仓储用地							
S	道路与交通设施用地							
	其中：城市道路用地							
U	公用设施用地							
G	绿地与广场用地							
	其中：公园绿地							
H11	城市建设用地				100	100		

备注：＿＿＿＿＿年现状常住人口＿＿＿＿＿万人

＿＿＿＿＿年规划常住人口＿＿＿＿＿万人

（二）合理确定城市各项用地的比例

城市各项建设用地在一定条件下存在一定的比例关系。2010年12月颁布的国家标准《城市用地分类与规划建设用地标准》GB 50137—2011，是城市总体规划用地的控制标准，也是详细规划指标的依据。城市用地标准包括：

（1）规划人均城市建设用地面积指标，见表4-15。

气候区	现状人均城市建筑用地面积指标	允许采用的规划人均城市建设用地面积指标	允许调整幅度		
			规划人口规模 ≤20.0 万人	规划人口规模 20.1 万~50.0 万人	规划人口规模 >50.0 万人
Ⅰ、Ⅱ、Ⅵ、Ⅶ	≤65.0	65.0~85.0	>0.0	>0.0	>0.0
	65.1~75.0	65.0~95.0	+0.1~+20.0	+0.1~+20.0	+0.1~+20.0
	75.1~85.0	75.0~105.0	+0.1~+20.0	+0.1~+20.0	+0.1~+15.0
	85.1~95.0	80.0~110.0	+0.1~+20.0	−5.0~+20.0	−5.0~+15.0
	95.1~105.0	90.0~110.0	−5.0~+15.0	−10.0~+15.0	−10.0~+10.0
	105.1~115.0	95.0~115.0	−10.0~−0.1	−15.0~−0.1	−20.0~−0.1
	>115.0	≤115.0	<0.0	<0.0	<0.0
Ⅲ、Ⅳ、Ⅴ	≤65.0	65.0~85.0	>0.0	>0.0	>0.0
	65.1~75.0	65.0~95.0	+0.1~+20.0	+0.1~20.0	+0.1~+20.0
	75.1~85.0	75.0~100.0	−5.0~+20.0	−5.0~+20.0	−5.0~+15.0
	85.1~95.0	80.0~105.0	−10.0~+15.0	−10.0~+15.0	−10.0~+10.0
	95.1~105.0	85.0~105.0	−15.0~+10.0	−15.0~+10.0	−15.0~+5.0
	105.1~115.0	90.0~110.0	−20.0~−0.1	−20.0~−0.1	−25.0~−5.0
	>115.0	≤110.0	<0.0	<0.0	<0.0

注：1. 气候区应符合《建筑气候区划标准》GB 50178—93 的规定，具体应按本标准附录 B 执行。

2. 新建城市（镇）、首都的规划人均城市建设用地面积指标不适用本表。

（2）规划人均居住用地面积指标，见表 4-4。

（3）规划城市建设用地结构，见表 4-5。

（三）强化城市功能，提高土地利用率

城市建设用地必须付出一定投资，具备一定市政工程和公用设施，才能发挥它的使用价值。根据土地开发程度和地段繁华程度，将城市土地按土地性质分类，按土地级差效益分级，用以提高城市用地利用率和用地的经济性。

第九节　居　住　区　规　划

本节内容主要基于《城市居住区规划设计标准》GB 50180—2018；其他有关城市居住区规划设计与建设的技术资料，关于住区空间结构模式及住宅群体组织模式等方面的内容，参考《建筑设计资料集 2》（第三版）第二章住区规划。

（一）总则

1. 《城市居住区规划设计标准》 GB 50180—2018 制定的意义及其主要修订内容

为了应对《城市居住区规划设计规范》GB 50180—93 已不能完全适应现阶段城市居住区规划建设管理工作所面临挑战的现状，2018 年 12 月 1 日《城市居住区规划设计标准》GB 50180—2018（以下简称新版《居住区标准》）正式颁布实施。

新版《居住区标准》制定的意义：确保居住生活环境宜居适度、科学合理、经济有效地利用土地和空间，保障城市居住区规划设计质量，规范城市居住区的规划、建设与管理。

新版《居住区标准》的主要修订内容：

（1）适用范围从居住区的规划设计扩展至城市规划的编制以及城市居住区的规划设计。

（2）调整居住区分级控制方式与规模，统筹、整合、细化了居住区用地与建筑相关控制指标；优化了配套设施和公共绿地的控制指标和设置规定。

（3）与现行相关国家标准、行业标准、建设标准进行对接与协调；删除了工程管线综合及竖向设计的有关技术内容；简化了术语概念。

2. 新版《居住区标准》的适用范围

新版《居住区标准》适用于城市规划的编制以及城市居住区的规划设计。

3. 城市居住区规划建设的基本原则

城市居住区规划设计应遵循创新、协调、绿色、开放、共享的发展理念，营造安全、卫生、方便、舒适、美丽、和谐以及多样化的居住生活环境。

（二）术语解析

（1）城市居住区：城市中住宅建筑相对集中布局的地区，简称居住区。

（2）十五分钟生活圈居住区：以居民步行十五分钟可满足其物质与生活文化需求为原则划分的居住区范围；一般由城市干路或用地边界线所围合，居住人口规模为50000～100000人（约17000～32000套住宅），配套设施完善的地区。

（3）十分钟生活圈居住区：以居民步行十分钟可满足其基本物质与生活文化需求为原则划分的居住区范围；一般由城市干路、支路或用地边界线所围合，居住人口规模为15000～25000人（约5000～8000套住宅），配套设施齐全的地区。

（4）五分钟生活圈居住区：以居民步行五分钟可满足其基本生活需求为原则划分的居住区范围；一般由支路及以上级城市道路或用地边界线所围合，居住人口规模为5000～12000人（约1500～4000套住宅），配建社区服务设施的地区。

（5）居住街坊：由支路等城市道路或用地边界线围合的住宅用地，是住宅建筑组合形成的居住基本单元；居住人口规模在1000～3000人（约300～1000套住宅，用地面积2～4hm²），并配建有便民服务设施。

（6）住宅建筑平均层数：一定用地范围内，住宅建筑总面积与住宅建筑基底总面积的比值所得的层数。

（三）基本规定

1. 居住区规划设计的基本原则

居住区规划设计应坚持以人为本的基本原则，遵循适用、经济、绿色、美观的建筑方针，并应符合下列规定：

（1）应符合城市总体规划及控制性详细规划。

（2）应符合所在地气候特点与环境条件、经济社会发展水平和文化习俗。

（3）应遵循统一规划、合理布局，节约土地、因地制宜，配套建设、综合开发的原则。

（4）应为老年人、儿童、残疾人的生活和社会活动提供便利的条件和场所。

（5）应延续城市的历史文脉、保护历史文化遗产并与传统风貌相协调。

（6）应采用低影响开发的建设方式，并应采取有效措施促进雨水的自然积存、自然渗透与自然净化。

（7）应符合城市设计对公共空间、建筑群体、园林景观、市政等环境设施的有关控制要求。

2. 居住区规划选址的安全性原则

居住区应选择在安全、适宜居住的地段进行建设，并应符合下列规定：

（1）不得在有滑坡、泥石流、山洪等自然灾害威胁的地段进行建设。

（2）与危险化学品及易燃易爆等危险源的距离，必须满足有关安全规定。

（3）存在噪声污染、光污染的地段，应采取相应的降低噪声和光污染的防护措施。

（4）土壤存在污染的地段，必须采取有效措施进行无害化处理，并应达到居住用地土壤环境质量的要求。

本条明确了居住区规划选址必须遵守的安全性原则，为强制性条文。居住区是城市居民居住生活的场所，其选址的安全性、适宜性规定是居民安居生活的基本保障。

3. 居住区规划布局的安全性要求

住区规划设计应统筹考虑居民的应急避难场所和疏散通道，并应符合国家有关应急防灾的安全管控要求。

4. 居住区分级控制规模的划分

居住区按照居民在合理的步行距离内满足基本生活需求的原则，可分为十五分钟生活圈居住区、十分钟生活圈居住区、五分钟生活圈居住区及居住街坊共 4 级，其分级控制规模应符合表 4-16 的规定。

居住区分级控制规模　　　　　　　　　　　　　　表 4-16

距离与规模	十五分钟生活圈居住区	十分钟生活圈居住区	五分钟生活圈居住区	居住街坊
步行距离（m）	800～1000	500	300	—
居住人口（人）	50000～100000	15000～25000	5000～12000	1000～3000
住宅数量（套）	17000～32000	5000～8000	1500～4000	300～1000

5. 居住区应配套建设的各项设施和绿地

居住区应根据其分级控制规模，对应规划建设配套设施和公共绿地，并应符合下列规定：

（1）新建居住区，应满足统筹规划、同步建设、同期投入使用的要求。

（2）旧区可遵循规划匹配、建设补缺、综合达标、逐步完善的原则进行改造。

6. 居住区规划建设与历史文化遗产保护

涉及历史城区、历史文化街区、文物保护单位及历史建筑的居住区规划建设项目，必须遵守国家有关规划的保护与建设控制规定。

7. 低影响开发的基本原则

居住区应有效组织雨水的收集与排放，并应满足地表径流控制、内涝灾害防治、面源污染治理及雨水资源化利用的要求。

8. 地下空间的适度开发利用

居住区地下空间的开发利用应适度，应合理控制用地的不透水面积并留足雨水自然渗透、净化所需的土壤生态空间。

9. 必须执行的相关标准

居住区的工程管线规划设计应符合现行国家标准《城市工程管线综合规划规范》GB 50289 的有关规定；居住区的竖向规划设计应符合现行行业标准《城乡建设用地竖向规划规范》CJJ 83 的有关规定。

（四）用地与建筑

1. 各级生活圈居住区的用地构成及控制指标

各级生活圈居住区用地应合理配置、适度开发，其控制指标应符合下列规定：

（1）十五分钟生活圈居住区用地控制指标应符合表 4-17 的规定；

十五分钟生活圈居住区用地控制指标 表 4-17

建筑气候区划	住宅建筑平均层数类别	人均居住区用地面积（m²/人）	居住区用地容积率	居住区用地构成（%）				
				住宅用地	配套设施用地	公共绿地	城市道路用地	合计
Ⅰ、Ⅶ	多层Ⅰ类（4层～6层）	40～54	0.8～1.0	58～61	12～16	7～11	15～20	100
Ⅱ、Ⅵ		38～51	0.8～1.0					
Ⅲ、Ⅳ、Ⅴ		37～48	0.9～1.1					
Ⅰ、Ⅶ	多层Ⅱ类（7层～9层）	35～42	1.0～1.1	52～58	13～20	9～13	15～20	100
Ⅱ、Ⅵ		33～41	1.0～1.2					
Ⅲ、Ⅳ、Ⅴ		31～39	1.1～1.3					
Ⅰ、Ⅶ	高层Ⅰ类（10层～18层）	28～38	1.1～1.4	48～52	16～23	11～16	15～20	100
Ⅱ、Ⅵ		27～36	1.2～1.4					
Ⅲ、Ⅳ、Ⅴ		26～34	1.2～1.5					

注：居住区用地容积率是生活圈内，住宅建筑及其配套设施地上建筑面积之和与居住区用地总面积的比值。

（2）十分钟生活圈居住区用地控制指标应符合表 4-18 的规定；

（3）五分钟生活圈居住区用地控制指标应符合表 4-19 的规定。

十分钟生活圈居住区用地控制指标 表 4-18

建筑气候区划	住宅建筑平均层数类别	人均居住区用地面积（m²/人）	居住区用地容积率	居住区用地构成（%）				
				住宅用地	配套设施用地	公共绿地	城市道路用地	合计
Ⅰ、Ⅶ	低层（1层～3层）	49～51	0.8～0.9	71～73	5～8	4～5	15～20	100
Ⅱ、Ⅵ		45～51	0.8～0.9					
Ⅲ、Ⅳ、Ⅴ		42～51	0.8～0.9					

建筑气候区划	住宅建筑平均层数类别	人均居住区用地面积（m²/人）	居住区用地容积率	居住区用地构成（%）				
				住宅用地	配套设施用地	公共绿地	城市道路用地	合计
Ⅰ、Ⅶ	多层Ⅰ类（4层~6层）	35~47	0.8~1.1	68~70	8~9	4~6	15~20	100
Ⅱ、Ⅵ		33~44	0.9~1.1					
Ⅲ、Ⅳ、Ⅴ		32~41	0.9~1.2					
Ⅰ、Ⅶ	多层Ⅱ类（7层~9层）	30~35	1.1~1.2	64~67	9~12	6~8	15~20	100
Ⅱ、Ⅵ		28~33	1.2~1.3					
Ⅲ、Ⅳ、Ⅴ		26~32	1.2~1.4					
Ⅰ、Ⅶ	高层Ⅰ类（10层~18层）	23~31	1.2~1.6	60~64	12~14	7~10	15~20	100
Ⅱ、Ⅵ		22~28	1.3~1.7					
Ⅲ、Ⅳ、Ⅴ		21~27	1.4~1.8					

五分钟生活圈居住区用地控制指标　　　　　　　　　　表 4-19

建筑气候区划	住宅建筑平均层数类别	人均居住区用地面积（m²/人）	居住区用地容积率	居住区用地构成（%）				
				住宅用地	配套设施用地	公共绿地	城市道路用地	合计
Ⅰ、Ⅶ	低层（1层~3层）	46~47	0.7~0.8	76~77	3~4	2~3	15~20	100
Ⅱ、Ⅵ		43~47	0.8~0.9					
Ⅲ、Ⅳ、Ⅴ		39~47	0.8~0.9					
Ⅰ、Ⅶ	多层Ⅰ类（4层~6层）	32~43	0.8~1.1	74~76	4~5	2~3	15~20	100
Ⅱ、Ⅵ		31~40	0.9~1.2					
Ⅲ、Ⅳ、Ⅴ		29~37	1.0~1.2					
Ⅰ、Ⅶ	多层Ⅱ类（7层~9层）	28~31	1.2、1.3	72~74	5~6	3~4	15~20	100
Ⅱ、Ⅵ		25~29	1.2~1.4					
Ⅲ、Ⅳ、Ⅴ		23~28	1.3~1.6					
Ⅰ、Ⅶ	高层Ⅰ类（10层~18层）	20~27	1.4~1.8	69~72	6~8	4~5	15~20	100
Ⅱ、Ⅵ		19~25	1.5~1.9					
Ⅲ、Ⅳ、Ⅴ		18~23	1.6~2.0					

2. 居住街坊的各项控制指标

居住街坊用地与建筑控制指标应符合表 4-20 的规定。

居住街坊用地与建筑控制指标　　　　　　　　　　表 4-20

建筑气候区划	住宅建筑平均层数类别	住宅用地容积率	建筑密度最大值（%）	绿地率最小值（%）	住宅建筑高度控制最大值（m）	人均住宅用地面积最大值（m²/人）
Ⅰ、Ⅶ	低层（1层~3层）	1.0	35	30	18	36
	多层Ⅰ类（4层~6层）	1.1~1.4	28	30	27	32
	多层Ⅱ类（7层~9层）	1.5~1.7	25	30	36	22
	高层Ⅰ类（10层~18层）	1.8~2.4	20	35	54	19
	高层Ⅱ类（19层~26层）	2.5~2.8	20	35	80	13

建筑气候区划	住宅建筑平均层数类别	住宅用地容积率	建筑密度最大值（％）	绿地率最小值（％）	住宅建筑高度控制最大值（m）	人均住宅用地面积最大值（m²/人）
Ⅱ、Ⅵ	低层（1层～3层）	1.0、1.1	40	28	18	36
	多层Ⅰ类（4层～6层）	1.2～1.5	30	30	27	30
	多层Ⅱ类（7层～9层）	1.6～1.9	28	30	36	21
	高层Ⅰ类（10层～18层）	2.0～2.6	20	35	54	17
	高层Ⅱ类（19层～26层）	2.7～2.9	20	35	80	13
Ⅲ、Ⅳ、Ⅴ	低层（1层～3层）	1.0～1.2	43	25	18	36
	多层Ⅰ类（4层～6层）	1.3～1.6	32	30	27	27
	多层Ⅱ类（7层～9层）	1.7～2.1	30	30	36	20
	高层Ⅰ类（10层～18层）	2.2～2.8	22	35	54	16
	高层Ⅱ类（19层～26层）	2.9～3.1	22	35	80	12

注：1. 住宅用地容积率是居住街坊内，住宅建筑及其便民服务设施地上建筑面积之和与住宅用地总面积的比值；

2. 建筑密度是居住街坊内，住宅建筑及其便民服务设施建筑基底面积与该居住街坊用地面积的比率（％）；

3. 绿地率是居住街坊内绿地面积之和与该居住街坊用地面积的比率（％）。

本条为强制性条文，明确规定了居住街坊的各项控制指标。新版《居住区标准》对居住区的开发强度提出了限制要求。不鼓励高强度开发居住用地及大面积建设高层住宅建筑，并对容积率、住宅建筑控制高度提出了较为适宜的控制范围。在相同的容积率控制条件下，对住宅建筑控制高度最大值进行了控制，既能避免住宅建筑群比例失态的"高低配"现象的出现，又能为合理设置高低错落的住宅建筑群留出空间。高层住宅建筑形成的居住街坊由于建筑密度低，应设置更多的绿地空间，因此对绿地率指标也相应进行了调整。

3. 采取低层（或多层）高密度布局形式的居住街坊各项控制指标

当住宅建筑采用低层或多层高密度布局形式时，居住街坊用地与建筑控制指标应符合表 4-21 的规定。

低层或多层高密度居住街坊用地与建筑控制指标　　　　　表 4-21

建筑气候区划	住宅建筑层数类别	住宅用地容积率	建筑密度最大值（％）	绿地率最小值（％）	住宅建筑高度控制最大值（m）	人均住宅用地面积（m²/人）
Ⅰ、Ⅶ	低层（1层～3层）	1.0、1.1	42	25	11	32～36
	多层Ⅰ类（4层～6层）	1.4、1.5	32	28	20	24～26
Ⅱ、Ⅵ	低层（1层～3层）	1.1、1.2	47	23	11	30～32
	多层Ⅰ类（4层～6层）	1.5～1.7	38	28	20	21～24
Ⅲ、Ⅳ、Ⅴ	低层（1层～3层）	1.2、1.3	50	20	11	27～30
	多层Ⅰ类（4层～6层）	1.6～1.8	42	25	20	20～22

【注意】本条为强制性条文。在城市旧区改建等情况下，建筑高度受到严格控制，居住区可采用低层高密度或多层高密度的布局方式，结合气候区分布，其绿地率可酌情降低，建筑密度可适当提高。多层高密度宜采用围合式布局，同时利用公共建筑的屋顶绿化改善居住环境，并形成开放便捷、尺度适宜的生活街区。

4. 新建各级生活圈居住区配建公共绿地的有关规定

新建各级生活圈居住区应配套规划建设公共绿地，并应集中设置具有一定规模，且能开展休闲、体育活动的居住区公园；公共绿地控制指标应符合表 4-22 的规定。

公共绿地控制指标   表 4-22

类别	人均公共绿地面积（m²/人）	居住区公园		备注
		最小规模（hm²）	最小宽度（m）	
十五分钟生活圈居住区	2.0	5.0	80	不含十分钟生活圈及以下级居住区的公共绿地指标
十分钟生活圈居住区	1.0	1.0	50	不含五分钟生活圈及以下级居住区的公共绿地指标
五分钟生活圈居住区	1.0	0.4	30	不含居住街坊的绿地指标

注：居住区公园中应设置 10%～15% 的体育活动场地。

本条为强制性条文。为落实《中共中央国务院关于进一步加强城市规划建设管理工作的若干意见》提出的"合理规划建设广场、公园、步行道等公共活动空间，方便居民文体活动，促进居民交流。强化绿地服务居民日常活动的功能，使市民在居家附近能够见到绿地、亲近绿地"的精神，新版《居住区标准》提高了各级生活圈居住区公共绿地配建指标。

5. 旧区改建公共绿地的控制规定

当旧区改建确实无法满足表 4-22 的规定时，可采取多点分布以及立体绿化等方式改善居住环境，但人均公共绿地面积不应低于相应控制指标的 70%。

6. 居住街坊内的绿地设置

居住街坊内的绿地应结合住宅建筑布局设置集中绿地和宅旁绿地；绿地的计算方法应符合本节"（八）技术指标与用地面积计算方法"第 2 条的规定。

7. 居住街坊集中绿地控制标准

居住街坊内集中绿地的规划建设，应符合下列规定：

（1）新区建设不应低于 0.50m²/人，旧区改建不应低于 0.35m²/人；

（2）宽度不应小于 8m；

（3）在标准的建筑日照阴影线范围之外的绿地面积不应少于 1/3，其中应设置老年人、儿童活动场地。

本条为强制性条文。集中绿地应设置供幼儿、老年人在家门口日常户外活动的场地，因此本条对其最小规模和最小宽度进行了规定，以保证居民能有足够的空间进行户外活动。

8. 住宅建筑间距控制的一般原则

住宅建筑与相邻建、构筑物的间距应在综合考虑日照、采光、通风、管线埋设、视觉卫生、防灾等要求的基础上统筹确定，并应符合现行国家标准《建筑设计防火规范》GB 50016 的有关规定。

9. 住宅建筑的日照标准

住宅建筑的间距应符合表 4-23 的规定；对特定情况，还应符合下列规定：

住宅建筑日照标准　　　　　　　　　　　　　　　　　表 4-23

建筑气候区划	Ⅰ、Ⅱ、Ⅲ、Ⅶ气候区		Ⅳ气候区		Ⅴ、Ⅵ气候区
城区常住人口（万人）	≥50	<50	≥50	<50	无限定
日照标准日	大寒日			冬至日	
日照时数（h）	≥2	≥3		≥1	
有效日照时间带（当地真太阳时）	8时~16时			9时~15时	
计算起点	底层窗台面				

注：1. 底层窗台面是指距室内地坪 0.9m 高的外墙位置。

2. 本表中的城区常住人口以 50 万为分界点，是以《中华人民共和国城市规划法》第四条为依据制定的（市区和近郊非农业人口≥50 万人为大城市；≥20 万人，<50 万人为中等城市；<20 万人为小城市）；虽然目前《中华人民共和国城市规划法》已废止，但新版《居住区标准》仍沿用了前版《居住区规范》对城市规模划分的人口规模节点。

（1）老年人居住建筑日照标准不应低于冬至日日照时数 2h；

（2）在原设计建筑外增加任何设施不应使相邻住宅原有日照标准降低，既有住宅建筑进行无障碍改造加装电梯除外；

（3）旧区改建项目内新建住宅建筑日照标准不应低于大寒日日照时数 1h。

住宅建筑正面间距可参考表 4-24 全国主要城市不同日照标准的间距系数来确定日照间距，不同方位的日照间距系数控制可采用表 4-25 不同方位日照间距折减系数进行换算。"不同方位的日照间距折减"指以日照时数为标准，按不同方位布置的住宅折算成不同日照间距。表 4-24、表 4-25 通常应用于条式平行布置的新建住宅建筑，作为推荐指标仅供规划设计人员参考，对于精确的日照间距和复杂的建筑布置形式须另作测算。

全国主要城市不同日照标准的间距系数　　　　　　　　表 4-24

序号	城市名称	纬度（北纬）	冬至日			大寒日		
			正午影长率	日照 1h	正午影长率	日照 1h	日照 2h	日照 3h
1	漠河	53°00′	4.14	3.88	3.33	3.11	3.21	3.33
2	齐齐哈尔	47°20′	2.86	2.68	2.43	2.27	2.32	2.43
3	哈尔滨	45°45′	2.63	2.46	2.25	2.10	2.15	2.24
4	长春	43°54′	2.39	2.24	2.07	1.93	1.97	2.06
5	乌鲁木齐	43°47′	2.38	2.22	2.06	1.92	1.96	2.04
6	多伦	42°12′	2.21	2.06	1.92	1.79	1.83	1.91

序号	城市名称	纬度（北纬）	冬至日			大寒日		
			正午影长率	日照1h	正午影长率	日照1h	日照2h	日照3h
7	沈阳	41°46′	2.16	2.02	1.88	1.76	1.80	1.87
8	呼和浩特	40°49′	2.07	1.93	1.81	1.69	1.73	1.80
9	大同	40°00′	2.00	1.87	1.75	1.63	1.67	1.74
10	北京	39°57′	1.99	1.86	1.75	1.63	1.67	1.74
11	喀什	39°32′	1.96	1.83	1.72	1.60	1.61	1.71
12	天津	39°06′	1.92	1.80	1.69	1.58	1.61	1.68
13	保定	38°53′	1.91	1.78	1.67	1.56	1.60	1.66
14	银川	38°29′	1.87	1.75	1.65	1.54	1.58	1.64
15	石家庄	38°04′	1.84	1.72	1.62	1.51	1.55	1.61
16	太原	37°55′	1.83	1.71	1.61	1.50	1.54	1.60
17	济南	36°41′	1.74	1.62	1.54	1.44	1.47	1.53
18	西宁	36°35′	1.73	1.62	1.53	1.43	1.47	1.52
19	青岛	36°04′	1.70	1.58	1.50	1.40	1.44	1.50
20	兰州	36°03′	1.70	1.58	1.50	1.40	1.44	1.49
21	郑州	34°40′	1.61	1.50	1.43	1.33	1.36	1.42
22	徐州	34°19′	1.58	1.48	1.41	1.31	1.35	1.40
23	西安	34°18′	1.58	1.48	1.41	1.31	1.35	1.40
24	蚌埠	32°57′	1.50	1.40	1.34	1.25	1.28	1.34
25	南京	32°04′	1.45	1.36	1.30	1.21	1.24	1.30
26	合肥	31°51′	1.44	1.35	1.29	1.20	1.23	1.29
27	上海	31°12′	1.41	1.32	1.26	1.17	1.21	1.26
28	成都	30°40′	1.38	1.29	1.23	1.15	1.18	1.24
29	武汉	30°38′	1.38	1.29	1.23	1.15	1.18	1.24
30	杭州	30°19′	1.36	1.27	1.22	1.14	1.17	1.22
31	拉萨	29°42′	1.33	1.25	1.19	1.11	1.15	1.20
32	重庆	29°34′	1.33	1.24	1.19	1.11	1.14	1.19
33	南昌	28°40′	1.28	1.20	1.15	1.07	1.11	1.16
34	长沙	28°12′	1.26	1.18	1.13	1.06	1.09	1.14
35	贵阳	26°35′	1.19	1.11	1.07	1.00	1.03	1.08
36	福州	26°05′	1.17	1.10	1.05	0.98	1.01	1.07
37	桂林	25°18′	1.14	1.07	1.02	0.96	0.99	1.04
38	昆明	25°02′	1.13	1.06	1.01	0.95	0.98	1.03
39	厦门	24°27′	1.11	1.03	0.99	0.93	0.96	1.01
40	广州	23°08′	1.06	0.99	0.95	0.89	0.92	0.97
41	南宁	22°49′	1.04	0.98	0.94	0.88	0.91	0.96
42	湛江	21°02′	0.98	0.92	0.88	0.83	0.86	0.91
43	海口	20°00′	0.95	0.89	0.85	0.80	0.83	0.88

注：本表按沿纬向平行布置的六层条式住宅（楼高18.18m，首层窗台距室外地面1.35m）计算。

不同方位日照间距折减换算系数 　　表4-25

方位	0°～15° （含）	15°～30° （含）	30°～45° （含）	45°～60° （含）	＞60°
折减系数值	1.00L	0.90L	0.80L	0.90L	0.95L

注：1. 表中方位为正南向（0°）偏东、偏西的方位角；

2. L为当地正南向住宅的标准日照间距（m）；

3. 本表指标仅适用于无其他日照遮挡的平行布置的条式住宅建筑。

本条为强制性条文。日照标准是确定住宅建筑间距的基本要素。日照标准的建立是提升居住区环境质量的必要条件，是保障环境卫生、建立可持续社区的基本要求，也是维护社会公平的重要手段。

（五）配套设施

1. 居住区配套设施规划建设基本原则

配套设施应遵循配套建设、方便使用、统筹开放、兼顾发展的原则进行配置，其布局应遵循集中和分散兼顾、独立和混合使用并重的原则，并应符合下列规定：

（1）十五分钟和十分钟生活圈居住区配套设施，应依照其服务半径相对居中布局。

（2）十五分钟生活圈居住区配套设施中，文化活动中心、社区服务中心（街道级）、街道办事处等服务设施宜联合建设并形成街道综合服务中心，其用地面积不宜小于1hm²。

（3）五分钟生活圈居住区配套设施中，社区服务站、文化活动站（含青少年、老年活动站）、老年人日间照料中心（托老所）、社区卫生服务站、社区商业网点等服务设施，宜集中布局、联合建设，并形成社区综合服务中心；其用地面积不宜小于0.3hm²。

（4）旧区改建项目应根据所在居住区各级配套设施的承载能力合理确定居住人口规模与住宅建筑容量；当不匹配时，应增补相应的配套设施或对应控制住宅建筑增量。

2. 居住区配套设施设置要求

居住区配套设施分级设置应符合新版《居住区标准》附录B的要求。

3. 居住区配套设施的分级配置标准

配套设施用地及建筑面积控制指标，应按照居住区分级对应的居住人口规模进行控制，并应符合新版《居住区标准》的规定（表4-26）。

配套设施控制指标（m²/千人） 　　表4-26

类别		十五分钟 生活圈居住区		十分钟 生活圈居住区		五分钟 生活圈居住区		居住街坊	
		用地面积	建筑面积	用地面积	建筑面积	用地面积	建筑面积	用地面积	建筑面积
总指标		1600～2910	1450～1830	1980～2660	1050～1270	1710～2210	1070～1820	50～150	80～90
其中	公共管理与公共服务 设施A类	1250～2360	1130～1380	1890～2340	730～810	—	—		
	交通场站设施 S类	—	—	70～80	—	—	—		
	商业服务业设施 B类	350～550	320～450	20～240	320～460	—	—		

类别		十五分钟生活圈居住区		十分钟生活圈居住区		五分钟生活圈居住区		居住街坊	
		用地面积	建筑面积	用地面积	建筑面积	用地面积	建筑面积	用地面积	建筑面积
其中	社区服务设施 R12、R22、R32	—	—	—	—	1710～2210	1070～1820	—	—
	便民服务设施 R11、R21、R31	—	—	—	—	—	—	50～150	80～90

注：1. 十五分钟生活圈居住区指标不含十分钟生活圈居住区指标，十分钟生活圈居住区指标不含五分钟生活圈居住区指标，五分钟生活圈居住区指标不含居住街坊指标；

2. 配套设施用地应含与居住区分级对应的居民室外活动场所用地；未含高中用地、市政公用设施用地，市政公用设施应根据专业规划确定。

4. 居住区配套设施的配置标准和设置规定

各级居住区配套设施规划建设应符合新版《居住区标准》附录 C 的规定。

5. 居住区配套设施需配建停车场（库）的配建要求

居住区相对集中设置且人流较多的配套设施应配建停车场（库），并应符合下列规定：

（1）停车场（库）的停车位控制指标，不宜低于《居住区标准》的规定（表 4-27）。

配建停车场（库）的停车位控制指标（车位/100m² 建筑面积）   表 4-27

名称	非机动车	机动车
商场	≥7.5	≥0.45
菜市场	≥7.5	≥0.30
街道综合服务中心	≥7.5	≥0.45
社区卫生服务中心（社区医院）	≥1.5	≥0.45

（2）商场、街道综合服务中心机动车停车场（库）宜采用地下停车、停车楼或机械式停车设施。

（3）配建的机动车停车场（库）应具备公共充电设施安装条件。

6. 居住区内的居民停车场（库）设置规定

居住区应配套设置居民机动车和非机动车停车场（库），并应符合下列规定：

（1）机动车停车应根据当地机动化发展水平、居住区所处区位、用地及公共交通条件综合确定，并应符合所在地城市规划的有关规定。

（2）地上停车位应优先考虑设置多层停车库或机械式停车设施，地面停车位数量不宜超过住宅总套数的 10%。

（3）机动车停车场（库）应设置无障碍机动车位，并应为老年人、残疾人专用车等新型交通工具和辅助工具留有必要的发展余地。

（4）非机动车停车场（库）应设置在方便居民使用的位置。

（5）居住街坊应配置临时停车位。

（6）新建居住区配建机动车停车位应具备充电基础设施安装条件。

（六）道路

1. 居住区道路规划建设的基本原则

居住区内道路的规划设计应遵循安全便捷、尺度适宜、公交优先、步行友好的基本原则，并应符合现行国家标准《城市综合交通体系规划标准》GB/T 51328 的有关规定。

2. 居住区路网系统的规划建设要求

居住区的路网系统应与城市道路交通系统有机衔接，并应符合下列规定：

（1）居住区应采取"小街区、密路网"的交通组织方式，路网密度不应小于 8km/km²；城市道路间距不应超过 300m，宜为 150～250m，并应与居住街坊的布局相结合。

（2）居住区内的步行系统应连续、安全、符合无障碍要求，并应便捷连接公共交通站点。

（3）在适宜自行车骑行的地区，应构建连续的非机动车道。

（4）旧区改建，应保留和利用有历史文化价值的街道、延续原有的城市肌理。

3. 居住区各级城市道路规划建设要求

居住区内各级城市道路应突出居住使用功能特征与要求，并应符合下列规定：

（1）两侧集中布局了配套设施的道路，应形成尺度宜人的生活性街道；道路两侧建筑退线距离，应与街道尺度相协调。

（2）支路的红线宽度，宜为 14～20m。

（3）道路断面形式应满足适宜步行及自行车骑行的要求，人行道宽度不应小于 2.5m。

（4）支路应采取交通稳静化措施，适当控制机动车行驶速度。

4. 居住街坊附属道路的设置要求

居住街坊内附属道路的规划设计应满足消防、救护、搬家等车辆的通达要求，并应符合下列规定：

（1）主要附属道路至少应有两个车行出入口连接城市道路，其路面宽度不应小于 4.0m；其他附属道路的路面宽度不宜小于 2.5m。

（2）人行出入口间距不宜超过 200m。

（3）最小纵坡不应小于 0.3%，最大纵坡应符合新版《居住区标准》的规定（表 4-28）；机动车与非机动车混行的道路，其纵坡宜按照或分段按照非机动车道要求进行设计。

附属道路最大纵坡控制指标（%）　　　　　　　　　　　　表 4-28

道路类别及其控制内容	一般地区	积雪或冰冻地区
机动车道	8.0	6.0
非机动车道	3.0	2.0
步行道	8.0	4.0

5. 居住区道路边缘与建、构筑物的最小间距

居住区道路边缘至建筑物、构筑物的最小距离，应符合新版《居住区标准》的规定（表 4-29）。

与建、构筑物关系		城市道路	附属道路
建筑物面向道路	无出入口	3.0	2.0
	有出入口	5.0	2.5
建筑物山墙面向道路		2.0	1.5
围墙面向道路		1.5	1.5

注：道路边缘对于城市道路是指道路红线；附属道路分两种情况：道路断面设有人行道时，指人行道的外边线；
道路断面未设人行道时，指路面边线。

（七）居住环境

1. 居住环境规划建设的基本原则

居住区规划设计应尊重气候及地形地貌等自然条件，并应塑造舒适宜人的居住环境。

2. 居住区规划设计的空间布局原则

居住区规划设计应统筹庭院、街道、公园及小广场等公共空间，形成连续、完整的公共空间系统，并应符合下列规定：

（1）宜通过建筑布局形成适度围合、尺度适宜的庭院空间。

（2）应结合配套设施的布局塑造连续、宜人、有活力的街道空间。

（3）应构建动静分区合理、边界清晰连续的小游园、小广场。

（4）宜设置景观小品美化生活环境。

3. 居住区公共绿地的规划建设要求

居住区内绿地的建设及其绿化应遵循适用、美观、经济、安全的原则，并应符合下列规定：

（1）宜保留并利用已有的树木和水体。

（2）应种植适宜当地气候和土壤条件、对居民无害的植物。

（3）应采用乔、灌、草相结合的复层绿化方式。

（4）应充分考虑场地及住宅建筑冬季日照和夏季遮阴的需求。

（5）适宜绿化的用地均应进行绿化，并可采用立体绿化的方式丰富景观层次、增加环境绿量。

（6）有活动设施的绿地应符合无障碍设计要求并与居住区的无障碍系统相衔接。

（7）绿地应结合场地雨水排放进行设计，并宜采用雨水花园、下凹式绿地、景观水体、干塘、树池、植草沟等具备调蓄雨水功能的绿化方式。

4. 硬质铺装的透水性要求

居住区公共绿地活动场地、居住街坊附属道路及附属绿地的活动场地的铺装，在符合有关功能性要求的前提下应满足透水性要求。

5. 光污染控制

居住街坊内附属道路、老年人及儿童活动场地、住宅建筑出入口等公共区域应设置夜间照明；照明设计不应对居民产生光污染。

6. 降低不利因素影响的措施

居住区规划设计应结合当地主导风向、周边环境、温度湿度等微气候条件，采取有效措施降低不利因素对居民生活的干扰，并应符合下列规定：

（1）应统筹建筑空间组合、绿地设置及绿化设计，优化居住区的风环境。

（2）应充分利用建筑布局、交通组织、坡地绿化或隔声设施等方法，降低周边环境噪声对居民的影响。

（3）应合理布局餐饮店、生活垃圾收集点、公共厕所等容易产生异味的设施，避免气味、油烟等对居民产生影响。

7. 既有居住区的更新改造

既有居住区对生活环境进行的改造与更新，应包括无障碍环境建设、绿色节能改造、配套设施完善、市政管网更新、机动车停车优化、居住环境品质提升等。

（八）技术指标与用地面积计算方法

1. 居住区用地范围的计算规则

居住区用地面积应包括住宅用地、配套设施用地、公共绿地和城市道路用地，其计算方法应符合下列规定。

（1）居住区范围内与居住功能不相关的其他用地以及本居住区配套设施以外的其他公共服务设施用地，不应计入居住区用地。

（2）当周界为自然分界线时，居住区用地范围应算至用地边界。

（3）当周界为城市快速路或高速路时，居住区用地边界应算至道路红线或其防护绿地边界；快速路或高速路及其防护绿地不应计入居住区用地。

（4）当周界为城市干路或支路时，各级生活圈的居住区用地范围应算至道路中心线。

（5）居住街坊用地范围应算至周界道路红线，且不含城市道路。

（6）当与其他用地相邻时，居住区用地范围应算至用地边界。

（7）当住宅用地与配套设施（不含便民服务设施）用地混合时，其用地面积应按住宅和配套设施的地上建筑面积占该幢建筑总建筑面积的比率分摊计算，并应分别计入住宅用地和配套设施用地。

2. 居住街坊内绿地及集中绿地的计算规则

居住街坊内绿地面积的计算方法应符合下列规定：

（1）满足当地植树绿化覆土要求的屋顶绿地可计入绿地。绿地面积计算方法应符合所在城市绿地管理的有关规定。

（2）当绿地边界与城市道路邻接时，应算至道路红线；当与居住街坊附属道路邻接时，应算至路面边缘；当与建筑物邻接时，应算至距房屋墙脚1.0m处；当与围墙、院墙邻接时，应算至墙脚。

（3）当集中绿地与城市道路邻接时，应算至道路红线；当与居住街坊附属道路邻接时，应算至距路面边缘1.0m处；当与建筑物邻接时，应算至距房屋墙脚1.5m处（图4-24）。

图4-24 居住街坊内绿地的计算规则示意

3. 综合技术指标

居住区综合技术指标应符合表 4-30 的要求。

居住区综合技术指标　　　　表 4-30

项　目			计量单位	数值	所占比例（%）	人均面积指标（m²/人）
各级生活圈居住区指标	居住区用地	总用地面积	hm²	▲	100	▲
		其中　住宅用地	hm²	▲	▲	▲
		其中　配套设施用地	hm²	▲	▲	▲
		其中　公共绿地	hm²	▲	▲	▲
		其中　城市道路用地	hm²	▲	▲	—
	居住总人口		人	▲	—	—
	居住总套（户）数		套	▲	—	—
	住宅建筑总面积		万 m²	▲	—	—
居住街坊指标	用地面积		hm²	▲	—	▲
	容积率		—	▲	—	—
	地上建筑面积	总建筑面积	万 m²	▲	100	—
		其中　住宅建筑	万 m²	▲	▲	—
		其中　便民服务设施	万 m²	▲	▲	—
	地下总建筑面积		万 m²	▲	▲	—
	绿地率		%	▲	—	—
	集中绿地面积		m²	▲	—	▲
	住宅套（户）数		套	▲	—	—
	住宅套均面积		m²/套	▲	—	—
	居住人数		人	▲	—	—
	住宅建筑密度		%	▲	—	—
	住宅建筑平均层数		层	▲	—	—
	住宅建筑高度控制最大值		m	▲	—	—
	停车位	总停车位	辆	▲	—	—
		其中　地上停车位	辆	▲	—	—
		其中　地下停车位	辆	▲	—	—
	地面停车位		辆	▲	—	—

注：▲为必列指标。

（九）居住区配套设施设置规定及控制要求（略）

详见新版《居住区标准》附录 B、附录 C。

第十节　城市规划的实施

(一) 城市规划实施的工作进程

城市建设是国家经济建设和文化建设的重要组成部分。一个城市，从提出规划任务到各项工程建设开始，必须分阶段进行，逐步深化。各项工程建设都以规划为遵循，以各项法规、规范、条例、指标等文件规定进行设计，经批准后才能施工建设。其阶段分为：

1. 城市规划工作

包括总体规划和详细规划的编制和管理，经有关部门批准后，作为各项工程修建设计的依据。

2. 修建设计

是单项工程建设项目的设计，是建设施工的依据，由专业设计部门承担。

3. 建设实施

城市规划和修建设计的各个阶段在着手进行之前，都必须具备明确的任务书。规划设计图纸和文件完成后，必须按照规定的程序申报，审批后才能实施。

(二) 建设的条件

1. 建设用地

按规定的手续进行征用。

2. 建设资金

可采用多种渠道、来源和方式来筹集城市建设资金。

3. 建设力量

包括规划设计技术力量和施工技术力量（人、设备、材料）。

4. 制定必要的法令、 法规、 条例

它是保证城市规划实施的重要措施。

(三) 城市建设管理

城市规划进行土地使用和建设项目管理主要是对各项建设活动实行审批或许可、监督检查以及对违法建设行为进行查处等管理工作。通过对各项建设活动进行规划管理，保证各项建设能够符合城市规划的内容和要求；限制和杜绝超出经法定程序批准的规划所确定的内容，从而保证法定规划得到全面和有效的实施。

1. 城市建设管理的任务和内容

(1) 建设用地管理。

(2) 房屋修建管理。

(3) 环境管理。

(4) 园林绿化管理。

(5) 道路交通管理。

2. 建设管理的方法和步骤

(1) 城市用地管理

1) 建设项目位置及用地面积的确定，是根据城市规划布局和建设项目内容要求，在综合分析用地周围环境的基础上确定的。

2）确定建设用地的步骤，是建设需征地时，用地单位持国家批准的有关文件，向城市规划行政主管部门申请。经城市规划行政主管部门审核批准后，核发建设用地规划许可证后，建设单位向土地管理部门办理国有土地使用证。

3）禁止擅自改变城乡规划所确定的各类用地的用途。

（2）房屋修建管理

建设单位持计划部门和上级主管部门对该项任务的批准文件和该工程的设计图纸，向城市规划行政主管部门提出申请，经城市规划行政主管部门审批，核发建设工程规划许可证后，才能向建设部门办理开工手续。

（3）监督检查

为确保建设工程能按规划许可证的规定组织施工，城市规划行政主管部门应派专人到现场验线检查、竣工验收，对违法占地和违章建筑，随时进行检查，及时予以处理。

县级以上地方人民政府城乡规划主管部门按照国务院规定，对建设工程是否符合规划条件予以核实。未经核实或者经核实不符合规划条件的，建设单位不得组织竣工验收。建设单位应当在竣工验收后六个月内向城乡规划主管部门报送有关竣工验收资料。

3. 健全用途管制制度

以国土空间规划为依据，对所有国土空间分区分类实施用途管制。在城镇开发边界内的建设，实行"详细规划＋规划许可"的管制方式；在城镇开发边界外的建设，按照主导用途分区，实行"详细规划＋规划许可"和"约束指标＋分区准入"的管制方式；对以国家公园为主体的自然保护地、重要海域和海岛、重要水源地、文物等，实行特殊保护制度。因地制宜制定用途管制制度，为地方管理和创新活动留有空间。

4. 近期建设计划

城市、县、镇人民政府应当根据城市总体规划、镇总体规划、土地利用总体规划和年度计划以及国民经济和社会发展规划，制定近期建设规划，报总体规划审批机关备案。

近期建设规划应当以重要基础设施、公共服务设施和中低收入居民住房建设，以及生态环境保护为重点内容，明确近期建设的时序、发展方向和空间布局。近期建设规划的规划期限为五年。

（四）监督规划实施

1. 强化规划权威

规划一经批复，任何部门和个人不得随意修改、违规变更，防止出现换一届党委和政府改一次规划。下级国土空间规划要服从上级国土空间规划，相关专项规划、详细规划要服从总体规划；坚持先规划、后实施，不得违反国土空间规划，进行各类开发建设活动；坚持"多规合一"，不在国土空间规划体系之外另设其他空间规划。相关专项规划的有关技术标准应与国土空间规划衔接。因国家重大战略调整、重大项目建设或行政区划调整等确需修改规划的，须先经规划审批机关同意后，方可按法定程序进行修改。对国土空间规划编制和实施过程中的违规违纪违法行为，要严肃追究责任。

2. 加强规划监督

依托国土空间基础信息平台，建立健全国土空间规划动态监测评估预警和实施监管机制。上级自然资源主管部门要会同有关部门组织对下级国土空间规划中各类管控边界、约束性指标等管控要求的落实情况进行监督检查，将国土空间规划执行情况纳入自然资源执法督察内容。

第十一节 城 市 设 计

（一）基本认识

城市设计是营造美好人居环境和宜人空间场所的重要理念与方法，通过对人居环境多层级空间特征的系统辨识，多尺度要素内容的统筹协调，以及对自然、文化保护与发展的整体认识，运用设计思维，借助形态组织和环境营造方法，依托规划传导和政策推动，实现国土空间整体布局的结构优化，生态系统的健康持续，历史文脉的传承发展，功能组织的活力有序，风貌特色的引导控制，公共空间的系统建设，达成美好人居环境和宜人空间场所的积极塑造。

根据城市设计概念的演化与发展情况，我们对城市设计的定义概括总结为：城市设计是根据城市发展的总体目标，融合社会、经济、文化、心理等主要元素，对空间要素做出形态的安排，制定出指导空间形态设计的政策性安排。

（二）城市设计与城市规划、建筑设计的关系（图 4-25）

图 4-25　城市设计与城市规划、建筑设计的关系

城市规划是以城市社会发展需要来确定城市功能和土地利用为主要内容的二维空间的规划工作，是城市设计的基础。城市设计的重点是以城市空间形体环境为主要内容的三维空间的规划设计工作。它是城市规划的重要组成部分，应贯穿于城市规划的全过程，是城市二维空间规划的继续。建筑设计是建筑单体工程的设计工作，是城市规划、城市设计的继续和具体化。在建筑设计中，应从城市整体角度考虑建筑单体设计，用于塑造良好的整体建筑环境。现代城市规划和城市设计始于 20 世纪 20 年代的现代建筑运动。1933 年国际现代建筑协会（CIAM）制定的《雅典宪章》奠定了现代城市规划和城市设计的理论基础。

1. 与城市规划的关系

城市设计贯穿于城市规划的各阶段及各层次，既有分析与策划内容，又有具体形体表达的内容。城市设计是以人为中心的从总体环境出发的规划设计工作。

（1）城市总体规划阶段

1）城市整体社会文化氛围的研究与策划；

2）实现城市性质与城市形象的衔接；

3）进行城市尺度的物质框架景观规划；

4）进行城市尺度三维空间形态概念规划；同时，制定有关社会经济政策，尤其是具体的市容景观实施管理条例。

（2）详细规划阶段

1）群体建筑空间设计；

2）单体细部设计及周边环境设计；

3）局部地段的设计应是组成城市整体文化风貌与景观的有机元素。

2. 与建筑设计的关系

城市设计与建筑学的联系可以体现在定位、定量、定形、定调；城市设计与建筑设计的融合；建筑师的"城市设计观"等方面。

（三）城市设计的性质、任务

城市设计的性质就是对城市中区域性、局部地段或某个子系统的空间形体环境的创作构思，为了达到社会、经济审美和技术方面的目的，分析并解决城市区域性或大范围局部地段的统一设计和管理问题。

城市设计的任务就是为人们的各种活动创造出具有一定空间形式的物质环境，内容包括各种建筑、市政公用设施，园林绿化等方面，必须综合体现社会、经济、城市功能、审美等各方面的要素，因此也称为综合环境设计。

（四）城市设计的原则与方法

1. 原则

（1）整体统筹。从人与山水林田湖草沙生命共同体的整体视角出发，坚持区域协同、陆海统筹、城乡融合，协调生态、生产和生活空间，系统改善人与环境的关系。

（2）以人为本。坚持以人民为中心，满足公众对于国土空间的认知、审美、体验和使用需求，不断提升人民群众的安全感、获得感和幸福感。

（3）因地制宜。尊重地域特点，延续历史脉络，结合时代特征，充分考虑自然条件、历史人文和建设现状，营建有特色的城市空间。

（4）问题导向。分析城市功能、空间形态、风貌与品质方面存在的主要问题，从目标定位、空间组织、实施机制等方面提出解决方案和实施措施。

2. 方法

（1）在统一指导下进行多专业的总体设计。

（2）在统一设计纲领的基础上分别进行专业设计，然后进行综合，这样就要求从事城市各种工程设计的人员，都自觉地按照城市设计的总体意图进行各自的工程设计。

（五）城市设计的类型

城市设计包括：①城市总体空间设计；②城市开发区设计；③城市中心设计；④城市广场设计；⑤城市干道和商业街设计；⑥城市居住区设计；⑦城市园林绿地设计；⑧城市地下空间设计；⑨城市旧区保护与更新设计；⑩大学校园及科技研究园设计；⑪博览中心设计；⑫建设项目的细部空间设计。

（六）城市设计的内容及深度

城市设计的内容涵盖空间关系、时间过程、政策框架三部分的内容。

1. 空间关系

城市设计的空间内容主要包括土地利用、交通和停车系统、建筑的体量和形式及开敞空间的环境设计。土地利用的设计是在城市规划的基础上细化安排不同性质的内容，并考虑地形和现状因素。建筑体量和形式取决于建设项目的功能和使用要求。要考虑容积率、建筑密度、建筑高度、体量、尺度、比例及建筑风格等。交通和停车系统的功能性很强，对城市整体形象的影响也很大。开敞空间包括广场、公园绿地、运动场、步行街、庭院及建筑文物保护区等。

2. 时间过程

城市设计既与空间有关，又与时间有关。一方面城市设计需要理解空间中的时间周期以及不同社会活动的时间组织；另一方面，城市设计需要设计和组织环境的改变，允许无法避免的时间流逝。另外，城市设计方案、政策等具体内容也应随着时间逐步实施调整。

3. 政策框架

作为一种管理手段，城市设计的目的是制定一系列指导城市建设的政策框架，在此基础上进行建筑或环境的进一步设计与建设。因此，城市设计必须反映社会和经济需求，需要研究与策划城市的整体社会文化氛围，制定有关的社会经济政策。

（七）城市设计的理论思潮

自工业革命以来，城市设计从最初的物质环境目标发展到包含人文关怀、精神要素、环境目标等丰富内涵，推动城市设计理论发展的代表人物、理论、观点总结如下（表4-31）：

城市设计的理论思潮 表4-31

内容	代表人物	说明
强调建筑与空间的视觉质量	卡米洛·西谛	代表作《城市建设艺术》，呼吁城市建设者向过去丰富而自然的城镇形态学习，明确表述了空间设计的艺术原则
	戈登·库伦	代表作《城镇景观》，进一步强化了空间设计的艺术原则，即认为视觉组合在城镇景观中应处于绝对支配地位，提出了"景观序列"的概念
	埃德蒙·N·培根	认为城市设计的目的就是通过纪念性要素构成城市的脉络结构来满足市民感性的城市体验；强调城市形态的美学关系和视觉感受，提出了"同时运动系统"理论；主持了费城城市设计，代表作《城市设计》
	阿尔多·罗西	在20世纪后期，新理性主义学派代表人物，倡导重新认识公共空间的重要意义，通过重建城市空间秩序来整顿现代城市的面貌。阿尔多·罗西在《城市建筑》一书中提出，各种类型的城市形态不是新的创造，而是以城市本身作为来源，重新应用已有的类型而已

内容	代表人物	说明
强调建筑与空间的视觉质量	罗伯·克里尔和里昂·克里尔	新理性主义学派代表人物。罗伯·克里尔在《城市空间》一书中收集和定义了各种街道、广场，将其视为构成城市空间的基本要素，并称之为"城市空间的形态系列"。城市设计的核心任务就是重新应用城市的"原型"，保护传统城市的基本特征
	芦原义信	代表作《外部空间设计》提出了积极空间、消极空间、加法空间、减法空间等一系列概念；《街道的美学》以街道的视觉秩序的创造作为建筑平面布局形成设计的出发点，分别从街道的自然特征，美学规律，人文特色出发由浅至深论述如何发掘建筑平面布局形成设计中的视觉秩序规律
	兰西克	代表作《找寻失落的空间：都市设计理论》根据现代城市空间的变迁以及历史实例的研究，归纳出三种研究城市空间形态的城市设计理论：分别为图底理论、连接理论、场所理论。同时对应地将这三种理论又归纳为三种关系，即形态关系、拓扑关系和类型关系
与人、空间和行为的社会特征密切相关	埃利尔·沙里宁	代表作《城市：它的发展、衰败与未来》、匡溪艺术设计学院。强调社会环境的重要性，关注城市所表达出的文化气质与精神内涵，提倡物质与精神完整统一的城市设计方法。城市设计应当照顾到城市社会的所有问题——物质的、社会的、文化的和美学的，并且逐步地在长时期内，把它们纳入连贯一致的物质秩序中去。关于城市设计的方法，他提出三维空间的观点，强调整体性、全面性和动态性，尤其是把对人的关心放在首要位置，提出以人为本的设计前提，成为现代城市设计的突破点
	克里斯汀·诺伯格-舒尔茨	提出五种空间图式，场所精神理论。在《场所精神》中提出了行为与建筑环境之间应有的内在联系。场所不仅具有实体空间的形式，而且还有精神上的意义
	凯文·林奇	代表作《城市形态》中从历史和形态的角度对城市形式的不同属性进行了探讨，例如城市的大小、密度、特征和模式等。《城市意象》中提出城市意象五要素，分别为路径、边界、节点、地区和标志物
	小组10	设计思想的基本出发点是对人的关怀和对社会的关注。认为现代城市是复杂多样的，应该表现为各种流动形态的和谐交织。城市的环境美还应该反映出对象的循环变化。提出簇群城市的概念（Cluster City），表达了关于流动、生长和变化的思想
	简·雅各布斯	在其著作《美国大城市的死与生》中，严厉抨击了现代主义者的城市设计基本观念，并宣扬了当代城市设计的理念。她认为城市永远不会成为艺术品，因为艺术是生活的抽象，而城市是生动、复杂而积极的生活本身
	扬·盖尔	在北欧对公共空间的研究产生了广泛的影响，他的著作《交往与空间》从当代社会生活中的室外活动入手研究，对人们如何使用街道、人行道、广场、庭院、公园等公共空间进行了深入调查分析，研究怎样的建筑和环境设计能够更好地支持社会交往和公共生活，提出户外空间规划设计的有效途径

内容	代表人物	说明
与人、空间和行为的社会特征密切相关	克里斯托弗·亚历山大	代表作有《关于形式合成的纲要》《城市并非树形》《建筑模式语言》《俄勒冈实验》等。尊重城市的有机生长，强调使用者参与过程，在《俄勒冈实验》中，基于校园整体形态及不同使用者的功能需求，他提出有机秩序、参与、分片式发展、模式、诊断和协调六个建设原则
	威廉·H. 怀特	在 1970 年代对纽约的小型城市广场、公园与其他户外空间的使用情况进行了长达三年的观察和研究，在《小城市空间的社会生活》中描述了城市空间质量与城市活动之间的密切关系。事实证明，物质环境的一些小小改观，往往能显著地改善城市空间的使用状况
城市设计目标的探索	凯文·林奇	在 1981 年出版的《关于美好城市形态的理论》中定义了城市设计的五个功能纬度： ① 生命力：衡量场所形态与功能契合的程度，以及满足人的生理需求的能力； ② 感觉：场所能被使用者清晰感知并构建于相关时空的程度； ③ 适宜性：场所的形态与空间肌理要符合使用者存在和潜在的行为模式； ④ 可达性：接触其他的人、活动、资源、服务、信息和场所的能力，包括可接触要素的质量与多样性； ⑤ 控制性：使用场所和在其中工作或居住的人创造、管理可达空间和活动的程度
	伊恩·本特利等	在《建筑环境共鸣设计》中对城市设计的目标和原则提出了七个关键问题：可达性、多样性、可识别性、活力、视觉适宜性、丰富性、个性化。其后，在考虑到城市形态和行为模式对生态的影响，又加入了资源效率、清洁和生态支撑三项原则
	新都市主义协会	1933 年成立后发表了《新都市主义宪章》，倡导在下列原则下，重新建立公共政策和开发实践： ① 邻里在用途与人口构成上的多样性； ② 社区应该对步行和机动车交通同样重视； ③ 城市必须由形态明确和普遍易达的公共场所和社区设施所形成； ④ 城市场所应当由反映地方历史、气候、生态和建筑传统的建筑设计和景观设计所构成
	乔纳森·巴奈特	1967 年参与创办美国第一所城市设计机构——纽约城市设计小组，代表作《作为公共政策的城市设计》和《城市设计概论》，认为城市设计是一种公共政策

（八）城市设计的特征

（1）城市设计是一项空间形体环境设计，它强调城市空间环境的整体性，它具有高度的思想艺术与功能技术相统一的特征。

（2）构成城市整体形象的五个重点区位是边缘、节点、路径、区域、标志物。城市设计应突出抓好这五大重点的形体设计工作（凯文·林奇在《城市意象》一书中说："构成人们心理的城市印象的基本成分有五种，即路径、边界、场地、节点、标志物五元素"）。其设计要点是：

1）重场所，重城市空间形体的整体性和艺术性；

2）重"混合土地利用"的多样性；

3）重连贯性，即新老并存，渐进发展；

4）重人的尺度，要创造舒适、亲切宜人的步行环境，重空间比例；

5）易识别性，重视城市标志、信号，这是联系人与空间的媒介；

6）适用性，即建筑和城市空间的功能，要适应市民生活不断变化的需要。

（3）城市设计是以创造一个优美的城市形态，提高城市空间环境质量为目的，其研究重点在于构成城市空间的基本要素的组合——即对城市的自然地理、人文历史、社会环境、建筑环境、人们行为、空间视觉的研究。城市设计渗透在城市规划的每个阶段，是多学科、多专业的三维空间的整体规划。因此，城市设计具有空间环境的整体特征。

例 4-4　（2021）以下哪个不是乔纳森·巴奈特在《作为公共政策的城市设计》中提出的观点（　　）。

A　日常决策过程才是城市设计真正的媒介

B　设计城市而不是设计建筑物

C　城市设计是为了实现理想蓝图

D　主要注重城市开发的连续性

解析：参见《城市规划原理》（第四版）P600，乔纳森·巴奈特在 1974 年出版的《作为公共政策的城市设计》一书中提出："日常的决策过程才是城市设计真正的媒介"（故 A 选项正确）；"设计城市，而不是设计建筑物"（故 B 选项正确）；城市设计"通过一个日复一日的连续的决策过程创造出来，而不是为了建立完美的终极理论和理想蓝图"（故 C 选项错误）；"城市设计是一个城市塑造的过程，要注重城市形成的连续性"（故 D 选项正确）。故本题应选 C。

答案：C

第十二节　景　观　设　计

（一）景观设计概述

景观设计学是关于景观的分析、规划布局、设计、改造、管理、保护和恢复的科学和艺术综合的学科。景观设计学是一门建立在广泛的自然科学和人文与艺术科学基础上的应用学科。

1. 景观设计的内容与作用

美国理查德·多伯在提出"环境设计是比建筑设计范围更大，比规划意义更综合，比工程技术更敏感的艺术。这是一项实用的艺术，胜过一切传统的考虑，这种艺术实践与人的机能密切联系，使人们周围的物有了视觉秩序，而且加强和表现了人所拥有的领域。"

景观设计是以塑造建筑外部的空间视觉形象为主要内容的艺术设计，是一种综合性很强的环境系统设计。它的环境系统是以园林专业所涵盖的内容为基础，它的设计概念是以城市规划专业总揽全局的思维方法为主导，它的设计系统是以美术与建筑专业的构成要素为主体。

美化环境，改善人类生存空间的治理，创造人与自然、人与人之间的和谐是景观设计的最终目的也是最重要的作用。

2. 景观设计学的发展

（1）中国园林景观的发展

中国的园林景观发源于公元前 11 世纪的奴隶社会末期，至 19 世纪末中国古典园林的发展历史可以分为自殷周至汉代的生成期、南北朝的转折期、隋唐的全盛期和宋代以来的成熟时期及成熟后期四个阶段（表 4-32）。

中国园林景观发展历程 表 4-32

时期	代表	内容
生成期	殷、周朴素的囿	中国最早见之于文字记载的园林是《诗经·灵台》篇中记述的灵囿。灵囿是在植被茂盛、鸟兽孳繁的地段，掘沼筑台（灵沼、灵台），作为游憩、生活的境域
	秦汉建筑宫苑和"一池三山"	秦始皇统一中国后，营造宫室，规划宏伟壮丽，这些宫室营建活动中也有园林建设，如"引渭水为池，筑为蓬、瀛"。 汉代，在囿的基础上发展出新的园林形式——苑，其中分布着宫室建筑
	西汉山水建筑园	西汉时已有贵族、富豪的私园，规划比宫苑小，内容仍不脱囿和苑的传统，以建筑组群结合自然山水，如梁孝王刘武的梁园。这种园林形式一直延续到东汉末期
转折期	南北朝自然山水园、佛寺丛林和游览胜地	南北朝时期园林是山水、植物和建筑相互结合组成的山水园，这时期的园林可称作自然山水园或写实山水园。 南北朝时佛教兴盛，广建佛寺。佛寺建筑采用宫殿形式，宏伟壮丽并附有庭园。尤其是不少贵族官僚舍宅为寺，原有宅园成为寺庙的园林部分。很多寺庙建于郊外，或选山水胜地营建。这些寺庙不仅是信徒朝拜进香的圣地，而且逐渐成为风景游览胜地
全盛期	隋代山水建筑宫苑	隋炀帝杨广即位后，在东京洛阳大力营建宫殿苑囿。别苑中以西苑最著名，其风格明显受到南北朝自然山水园的影响，采取了以湖、渠水系为主体，将宫苑建筑融于山水之中。这是中国园林从建筑宫苑演变到山水建筑宫苑的转折点
	唐代宫苑和游乐地、自然园林式别业山居、写意山水园	唐朝国力强盛，长安城宫苑壮丽。大内三苑以西苑最为优美，苑中有假山、湖池，渠流连环。长安城东南隅有芙蓉园、曲江池，一定时间内向公众开放，实为古代一种公共游乐地。 盛唐时期，园林方面开始体现山水之情的创作，反映了唐代自然式别业山居，是在充分认识自然美的基础上，运用艺术和技术手段来造景、借景而构成优美的园林境域。 从中晚唐到宋，士大夫们要求深居市井也能闹处寻幽，于是在宅旁葺园地，在近郊置别业，蔚为风气。这种根据造园者对山水的艺术认识和生活需求，因地制宜地表现山水真情和诗情画意的园，称之为写意山水园

时期	代表	内容
成熟时期及成熟后期	北宋山水宫苑	北宋时建筑技术和绘画都有发展，政和七年（1117）始筑万岁山，后更名艮岳。艮岳主山寿山，岗连阜属，西延为平夷之岭，有瀑布、溪涧、池沼形成的水系。在这样一个山水兼盛的境域中，树木草花，群植成景，亭台楼阁因势布列。这种全景式的表现山水、植物和建筑之胜的园林，称为山水宫苑
	元、明、清宫苑	元、明、清三代建都北京，大力营造宫苑，历经营建，完成了西苑三海、故宫御花园、圆明园、清漪园、静宜园、静明园及承德避暑山庄等著名宫苑。这些园林是在唐宋写意山水园的基础上发展起来的，强调主观的意兴与心绪表达，重视掇山、叠石、理水等技巧，突出山水之美，注重园林的文学趣味，称为文人山水园

注：本表内容根据徐清《景观设计学》内容整理。

（2）国外园林景观的发展

国外园林景观的起源有中部文明（起源于美索不达米亚）、东部文明（起源于印度、中国、日本和东南亚）和西部文明（起源于埃及）三大类型，不同文明社会的景观设计风格整体上自成体系，同时又相互借鉴和影响，且 18 世纪以来不同文明之间的交流和杂糅更为明显（表4-33）。

国外园林景观发展历程　　　　　　　　　　　　表 4-33

代表	内容
古埃及	古埃及是人类文明最早的发源地，但由于地理原因，埃及的自然环境不适于森林生长，埃及人很早就开始重视人工种植树木和其他植物，因此园艺技术发展得很早，本土植物主要有棕榈、埃及榕、无花果、葡萄、芦苇等。埃及人居住的房屋大多是低矮的平顶屋，富人的住宅周边建造着精美的庭院。 埃及的金字塔举世闻名，它不仅体现了古埃及人对于法老的尊重和敬畏，同时也是迄今为止最为壮观的人造景观之一。金字塔的艺术感染力就在于原始的人造体量和周边环境形成的尼罗河三角洲独特风光
两河流域	幼发拉底与底格里斯两河流域是美索不达米亚文明的发源地，得益于适宜的气候和地理条件，两河流域的植被相当多样和发达，人们崇拜较为高大的植物。 美索不达米亚地区的景观以新巴比伦城的空中花园为代表，整个花园是建在台地之上，远处看像自然的山丘，被誉为世界七大奇迹之一。另外一个壮观的文明遗址是乌尔山岳台，是类似山体的高台建筑，有坡道和阶梯通达台顶，顶上有神堂等祭祀建筑
古希腊	古希腊是欧洲文明的发源地，以爱琴海文化为核心。克里特岛是爱琴海文化的典型代表，敞开式的建筑面向景观，并建有美丽花园，显示出和平时代的特点。另一个代表地是迈锡尼，出于防卫的需要，建筑形式多为军事堡垒，这也形成了希腊独特的人工景观遗址——"卫城"。 古希腊民主思想盛行，一方面体现在大量公共空间的产生，如圣林——神庙和周边树林以及雕塑等艺术品形成的景观；另一方面则体现在公共体育场地的建设，其周边植被被茂密成荫，没有赛事时便成为公众的消夏之所，这也是现代公园的雏形

代表	内容
古罗马	古罗马在奴隶制国家历史当中显得格外辉煌,它的城市规划、建筑、景观比起以往有了巨大的发展,所有这些都成为丰富的文化遗产。罗马鼎盛时期,其版图内的城市数以千计,形成了多样化的城市景观。古罗马有 11 条给水渠道,诸多给水排水工程中最引人注目的是大型输水道,其造型给人们留下了无与伦比的美感。古罗马时期城市建设中一个非常重要的内容是广场建设,广场的发展经历了从简单开放场地到有完整围合空间的过程
中世纪欧洲	中世纪城市在拜占庭和哥特两种建筑风格的影响下,形成了与古罗马情趣各异的城市景观。非理智的中世纪景观对于未来有两个方面的主要影响:一是成为 18、19 世纪浪漫主义的灵感;二是成为非对称构图的美学标准及指导。中世纪的城市中,教堂成为最主要的公共建筑,也是最能体现当时建筑成就的遗产,诸多的教堂对丰富城市景观起到了很大的作用
文艺复兴时期	文艺复兴时期,人们重新审视古希腊和古罗马的文化遗产,也注意到了自然界的蓬勃生机,城市建设、建筑与景观设计都上升到了一个全新的高度。这一时期的城市景观代表如威尼斯水城、圣马可广场等。16 世纪下半叶,人们审美发生转变,在设计上出现了和严谨的古典样式相对照的巴洛克风格。巴洛克式景观给观赏者带来了戏剧般的视觉效果,同时,它对光学和透视的灵活运用对现代景观而言仍是很好的范例
16-18 世纪法国	法国的文化和艺术变革深受意大利文艺复兴的影响,因此在 16 世纪末和 17 世纪初的法国庭园设计中,风格还是意大利风格的延续。虽然很多城堡的总体布局和建筑风格并没有向开放型转变,但庭院的细部还是受到了意大利风格的影响。同时,17 世纪的法国,有很多园林表现了人们对巴洛克风格的偏爱,通过喷泉、灌木来表现一种透视和运动的态势,设计手法相于比意大利更加统一和细致。 这一时期对后世景观设计影响最大的是法国勒·诺特式造园风格的形成,代表作品为凡尔赛宫的庭院设计。法国的景观在意大利的影响下延伸出了特有的风格,成为欧洲景观设计的典范
18 世纪英国	18 世纪初,受 17 世纪风景画家克劳德、王白辛等人绘画作品的影响,陆续有些园林设计师采用了不规则的自然形式进行园林设计,但并未形成风尚。英国式自然风景园林的兴起和发展加速了英国景观从古典主义向浪漫主义的转化,在当时受到了很高的评价。其代表人物威廉·肯特被尊称为"现代造园之父"。他所创造的是一种综合的设计手法,这种手法后来演化成很多相异的流派。虽然这种风格 1760 年后就在英国销声匿迹,但是在欧洲其他国家却受到了欢迎
19 世纪	18 世纪晚期至 19 世纪,社会环境非常复杂,各个国家的建筑风格杂糅。同时,随着园艺科学发展,欧洲兴起了一种在园林设计中追求异国情调的潮流,园林里出现了形态各异的花卉,这种花园式的景观要求设计者对植物的维护和特性有足够的专业知识

注:本表内容根据徐清《景观设计学》内容整理。

（3）现代景观设计的产生与发展

19 世纪随着西方城市工业化的发展和城市居住条件的恶化,人们向往郊区和乡间村镇良好的居住环境,诞生了自然主义运动。19 世纪中叶,美国造园先驱唐宁（A. J. Downing）在浪漫郊区设想中,表达了对工业城市的逃避和突破美国方格网道路格局的意愿。他在新泽西公园规划中设计了自然型的道路,住宅处于植被当中,住宅区中建有公园,形成了城市-乡村连续体的设计理念,对 20 世纪现代景观设计产生了很大的影响。美国现代景观设计的创始人奥姆斯特德和英国建筑师沃克斯合作设计了纽约中央公园，广受公众赞赏，从此掀起了美国的城市公园运动，拉开了现代景观设计的序幕。

3. 景观设计的要素

景观设计的造型要素包括点、线、面、体、色彩、质感等。景观设计的构成要素包含地形、水体、园路、景观建筑、植物等。

4. 景观造景艺术手法

景观设计的造景艺术手法丰富多样，常用的手法有：对景与借景、隔景与障景、对比与调和、尺度与比例、节奏与韵律、对称与平衡、引导与示意。

（二）国家公园规划

国家公园是以保护具有国家代表性的自然生态系统为主要目的、实现自然资源科学保护和合理利用的特定陆域或海域，是保护自然资源的重要形式。根据 2013 年世界自然保护联盟（International Union for Conservation of Nature，简称"IUCN"）出版的《世界自然保护联盟自然保护地管理分类应用指南》，国家公园属于自然保护地的一类，旨在保护大面积的自然或接近自然的生态系统。

1. 美国国家公园规划

始于 1910 年前后的美国黄石国家公园是最早的国家公园规划建设实践。1914 年，马克·丹尼尔斯（Mark Daniels）被任命为第一任美国国家公园"总监和景观工程师"（General Superintendent and Landscape Engineer），丹尼尔斯认为，美国国家公园需要系统规划（Systematic Planning）。1916 年，美国景观建筑师学会的詹姆斯·普芮呼吁为每个国家公园制定"综合性的总体规划"（Comprehensive General Plans）。但直到 20 世纪 30 年代，大规模的综合性规划才得以开展。

美国的国家公园规划主要成果包括四个部分且强调层次性：总体管理规划、战略规划、实施计划和年度执行计划。总体管理规划主要解决目标确定的问题；战略规划主要解决项目的优先顺序问题；实施计划解决资金落实情况下项目实施问题；年度执行计划在具体操作层次提供一种逻辑性强的有据可循的和理性的决策模式。

2. 我国国家公园体制建设

近年来，国家公园已在世界各国推广并取得良好成效，我国也出台了一系列文件、政策着力推进国家公园试点、落实建立国家公园体制、推进生态文明建设和绿色发展。中共中央十八届三中全会提出，建立国土空间开发保护制度与国家公园体制；2015 年我国启动 10 个国家公园体制试点建设；2017 年 9 月，中共中央办公厅、国务院办公厅发布《建立国家公园体制总体方案》，首次明确国家公园的定义为"由国家批准设立并主导管理，边界清晰，以保护具有国家代表性的大面积自然生态系统为主要目的，实现自然资源科学保护和合理利用的特定陆地或海洋区域。国家公园的首要功能是重要自然生态系统的原真性、完整性保护，同时兼具科研、教育、游憩等综合功能"；2019 年 6 月，中共中央办公厅、国务院办公厅印发《关于建立以国家公园为主体的自然保护地体系的指导意见》，随后《国家公园设立规范》GB/T 39373—2020 和《国家公园总体规划技术规范》GB/T 39736—2020 发布，这一系列顶层政策的出台，标志着我国的国家公园体制建设已上升为国家战略，也意味着在生态文明建设背景下，我国即将迈入自然保护地治理体系与治理能力现代化的新阶段。

（三）城镇历史景观保护

2011 年 11 月 10 日，联合国教科文组织（UNESCO）大会通过《关于城市历史景观的建议书》，将城市历史景观（Historic Urban Landscape）定义为"文化和自然价值及属性在历史上层层积淀而产生的城市区域，其超越了'历史中心'或'整体'的概念，包括更广泛的城市背景及其地理环境"。这一定义为在一个可持续发展的大框架内以全面综合的方式识别、评估、保护和管理城市历史景观打下了基础。

城市历史景观方法旨在维持人类环境的质量，在承认其动态性质的同时提高城市空间的生产效用和可持续利用，以及促进社会和功能方面的多样性。该方法将城市遗产保护目标与社会和经济发展目标相结合。其核心在于城市环境与自然环境之间、今世后代的需要与历史遗产之间可持续的平衡关系。城市历史景观方法将文化多样性和创造力看作是促进人类发展、社会发展和经济发展的重要资产，它提供了一种手段，用于管理自然和社会方面的转变，确保当代干预行动与历史背景下的遗产和谐地结合在一起，并且考虑地区环境。城市历史景观方法借鉴地方社区的传统和看法，同时也尊重国内和国际社会的价值观。因此，大会决议要求联合国教科文组织成员国针对自身的特有情况明确实施城市历史景观方法的关键步骤，大致包括以下 6 项行动计划：

（1）对城市的自然、文化和人类资源展开全面的调查和图录；

（2）通过参与性规划以及与利益相关方的磋商，就需要保护并传之后代的价值达成共识，鉴别、明确承载这些价值的特征；

（3）评估这些特征面对社会经济压力和气候变化影响的脆弱性；

（4）将城市遗产价值、特征及其脆弱性纳入更广泛的城市发展框架，框架应明确在规划、设计和实施发展项目中需要特别注意的遗产敏感区域；

（5）使遗产保护和发展行动成为优先事项；

（6）为每个确认的遗产保护和发展项目建立合适的合作伙伴关系和当地管理框架，为公共和私营部门不同主体间的各类活动制定协调机制。

城市历史景观的概念并不是要取代既有的学说以及保护方法，而是作为一个整合建成环境保护政策与实践的工具。城市历史景观的目标在于确立一系列的操作原则，保证城市保护模式能够尊重城市不同历史文化脉络的价值、传统及其环境，帮助重新定义城市遗产在空间发展过程中的中心地位。

第十三节　城乡规划法规和技术规范

城市规划的法规体系包括主干法、从属法规、专项法以及相关法。

（1）主干法

《中华人民共和国城乡规划法》（以下简称《城乡规划法》）是我国城乡规划领域的主干法。

（2）从属法规与专项法规

从城乡规划行政管理角度出发，我国城乡规划法规体系的从属法规和专项法规主要在《城乡规划法》的几个重要维度展开，对城乡规划的若干重要领域进行了深入细致的界定。包括城乡规划管理、城乡规划组织编制和审批管理、城乡规划行业管理、城乡规划实施管理，以及城乡规划实施监督检查管理。

（3）部门规章

（4）相关法

在我国，与城乡规划相关的法律法规覆盖法律法规体系的各个层面，涉及土地与自然资源保护与利用、历史文化遗产保护、市政建设等众多领域，是城乡规划活动在涉及相关领域时的重要依据。同时，城乡规划作为政府行为，还必须符合国家行政程序法律的有关规定。

一、城乡规划有关法规

（一）《城乡规划法》（全文）

中华人民共和国城乡规划法

（2007 年 10 月 28 日第十届全国人民代表大会常务委员会第三十次会议通过；
2019 年 4 月 23 日第十三届全国人民代表大会常务委员会第十次会议通过决议，
对其作了局部修改）

第一章　总　　则

第一条　为了加强城乡规划管理，协调城乡空间布局，改善人居环境，促进城乡经济社会全面协调可持续发展，制定本法。

第二条　制定和实施城乡规划，在规划区内进行建设活动，必须遵守本法。

本法所称城乡规划，包括城镇体系规划、城市规划、镇规划、乡规划和村庄规划。城市规划、镇规划分为总体规划和详细规划。详细规划分为控制性详细规划和修建性详细规划。

本法所称规划区，是指城市、镇和村庄的建成区以及因城乡建设和发展需要，必须实行规划控制的区域。规划区的具体范围由有关人民政府在组织编制的城市总体规划、镇总体规划、乡规划和村庄规划中，根据城乡经济社会发展水平和统筹城乡发展的需要划定。

第三条　城市和镇应当依照本法制定城市规划和镇规划。城市、镇规划区内的建设活动应当符合规划要求。

县级以上地方人民政府根据本地农村经济社会发展水平，按照因地制宜、切实可行的原则，确定应当制定乡规划、村庄规划的区域。在确定区域内的乡、村庄，应当依照本法制定规划，规划区内的乡、村庄建设应当符合规划要求。

县级以上地方人民政府鼓励、指导前款规定以外的区域的乡、村庄制定和实施乡规划、村庄规划。

第四条　制定和实施城乡规划，应当遵循城乡统筹、合理布局、节约土地、集约发展和先规划后建设的原则，改善生态环境，促进资源、能源节约和综合利用，保护耕地等自然资源和历史文化遗产，保持地方特色、民族特色和传统风貌，防止污染和其他公害，并符合区域人口发展、国防建设、防灾减灾和公共卫生、公共安全的需要。

在规划区内进行建设活动，应当遵守土地管理、自然资源和环境保护等法律、法规的规定。

县级以上地方人民政府应当根据当地经济社会发展的实际，在城市总体规划、镇总体规划中合理确定城市、镇的发展规模、步骤和建设标准。

第五条 城市总体规划、镇总体规划以及乡规划和村庄规划的编制，应当依据国民经济和社会发展规划，并与土地利用总体规划相衔接。

第六条 各级人民政府应当将城乡规划的编制和管理经费纳入本级财政预算。

第七条 经依法批准的城乡规划，是城乡建设和规划管理的依据，未经法定程序不得修改。

第八条 城乡规划组织编制机关应当及时公布经依法批准的城乡规划。但是，法律、行政法规规定不得公开的内容除外。

第九条 任何单位和个人都应当遵守经依法批准并公布的城乡规划，服从规划管理，并有权就涉及其利害关系的建设活动是否符合规划的要求向城乡规划主管部门查询。

任何单位和个人都有权向城乡规划主管部门或者其他有关部门举报或者控告违反城乡规划的行为。城乡规划主管部门或者其他有关部门对举报或者控告，应当及时受理并组织核查、处理。

第十条 国家鼓励采用先进的科学技术，增强城乡规划的科学性，提高城乡规划实施及监督管理的效能。

第十一条 国务院城乡规划主管部门负责全国的城乡规划管理工作。

县级以上地方人民政府城乡规划主管部门负责本行政区域内的城乡规划管理工作。

第二章 城乡规划的制定

第十二条 国务院城乡规划主管部门会同国务院有关部门组织编制全国城镇体系规划，用于指导省域城镇体系规划、城市总体规划的编制。

全国城镇体系规划由国务院城乡规划主管部门报国务院审批。

第十三条 省、自治区人民政府组织编制省域城镇体系规划，报国务院审批。

省域城镇体系规划的内容应当包括：城镇空间布局和规模控制，重大基础设施的布局，为保护生态环境、资源等需要严格控制的区域。

第十四条 城市人民政府组织编制城市总体规划。

直辖市的城市总体规划由直辖市人民政府报国务院审批。省、自治区人民政府所在地的城市以及国务院确定的城市的总体规划，由省、自治区人民政府审查同意后，报国务院审批。其他城市的总体规划，由城市人民政府报省、自治区人民政府审批。

第十五条 县人民政府组织编制县人民政府所在地镇的总体规划，报上一级人民政府审批。其他镇的总体规划由镇人民政府组织编制，报上一级人民政府审批。

第十六条 省、自治区人民政府组织编制的省域城镇体系规划，城市、县人民政府组织编制的总体规划，在报上一级人民政府审批前，应当先经本级人民代表大会常务委员会审议，常务委员会组成人员的审议意见交由本级人民政府研究处理。

镇人民政府组织编制的镇总体规划，在报上一级人民政府审批前，应当先经镇人民代表大会审议，代表的审议意见交由本级人民政府研究处理。

规划的组织编制机关报送审批省域城镇体系规划、城市总体规划或者镇总体规划，应当将本级人民代表大会常务委员会组成人员或者镇人民代表大会代表的审议意见和根据审议意见修改规划的情况一并报送。

第十七条 城市总体规划、镇总体规划的内容应当包括：城市、镇的发展布局，功能分区，用地布局，综合交通体系，禁止、限制和适宜建设的地域范围，各类专项规划等。

规划区范围、规划区内建设用地规模、基础设施和公共服务设施用地、水源地和水系、基本农田和绿化用地、环境保护、自然与历史文化遗产保护以及防灾减灾等内容，应当作为城市总体规划、镇总体规划的强制性内容。

城市总体规划、镇总体规划的规划期限一般为二十年。城市总体规划还应当对城市更长远的发展作出预测性安排。

第十八条 乡规划、村庄规划应当从农村实际出发，尊重村民意愿，体现地方和农村特色。

乡规划、村庄规划的内容应当包括：规划区范围，住宅、道路、供水、排水、供电、垃圾收集、畜禽养殖场所等农村生产、生活服务设施、公益事业等各项建设的用地布局、建设要求，以及对耕地等自然资源和历史文化遗产保护、防灾减灾等的具体安排。乡规划还应当包括本行政区域内的村庄发展布局。

第十九条 城市人民政府城乡规划主管部门根据城市总体规划的要求，组织编制城市的控制性详细规划，经本级人民政府批准后，报本级人民代表大会常务委员会和上一级人民政府备案。

第二十条 镇人民政府根据镇总体规划的要求，组织编制镇的控制性详细规划，报上一级人民政府审批。县人民政府所在地镇的控制性详细规划，由县人民政府城乡规划主管部门根据镇总体规划的要求组织编制，经县人民政府批准后，报本级人民代表大会常务委员会和上一级人民政府备案。

第二十一条 城市、县人民政府城乡规划主管部门和镇人民政府可以组织编制重要地块的修建性详细规划。修建性详细规划应当符合控制性详细规划。

第二十二条 乡、镇人民政府组织编制乡规划、村庄规划，报上一级人民政府审批。村庄规划在报送审批前，应当经村民会议或者村民代表会议讨论同意。

第二十三条 首都的总体规划、详细规划应当统筹考虑中央国家机关用地布局和空间安排的需要。

第二十四条 城乡规划组织编制机关应当委托具有相应资质等级的单位承担城乡规划的具体编制工作。

从事城乡规划编制工作应当具备下列条件，并经国务院城乡规划主管部门或者省、自治区、直辖市人民政府城乡规划主管部门依法审查合格，取得相应等级的资质证书后，方可在资质等级许可的范围内从事城乡规划编制工作：

（一）有法人资格；

（二）有规定数量的经国务院城乡规划主管部门注册的规划师；

（三）有规定数量的相关专业技术人员；

（四）有相应的技术装备；

（五）有健全的技术、质量、财务管理制度。

规划师执业资格管理办法，由国务院城乡规划主管部门会同国务院人事行政部门制定。

编制城乡规划必须遵守国家有关标准。

第二十五条 编制城乡规划，应当具备国家规定的勘察、测绘、气象、地震、水文、环境等基础资料。

县级以上地方人民政府有关主管部门应当根据编制城乡规划的需要，及时提供有关基础资料。

第二十六条　城乡规划报送审批前，组织编制机关应当依法将城乡规划草案予以公告，并采取论证会、听证会或者其他方式征求专家和公众的意见。公告的时间不得少于三十日。

组织编制机关应当充分考虑专家和公众的意见，并在报送审批的材料中附具意见采纳情况及理由。

第二十七条　省域城镇体系规划、城市总体规划、镇总体规划批准前，审批机关应当组织专家和有关部门进行审查。

第三章　城乡规划的实施

第二十八条　地方各级人民政府应当根据当地经济社会发展水平，量力而行，尊重群众意愿，有计划、分步骤地组织实施城乡规划。

第二十九条　城市的建设和发展，应当优先安排基础设施以及公共服务设施的建设，妥善处理新区开发与旧区改建的关系，统筹兼顾进城务工人员生活和周边农村经济社会发展、村民生产与生活的需要。

镇的建设和发展，应当结合农村经济社会发展和产业结构调整，优先安排供水、排水、供电、供气、道路、通信、广播电视等基础设施和学校、卫生院、文化站、幼儿园、福利院等公共服务设施的建设，为周边农村提供服务。

乡、村庄的建设和发展，应当因地制宜、节约用地，发挥村民自治组织的作用，引导村民合理进行建设，改善农村生产、生活条件。

第三十条　城市新区的开发和建设，应当合理确定建设规模和时序，充分利用现有市政基础设施和公共服务设施，严格保护自然资源和生态环境，体现地方特色。

在城市总体规划、镇总体规划确定的建设用地范围以外，不得设立各类开发区和城市新区。

第三十一条　旧城区的改建，应当保护历史文化遗产和传统风貌，合理确定拆迁和建设规模，有计划地对危房集中、基础设施落后等地段进行改建。

历史文化名城、名镇、名村的保护以及受保护建筑物的维护和使用，应当遵守有关法律、行政法规和国务院的规定。

第三十二条　城乡建设和发展，应当依法保护和合理利用风景名胜资源，统筹安排风景名胜区及周边乡、镇、村庄的建设。

风景名胜区的规划、建设和管理，应当遵守有关法律、行政法规和国务院的规定。

第三十三条　城市地下空间的开发和利用，应当与经济和技术发展水平相适应，遵循统筹安排、综合开发、合理利用的原则，充分考虑防灾减灾、人民防空和通信等需要，并符合城市规划，履行规划审批手续。

第三十四条　城市、县、镇人民政府应当根据城市总体规划、镇总体规划、土地利用总体规划和年度计划以及国民经济和社会发展规划，制定近期建设规划，报总体规划审批机关备案。

近期建设规划应当以重要基础设施、公共服务设施和中低收入居民住房建设以及生态环境保护为重点内容，明确近期建设的时序、发展方向和空间布局。近期建设规划的规划期限为五年。

第三十五条　城乡规划确定的铁路、公路、港口、机场、道路、绿地、输配电设施及输电线路走廊、通信设施、广播电视设施、管道设施、河道、水库、水源地、自然保护区、防汛通道、消防通道、核电站、垃圾填埋场及焚烧厂、污水处理厂和公共服务设施的用地以及其他需要依法保护的用地，禁止擅自改变用途。

第三十六条　按照国家规定需要有关部门批准或者核准的建设项目，以划拨方式提供国有土地使用权的，建设单位在报送有关部门批准或者核准前，应当向城乡规划主管部门申请核发选址意见书。

前款规定以外的建设项目不需要申请选址意见书。

第三十七条　在城市、镇规划区内以划拨方式提供国有土地使用权的建设项目，经有关部门批准、核准、备案后，建设单位应当向城市、县人民政府城乡规划主管部门提出建设用地规划许可申请，由城市、县人民政府城乡规划主管部门依据控制性详细规划核定建设用地的位置、面积、允许建设的范围，核发建设用地规划许可证。

建设单位在取得建设用地规划许可证后，方可向县级以上地方人民政府土地主管部门申请用地，经县级以上人民政府审批后，由土地主管部门划拨土地。

第三十八条　在城市、镇规划区内以出让方式提供国有土地使用权的，在国有土地使用权出让前，城市、县人民政府城乡规划主管部门应当依据控制性详细规划，提出出让地块的位置、使用性质、开发强度等规划条件，作为国有土地使用权出让合同的组成部分。未确定规划条件的地块，不得出让国有土地使用权。

以出让方式取得国有土地使用权的建设项目，建设单位在取得建设项目的批准、核准、备案文件和签订国有土地使用权出让合同后，向城市、县人民政府城乡规划主管部门领取建设用地规划许可证。

城市、县人民政府城乡规划主管部门不得在建设用地规划许可证中，擅自改变作为国有土地使用权出让合同组成部分的规划条件。

第三十九条　规划条件未纳入国有土地使用权出让合同的，该国有土地使用权出让合同无效；对未取得建设用地规划许可证的建设单位批准用地的，由县级以上人民政府撤销有关批准文件；占用土地的，应当及时退回；给当事人造成损失的，应当依法给予赔偿。

第四十条　在城市、镇规划区内进行建筑物、构筑物、道路、管线和其他工程建设的，建设单位或者个人应当向城市、县人民政府城乡规划主管部门或者省、自治区、直辖市人民政府确定的镇人民政府申请办理建设工程规划许可证。

申请办理建设工程规划许可证，应当提交使用土地的有关证明文件、建设工程设计方案等材料。需要建设单位编制修建性详细规划的建设项目，还应当提交修建性详细规划。对符合控制性详细规划和规划条件的，由城市、县人民政府城乡规划主管部门或者省、自治区、直辖市人民政府确定的镇人民政府核发建设工程规划许可证。

城市、县人民政府城乡规划主管部门或者省、自治区、直辖市人民政府确定的镇人民政府应当依法将经审定的修建性详细规划、建设工程设计方案的总平面图予以公布。

第四十一条　在乡、村庄规划区内进行乡镇企业、乡村公共设施和公益事业建设的，建设单位或者个人应当向乡、镇人民政府提出申请，由乡、镇人民政府报城市、县人民政府城乡规划主管部门核发乡村建设规划许可证。

在乡、村庄规划区内使用原有宅基地进行农村村民住宅建设的规划管理办法，由省、自治区、直辖市制定。

在乡、村庄规划区内进行乡镇企业、乡村公共设施和公益事业建设以及农村村民住宅建设，不得占用农用地；确需占用农用地的，应当依照《中华人民共和国土地管理法》有关规定办理农用地转用审批手续后，由城市、县人民政府城乡规划主管部门核发乡村建设规划许可证。

建设单位或者个人在取得乡村建设规划许可证后，方可办理用地审批手续。

第四十二条 城乡规划主管部门不得在城乡规划确定的建设用地范围以外作出规划许可。

第四十三条 建设单位应当按照规划条件进行建设；确需变更的，必须向城市、县人民政府城乡规划主管部门提出申请。变更内容不符合控制性详细规划的，城乡规划主管部门不得批准。城市、县人民政府城乡规划主管部门应当及时将依法变更后的规划条件通报同级土地主管部门并公示。

建设单位应当及时将依法变更后的规划条件报有关人民政府土地主管部门备案。

第四十四条 在城市、镇规划区内进行临时建设的，应当经城市、县人民政府城乡规划主管部门批准。临时建设影响近期建设规划或者控制性详细规划的实施以及交通、市容、安全等的，不得批准。

临时建设应当在批准的使用期限内自行拆除。

临时建设和临时用地规划管理的具体办法，由省、自治区、直辖市人民政府制定。

第四十五条 县级以上地方人民政府城乡规划主管部门按照国务院规定对建设工程是否符合规划条件予以核实。未经核实或者经核实不符合规划条件的，建设单位不得组织竣工验收。

建设单位应当在竣工验收后 6 个月内向城乡规划主管部门报送有关竣工验收资料。

第四章 城乡规划的修改

第四十六条 省域城镇体系规划、城市总体规划、镇总体规划的组织编制机关，应当组织有关部门和专家定期对规划实施情况进行评估，并采取论证会、听证会或者其他方式征求公众意见。组织编制机关应当向本级人民代表大会常务委员会、镇人民代表大会和原审批机关提出评估报告并附具征求意见的情况。

第四十七条 有下列情形之一的，组织编制机关方可按照规定的权限和程序修改省域城镇体系规划、城市总体规划、镇总体规划：

（一）上级人民政府制定的城乡规划发生变更，提出修改规划要求的；

（二）行政区划调整确需修改规划的；

（三）因国务院批准重大建设工程确需修改规划的；

（四）经评估确需修改规划的；

（五）城乡规划的审批机关认为应当修改规划的其他情形。

修改省域城镇体系规划、城市总体规划、镇总体规划前，组织编制机关应当对原规划的实施情况进行总结，并向原审批机关报告；修改涉及城市总体规划、镇总体规划强制性内容的，应当先向原审批机关提出专题报告，经同意后，方可编制修改方案。

修改后的省域城镇体系规划、城市总体规划、镇总体规划，应当依照本法第十三条、

第十四条、第十五条和第十六条规定的审批程序报批。

第四十八条 修改控制性详细规划的，组织编制机关应当对修改的必要性进行论证，征求规划地段内利害关系人的意见，并向原审批机关提出专题报告，经原审批机关同意后，方可编制修改方案。修改后的控制性详细规划，应当依照本法第十九条、第二十条规定的审批程序报批。控制性详细规划修改涉及城市总体规划、镇总体规划的强制性内容的，应当先修改总体规划。

修改乡规划、村庄规划的，应当依照本法第二十二条规定的审批程序报批。

第四十九条 城市、县、镇人民政府修改近期建设规划的，应当将修改后的近期建设规划报总体规划审批机关备案。

第五十条 在选址意见书、建设用地规划许可证、建设工程规划许可证或者乡村建设规划许可证发放后，因依法修改城乡规划给被许可人合法权益造成损失的，应当依法给予补偿。

经依法审定的修建性详细规划、建设工程设计方案的总平面图不得随意修改；确需修改的，城乡规划主管部门应当采取听证会等形式，听取利害关系人的意见；因修改给利害关系人合法权益造成损失的，应当依法给予补偿。

第五章 监 督 检 查

第五十一条 县级以上人民政府及其城乡规划主管部门应当加强对城乡规划编制、审批、实施、修改的监督检查。

第五十二条 地方各级人民政府应当向本级人民代表大会常务委员会或者乡、镇人民代表大会报告城乡规划的实施情况，并接受监督。

第五十三条 县级以上人民政府城乡规划主管部门对城乡规划的实施情况进行监督检查，有权采取以下措施：

（一）要求有关单位和人员提供与监督事项有关的文件、资料，并进行复制；

（二）要求有关单位和人员就监督事项涉及的问题作出解释和说明，并根据需要进入现场进行勘测；

（三）责令有关单位和人员停止违反有关城乡规划的法律、法规的行为。

城乡规划主管部门的工作人员履行前款规定的监督检查职责，应当出示执法证件。被监督检查的单位和人员应当予以配合，不得妨碍和阻挠依法进行的监督检查活动。

第五十四条 监督检查情况和处理结果应当依法公开，供公众查阅和监督。

第五十五条 城乡规划主管部门在查处违反本法规定的行为时，发现国家机关工作人员依法应当给予行政处分的，应当向其任免机关或者监察机关提出处分建议。

第五十六条 依照本法规定应当给予行政处罚，而有关城乡规划主管部门不给予行政处罚的，上级人民政府城乡规划主管部门有权责令其作出行政处罚决定或者建议有关人民政府责令其给予行政处罚。

第五十七条 城乡规划主管部门违反本法规定作出行政许可的，上级人民政府城乡规划主管部门有权责令其撤销或者直接撤销该行政许可。因撤销行政许可给当事人合法权益造成损失的，应当依法给予赔偿。

第六章 法 律 责 任

第五十八条 对依法应当编制城乡规划而未组织编制，或者未按法定程序编制、审批、修改城乡规划的，由上级人民政府责令改正，通报批评；对有关人民政府负责人和其他直接责任人员依法给予处分。

第五十九条　城乡规划组织编制机关委托不具有相应资质等级的单位编制城乡规划的，由上级人民政府责令改正，通报批评；对有关人民政府负责人和其他直接责任人员依法给予处分。

第六十条　镇人民政府或者县级以上人民政府城乡规划主管部门有下列行为之一的，由本级人民政府、上级人民政府城乡规划主管部门或者监察机关依据职权责令改正，通报批评；对直接负责的主管人员和其他直接责任人员依法给予处分：

（一）未依法组织编制城市的控制性详细规划、县人民政府所在地镇的控制性详细规划的；

（二）超越职权或者对不符合法定条件的申请人核发选址意见书、建设用地规划许可证、建设工程规划许可证、乡村建设规划许可证的；

（三）对符合法定条件的申请人未在法定期限内核发选址意见书、建设用地规划许可证、建设工程规划许可证、乡村建设规划许可证的；

（四）未依法对经审定的修建性详细规划、建设工程设计方案的总平面图予以公布的；

（五）同意修改修建性详细规划、建设工程设计方案的总平面图前未采取听证会等形式听取利害关系人的意见的；

（六）发现未依法取得规划许可或者违反规划许可的规定在规划区内进行建设的行为，而不予查处或者接到举报后不依法处理的。

第六十一条　县级以上人民政府有关部门有下列行为之一的，由本级人民政府或者上级人民政府有关部门责令改正，通报批评；对直接负责的主管人员和其他直接责任人员依法给予处分：

（一）对未依法取得选址意见书的建设项目核发建设项目批准文件的；

（二）未依法在国有土地使用权出让合同中确定规划条件或者改变国有土地使用权出让合同中依法确定的规划条件的；

（三）对未依法取得建设用地规划许可证的建设单位划拨国有土地使用权的。

第六十二条　城乡规划编制单位有下列行为之一的，由所在地城市、县人民政府城乡规划主管部门责令限期改正，处合同约定的规划编制费1倍以上2倍以下的罚款；情节严重的，责令停业整顿，由原发证机关降低资质等级或者吊销资质证书；造成损失的，依法承担赔偿责任：

（一）超越资质等级许可的范围承揽城乡规划编制工作的；

（二）违反国家有关标准编制城乡规划的。

未依法取得资质证书承揽城乡规划编制工作的，由县级以上地方人民政府城乡规划主管部门责令停止违法行为，依照前款规定处以罚款；造成损失的，依法承担赔偿责任。

以欺骗手段取得资质证书承揽城乡规划编制工作的，由原发证机关吊销资质证书，依照本条第一款规定处以罚款；造成损失的，依法承担赔偿责任。

第六十三条　城乡规划编制单位取得资质证书后，不再符合相应的资质条件的，由原发证机关责令限期改正；逾期不改正的，降低资质等级或者吊销资质证书。

第六十四条　未取得建设工程规划许可证或者未按照建设工程规划许可证的规定进行建设的，由县级以上地方人民政府城乡规划主管部门责令停止建设；尚可采取改正措施消除对规划实施的影响的，限期改正，处建设工程造价百分之五以上百分之十以下的罚款；无法采取改正措施消除影响的，限期拆除，不能拆除的，没收实物或者违法收入，可以并处建设工程造价百分之十以下的罚款。

第六十五条　在乡、村庄规划区内未依法取得乡村建设规划许可证或者未按照乡村建设规划许可证的规定进行建设的，由乡、镇人民政府责令停止建设、限期改正；逾期不改正的，可以拆除。

第六十六条　建设单位或者个人有下列行为之一的，由所在地城市、县人民政府城乡规划主管部门责令限期拆除，可以并处临时建设工程造价一倍以下的罚款：

（一）未经批准进行临时建设的；

（二）未按照批准内容进行临时建设的；

（三）临时建筑物、构筑物超过批准期限不拆除的。

第六十七条　建设单位未在建设工程竣工验收后六个月内向城乡规划主管部门报送有关竣工验收资料的，由所在地城市、县人民政府城乡规划主管部门责令限期补报；逾期不补报的，处一万元以上五万元以下的罚款。

第六十八条　城乡规划主管部门作出责令停止建设或者限期拆除的决定后，当事人不停止建设或者逾期不拆除的，建设工程所在地县级以上地方人民政府可以责成有关部门采取查封施工现场、强制拆除等措施。

第六十九条　违反本法规定，构成犯罪的，依法追究刑事责任。

第七章　附　　则

第七十条　本法自 2008 年 1 月 1 日起施行。《中华人民共和国城市规划法》同时废止。

(二)《中华人民共和国土地管理法》

(三)《城市国有土地使用权出让转让规划管理办法》

(四)《中华人民共和国环境保护法》（以下简称《环境保护法》）

(五)《中华人民共和国文物保护法》（以下简称《文物保护法》）

(六) 城市紫线、黄线、蓝线、绿线管理办法

（1）《城市紫线管理办法》

（2）《城市绿线管理办法》

（3）《城市绿线划定技术规范》GB/T 51163—2016

（4）《城市蓝线管理办法》

（5）《城市黄线管理办法》

二、城市规划技术规范

住房和城乡建设部先后出台了相关城市规划设计方面的技术性规范、标准，用以指导具体的城市规划，如城镇体系规划，县、镇域规划，开发区规划，居住区规划，各类城市基础设施规划，如道路交通规划的制定。

（一）《城市用地分类与规划建设用地标准》GB 50137—2011（以下简称《用地标准》）

新《用地标准》为住房和城乡建设部批准的国家标准，自 2012 年 1 月 1 日起施行。制定标准的目的在于统一全国城市用地分类，科学地编制、审批、实施城市规划，统筹城乡发展、合理经济地使用土地，保证城乡正常发展。该标准适用于设市的城乡规划和城市的总体规划工作和城市用地统计工作。

城市用地应按土地使用的主要性质进行划分和归类。

在"规划建设用地标准"一章中指出，编制和修订城乡规划和城市总体规划应以本标准作为城市建设用地（以下简称建设用地）的远期规划控制标准。城市建设用地应包括分类中的居住用地、公共管理与公共服务设施用地、商业服务业设施用地、工业用地、物流仓储用地、道路与交通设施用地、公用设施用地、绿地与广场用地八大类，不应包括水域和其他用地。

在计算建设用地标准时，人口计算范围必须与用地计算范围相一致，人口数宜以非农业人口数为准。

规划建设用地标准应包括规划人均建设用地指标、规划人均单项建设用地指标和规划建设用地结构三部分。

规划人均建设用地指标根据我国气候区划分相应地分为七级。同时，根据现状人均城市建设用地面积指标，允许采用的规划人均城市建设用地面积指标从 $65 \sim 115 m^2$ 不等。

新《用地标准》提出，编制和修订城市总体规划时，要确定四大类主要用地的规划人均单项用地指标，分别是：居住用地 $23 \sim 38 m^2 /$ 人；公共管理与公共服务设施用地 $\geqslant 5.5 m^2 /$ 人；道路与交通设施用地 $\geqslant 12 m^2 /$ 人；绿地与广场用地 $\geqslant 10 m^2 /$ 人，其中公园绿地 $\geqslant 8 m^2 /$ 人。

规划人均建设用地结构也按照上述五大类用地规定了具体的面积标准：居住用地 $25\% \sim 40\%$，工业用地 $15\% \sim 30\%$，道路与交通设施用地 $10\% \sim 25\%$，绿地与广场用地 $10\% \sim 15\%$，公共管理与公共服务设施用地 $5\% \sim 8\%$。

《用地标准》是编制和修订城市总体规划时，确定城市建设用地的远期规划控制标准的重要法定标准依据。

（二）《海绵城市建设评价标准》GB/T 51345—2018

海绵城市建设的技术路线与方法：技术路线由传统的"末端治理"转为"源头减排、过程控制、系统治理"；管控方法由传统的"快排"转为"渗、滞、蓄、净、用、排"，通过控制雨水的径流冲击负荷和污染负荷等，实现海绵城市建设的综合目标。

1. 基本规定

海绵城市建设的评价应以城市建成区为评价对象，对建成区范围内的源头减排项目、排水分区及建成区整体的海绵效应进行评价。其评价的结果应为以排水分区为单元进行统计，达到本标准要求的城市建成区面积占城市建成区总面积的比例。其评价内容由考核内容和考查内容组成，达到本标准要求的城市建成区应满足所有考核内容的要求，考查内容应进行评价但结论不影响评价结果的判定。

海绵城市建设评价应对典型项目、管网、城市水体等进行监测，以不少于 1 年的连续监测数据为基础，结合现场检查、资料查阅和模型模拟进行综合评价。

对源头减排项目实施有效性的评价，应根据建设目标、技术措施等，选择有代表性的典型项目进行监测评价。每类典型项目应选择 1～2 个监测项目，对接入市政管网、水体的溢流排水口或检查井处的排放水量、水质进行监测。

2. 评价内容

海绵城市建设效果从项目建设与实施的有效性、能否实现海绵效应等方面进行评价。

评价内容与要求中的年径流总量控制率及径流体积控制、源头减排项目实施有效性、路面积水控制与内涝防治、城市水体环境质量、自然生态格局管控与水体生态性岸线保护应为考核内容；地下水埋深变化趋势、城市热岛效应缓解应为考查内容。

(三)《城市居住区规划设计标准》GB 50180—2018

《城市居住区规划设计标准》自 1994 年 2 月 1 日起施行，2002 年、2016 年分别进行了两次局部修订。2018 年 12 月 1 日经过全面修订的该标准正式施行，其具体内容见本章第九节。

(四)《镇规划标准》GB 50188—2007

1. 镇村体系规划

(1) 镇域镇村体系规划应依据县（市）域城镇体系规划中确定的中心镇、一般镇的性质、职能和发展规模进行制定。

(2) 镇域镇村体系规划应包括以下主要内容：

1) 调查镇区和村庄的现状，分析其资源和环境等发展条件，预测一、二、三产业的发展前景以及劳力和人口的流向趋势；

2) 落实镇区规划人口规模，划定镇区用地规划发展的控制范围；

3) 根据产业发展和生活提高的要求，确定中心村和基层村，结合村民意愿，提出村庄的建设调整设想；

4) 确定镇域内主要道路交通，公用工程设施、公共服务设施以及生态环境、历史文化保护、防灾减灾防疫系统。

2. 镇区和村庄的规模分级

镇区和村庄的规划规模应按人口数量划分为特大、大、中、小型四级。

在进行镇区和村庄规划时，应以规划期末常住人口的数量按表 4-34 的分级确定级别。

规划规模分级（人）　　　　　　　　　　　　　　　　表 4-34

规划人口规模分级	镇　区	村　庄
特 大 型	＞50000	＞1000
大　型	30001～50000	601～1000
中　型	10001～30000	201～600
小　型	≤10000	≤200

3. 建设用地选择

(1) 建设用地应符合下列规定：

1) 应避开河洪、海潮、山洪、泥石流、滑坡、风灾、发震断裂等灾害影响以及生态敏感的地段；

  2）应避开水源保护区、文物保护区、自然保护区和风景名胜区；

  3）应避开有开采价值的地下资源和地下采空区以及文物埋藏区。

  （2）在不良地质地带严禁布置居住、教育、医疗及其他公众密集活动的建设项目。因特殊需要布置本条严禁建设以外的项目时，应避免改变原有地形、地貌和自然排水体系，并应制订整治方案和防止引发地质灾害的具体措施。

  4. 居住用地规划

  居住建筑的布置应根据气候、用地条件和使用要求，确定建筑的标准、类型、层数、朝向、间距、群体组合、绿地系统和空间环境，并应符合下列规定：

  （1）应符合所在省、自治区、直辖市人民政府规定的镇区住宅用地面积标准和容积率指标，以及居住建筑的朝向和日照间距系数。

  （2）应满足自然通风要求，在现行国家标准《建筑气候区划标准》GB 50178 的Ⅱ、Ⅲ、Ⅳ气候区，居住建筑的朝向应符合夏季防热和组织自然通风的要求。

  （五）《城乡规划工程地质勘察规范》CJJ 57—2012（节选）

3 基 本 规 定

3.0.1 城乡规划编制前，应进行工程地质勘察，并应满足不同阶段规划的要求。

3.0.2 规划勘察的等级可根据城乡规划项目重要性等级和场地复杂程度等级，按本规范附录 A 划分为甲级和乙级。

3.0.3 规划勘察应按总体规划、详细规划两个阶段进行。专项规划或建设工程项目规划选址，可根据规划编制需求和任务要求进行专项规划勘察。

3.0.4 规划勘察前应取得下列资料：

  1 规划勘察任务书；

  2 各规划阶段或专项规划的设计条件，包括城乡类别说明，规划区的范围、性质、发展规模、功能布局、路网布设、重点建设区或建设项目的总体布置和项目特点等；

  3 与规划阶段相匹配的规划区现状地形图、城乡规划图等。

4 总 体 规 划 勘 察

4.1 一般规定

4.1.1 总体规划勘察应以工程地质测绘和调查为主，并辅以必要的地球物理勘探、钻探、原位测试和室内试验工作。

4.1.2 总体规划勘察应调查规划区的工程地质条件，对规划区的场地稳定性和工程建设适宜性进行总体评价。

4.2 勘察要求

4.2.1 总体规划勘察应包括下列工作内容：

  1 搜集、整理和分析相关的已有资料、文献；

  2 调查地形地貌、地质构造、地层结构及地质年代、岩土的成因类型及特征等条件，划分工程地质单元；

  3 调查地下水的类型、埋藏条件、补给和排泄条件、动态规律、历史和近期最高水位，采取代表性的地表水和地下水试样进行水质分析；

4 调查不良地质作用、地质灾害及特殊性岩土的成因、类型、分布等基本特征，分析对规划建设项目的潜在影响并提出防治建议；

5 对地质构造复杂、抗震设防烈度 6 度及以上地区，分析地震后可能诱发的地质灾害；

6 调查规划区场地的建设开发历史和使用概况；

7 按评价单元对规划区进行场地稳定性和工程建设适宜性评价。

4.2.2 总体规划勘察前应搜集下列资料：

1 区域地质、第四纪地质、地震地质、工程地质、水文地质等有关的影像、图件和文件；

2 地形地貌、遥感影像、矿产资源、文物古迹、地球物理勘探等资料；

3 水文、气象资料，包括水系分布、流域范围、洪涝灾害以及风、气温、降水等；

4 历史地理、城址变迁、既有土地开发建设情况等资料；

5 已有地质勘探资料。

4.2.3 总体规划勘察的工程地质测绘和调查工作应符合本规范第 6 章的规定。

4.2.4 总体规划勘察的勘探点布置应符合下列规定：

1 勘探线、点间距可根据勘察任务要求及场地复杂程度等级，按表 4.2.4 确定；

2 每个评价单元的勘探点数量不应少于 3 个；

3 钻入稳定岩土层的勘探孔数量不应少于勘探孔总数的 1/3。

勘探线、点间距（m） 表 4.2.4

场地复杂程度等级	勘探线间距	勘探点间距
一级场地（复杂场地）	400～600	＜500
二级场地（中等复杂场地）	600～1000	500～1000
三级场地（简单场地）	800～1500	800～1500

4.2.5 总体规划勘察的勘探孔深度应满足场地稳定性和工程建设适宜性分析评价的需要，并应符合下列规定：

1 勘探孔深度不宜小于 30m，当深层地质资料缺乏时勘探孔深度应适当增加；

2 在勘探孔深度内遇基岩时，勘探孔深度可适当减浅；

3 当勘探孔底遇软弱土层时，勘探孔深度应加深或穿透软弱土层。

4.2.6 采取岩土试样和进行原位测试的勘探孔数量不应少于勘探孔总数的 1/2，必要时勘探孔宜全部采取岩土试样和进行原位测试。

4.2.7 总体规划勘察的不良地质作用和地质灾害调查应符合本规范第 7 章的规定。

4.3 分析与评价

4.3.1 总体规划勘察的资料整理、分析与评价应包括下列内容：

1 已有资料的分类汇总、综合研究；

2 现状地质环境条件、地震可能诱发的地质灾害程度；

3 各评价单元的场地稳定性；

4 各评价单元的工程建设适宜性；

5 工程建设活动与地质环境之间的相互作用、不良地质作用或人类活动可能引起的环境工程地质问题。

4.3.2 总体规划勘察应根据总体规划阶段的编制要求，结合各场地稳定性、工程建设适宜性的分析与评价成果，在规划区地质环境保护、防灾减灾、规划功能分区、建设项目布置等方面提出相关建议。

5 详细规划勘察

5.1 一般规定

5.1.1 详细规划勘察应根据场地复杂程度、详细规划编制对勘察工作的要求，采用工程地质测绘和调查、地球物理勘探、钻探、原位测试和室内试验等综合勘察手段。

5.1.2 详细规划勘察应在总体规划勘察成果的基础上，初步查明规划区的工程地质与水文地质条件，对规划区的场地稳定性和工程建设适宜性作出分析与评价。

5.2 勘察要求

5.2.1 详细规划勘察应包括下列工作内容：

1 搜集、整理和分析相关的已有资料；

2 初步查明地形地貌、地质构造、地层结构及成因年代、岩土主要工程性质；

3 初步查明不良地质作用和地质灾害的成因、类型、分布范围、发生条件，提出防治建议；

4 初步查明特殊性岩土的类型、分布范围及其工程地质特性；

5 初步查明地下水的类型和埋藏条件，调查地表水情况和地下水位动态及其变化规律，评价地表水、地下水、土对建筑材料的腐蚀性；

6 在抗震设防烈度 6 度及以上地区，评价场地和地基的地震效应；

7 对各评价单元的场地稳定性和工程建设适宜性作出工程地质评价；

8 对规划方案和规划建设项目提出建议。

5.2.2 详细规划勘察前应搜集下列资料：

1 总体规划勘察成果资料；

2 地貌、气象、水文、地质构造、地震、工程地质、水文地质和地下矿产资源等有关资料；

3 既有工程建设、不良地质作用和地质灾害防治工程的经验和相关资料；

4 详细规划拟定的城乡规划用地性质、对拟建各类建设项目控制指标和配套基础设施布置的要求。

5.2.3 详细规划勘察的工程地质测绘和调查工作应符合本规范第 6 章的规定。

5.2.4 详细规划勘察的勘探线、点的布置应符合下列规定：

1 勘探线宜垂直地貌单元边界线、地质构造带及地层分界线；

2 对于简单场地（三级场地），勘探线可按方格网布置；

3 规划有重大建设项目的场地，应按项目的规划布局特点，沿纵、横主控方向布置勘探线；

4 勘探点可沿勘探线布置，在每个地貌单元和不同地貌单元交界部位应布置勘探点，在微地貌和地层变化较大的地段、活动断裂等不良地质作用发育地段可适当加密；

5 勘探线、点间距可按表 5.2.4 确定。

勘探线、点间距（m） 表 5.2.4

场地复杂程度等级	勘探线间距	勘探点间距
一级场地（复杂场地）	100～200	100～200
二级场地（中等复杂场地）	200～400	200～300
三级场地（简单场地）	400～800	300～600

5.2.5 详细规划勘察的勘探孔可分一般性勘探孔和控制性勘探孔，其深度可按表5.2.5确定，并应满足场地稳定性和工程建设适宜性分析评价的要求。

勘探孔深度（m） 表 5.2.5

场地复杂程度等级	一般性勘探孔	控制性勘探孔
一级场地（复杂场地）	>30	>50
二级场地（中等复杂场地）	20～30	40～50
三级场地（简单场地）	15～20	30～40

注：勘探孔包括钻孔和原位测试孔。

5.2.6 控制性勘探孔不应少于勘探孔总数的1/3，且每个地貌单元或布置有重大建设项目地块均应有控制性勘探孔。

5.2.7 遇下列情况之一时，应适当调整勘探孔深度：

1 当场地地形起伏较大时，应根据规划整平地面高程调整孔深；

2 当遇有基岩时，控制性勘探孔应钻入稳定岩层一定深度，一般性勘探孔应钻至稳定岩层层面；

3 在勘探孔深度内遇有厚层、坚实的稳定土层时，勘探孔深度可适当减浅；

4 当有软弱下卧层时，控制性勘探孔的深度应适当加大，并应穿透软弱土层。

5.2.8 详细规划勘察采取岩土试样和原位测试工作应符合下列规定：

1 采取岩土试样和进行原位测试的勘探孔，宜在平面上均匀分布；

2 采取岩土试样和进行原位测试的勘探孔的数量宜占勘探孔总数的1/2，在布置有重大建设项目的地块或地段，采取岩土试样和进行原位测试的勘探孔不得少于6个；

3 各主要岩土层均应采取试样或取得原位测试数据；

4 采取岩土试样和原位测试的竖向间距，应根据地层特点和岩土层的均匀程度确定。

5.2.9 详细规划勘察的不良地质作用和地质灾害调查应符合本规范第7章的规定。

5.2.10 详细规划勘察的水文地质勘察应符合下列规定：

1 应调查对工程建设有较大影响的地下水埋藏条件、类型和补给、径流、排泄条件，各层地下水水位和变化幅度；

2 应采取代表性的水样进行腐蚀性分析，取样地点不宜少于3处；

3 当需绘制地下水等水位线时，应根据地下水的埋藏条件统一量测地下水位；

4 宜设置监测地下水变化的长期观测孔。

5.3 分析与评价

5.3.1 详细规划勘察资料的整理应采用定性与定量相结合的综合分析方法，对场地稳定性和工程建设适宜性应进行定性或定量分析。

5.3.2 详细规划勘察的分析与评价应包括下列内容：

1 地质环境条件对规划建设项目的影响；

2 不良地质作用和地质灾害及人类工程活动对规划建设项目的影响，并提出防治措施建议；

3 地下水类型和埋藏条件及对规划建设项目的影响；

4 各类建设用地的地基条件和施工条件；

5 各类建设用地的场地稳定性和工程建设适宜性。

5.3.3 详细规划勘察应根据详细规划编制要求，结合各场地稳定性、工程建设适宜性的分析与评价成果，提出下列建议：

1 拟建重大工程地基基础方案；

2 各类建设用地内适建、不适建或有条件允许建设的建筑类型和土地开发强度；

3 城市地下空间和地下资源开发利用条件；

4 各类拟规划建设项目的平面及竖向布置方案。

（六）《城市综合交通体系规划标准》GB/T 51328—2018

《城市综合交通体系规划标准》自 2019 年 3 月 1 日起实施。国家标准《城市道路交通规划设计规范》GB 50220—95、行业标准《城市道路绿化规划与设计规范》CJJ 75—97 的第 3.1 节和第 3.2 节同时废止。

2.0.10 当量小汽车 passenger car unit

以 4～5 座的小客车为标准车，作为各种类型车辆换算道路交通量的当量车种，单位为 pcu。不同车种的换算系数宜按本标准附录 A 第 A.0.1 条的规定取值。

4.0.1 城市综合交通体系应与城市空间布局协同规划，通过用地布局优化引导城市职住空间的匹配、合理布局城市各级公共与生活服务设施，将居民出行距离控制在合理范围内，并应符合下列规定：

1 城区的居民通勤出行平均出行距离宜符合表 4.0.1 的规定，规划人口规模超过 1000 万人及以上的超大城市可适当提高。

居民通勤出行（单程）平均出行距离的控制要求　　　　表 4.0.1

规划人口规模（万人）	≥500	300～500	100～300	50～100	<50
通勤出行距离（km）	≤9	≤7	≤6	≤5	≤4

2 城区内生活出行，采用步行与自行车交通的出行比例不宜低于 80%。

10　步行与非机动车交通

10.1　一般规定

10.1.1 步行与非机动车交通系统由各级城市道路的人行道、非机动车道、过街设施，步行与非机动车专用路（含绿道）及其他各类专用设施（如：楼梯、台阶、坡道、电扶梯、自动人行道等）构成。

10.1.3 步行与非机动车交通通过城市主干路及以下等级道路交叉口与路段时，应优先选择平面过街形式。

10.1.4 城市宜根据用地布局，设置步行与非机动车专用道路，并提高步行与非机动车交通系统的通达性。河流和山体分隔的城市分区之间，应保障步行与非机动车交通的基本连接。

10.1.5 城市内的绿道系统应与城市道路上布设的步行与非机动车通行空间顺畅衔接。

10.1.6 当机动车交通与步行交通或非机动车交通混行时，应通过交通稳静化措施，将机动车的行驶速度限制在行人或非机动车安全通行速度范围内。

10.2 步行交通

10.2.1 步行交通是城市最基本的出行方式。除城市快速路主路外，城市快速路辅路及其他各级城市道路红线内均应优先布置步行交通空间。

10.2.2 根据地形条件、城市用地布局和街区情况，宜设置独立于城市道路系统的人行道、步行专用通道与路径。

10.2.3 人行道最小宽度不应小于2.0m，且应与车行道之间设置物理隔离。

10.2.4 大型公共建筑和大、中运量城市公共交通站点800m范围内，人行道最小通行宽度不应低于4.0m；城市土地使用强度较高地区，各类步行设施网络密度不宜低于14km/km²，其他地区各类步行设施网络密度不应低于8km/km²。

10.2.5 人行道、行人过街设施应与公交车站、城市公共空间、建筑的公共空间顺畅衔接。

10.2.6 城市应结合各类绿地、广场和公共交通设施设置连续的步行空间；当不同地形标高的人行系统衔接困难时，应设置步行专用的人行梯道、扶梯、电梯等连接设施。

10.3 非机动车交通

10.3.2 适宜自行车骑行的城市和城市片区，除城市快速路主路外，城市快速路辅路及其他各级城市道路均应设置连续的非机动车道。并宜根据道路条件、用地布局与非机动车交通特征设置非机动车专用路。

10.3.3 适宜自行车骑行的城市和城市片区，非机动车道的布局与宽度应符合下列规定：

1 最小宽度不应小于2.5m；

2 城市土地使用强度较高和中等地区各类非机动车道网络密度不应低于8km/km²；

3 非机动车专用路、非机动车专用休闲与健身道、城市主次干路上的非机动车道，以及城市主要公共服务设施周边、客运走廊500m范围内城市道路上设置的非机动车道，单向通行宽度不宜小于3.5m，双向通行不宜小于4.5m，并应与机动车交通之间采取物理隔离；

4 不在城市主要公共服务设施周边及客运走廊500m范围内的城市支路，其非机动车道宜与机动车交通之间采取非连续性物理隔离，或对机动车交通采取交通稳静化措施。

10.3.4 当非机动车道内电动自行车、人力三轮车和物流配送非机动车流量较大时，非机动车道宽度应适当增加。

12 城 市 道 路

12.1 一般规定

12.1.2 城市道路系统规划应结合城市的自然地形、地貌与交通特征，因地制宜进行规划，并应符合以下原则：

1 与城市交通发展目标相一致，符合城市的空间组织和交通特征；

2 道路网络布局和道路空间分配应体现以人为本、绿色交通优先，以及窄马路、密路网、完整街道的理念；

3 城市道路的功能、布局应与两侧城市的用地特征、城市用地开发状况相协调；

4 体现历史文化传统，保护历史城区的道路格局，反映城市风貌；

5 为工程管线和相关市政公用设施布设提供空间；

6 满足城市救灾、避难和通风的要求。

12.1.3 承担城市通勤交通功能的公路应纳入城市道路系统统一规划。

12.1.4 中心城区内道路系统的密度不宜小于 8km/km²。

12.2 城市道路的功能等级

12.2.1 按照城市道路所承担的城市活动特征，城市道路应分为干线道路、支线道路，以及联系两者的集散道路三个大类；城市快速路、主干路、次干路和支路四个中类和八个小类。不同城市应根据城市规模、空间形态和城市活动特征等因素确定城市道路类别的构成，并应符合下列规定：

1 干线道路应承担城市中、长距离联系交通，集散道路和支线道路共同承担城市中、长距离联系交通的集散和城市中、短距离交通的组织。

2 应根据城市功能的连接特征确定城市道路中类。城市道路中类划分与城市功能连接、城市用地服务的关系应符合表12.2.1的规定。

不同连接类型与用地服务特征所对应的城市道路功能等级 表 12.2.1

连接类型	为沿线用地服务很少	为沿线用地服务较少	为沿线用地服务较多	直接为沿线用地服务
城市主要中心之间连接	快速路	主干路	—	—
城市分区（组团）间连接	快速路/主干路	主干路	主干路	—
分区（组团）内连接	—	主干路/次干路	主干路/次干路	—
社区级渗透性连接	—	—	次干路/支路	次干路/支路
社区到达性连接	—	—	支路	支路

12.2.2 城市道路小类划分应符合表12.2.2的规定。

城市道路功能等级划分与规划要求 表 12.2.2

大类	中类	小类	功能说明	设计速度（km/h）	高峰小时服务交通量推荐（双向pcu）
干线道路	快速路	Ⅰ级快速路	为城市长距离机动车出行提供快速、高效的交通服务	80～100	3000～12000
		Ⅱ级快速路	为城市长距离机动车出行提供快速交通服务	60～80	2400～9600
	主干路	Ⅰ级主干路	为城市主要分区（组团）间的中、长距离联系交通服务	60	2400～5600
		Ⅱ级主干路	为城市分区（组团）间中、长距离联系以及分区（组团）内部主要交通联系服务	50～60	1200～3600
		Ⅲ级主干路	为城市分区（组团）间联系以及分区（组团）内部中等距离交通联系提供辅助服务，为沿线用地服务较多	40～50	1000～3000

大类	中类	小类	功能说明	设计速度 （km/h）	高峰小时服务 交通量推荐 （双向 pcu）
集散 道路	次干路	次干路	为干线道路与支线道路的转换以及城市内中、短距离的地方性活动组织服务	30~50	300~2000
支线 道路	支路	Ⅰ级支路	为短距离地方性活动组织服务	20~30	—
		Ⅱ级支路	为短距离地方性活动组织服务的街坊内道路、步行、非机动车专用路等	—	—

12.3 城市道路网布局

12.3.3 干线道路系统应相互连通，集散道路与支线道路布局应符合不同功能地区的城市活动特征。

12.3.4 道路交叉口相交道路不宜超过 4 条。

12.3.5 城市中心区的道路网络规划应符合以下规定：

1 中心区的道路网络应主要承担中心区内的城市活动，并宜以Ⅲ级主干路、次干路和支路为主；

2 城市Ⅱ级主干路及以上等级干线道路不宜穿越城市中心区。

12.3.7 规划人口规模 100 万及以上的城市主要对外方向应有 2 条以上城市干线道路，其他对外方向宜有 2 条城市干线道路；分散布局的城市，各相邻片区、组团之间宜有 2 条以上城市干线道路。

12.3.8 带形城市应确保城市长轴方向的干线道路贯通，且不宜少于两条，道路等级不宜低于Ⅱ级主干路。

12.3.11 道路选线应避开泥石流、滑坡、崩塌、地面沉降、塌陷、地震断裂活动带等自然灾害易发区；当不能避开时，必须在科学论证的基础上提出工程和管理措施，保证道路的安全运行。

12.4 城市道路红线宽度与断面空间分配

12.4.1 城市道路的红线宽度应优先满足城市公共交通、步行与非机动车交通通行空间的布设要求，并应根据城市道路承担的交通功能和城市用地开发状况，以及工程管线、地下空间、景观风貌等布设要求综合确定。

12.4.2 城市道路红线宽度（快速路包括辅路），规划人口规模 50 万及以上城市不应超过 70m，20 万~50 万的城市不应超过 55m，20 万以下城市不应超过 40m。

12.4.3 城市道路红线宽度还应符合下列规定：

1 对城市公共交通、步行与非机动车，以及工程管线、景观等无特殊要求的城市道路，红线宽度取值应符合表 12.4.3 确定。

无特殊要求的城市道路红线宽度取值　　　　　　　表 12.4.3

道路分类	快速路(不包括辅路)		主干路			次干路	支路	
	Ⅰ	Ⅱ	Ⅰ	Ⅱ	Ⅲ		Ⅰ	Ⅱ
双向车道数（条）	4~8	4~8	6~8	4~6	4~6	2~4	2	—
道路红线宽度（m）	25~35	25~40	40~50	40~45	40~45	20~35	14~20	—

2 布设和预留城市轨道交通线路的城市道路，道路红线宽度应符合本标准第9.3.8条的规定；

3 布设有轨电车的道路，道路红线应符合本标准第9.4.3条的规定；

4 城市道路红线应符合本标准第10.2.3条、第10.2.4条和第10.3.3条规定的步行与非机动车道布设要求；

5 大件货物运输通道可按要求适度加宽车道和道路红线，满足大型车辆的通行要求；

6 城市应保护与延续历史街巷的宽度与走向。

12.4.4 道路横断面布置应符合所承载的交通特征，并应符合下列规定：

1 道路空间分配应符合不同运行速度交通的安全行驶要求；

2 城市道路的横断面布置应与道路承担的交通功能及交通方式构成一致；当道路横断面变化时，道路红线应考虑过渡段的设置要求；

3 设置公交港湾、人行立体过街设施、轨道交通站点出入口等的路段，不应压缩人行道和非机动车道的宽度，红线宜适当加宽；

4 城市Ⅰ级快速路可根据情况设置应急车道。

12.4.5 干线道路平面交叉口用地应在方便行人过街的基础上适度展宽。

12.4.7 全方式出行中自行车出行比例高于10%的城市，布设主要非机动车通道的次干路宜采用三幅路形式，对于自行车出行比例季节性变化大的城市宜采用单幅路；其他次干路可采用单幅路；支路宜采用单幅路。

12.5 干线道路系统

12.5.2 干线道路选择应满足下列规定：

1 不同规模城市干线道路的选择宜符合表12.5.2的规定；

城市干线道路等级选择要求 表12.5.2

规划人口规模（万人）	最高等级干线道路
≥200	Ⅰ级快速路或Ⅱ级快速路
100～200	Ⅱ级快速路或Ⅰ级主干路
50～100	Ⅰ级主干路
20～50	Ⅱ级主干路
≤20	Ⅲ级主干路

2 带形城市可参照上一档规划人口规模的城市选择。当中心城区长度超过30km时，宜规划Ⅰ级快速路；超过20km时，宜规划Ⅱ级快速路。

12.5.3 不同规划人口规模城市的干线道路网络密度可按表12.5.3规划。城市建设用地内部的城市干线道路的间距不宜超过1.5km。

不同规模城市的干线道路网络密度 表12.5.3

规划人口规模（万人）	干线道路网络密度（km/km²）
≥200	1.5～1.9
100～200	1.4～1.9
50～100	1.3～1.8
20～50	1.3～1.7
≤20	1.5～2.2

12.5.4 干线道路上的步行、非机动车道应与机动车道隔离。

12.5.5 干线道路不得穿越历史文化街区与文物保护单位的保护范围，以及其他历史地段。

12.5.6 干线道路桥梁与隧道车行道布置及路缘带宽度宜与衔接道路相同。

12.5.8 规划人口规模100万及以上的城市，放射性干线道路的断面应留有潮汐车道设置条件。

12.6 集散道路与支线道路

12.6.1 城市集散道路和支线道路系统应保障步行、非机动车和城市街道活动的空间，避免引入大量通过性交通。

12.6.3 城市不同功能地区的集散道路与支线道路密度，应结合用地布局和开发强度综合确定，街区尺度宜符合表12.6.3的规定。城市不同功能地区的建筑退线应与街区尺度相协调。

不同功能区的街区尺度推荐值   表 12.6.3

类别	街区尺度（m）		路网密度
	长	宽	（km/km²）
居住区	≤300	≤300	≥8
商业区与就业集中的中心区	100～200	100～200	10～20
工业区、物流园区	≤600	≤600	≥4

注：工业区与物流园区的街区尺度根据产业特征确定，对于服务型园区，街区尺度应小于300m，路网密度应大于8km/km²。

12.6.4 城市居住街坊内道路应优先设置为步行与非机动车专用道路。

12.8 城市道路绿化

12.8.1 城市道路绿化的布置和绿化植物的选择应符合城市道路的功能，不得影响道路交通的安全运行，并应符合下列规定：

  1 道路绿化布置应便于养护；

  2 路侧绿带宜与相邻的道路红线外侧其他绿地相结合；

  3 人行道毗邻商业建筑的路段，路侧绿带可与行道树绿带合并；

  4 道路两侧环境条件差异较大时，宜将路侧绿带集中布置在条件较好的一侧；

  5 干线道路交叉口红线展宽段内，道路绿化设置应符合交通组织要求；

  6 轨道交通站点出入口、公共交通港湾站、人行过街设施设置区段，道路绿化应符合交通设施布局和交通组织的要求。

12.8.2 城市道路路段的绿化覆盖率宜符合表12.8.2的规定。城市景观道路可在表12.8.2的基础上适度增加城市道路路段的绿化覆盖率；城市快速路宜根据道路特征确定道路绿化覆盖率。

城市道路路段绿化覆盖率要求   表 12.8.2

城市道路红线宽度（m）	＞45	30～45	15～30	＜15
绿化覆盖率（%）	20	15	10	酌情设置

注：城市快速路主辅路并行的路段，仅按照其辅路宽度适用上表。

12.9.1 承担城市防灾救援通道的道路应符合下列规定：

1 次干路及以上等级道路两侧的高层建筑应根据救援要求确定道路的建筑退线；

2 立体交叉口宜采用下穿式；

3 道路宜结合绿地与广场、空地布局；

4 7度地震设防的城市每个疏散方向应有不少于2条对外放射的城市道路；

5 承担城市防灾救援的通道应适当增加通道方向的道路数量。

13 停车场与公共加油加气站

13.1.2 停车场按停放车辆类型可分为非机动车停车场和机动车停车场；按用地属性可分为建筑物配建停车场和公共停车场。停车位按停车需求可分为基本车位和出行车位。

13.1.4 机动车停车场应规划电动汽车充电设施。公共建筑配建停车场、公共停车场应设置不少于总停车位10%的充电停车位。

13.2 非机动车停车场

13.2.2 公共交通站点及周边，非机动车停车位供给宜高于其他地区。

13.2.3 非机动车路内停车位应布设在路侧带内，但不应妨碍行人通行。

13.2.4 非机动车停车场可与机动车停车场结合设置，但进出通道应分开布设。

13.2.5 非机动车的单个停车位面积宜取 $1.5\sim1.8m^2$。

13.3 机动车停车场

13.3.3 机动车停车位供给应以建筑物配建停车场为主、公共停车场为辅。

13.3.4 建筑物配建停车位指标的制定应符合以下规定：

1 住宅类建筑物配建停车位指标应与城市机动车拥有量水平相适应；

2 非住宅类建筑物配建停车位指标应结合建筑物类型与所处区位差异化设置。医院等特殊公共服务设施的配建停车位指标应设置下限值，行政办公、商业、商务建筑配建停车位指标应设置上限值。

13.3.5 机动车公共停车场规划应符合以下规定：

1 规划用地总规模宜按人均 $0.5\sim1.0m^2$ 计算，规划人口规模100万及以上的城市宜取低值；

2 在符合公共停车场设置条件的城市绿地与广场、公共交通场站、城市道路等用地内可采用立体复合的方式设置公共停车场；

3 规划人口规模100万及以上的城市公共停车场宜以立体停车楼（库）为主，并应充分利用地下空间；

4 单个公共停车场规模不宜大于500个车位；

5 应根据城市的货车停放需求设置货车停车场，或在公共停车场中设置货车停车位（停车区）。

13.3.6 机动车路内停车位属临时停车位，其设置应符合以下规定：

1 不得影响道路交通安全及正常通行；

2 不得在救灾疏散、应急保障等道路上设置；

3 不得在人行道上设置；

4 应根据道路运行状况及时、动态调整。

13.3.7 地面机动车停车场用地面积，宜按每个停车位 $25\sim30m^2$ 计。停车楼（库）的建筑面积，宜按每个停车位 30～40m² 计。

附录 A 车辆换算系数

A.0.1 当量小汽车换算系数宜符合表 A.0.1 的规定。

当量小汽车换算系数 表 A.0.1

序号	车种	换算系数
1	自行车	0.2
2	两轮摩托	0.4
3	三轮摩托或微型汽车	0.6
4	小客车或小于 3t 的货车	1.0
5	旅行车	1.2
6	大客车或小于 9t 的货车	2.0
7	9t～15t 货车	3.0
8	铰接客车或大平板拖挂货车	4.0

习　题

4-1 (2021)1933 年拟定《雅典宪章》的国际组织是(　　)。

A　联合国教科文组织（UNESCO）　　　　B　国际古迹遗址理事会（ICOMOS）

C　国际现代建筑协会（CIAM）　　　　　D　国际建筑师协会（UIA）

4-2 (2021)历史文化遗产保护的三个层次是(　　)。

A　历史文化名城，历史文化街区，文物保护单位

B　历史文化名城，历史文化街区，文物建筑

C　历史文化街区，历史建筑，文物建筑

D　历史文化街区，历史建筑，世界文化遗产

4-3 (2021)下列哪部古籍的出现，标志着中国古代城市规划思想开始形成？(　　)

A　《梦溪笔谈》　　　B　《营造法式》　　　C　《园冶》　　　D　《周礼·考工记》

4-4 (2021)西宁新市区 2030 年战略规划图的空间结构模式是(　　)。

A　网格　　　　　　B　指状　　　　　　　C　带状　　　　　　D　组团

4 - 5　(2021)针对大城市过度膨胀所带来的弊病，提出有机疏散理论的是(　　)。

A　霍华德

B　赖特

C　柯布西耶

D　伊利尔·沙里宁

4 - 6　(2021)城市规划应努力创造一个综合的、多功能的生活环境，不要过分追求功能分区，这一主张出自(　　)。

A　《雅典宪章》

B　《马丘比丘宪章》

C　《威尼斯宪章》

D　《华盛顿宪章》

4 - 7　(2021)下图所示是中国古代哪个城市？(　　)

A　秦咸阳

B　汉长安

C　曹魏邺城

D　隋大兴

4 - 8　(2021)社区公共服务设施中，属于社会福利类设施的是(　　)。

A　公共卫生服务中心

B　公共活动场地

C　幼儿园

D　养老院

4 - 9　(2021)关于居住区儿童游戏场地规划设计的说法，正确的是(　　)。

A　场地越大越好，便于儿童集中活动

B　必须紧邻住宅布置

C　宜结合住区内的公共使用绿地布置

D　宜紧邻停车场布置

4 - 10　(2021)哪种情况居住区既有建筑可酌情降低日照标准？(　　)

A　在原建筑外增设设备设施

B　在原建筑外增加装修设施

C　在原建筑外增设安全设施

D　无障碍改造加装电梯

4 - 11　(2021)居住区规划中，能计入公共绿地的是(　　)。

A　宅旁绿地

B　道路绿地

C　满足日照要求的游憩绿地

D　公共配套设施绿地

4 - 12　(2021)下图对应的城市是(　　)。

A　巴西利亚　　　　B　昌迪加尔　　　　　C　巴塞罗那　　　　　D　威尼斯

4-13 **(2021)** 下图所示视觉秩序分析出自哪位城市设计师的研究?(　　)

A　凯文·林奇　　　　　　　　　　　B　卡米洛·西特

C　弗雷德里克·吉伯德　　　　　　　D　戈登·卡伦

4-14 (2021)哪个不是乔纳森·巴奈特在《作为公共政策的城市设计》中提出的观点？（　　）

A 日常决策过程才是城市设计真正的媒介　　B 设计城市而不是设计建筑物

C 城市设计是为了实现理想蓝图　　D 主要注重城市开发的连续性

4-15 (2021)研究城市空间和场所意向所采用的分析方法是（　　）。

A 认知地图分析　　B 视线视域分析

C 图形-背景分析　　D 序列视景分析

4-16 (2021)芦原义信在《外部空间设计》一书中，主要提出了哪组外部空间概念？（　　）

A 积极空间和消极空间　　B 公共空间和开放空间

C 私密空间和灰色空间　　D 开放空间和场所空间

4-17 (2021)城市抗震防灾规划中属于中心避难场所的是（　　）。

A 城市防灾公园　　B 临时避难绿地

C 紧急避难绿地　　D 隔离缓冲绿带

4-18 (2021)不能从源头截留、渗透和利用雨水径流的景观营造做法是（　　）。

A 植草浅沟　　B 雨水花园　　C 下凹绿地　　D 广场喷泉

4-19 (2021)景观设计中，关于绿道的说法，错误的是（　　）。

A 沿山脊自然走廊建立的线性开敞空间　　B 沿铁路人工走廊建立的线性开敞空间

C 线路局部连通，网状　　D 郊区绿道以步道为主，自行车道为辅

4-20 (2021)提出景观建筑师概念的奥姆斯特德的设计代表作品是（　　）。

A 伦敦海德公园　　B 巴塞罗那奎尔公园

C 纽约中央公园　　D 名古屋久屋大通公园

4-21 (2019)从春秋到明清，各朝都城布局都遵循的形制是（　　）。

A 里坊制　　B 城郭之制

C 开放式街巷制　　D 左祖右社之制

4-22 (2019)控制性详细规划阶段，规划五线中的紫线是指（　　）。

A 绿化保护线　　B 城市道路

C 文物保护线　　D 市政设施范围线

4-23 (2019)巴西利亚这座城市是体现了雅典宪章的经典作品，它是一个（　　）。

A 功能城市　　B 田园城市

C 广亩城市　　D 生态城市

4-24 (2019)城市森林公园、湿地、绿化隔离带属于（　　）。

A 公园绿地　　B 生产绿地

C 附属绿地　　D 其他绿地

4-25 (2019)如图所示路网布局属于典型集中式和环形放射布局的是（　　）。

A

B

C

D

4-26 (2019)20 世纪 30 年代在美国和欧洲出现了"邻里单位"的居住区规划思想，决定和控制"邻里单位"规模的是(　　)。

A　幼儿园
B　小学
C　商场
D　教堂

4-27 (2019)在居住区规划的技术经济指标中，不能体现居住环境质量的是(　　)。

A　人均居住用地
B　人均公共绿地
C　建筑密度
D　住宅套型

4-28 (2019)在下列古城中，可作为研究中国古代城市扩建问题的代表案例是(　　)。

A　曹魏邺城
B　元大都
C　宋代开封
D　秦都咸阳

4-29 (2019)居住区规划综合指标中必列的指标是(　　)。

A　高层住宅占比
B　住宅总建筑面积
C　人口密度
D　绿化覆盖率

4-30 (2019)《清明上河图》描绘的是哪个朝代的城市？(　　)

A　北宋东京
B　明南京
C　隋洛阳
D　唐长安

4-31 (2019)城市设计最基本的，也是最有特色的成果形式是(　　)。

A　概念
B　模型
C　导则
D　总图

4-32 (2019)下列控制性详细规划指标中，不属于规定性指标的是(　　)。

A　建筑形式
B　建筑密度
C　建筑退线
D　用地面积

4-33 (2019)凯文·林奇提出的城市意向地图的调查方法是一种(　　)。

A　层次分析法
B　线性规划法
C　价值评估法
D　感知评价法

4-34 (2019)为获得"山重水复疑无路，柳暗花明又一村"的空间体验，常用的景观设计手法是(　　)。

A　借景
B　障景
C　框景
D　对景

4-35 (2019)对热岛效应描述错误的是( )。

　A　白天比晚上明显　　　　　　　　　B　城市规模越大越明显

　C　不利于污染物扩散　　　　　　　　D　城市建成区气温高于外围郊区

4-36 (2019)总体规划中，属于禁建区的是( )。

　A　基本农田保护区　　　　　　　　　B　环境协调区

　C　绿化隔离区　　　　　　　　　　　D　城市生态绿地

4-37 (2019)生态城市规划设计中，不属于绿色出行方式的是( )。

　A　私家车交通　　　B　轨道　　　　C　自行车　　　　D　步行

4-38 (2019)城市生态规划属于城市规划内容中的( )。

　A　总体规划　　　B　区域规划　　　C　详细规划　　　D　专项规划

4-39 (2019)如题4-39图所示，雨花台烈士陵园的路径形式是( )。

题4-39图

　A　闭合　　　　　B　串联　　　　　C　并联　　　　　D　放射

4-40 (2019)结合风玫瑰图（题4-40图）分析，下列适合城市总体规划布局的是( )。

题4-40图

　A　(a)　　　　　B　(b)　　　　　C　(c)　　　　　D　(d)

4-41 当代城市规划思想方法的变革，下列哪项是错的?( )

　A　由单向封闭型的思想方法转向复合开放型的思想方法

　B　由最终理想状态的静态思想方法转向过程导控的动态思想方法

C 由刚性规划的思想方法转向弹性规划的思想方法

D 由引导性的思想方法转向指令性的思想方法

4-42 2014 年我国城市按人口规模划分为 5 类 7 档，特大城市是指市区和近郊区常住人口总数（　　）万人以上的城市。

A 100　　　　　　B 200　　　　　　C 300　　　　　　D 500

4-43 关于城市化的含义，下列内容中哪一项不确切？（　　）

A 人口职业的转变　　　　　　　　　　B 产业结构的转变

C 土地及地域空间的转变　　　　　　　D 第二产业向第三产业的转变

4-44 公用设施中，下列哪一项是错误的？（　　）

A 供应设施　　　B 环境设施　　　C 安全设施　　　D 公共服务设施

4-45 下列哪一项不属于城市建设用地 8 大类的内容？（　　）

A 居住用地　　　　　　　　　　　　　B 绿地与广场用地

C 道路与交通设施用地　　　　　　　　D 文化娱乐用地

4-46 在城市防洪标准中，下列哪项有误？（　　）

A 大城市应按 200 年一遇洪水位定标准

B 重要城市按 200～100 年一遇洪水位定标准

C 比较重要的城市按 100～50 年一遇洪水位定标准

D 一般城市按 50～20 年一遇洪水位定标准

4-47 防灾规划的重点是生命线系统的防灾措施，生命线系统的核心是（　　）。

A 交通运输　　　B 水供应　　　C 电力供应　　　D 信息情报

4-48 十分钟生活圈居住小区的人口规模应以多少人为宜？（　　）

A 1000～3000 人　　　　　　　　　　B 50000～100000 人

C 15000～25000 人　　　　　　　　　D 5000～12000 人

4-49 城市总体规划阶段的城市设计是研究城市总体空间形体环境的布局工作；在修建性详细规划阶段的城市设计是研究（　　）具体项目的空间形体环境的定位工作。

A 分区内　　　B 特定地段　　　C 重点地区　　　D 建设区

4-50 城市设计的五个重点区位是：边缘、（　　）、路径、区域、标志物。

A 重要地段　　　B 重要工程　　　C 节点　　　D 城市广场

4-51 我国春秋战国时代，在城市规划思想发展史上有一本从思想上完全打破了周礼单一模式束缚的名著是（　　）。

A 《墨子》　　　B 《孙子兵法》　　　C 《管子·立正篇》　　　D 《商君书》

4-52 城市总体规划图的图纸比例，大中城市与小城市分别应为（　　）。

A 1/15000 或 1/10000，1/5000

B 1/200000 或 1/10000，1/5000

C 1/25000 或 1/10000，1/5000

D 1/60000 或 1/20000，1/10000

4-53 关于十五分钟生活圈居住区合理规模的表述，下列哪一项是错的？（　　）

A 人口以 5 万～10 万为宜

B 满足居民生活需要的步行距离

C 居住区配套公建规模按居住建筑面积百分比计算

D 城市道路间距宜为 150～250m

4-54 根据《中华人民共和国土地管理法》规定，下列哪一种说法有误？（　　）

A 城市市区土地属于国家所有，即全民所有

B 农村和城市郊区的土地，属于农民集体所有

C 宅基地和自留地、自留山，属于农民集体所有

D 土地使用权可以依法转让

4-55 下列哪种说法不符合《城市国有土地使用权出让转让规划管理办法》？（ ）

A 城市国有土地使用权出让前，应当制定控制性详细规划

B 规划设计条件及附图，出让方和受让方不得擅自变更

C 受让方如需改变原规划设计条件，必须通过国土局批准

D 城市用地分等定级，应根据城市各地段的现状和规划要求等因素确定

4-56 下列哪一项内容不符合"城市紫线、黄线、蓝线管理办法"？（ ）

A 城市紫线是指城市规划确定的铁路用地的控制线

B 城市绿线是指城市各类绿地范围的控制线

C 城市蓝线是指城市规划确定的江、河、湖、渠和湿地等城市地表水体保护和控制的地域界限

D 城市黄线是指城市规划确定的基础设施用地的控制线

4-57 下列哪一项内容符合《镇规划标准》？（ ）

A 村庄、集镇，按其地位和职能分为基层村、一般镇、中心镇 3 个层次

B 镇区和村庄的规划规模应按人口数量划分为特大、大、中、小型 4 级

C 大型中心村＞1000 人，大型中心镇＞10000 人

D 村镇建设用地按照土地使用的主要性质划分为 8 大类

参考答案及解析

4-1 **解析**：1933 年国际现代建筑协会（CIAM）发表了《雅典宪章》。《雅典宪章》首先提出城市要与其周围影响地区作为一个整体来研究，城市规划的目的是解决居住、工作、游憩与交通四大活动的正常进行，城市规划的核心是解决好城市功能分区。

答案：C

4-2 **解析**：我国历史文化遗产保护体系的三个层次分为文物保护单位、历史文化街区、历史文化名城三个层次，根据这些保护对象的不同性质、特点，采取不同的保护原则和保护方法。

答案：A

4-3 **解析**：《周礼·考工记》是最早记载中国古代城市规划思想的著作，标志着中国古代城市规划思想开始形成。

答案：D

4-4 **解析**：西宁的城市空间结构模式呈带状，主要受地形、河流等自然因素的影响。

答案：C

4-5 **解析**：有机疏散理论是伊利尔·沙里宁为缓解由于城市过分集中所产生的弊病而提出的关于城市发展及其布局结构的理论。

答案：D

4-6 **解析**：《马丘比丘宪章》认为追求功能分区不能够牺牲城市的有机组织，要重视城市中人与人之间多方面的联系，努力去创造一个综合的多功能的生活环境。

答案：B

4-7 **解析**：图示为三国时的曹魏邺城，开创了一种布局规则严整、功能分区明确的里坊制城市格局：平面呈长方形，宫殿位于城北居中，全城作棋盘式分割，居民与市场纳入这些棋盘格中组成"里"。

答案：C

4-8 **解析**：社区公共服务设施可分为生活服务设施、社会管理设施、社会福利设施。社会福利设施

包括养老院、老人护理院、老年大学、残疾人康复中心、儿童福利院等设施。

答案：D

4-9 解析：C项，根据《住宅性能评定技术标准》GB/T 50362—2005第5.7.2条条文说明，儿童游乐场地应该在景观绿地中划出固定的区域，一般均为开敞式。游乐场地必须阳光充足，空气清洁，能避开强风的袭扰。应与住区的主要交通道路相隔一定距离，减少汽车噪声的影响并保障儿童的安全。

答案：C

4-10 解析：根据《城市居住区规划设计标准》GB 50180—2018第4.0.9条第2款规定，在原设计建筑外增加任何设施不应使相邻住宅原有日照标准降低，既有住宅建筑进行无障碍改造加装电梯除外。

答案：D

4-11 解析：根据《城市居住区规划设计标准》GB 50180—2018第2.0.7条规定，公共绿地是指为居住区配套建设、可供居民游憩或开展体育活动的公园绿地。

答案：C

4-12 解析：图示为巴西利亚，1957年巴西利亚开始建设，由巴西建筑师奥斯卡·尼迈耶担任总建筑师。城市布局骨架由东西向和南北向两条功能迥异的轴线相交构成。从空中鸟瞰，巴西利亚的城市布局像一架巨大的喷气式飞机。

答案：A

4-13 解析：卡米洛·西特的"视觉有序"理论：①主张将城市设计建立在对于城市空间感知的严格分析上，并通过大量的典型空间实例考察与研究，总结归纳出一系列城市建设的艺术原则与设计规律；②批评了当时盛行的形式主义的刻板模式，总结了中世纪城市空间艺术的有机和谐特点倡导了城市空间与自然环境相协调的基本原则，揭示了城镇建设的内在艺术构成规律。

答案：B

4-14 解析：巴奈特1974年出版的《作为公共政策的城市设计》指出，"设计城市而不是设计建筑物"，"日常的决策过程，才是城市设计真正的媒介"。他认为城市设计是公共性规划控制管理的总和，提出"城市设计是一个城市塑造的过程"，"要通过日复一日的连续的决策的过程创造出来，而不是建立完美的终极理论和理想蓝图。"

答案：C

4-15 解析：认知地图分析方法是从认知心理学领域中吸取的城市空间分析方法，还具体借鉴了社会学调查方法，是城市景观和场所意象的有效分析方法。

答案：A

4-16 解析：芦原义信在《外部空间设计》一书中，提出了"空间秩序""逆空间""积极空间与消极空间"和"加法空间与减法空间"等许多富有启发性的概念。

答案：A

4-17 解析：根据《防灾避难场所设计规范》GB 51143—2015（2021年版）第4.1.1条第1款规定，中心避难场所宜选择在与城镇外部有可靠交通连接、易于伤员转运和物资运送、并与周边避难场所有疏散道路联系的地段。城市防灾公园在严重灾害时，可转变成安置受灾居民、开展医疗救助和集散救灾物资的安全避难救灾场所，以及救灾人员驻扎地和遇难人员临时掩埋地，属于中心避难场所。

答案：A

4-18 解析：雨水渗透利用有很多方式，根据入渗量和入渗能力的不同，主要分为雨水的自然渗透和利用辅助设施渗透两种。利用方法有：①建造下凹式景观绿地，②设计渗透池与渗透沟，③扩大透水性铺装面积，④加大土壤蓄水量，⑤建设漏水型景观水体。广场喷泉不能从源头截留、渗透和利用雨水径流。

答案： D

4 - 19 **解析：** 根据《绿道规划设计导则》（建城函〔2016〕211 号）第 7.1.1 条第 4 款规定，绿道游径应根据现状情况灵活设置步行道、自行车道和步行骑行综合道。郊野型绿道以自行车道为主，宜设置步行骑行综合道。

答案： D

4 - 20 **解析：** 奥姆斯特德的代表作品有纽约中央公园、布鲁克林展望公园、波士顿翡翠项圈公园、北卡州比尔莫庄园、蒙特利尔皇家山、美国国会大厦广场、白宫庭院、华盛顿公园、杰克逊公园等。

答案： C

4 - 21 **解析：** 古代都城为了保护统治者的安全，有城与郭的设置。从春秋一直到明清，各朝的都城都有城郭之制，"筑城以卫君，造郭以守民"。城与郭，二者的职能很明确。城，用来保护国君；郭，用来看管人民。故 B 选项正确。

　　　　A 选项"里坊制"是中国古代主要的城市和乡村规划的基本单位与居住管理制度的复合体，起源于汉代的棋盘式街道，兴盛于三国时期。C 选项"开放式街巷制"始于北宋定都开封后，里坊制度瓦解，开放式街巷制形成。D 选项"左祖右社之制"出自《周礼·考工记》，虽然《周礼》的王城空间布局制度对古代城市具有一定影响，但不能把它作为一条贯穿古代城市规划的主线，因为这种影响并不是所有城市都体现出来的；例如春秋战国的齐临淄、燕下都、赵邯郸、郑韩故城均未采用"左祖右社之制"。

答案： B

4 - 22 **解析：** 城市规划五线包括："红线""绿线""蓝线""紫线"和"黄线"。"紫线"是指各类历史文化遗产与风景名胜资源保护控制线，包括各级重点文物保护单位、历史文化保护区、风景名胜区、历史建筑群、重要地下文物埋藏区等保护范围。A 选项属于"绿线"，D 选项属于"黄线"，B 选项"城市道路"不在城市规划五线之中。

答案： C

4 - 23 **解析：** 巴西利亚是《雅典宪章》"功能城市"的实践体现，在 1933 年出版的《光明城》一书中，勒·柯布西耶认为当时全球所有的城市都是垃圾，混乱、丑陋、毫无功能性，丝毫体现不出设计之美，功能之美。巴西利亚的规划体现了柯布西耶"形式理性主义"的规划思想和功能城市的精神，是当时以最新科学技术成就和艺术哲学观念解决城市建设问题的范例。

答案： A

4 - 24 **解析：** 参见《城市规划原理》（第四版）"2.1 城市绿地的分类"P433，其他绿地（G5）包括风景名胜区、水源保护区、郊野公园、森林公园、自然保护区、风景林地、城市绿化隔离带、野生动植物园、湿地、垃圾填埋场恢复绿地等。若按该教材作答，应为 D 选项。

　　　　若参考《城市绿地分类标准》CJJ/T 85—2017 第 2.0.4 条表 2.0.4-1，城市湿地公园和森林公园等具有特定主题内容的绿地属于其他专类公园（G139）。

答案： D

4 - 25 **解析：** 参见《城市规划原理》（第四版）"2.1 集中式布局的城市"P275，集中式的城市布局就是城市各项主要用地集中成片布置，其优点是便于设置较为完善的生活服务设施，城市各项用地紧凑、节约，有利于保证生产经济活动联系的效率和方便居民生活。集中式的城市布局又可划分为网格状和环形放射状两种类型。后者在大中城市比较常见，由放射形和环形的道路网组成，城市交通的通达性较好，有较强的向心紧凑发展的趋势，往往具有高密度、展示性、富有生命力的市中心；但最大的问题在于有可能造成市中心的拥挤和过度聚集，一般不适于小城市。C选项符合集中式中的环形放射状布局特征。

答案：C

4-26　解析： 参见《城市规划原理》（第四版）P33，"邻里单位"思想要求在较大的范围内统一规划居住区，使每一个"邻里单位"成为组成居住区的"细胞"。首先考虑的是幼儿上学不要穿越交通干道，"邻里单位"内要设置小学，以此决定并控制"邻里单位"的规模。

答案：B

4-27　解析： 居住区的环境指标包括：人口密度、套密度、人均居住用地面积、人均住宅建筑面积、绿地率、人均绿地面积、人均公共绿地面积、日照间距等。居住区的建设强度指标包括：容积率、建筑密度、总建筑面积等。居住区的环境质量体现在建设强度较低、人均占有绿化及各类建筑设施的面积较大方面，故 A、B、C 选项能体现居住环境质量。

答案：D

4-28　解析： 东京城（开封）发展至五代时，由于人口的快速增长，人口密度和建筑密度大为增加。五代后周世宗柴荣在显德二年（公元 955 年）四月发布改、扩建东京城的诏书，阐明扩建的原因和具体措施。之后宋代开封城按此诏书进行了有规划的城市改、扩建：扩大城市用地，改善旧城拥挤现象，疏浚运河，改善防火、绿化及公共卫生状况。这是中国古代城市规划思想的重大发展，成为研究中国古代城市改、扩建问题的代表性案例。

答案：C

4-29　解析： 参见《城市居住区规划设计标准》GB 50180—2018 "附录 A 技术指标与用地面积计算方法"表 A.0.3，各级生活圈居住区指标包括：总用地面积（住宅用地、配套设施用地、公共绿地、城市道路用地）、居住总人口、居住总套（户）数、住宅总建筑面积。其中并不包括 A、C、D 选项。

答案：B

4-30　解析： 张择端的《清明上河图》描绘的是北宋东京（开封）的街景，此画生动记录了当时的城市面貌和社会各阶层人民的生活状况；是北宋风俗画中仅存的精品，属国宝级文物，现藏于北京故宫博物院。

答案：A

4-31　解析： 参见《城市规划原理》（第四版）"4.2.3 城市设计导则"P606，城市设计最基本的，也是最有特色的成果形式是设计导则。

答案：C

4-32　解析： 参见《城市规划原理》（第四版）"第 2 节 规定性控制要素"P315，规定性指标（指令性指标）指该指标是必须遵照执行，不能更改。包括：用地性质、用地面积、建筑密度、建筑限高（上限）、建筑后退红线、容积率（单一或区间）、绿地率（下限）、交通出入口方位（机动车、人流、禁止开口路段）、停车泊位及其他公共设施（中小学、幼托、环卫、电力、电信、燃气设施等）。指导性指标（引导性指标）是指该指标是参照执行的，并不具有强制约束力。包括：人口容量，建筑形式、风格、体量、色彩要求，以及其他环境要求。B、C、D 选项均为规定性指标，而 A 选项为指导性指标。

答案：A

4-33　解析： 参见《城市意向》（凯文·林奇著）P134，我们使用了两个基本方法把可印象性的基本概念用于美国的城市：请一小批市民座谈他们的环境印象，以及对受过训练的观察者在现场的环境印象作系统的考察。所以，凯文·林奇最早采用认知地图的方法对人们头脑中记忆的城市形象进行研究，从而得出认知形象的一般特征。

答案：D

4-34　解析： 景观设计手法包括：主从与对比，对景与借景，隔景与障景，引导与暗示，渗透与延伸，尺度与比例，质感与肌理，节奏与韵律。A 选项"借景"是在视力所及的范围内，将好的景色组织到园林视线中；C 选项"框景"为利用门框、窗框等，有选择地摄取空间的优美景色，形成如嵌入镜框中的图画的造景手法；D 选项"对景"为从甲点观赏乙点，从乙点观赏甲点的手法。而 B 选项"障景"则是为引导游人转变方向而屏障景物的手法，最符合诗句的意境。

答案：B

4-35 解析：参见《城市规划原理》（第四版）P201，在大中城市，由于建筑密集，绿地、水面偏少，生产与生活活动过程散发大量的热量，出现市区气温比郊外要高的现象，即所谓"热岛效应"。

A 选项：相比于郊区，城市上空大气比较混浊，温室气体含量较高，从而增强了大气逆辐射，产生了保温作用。而郊区温室气体含量较少，保温作用不明显，日落后迅速降温。所以热岛效应主要表现在夜晚，此选项错误。

B 选项：因城市化是造成"热导效应"的内因，故城市规模越大，热岛效应也越明显；正确。

C 选项：由于热岛中心区域（城市建成区）的近地面气温高，大气做上升运动，与周围地区（郊区）形成气压差异，周围地区近地面大气向中心区辐射，从而在城市中心区域形成低压旋涡，造成大气污染物质在热岛中心区域聚集，故不利于污染物的扩散；正确。

D 选项：根据"热导效应"的定义，此选项正确。

答案：A

4-36 解析：参见《城市规划原理》（第四版）P297 表 13-4-1，禁止建设区包括自然与文化遗产核心区、风景名胜区核心区、文保单位保护范围、基本农田保护区、河湖湿地绝对生态控制区、城区绿线控制范围、铁路及城市干道绿化带、水源一级保护区及核心区、山区泥石流高易发区、坡度大于 25％或相对高度超过 250m 的山体、大型市政通道控制带，以及矿产资源的禁止开采区。查该表可知 B、D 选项属于适宜建设区中的低密度控制区，C 选项属于限制建设区。

答案：A

4-37 解析：绿色出行就是采用对环境影响较小的出行方式；既节约能源、提高能效、减少污染，又有益于健康，兼顾效率；包括：搭乘公共汽车、地铁等公共交通工具或者步行、骑自行车等。

答案：A

4-38 解析：参见《城市规划原理》（第四版）P177、P234、P256、P363，城市专项规划是对某一专项所进行的空间布局规划，包括城市交通与道路规划、城市生态与环境规划、城市工程设施规划、城乡住区规划、城市设计、城市更新与遗产保护规划等。

答案：D

4-39 解析：园林道路系统的布局形式包括：串联式、并联式、放射式等，雨花台为串联式，即由中间的主环路串联外围各景点。

答案：B

4-40 解析：参见《城市规划原理》（第四版）P198、P199，某城市地区累年风向频率、平均风速图，俗称风玫瑰。在城市规划布局中，为了减轻工业排放的有害气体对居住区的危害，一般工业区应按当地盛行风向位于居住区的下风向：（1）如果全年只有一个盛行风向，且与此相对的方向风频最小，或最小风频风向与盛行风向转换夹角大于 90°，则工业用地应放在最小风频的上风向，居住区位于其下风向；（2）如全年拥有两个方向的盛行风时，应避免使有污染的工业处于两盛行风向的上风方向，工业及居住区一般可布置在盛行风向的两侧。由题 6-20 图的风玫瑰图可知，当地主导风向为南北风向，工业区与居住区应避开主导风向，而布置于东西两侧。

答案：C

4-41 解析：参见《城市规划原理》（第四版）"第 4 节 当代城市规划思想方法的变革"P43～P45，（1）由单向封闭型的思想方法转向复合开放型的思想方法；（2）由最终理想状态的静态思想方法转向过程导控的动态思想方法；（3）由刚性规划的思想方法转向弹性规划的思想方法；

（4）由指令性的思想方法转向引导性的思想方法。故 D 选项的说法不正确。

答案：D

4-42 **解析：** 2014 年 11 月 20 日发布的《国务院关于调整城市规模划分标准的通知》，对原有城市规模划分标准进行了调整，明确了新的城市规模划分标准。将城市分为 5 类 7 档：

（1）城区常住人口 50 万以下的城市为小城市（其中 20 万以上 50 万以下的城市为Ⅰ型小城市，20 万以下的城市为Ⅱ型小城市）；

（2）城区常住人口 50 万以上 100 万以下的城市为中等城市；

（3）城区常住人口 100 万以上 500 万以下的城市为大城市（其中 300 万以上 500 万以下的城市为Ⅰ型大城市，100 万以上 300 万以下的城市为Ⅱ型大城市）；

（4）城区常住人口 500 万以上 1000 万以下的城市为特大城市；

（5）城区常住人口 1000 万以上的城市为超大城市。

答案：D

4-43 **解析：** 参见《城市规划原理》（第四版）"第 3 节 城镇化" P12，城镇化，也可以称为城市化；这一概念最简单的解释就是农业人口和农用土地向非农业人口和城市用地转化的现象及过程，具体包括以下几个方面：（1）人口职业的转变；（2）产业结构的转变；（3）土地及地域空间的转变。

答案：D

4-44 **解析：** 参见《城市用地分类与规划建设用地标准》GB 50137—2011 第 3.3.2 条表 3.3.2，公用设施用地（U）包括：供应（U1）、环境（U2）、安全设施用地（U3）及其他公用设施用地（U9）。D 选项并不包括在内。

答案：D

4-45 **解析：** 参见《城市用地分类与规划建设用地标准》GB 50137—2011 第 3.3.2 条表 3.3.2，城市建设用地共分为 8 大类、35 中类、42 小类，其中 8 大类分别为：居住用地（R）、公共管理与公共服务设施用地（A）、商业服务业设施用地（B）、工业用地（M）、物流仓储用地（W）、道路与交通设施用地（S）、公用设施用地（U）、绿地与广场用地（G）。D 选项不包括在 8 大类之内。

答案：D

4-46 **解析：** 参见《防洪标准》GB 50201—2014 第 4.2.1 条表 4.2.1。

城市防护区的防护等级和防洪标准 表 4.2.1

防护等级	重要性	常住人口（万人）	当量经济规模（万人）	防洪标准〔重现期（年）〕
Ⅰ	特别重要	≥150	≥300	≥200
Ⅱ	重要	<150，≥50	<300，≥100	200～100
Ⅲ	比较重要	<50，≥20	<100，≥40	100～50
Ⅳ	一般	<20	<20	50～20

表中没有出现 A 选项中的"大城市"防洪标准。

答案：A

4-47 **解析：**《城市规划原理》（第四版）P465，城市生命线系统由城市急救中心、疏运通道以及给水、供电、燃气、通信等设施组成。其中，电力供应是生命线系统的核心。

答案：C

4-48 **解析：** 参见《城市居住区规划设计标准》GB 50180—2018 第 2.0.3 条，十分钟生活圈居住区是以居民步行十分钟可满足其基本物质与生活文化需求为原则划分的居住区范围；一般由城市干路、支路或用地边界线所围合，居住人口规模为 15000～25000 人（约 5000～8000 套住宅），配套设施齐全的地区。

答案：C

4-49 解析：参见《城市规划原理》（第四版）第19章"4.2.3城市设计导则"，城市设计以公共利益作为设计目标，因此为了控制不同的机构和民间开发者的城市开发活动，在开发设计的评价和审查时，就必须以城市设计导则为标准，对城市某特定地段、特定设计要素提出基于整体的综合设计要求。因此，修建性详细规划阶段的城市设计是研究特定地段具体项目的空间形体环境的定位工作。

答案：B

4-50 解析：凯文·林奇在《城市意象》中将城市设计内容分为五类元素：道路、边界、地区、节点、地标。

答案：C

4-51 解析：参见《城市规划原理》（第四版）P20，《管子》是中国古代城市规划思想发展史上一本革命性的，也是极为重要的著作，它的意义在于打破了城市单一的周制布局模式，从城市功能出发，建立了理性思维和与自然环境和谐的准则，其影响极为深远；故C选项正确。A选项《墨子》著于春秋战国时期，书中记载了有关城市建设与攻防战术的内容，还记载了城市规模大小如何与城郊农田和粮食的储备保持相应的关系，以有利于城市的防守。B选项《孙子兵法》是战国时期的著作，越国范蠡就按照《孙子兵法》为国都规划选址。D选项《商君书》也是战国时期的重要著作，它主要阐述城市的发展及城市管理制度。

答案：C

4-52 解析：参见《城市规划编制办法实施细则》第七条"（二）城市总体规划的主要图纸"，城市现状图的图纸比例：大中城市为1/10000或1/25000；小城市为1/5000。故C选项正确。

答案：C

4-53 解析：参见《城市居住区规划设计标准》GB 50180—2018第5.0.3条，配套设施用地及建筑面积控制指标，应按照居住区分级对应的居住人口规模进行控制，并应符合表5.0.3的规定。故C选项错误。

第2.0.2条规定，十五分钟生活圈居住区是以居民步行十五分钟可满足其物质与生活文化需求为原则划分的居住区范围；一般由城市干路或用地边界线所围合，居住人口规模为50000～100000人（约17000～32000套住宅），配套设施完善的地区。故A、B选项正确。

第6.0.2条第1款规定，居住区应采取"小街区、密路网"的交通组织方式，路网密度不应小于8km/km²；城市道路间距不应超过300m，宜为150～250m，并应与居住街坊的布局相结合。故D选项正确。

答案：C

4-54 解析：《中华人民共和国土地管理法》第九条规定，城市市区的土地属于国家所有。农村和城市郊区的土地，除由法律规定属于国家所有的以外，属于农民集体所有；宅基地和自留地、自留山，属于农民集体所有。故A、C选项正确，B选项表述不完整。

第二条规定，中华人民共和国实行土地的社会主义公有制，即全民所有制和劳动群众集体所有制。全民所有，即国家所有土地的所有权由国务院代表国家行使。任何单位和个人不得侵占、买卖或者以其他形式非法转让土地。土地使用权可以依法转让。国家为了公共利益的需要，可以依法对土地实行征收或者征用并给予补偿。国家依法实行国有土地有偿使用制度。但是，国家在法律规定的范围内划拨国有土地使用权的除外。故D选项正确。

答案：B

4-55 解析：《城市国有土地使用权出让转让规划管理办法》第五条规定，出让城市国有土地使用权，出让前应当制定控制性详细规划。出让的地块，必须具有城市规划行政主管部门提出的规划设计条件及附图。故A选项正确。

第七条规定，城市国有土地使用权出让、转让合同必须附具规划设计条件及附图。规划设计条件及附图，出让方和受让方不得擅自变更。在出让、转让过程中确需变更的，必须经城市规划行政主管部门批准。故 B 选项正确。

第八条规定，城市用地分等定级应当根据城市各地段的现状和规划要求等因素确定。土地出让金的测算应当把出让地块的规划设计条件作为重要依据之一。在城市政府的统一组织下，城市规划行政主管部门应当和有关部门进行城市用地分等定级和土地出让金的测算。故 D 选项正确。

第十条规定，通过出让获得的土地使用权再转让时，受让方应当遵守原出让合同附具的规划设计条件，并由受让方向城市规划行政主管部门办理登记手续。受让方如需改变原规划设计条件，应当先经城市规划行政主管部门批准。C 选项"必须通过国土局批准"错误。

答案： C

4-56 **解析：** 《城市绿线管理办法》第二条说明，本办法所称城市绿线，是指城市各类绿地范围的控制线。《城市黄线管理办法》第二条说明，本办法所称城市黄线，是指对城市发展全局有影响的、城市规划中确定的、必须控制的城市基础设施用地的控制界线。《城市蓝线管理办法》第二条说明，本办法所称城市蓝线，是指城市规划确定的江、河、湖、库、渠和湿地等城市地表水体保护和控制的地域界线。《城市紫线管理办法》第二条说明，本办法所称城市紫线，是指国家历史文化名城内的历史文化街区和省、自治区、直辖市人民政府公布的历史文化街区的保护范围界线，以及历史文化街区外经县级以上人民政府公布保护的历史建筑的保护范围界线。故 A 选项错误。

答案： A

4-57 **解析：** 《镇规划标准》GB 50188—2007 第 3.1.1 条规定，镇域镇村体系规划应依据县（市）域城镇体系规划中确定的中心镇、一般镇的性质、职能和发展规模进行制定。

第 3.1.2 条第 3 款规定，根据产业发展和生活提高的要求，确定中心村和基层村，结合村民意愿，提出村庄的建设调整设想。故 A 选项错误。

第 3.1.3 条规定，镇区和村庄的规划规模应按人口数量划分为特大、大、中、小型 4 级；故 B 选项正确。根据表 3.1.3，大型村庄 601～1000 人，大型镇区 30001～50000 人；故 C 选项错误。

第 4.1.1 条规定，镇用地应按土地使用的主要性质划分为：居住用地、公共设施用地、生产设施用地、仓储用地、对外交通用地、道路广场用地、工程设施用地、绿地、水域和其他用地 9 大类、30 小类；故 D 选项错误。

答案： B

第五章 建筑设计标准与规范

本章考试大纲：掌握国家和行业现行建筑设计规范、标准；掌握安全、绿色和可持续发展的设计与技术要求。

本章复习重点：《民用建筑设计统一标准》GB 50352—2019、《住宅设计规范》GB 50096—2011、《无障碍设计规范》GB 50703—2012、《城市公共厕所设计标准》CJJ 14—2016、《老年人照料设施建筑设计标准》JGJ 450—2018 以及各类建筑设计防火规范。此外，新近发布的有关安全、绿色和可持续发展的设计与技术相关的规范也有必要加以重视，如《绿色建筑评价标准》GB/T 50378—2019、《装配式住宅建筑设计标准》JGJ/T 398—2017、《装配式住宅设计选型标准》JGJ/T 494—2022、《民用建筑工程室内环境污染控制标准》GB 50325—2020、《既有建筑维护与改造通用规范》GB 550022—2021、《建筑节能与可再生能源利用通用规范》GB 55015—2021 等。

第一节 民用建筑设计标准与规范

本节内容包括《民用建筑设计统一标准》和民用建筑中常见类型的专用设计标准（民用建筑按使用功能可分为居住建筑和公共建筑两大类）。这类标准的编制重在满足建筑物的使用功能和安全、卫生等方面的基本要求，在学习过程中应侧重对强制性条文的理解与记忆。

一、《民用建筑设计统一标准》GB 50352—2019（节选）

3 建 筑 分 类

3.1.2 民用建筑按地上建筑高度或层数进行分类应符合下列规定：

1 建筑高度不大于 27.0m 的住宅建筑、建筑高度不大于 24.0m 的公共建筑及建筑高度大于 24.0m 的单层公共建筑为低层或多层民用建筑；

2 建筑高度大于 27.0m 的住宅建筑和建筑高度大于 24.0m 的非单层公共建筑，且高度不大于 100.0m 的，为高层民用建筑；

3 建筑高度大于 100.0m 为超高层建筑。

注：建筑防火设计应符合现行国家标准《建筑设计防火规范》GB 50016 有关建筑高度和层数计算的规定。

3.2.1 民用建筑的设计使用年限应符合表 3.2.1 的规定。

设计使用年限分类 表 3.2.1

类别	设计使用年限（年）	示例
1	5	临时性建筑
2	25	易于替换结构构件的建筑

类别	设计使用年限（年）	示例
3	50	普通建筑和构筑物
4	100	纪念性建筑和特别重要的建筑

注：此表依据《建筑结构可靠性设计统一标准》GB 50068，并与其协调一致。

4 规 划 控 制

4.2.1 建筑基地应与城市道路或镇区道路相邻接，否则应设置连接道路，并应符合下列规定：

1 当建筑基地内建筑面积小于或等于 3000m² 时，其连接道路的宽度不应小于 4.0m；

2 当建筑基地内建筑面积大于 3000m²，且只有一条连接道路时，其宽度不应小于 7.0m；当有两条或两条以上连接道路时，单条连接道路宽度不应小于 4.0m。

4.2.3 建筑物与相邻建筑基地及其建筑物的关系应符合下列规定：

1 建筑基地内建筑物的布局应符合控制性详细规划对建筑控制线的规定；

2 建筑物与相邻建筑基地之间应按建筑防火等国家现行相关标准留出空地或道路；

3 当相邻基地的建筑物毗邻建造时，应符合现行国家标准《建筑设计防火规范》GB 50016 的有关规定；

4 新建建筑物或构筑物应满足周边建筑物的日照标准；

条文说明：对于城市更新项目，"不得降低"日照标准分为两种情况：周边既有建筑物改造前满足日照标准的，应保证其改造后仍符合相关日照标准的要求；周边既有建筑物改造前未满足日照标准的，改造后不可再降低其原有的日照水平。

5 紧贴建筑基地边界建造的建筑物不得向相邻建筑基地方向开设洞口、门、废气排出口及雨水排泄口。

4.2.4 建筑基地机动车出入口位置，应符合所在地控制性详细规划，并应符合下列规定：

1 中等城市、大城市的主干路交叉口，自道路红线交叉点起沿线 70.0m 范围内不应设置机动车出入口；

2 距人行横道、人行天桥、人行地道（包括引道、引桥）的最近边缘线不应小于 5.0m；

3 距地铁出入口、公共交通站台边缘不应小于 15.0m；

4 距公园、学校及有儿童、老年人、残疾人使用建筑的出入口最近边缘不应小于 20.0m。

4.3.1 除骑楼、建筑连接体、地铁相关设施及连接城市的管线、管沟、管廊等市政公共设施以外，建筑物及其附属的下列设施不应突出道路红线或用地红线建造：

1 地下设施，应包括支护桩、地下连续墙、地下室底板及其基础、化粪池、各类水池、处理池、沉淀池等构筑物及其他附属设施等；

2 地上设施，应包括门廊、连廊、阳台、室外楼梯、凸窗、空调机位、雨篷、挑檐、装饰构架、固定遮阳板、台阶、坡道、花池、围墙、平台、散水明沟、地下室进风及排风口、地下室出入口、集水井、采光井、烟囱等。

4.3.2 经当地规划行政主管部门批准，既有建筑改造工程必须突出道路红线的建筑突出物应符合下列规定：

1 在人行道上空：

1）2.5m 以下，不应突出凸窗、窗扇、窗罩等建筑构件；2.5m 及以上突出凸窗、窗扇、窗罩时，其深度不应大于 0.6m。

2）2.5m 以下，不应突出活动遮阳；2.5m 及以上突出活动遮阳时，其宽度不应大于人行道宽度减 1.0m，并不应大于 3.0m。

3）3.0m 以下，不应突出雨篷、挑檐；3.0m 及以上突出雨篷、挑檐时，其突出的深度不应大于 2.0m。

4）3.0m 以下，不应突出空调机位；3.0m 及以上突出空调机位时，其突出的深度不应大于 0.6m。

2 在无人行道的路面上空，4.0m 以下不应突出凸窗、窗扇、窗罩、空调机位等建筑构件；4.0m 及以上突出凸窗、窗扇、窗罩、空调机位时，其突出深度不应大于 0.6m。

4.5.2 建筑高度的计算应符合下列规定：

2 下列突出物不计入建筑高度内：

1）局部突出屋面的楼梯间、电梯机房、水箱间等辅助用房占屋顶平面面积不超过 1/4 者；

2）突出屋面的通风道、烟囱、装饰构件、花架、通信设施等；

3）空调冷却塔等设备。

5 场 地 设 计

5.1.2 建筑间距应符合下列规定：

2 建筑间距应符合本标准第 7.1 节建筑用房天然采光的规定，有日照要求的建筑和场地应符合国家相关日照标准的规定。

5.2.1 基地道路应符合下列规定：

2 沿街建筑应设连通街道和内院的人行通道，人行通道可利用楼梯间，其间距不宜大于 80.0m；

5 基地内宜设人行道路，大型、特大型交通、文化、娱乐、商业、体育、医院等建筑，居住人数大于 5000 人的居住区等车流量较大的场所应设人行道路。

条文说明：小规模的居住小区由于车流量较小，可根据基地内条件设置人行道路，但 5000 人的居住区，每户按 3.2 人计，5000 人即为 1562 户，按每户 0.5 机动车停车位计算，5000 人的居住区应配置 780 辆机动车，车流量较大，为保证居住小区内的交通安全，有必要设置人行道，避免上下班出入高峰时行人无法通行。

5.2.2 基地道路设计应符合下列规定：

1 单车道路宽不应小于 4.0m，双车道路宽住宅区内不应小于 6.0m，其他基地道路宽不应小于 7.0m；

3 人行道路宽度不应小于 1.5m，人行道在各路口、入口处的设计应符合现行国家标准《无障碍设计规范》GB 50763 的相关规定；

4 道路转弯半径不应小于 3.0m，消防车道应满足消防车最小转弯半径要求；

5 尽端式道路长度大于 120.0m 时，应在尽端设置不小于 12.0m×12.0m 的回车场地。

5.2.4 建筑基地内地下机动车车库出入口与连接道路间宜设置缓冲段，缓冲段应从车库出入口坡道起坡点算起，并应符合下列规定：

    1 出入口缓冲段与基地内道路连接处的转弯半径不宜小于 5.5m；

    2 当出入口与基地道路垂直时，缓冲段长度不应小于 5.5m；

    3 当出入口与基地道路平行时，应设不小于 5.5m 长的缓冲段再汇入基地道路；

    4 当出入口直接连接基地外城市道路时，其缓冲段长度不宜小于 7.5m。

5.2.5

    2 无障碍停车设施要求如表 5.2.5：

无障碍停车位数量要求   表 5.2.5

类型	停车位数量		
	<50 辆	50～100 辆	>100 辆
城市广场	≥1 个	≥2 个	≥总停车数的 2%
城市绿地	≥1 个	≥2 个	≥总停车数的 2%
公共建筑	≥1 个		≥总停车数的 2%
居住区	≥总停车数的 0.5%，若设有多个停车场，每处≥1 个		

5.2.6 室外机动车停车场的出入口数量应符合下列规定：

    1 当停车数为 50 辆及以下时，可设 1 个出入口，宜为双向行驶的出入口；

    2 当停车数为 51 辆～300 辆时，应设置 2 个出入口，宜为双向行驶的出入口；

    3 当停车数为 301 辆～500 辆时，应设置 2 个双向行驶的出入口；

    4 当停车数大于 500 辆时，应设置 3 个出入口，宜为双向行驶的出入口。

5.2.7 室外机动车停车场的出入口设置应符合下列规定：

    1 大于 300 辆停车位的停车场，各出入口的间距不应小于 15.0m；

    2 单向行驶的出入口宽度不应小于 4.0m，双向行驶的出入口宽度不应小于 7.0m。

5.2.8 室外非机动车停车场应设置在基地边界线以内，出入口不宜设置在交叉路口附近，停车场布置应符合下列规定：

    1 停车场出入口宽度不应小于 2.0m；

    2 停车数大于等于 300 辆时，应设置不少于 2 个出入口；

    3 停车区应分组布置，每组停车区长度不宜超过 20.0m。

5.3.2 建筑基地内道路设计坡度应符合下列规定：

    1 基地内机动车道的纵坡不应小于 0.3%，且不应大于 8%，当采用 8% 坡度时，其坡长不应大于 200.0m。当遇特殊困难纵坡小于 0.3% 时，应采取有效的排水措施；个别特殊路段，坡度不应大于 11%，其坡长不应大于 100.0m，在积雪或冰冻地区不应大于 6%，其坡长不应大于 350.0m；横坡宜为 1%～2%。

    2 基地内非机动车道的纵坡不应小于 0.2%，最大纵坡不宜大于 2.5%；困难时不应大于 3.5%，当采用 3.5% 坡度时，其坡长不应大于 150.0m；横坡宜为 1%～2%。

    3 基地内步行道的纵坡不应小于 0.2%，且不应大于 8%，积雪或冰冻地区不应大于 4%；横坡应为 1%～2%；当大于极限坡度时，应设置为台阶步道。

5.4.2 地下建筑顶板上的绿化工程应符合下列规定：

1 地下建筑顶板上的覆土层宜采取局部开放式，开放边应与地下室外部自然土层相接；并应根据地下建筑顶板的覆土厚度，选择适合生长的植物。

2 地下建筑顶板设计应满足种植覆土、综合管线及景观和植物生长的荷载要求。

3 应采用防根穿刺的建筑防水构造。

6 建 筑 物 设 计

6.1.3 多功能用途的公共建筑中，各种场所有可能同时使用同一出口时，在水平方向应按各部分使用人数叠加计算安全疏散出口和疏散楼梯的宽度；在垂直方向，地上建筑应按楼层使用人数最多一层计算以下楼层安全疏散楼梯的宽度，地下建筑应按楼层使用人数最多一层计算以上楼层安全疏散楼梯的宽度。

6.2.3 建筑出入口应根据场地条件、建筑使用功能、交通组织以及安全疏散等要求进行设置。

6.3.2 室内净高应按楼地面完成面至吊顶、楼板或梁底面之间的垂直距离计算；当楼盖、屋盖的下悬构件或管道底面影响有效使用空间时，应按楼地面完成面至下悬构件下缘或管道底面之间的垂直距离计算。

6.3.3 建筑用房的室内净高应符合国家现行相关建筑设计标准的规定，地下室、局部夹层、走道等有人员正常活动的最低处净高不应小于 2.0m。

6.4.7 地下室不应布置居室；当居室布置在半地下室时，必须采取满足采光、通风、日照、防潮、防霉及安全防护等要求的相关措施。

6.6.2 卫生器具配置的数量应符合国家现行相关建筑设计标准的规定。男女厕位的比例应根据使用特点、使用人数确定。在男女使用人数基本均衡时，男厕厕位（含大、小便器）与女厕厕位数量的比例宜为 1:1～1:1.5；在商场、体育场馆、学校、观演建筑、交通建筑、公园等场所，厕位数量比不宜小于 1:1.5～1:2。

6.6.4 厕所和浴室隔间的平面尺寸应根据使用特点合理确定，并不应小于表 6.6.4 的规定。交通客运站和大中型商店等建筑物的公共厕所，宜加设婴儿尿布台和儿童固定座椅。交通客运站厕位隔间应考虑行李放置空间，其进深尺寸宜加大 0.2m，便于放置行李。

厕所和浴室隔间的平面尺寸 表 6.6.4

类别	平面尺寸（宽度 m × 深度 m）
外开门的厕所隔间	0.9×1.2（蹲便器） 0.9×1.3（坐便器）
内开门的厕所隔间	0.9×1.4（蹲便器） 0.9×1.5（坐便器）
医院患者专用厕所隔间（外开门）	1.1×1.5（门闩应能里外开启）
无障碍厕所隔间（外开门）	1.5×2.0（不应小于 1.0×1.8）
外开门淋浴隔间	1.0×1.2（或 1.1×1.1）
内设更衣凳的淋浴隔间	1.0×（1.0+0.6）

6.6.5 卫生设备间距应符合下列规定：

1 洗手盆或盥洗槽水嘴中心与侧墙面净距不应小于 0.55m；居住建筑洗手盆水嘴中心与侧墙面净距不应小于 0.35m。

2 并列洗手盆或盥洗槽水嘴中心间距不应小于0.7m。

3 单侧并列洗手盆或盥洗槽外沿至对面墙的净距不应小于1.25m；居住建筑洗手盆外沿至对面墙的净距不应小于0.6m。

4 双侧并列洗手盆或盥洗槽外沿之间的净距不应小于1.8m。

5 并列小便器的中心距离不应小于0.7m，小便器之间宜加隔板，小便器中心距侧墙或隔板的距离不应小于0.35m，小便器上方宜设置搁物台。

6 单侧厕所隔间至对面洗手盆或盥洗槽的距离，当采用内开门时，不应小于1.3m；当采用外开门时，不应小于1.5m。

7 单侧厕所隔间至对面墙面的净距，当采用内开门时不应小于1.1m，当采用外开门时不应小于1.3m；双侧厕所隔间之间的净距，当采用内开门时不应小于1.1m，当采用外开门时不应小于1.3m。

8 单侧厕所隔间至对面小便器或小便槽的外沿的净距，当采用内开门时不应小于1.1m，当采用外开门时不应小于1.3m；小便器或小便槽双侧布置时，外沿之间的净距不应小于1.3m（小便器的进深最小尺寸为350mm）。

9 浴盆长边至对面墙面的净距不应小于0.65m；无障碍盆浴间短边净宽度不应小于2.0m，并应在浴盆一端设置方便进入和使用的坐台，其深度不应小于0.4m。

6.7.1 台阶设置应符合下列规定：

1 公共建筑室内外台阶踏步宽度不宜小于0.3m，踏步高度不宜大于0.15m，且不宜小于0.1m；

2 踏步应采取防滑措施；

3 室内台阶踏步数不宜少于2级，当高差不足2级时，宜按坡道设置；

4 台阶总高度超过0.7m时，应在临空面采取防护设施。

6.7.2 坡道设置应符合下列规定：

1 室内坡道坡度不宜大于1：8，室外坡道坡度不宜大于1：10；

2 当室内坡道水平投影长度超过15.0m时，宜设休息平台，平台宽度应根据使用功能或设备尺寸所需缓冲空间而定；

3 坡道应采取防滑措施；

4 当坡道总高度超过0.7m时，应在临空面采取防护设施；

6.7.3 阳台、外廊、室内回廊、内天井、上人屋面及室外楼梯等临空处应设置防护栏杆，并应符合下列规定：

1 栏杆应以坚固、耐久的材料制作，并应能承受现行国家标准《建筑结构荷载规范》GB 50009及其他国家现行相关标准规定的水平荷载。

2 当临空高度在24.0m以下时，栏杆高度不应低于1.05m；当临空高度在24.0m及以上时，栏杆高度不应低于1.1m。上人屋面和交通、商业、旅馆、医院、学校等建筑临开敞中庭的栏杆高度不应小于1.2m。

3 栏杆高度应从所在楼地面或屋面至栏杆扶手顶面垂直高度计算，当底面有宽度大于或等于0.22m，且高度低于或等于0.45m的可踏部位时，应从可踏部位顶面起算。

4 公共场所栏杆离地面0.1m高度范围内不宜留空。

6.7.4 住宅、托儿所、幼儿园、中小学及其他少年儿童专用活动场所的栏杆必须采取防止攀爬的构造。当采用垂直杆件做栏杆时，其杆件净间距不应大于 0.11m。

6.8.2 当一侧有扶手时，梯段净宽应为墙体装饰面至扶手中心线的水平距离，当双侧有扶手时，梯段净宽应为两侧扶手中心线之间的水平距离。当有凸出物时，梯段净宽应从凸出物表面算起。

6.8.3 梯段净宽除应符合现行国家标准《建筑设计防火规范》GB 50016 及国家现行相关专用建筑设计标准的规定外，供日常主要交通用的楼梯的梯段净宽应根据建筑物使用特征，按每股人流宽度为 0.55m＋(0～0.15)m 的人流股数确定，并不应少于两股人流。(0～0.15)m 为人流在行进中人体的摆幅，公共建筑人流众多的场所应取上限值。

6.8.4 当梯段改变方向时，扶手转向端处的平台最小宽度不应小于梯段净宽，并不得小于 1.2m。当有搬运大型物件需要时，应适量加宽。直跑楼梯的中间平台宽度不应小于 0.9m。

6.8.5 每个梯段的踏步级数不应少于 3 级，且不应超过 18 级。

6.8.6 楼梯平台上部及下部过道处的净高不应小于 2.0m，梯段净高不应小于 2.2m。

注：梯段净高为自踏步前缘（包括每个梯段最低和最高一级踏步前缘线以外 0.3m 范围内）量至上方突出物下缘间的垂直高度。

6.8.7 楼梯应至少于一侧设扶手，梯段净宽达三股人流时应两侧设扶手，达四股人流时宜加设中间扶手。

6.8.8 室内楼梯扶手高度自踏步前缘线量起不宜小于 0.9m。楼梯水平栏杆或栏板长度大于 0.5m 时，其高度不应小于 1.05m。

6.8.9 托儿所、幼儿园、中小学校及其他少年儿童专用活动场所，当楼梯井净宽大于 0.2m 时，必须采取防止少年儿童坠落的措施。

6.8.10 楼梯踏步的宽度和高度应符合表 6.8.10 的规定。

楼梯踏步最小宽度和最大高度（m） 表 6.8.10

楼梯类别		最小宽度	最大高度
住宅楼梯	住宅公共楼梯	0.260	0.175
	住宅套内楼梯	0.220	0.200
宿舍楼梯	小学宿舍楼梯	0.260	0.150
	其他宿舍楼梯	0.270	0.165
老年人建筑楼梯	住宅建筑楼梯	0.300	0.150
	公共建筑楼梯	0.320	0.130
托儿所、幼儿园楼梯		0.260	0.130
小学校楼梯		0.260	0.150
人员密集且竖向交通繁忙的建筑和大、中学校楼梯		0.280	0.165
其他建筑楼梯		0.260	0.175
超高层建筑核心筒内楼梯		0.250	0.180
检修及内部服务楼梯		0.220	0.200

注：螺旋楼梯和扇形踏步离内侧扶手中心 0.250m 处的踏步宽度不应小于 0.220m。

6.9.1 电梯设置应符合下列规定：

1 电梯不应作为安全出口；

3 高层公共建筑和高层宿舍建筑的电梯台数不宜少于2台，12层及12层以上的住宅建筑的电梯台数不应少于2台，并应符合现行国家标准《住宅设计规范》GB 50096的规定；

4 电梯的设置，单侧排列时不宜超过4台，双侧排列时不宜超过2排×4台；

7 电梯候梯厅的深度应符合表6.9.1的规定；

候梯厅深度 表6.9.1

电梯类别	布置方式	候梯厅深度
住宅电梯	单台	$\geqslant B$，且$\geqslant 1.5$m
	多台单侧排列	$\geqslant B_{max}$，且$\geqslant 1.8$m
	多台双侧排列	$\geqslant$相对电梯B_{max}之和，且<3.5m
公共建筑电梯	单台	$\geqslant 1.5B$，且$\geqslant 1.8$m
	多台单侧排列	$\geqslant 1.5B_{max}$，且$\geqslant 2.0$m 当电梯群为4台时应$\geqslant 2.4$m
	多台双侧排列	$\geqslant$相对电梯B_{max}之和，且<4.5m
病床电梯	单台	$\geqslant 1.5B$
	多台单侧排列	$\geqslant 1.5B_{max}$
	多台双侧排列	$\geqslant$相对电梯B_{max}之和

注：B为轿厢深度，B_{max}为电梯群中最大轿厢深度。

6.9.2 自动扶梯、自动人行道应符合下列规定：

1 自动扶梯和自动人行道不应作为安全出口。

2 出入口畅通区的宽度从扶手带端部算起不应小于2.5m，人员密集的公共场所其畅通区宽度不宜小于3.5m。

4 栏板应平整、光滑和无突出物；扶手带顶面距自动扶梯前缘、自动人行道踏板面或胶带面的垂直高度不应小于0.9m。

5 扶手带中心线与平行墙面或楼板开口边缘间的距离：当相邻平行交叉设置时，两梯（道）之间扶手带中心线的水平距离不应小于0.5m，否则应采取措施防止障碍物引起人员伤害。

6 自动扶梯的梯级、自动人行道的踏板或胶带上空，垂直净高不应小于2.3m。

7 自动扶梯的倾斜角不宜超过30°，额定速度不宜大于0.75m/s；当提升高度不超过6.0m，倾斜角小于等于35°时，额定速度不宜大于0.5m/s；当自动扶梯速度大于0.65m/s时，在其端部应有不小于1.6m的水平移动距离作为导向行程段。

8 倾斜式自动人行道的倾斜角不应超过12°，额定速度不应大于0.75m/s。当踏板的宽度不大于1.1m，并且在两端出入口踏板或胶带进入梳齿板之前的水平距离不小于1.6m时，自动人行道的最大额定速度可达到0.9m/s。

11 当自动扶梯或倾斜式自动人行道呈剪刀状相对布置时，以及与楼板、梁开口部位侧边交错部位，应在产生的锐角口前部1.0m范围内设置防夹、防剪的预警阻挡设施。

6.10.3 墙身防潮、防渗及防水等应符合下列规定：

1 砌筑墙体应在室外地面以上、位于室内地面垫层处设置连续的水平防潮层；室内相邻地面有高差时，应在高差处墙身贴邻土壤一侧加设防潮层；

2 室内墙面有防潮要求时，其迎水面一侧应设防潮层；室内墙面有防水要求时，其迎水面一侧应设防水层；

3 防潮层采用的材料不应影响墙体的整体抗震性能；

6.11.6 窗的设置应符合下列规定：

2 公共走道的窗扇开启时不得影响人员通行，其底面距走道地面高度不应低于 2.0m；

3 公共建筑临空外窗的窗台距楼地面净高不得低于 0.8m，否则应设置防护设施，防护设施的高度由地面起算不应低于 0.8m；

4 居住建筑临空外窗的窗台距楼地面净高不得低于 0.9m，否则应设置防护设施，防护设施的高度由地面起算不应低于 0.9m；

6.11.7 当凸窗窗台高度低于或等于 0.45m 时，其防护高度从窗台面起算不应低于 0.9m；当凸窗窗台高度高于 0.45m 时，其防护高度从窗台面起算不应低于 0.6m。

6.11.9 门的设置应符合下列规定：

3 双面弹簧门应在可视高度部分装透明安全玻璃；

4 推拉门、旋转门、电动门、卷帘门、吊门、折叠门不应作为疏散门；

6 全玻璃门应选用安全玻璃或采取防护措施，并应设防撞提示标志；

7 门的开启不应跨越变形缝；

8 当设有门斗时，门扇同时开启时两道门的间距不应小于 0.8m；

6.13.3 厕所、浴室、盥洗室等受水或非腐蚀性液体经常浸湿的楼地面应采取防水、防滑的构造措施，并设排水坡坡向地漏。有防水要求的楼地面应低于相邻楼地面 15.0mm。经常有水流淌的楼地面应设置防水层，宜设门槛等挡水设施，且应有排水措施，其楼地面应采用不吸水、易冲洗、防滑的面层材料，并应设置防水隔离层。

条文说明：对厕浴间、厨房等有水或有浸水可能的楼地面应采取防水构造和排水措施。防水层沿墙面处翻起高度不宜小于 250mm；遇门洞口处可采取防水层向外水平延展措施，延展宽度不宜小于 500mm，向外两侧延展宽度不宜小于 200mm。

6.14.2 屋面排水坡度应根据屋顶结构形式、屋面基层类别、防水构造形式、材料性能及当地气候等条件确定，且应符合表 6.14.2 的规定，并应符合下列规定：

1 屋面采用结构找坡时不应小于 3%，采用建筑找坡时不应小于 2%；

2 瓦屋面坡度大于 100% 以及大风和抗震设防烈度大于 7 度的地区，应采取固定和防止瓦材滑落的措施；

3 卷材防水屋面檐沟、天沟纵向坡度不应小于 1%，金属屋面集水沟可无坡度；

4 当种植屋面的坡度大于 20% 时，应采取固定和防止滑落的措施。

屋面的排水坡度 表 6.14.2

屋面类别		屋面排水坡度（%）
平屋面	防水卷材屋面	≥2、<5
瓦屋面	块瓦	≥30
	波形瓦	≥20
	沥青瓦	≥20

屋面类别		屋面排水坡度（%）
金属屋面	压型金属板、金属夹芯板	≥5
	单层防水卷材金属屋面	≥2
种植屋面	种植屋面	≥2、<50
采光屋面	玻璃采光顶	≥5

6.16.4

自然排放的烟道和排风道宜伸出屋面，同时应避开门窗和进风口。伸出高度应有利于烟气扩散，并应根据屋面形式、排出口周围遮挡物的高度、距离和积雪深度确定，伸出平屋面的高度不得小于0.6m。伸出坡屋面的高度应符合下列规定：

1 当烟道或排风道中心线距屋脊的水平面投影距离小于1.5m时，应高出屋脊0.6m；

2 当烟道或排风道中心线距屋脊的水平面投影距离为1.5m～3.0m时，应高于屋脊，且伸出屋面高度不得小于0.6m；

3 当烟道或排风道中心线距屋脊的水平面投影距离大于3.0m时，可适当低于屋脊，但其顶部与屋脊的连线同水平线之间的夹角不应大于10°，且伸出屋面高度不得小于0.6m。

7 室 内 环 境

7.1.3 有效采光窗面积计算应符合下列规定：

1 侧面采光时，民用建筑采光口离地面高度0.75m以下的部分不应计入有效采光面积；

2 侧窗采光口上部的挑檐、装饰板、防火通道及阳台等外部遮挡物在采光计算时，应按实际遮挡参与计算。

7.2.2 采用直接自然通风的空间，通风开口有效面积应符合下列规定：

1 生活、工作的房间的通风开口有效面积不应小于该房间地面面积的1/20；

2 厨房的通风开口有效面积不应小于该房间地板面积的1/10，并不得小于0.6m²；

3 进出风开口的位置应避免设在通风不良区域，且应避免进出风开口气流短路。

7.2.4 厨房、卫生间的门的下方应设进风固定百叶或留进风缝隙。

条文说明：厨房、卫生间门的下方常设有效面积不小于0.02m²的进风固定百叶或留有距地15mm高的进风缝是为了组织进风，促进室内空气循环。

住宅建筑室内允许噪声级[①]   表4

房间名称	允许噪声级（A声级，dB）	
	昼间	夜间
卧室	≤45	≤37
起居室（厅）	≤45	

---

① 此表为该标准7.4.1条文说明中表格。

住宅建筑空气声隔声标准^①　　　　　　　　　　　　　　　　表 5

构件名称	空气声隔声单值评价量＋频谱修正量（dB）	
分户墙、分户楼板	计权隔声量＋粉红噪声频谱修正量 $R_w + C$	＞45
分隔住宅和非居住用途空间的楼板	计权隔声量＋交通噪声频谱修正量 $R_w + C_{tr}$	＞51
交通干线两侧卧室、起居室（厅）的窗	计权隔声量＋交通噪声频谱修正量 $R_w + C_{tr}$	≥30
其他窗	计权隔声量＋交通噪声频谱修正量 $R_w + C_{tr}$	≥25

二、《住宅设计规范》GB 50096—2011（节选）

《住宅设计规范》为国家标准，自 2012 年 8 月 1 日起实施。原《住宅设计规范》GB 50096—1999（2003 年版）同时废止。

3　基　本　规　定

3.0.1　住宅设计应符合城镇规划及居住区规划的要求，并应经济、合理、有效地利用土地和空间。

3.0.2　住宅设计应使建筑与周围环境相协调，并应合理组织方便、舒适的生活空间。

3.0.3　住宅设计应以人为本，除应满足一般居住使用要求外，尚应根据需要满足老年人、残疾人等特殊群体的使用要求。

3.0.4　住宅设计应满足居住者所需的日照、天然采光、通风和隔声的要求。

3.0.5　住宅设计必须满足节能要求，住宅建筑应能合理利用能源。宜结合各地能源条件，采用常规能源与可再生能源结合的供能方式。

3.0.6　住宅设计应推行标准化、模数化及多样化，并应积极采用新技术、新材料、新产品，积极推广工业化设计、建造技术和模数应用技术。

3.0.7　住宅的结构设计应满足安全、适用和耐久的要求。

3.0.8　住宅设计应符合相关防火规范的规定，并应满足安全疏散的要求。

3.0.9　住宅设计应满足设备系统功能有效、运行安全、维修方便等基本要求，并应为相关设备预留合理的安装位置。

3.0.10　住宅设计应在满足近期使用要求的同时，兼顾今后改造的可能。

4　技术经济指标计算

4.0.1　住宅设计应计算下列技术经济指标：

　　——各功能空间使用面积（m²）；

　　——套内使用面积（m²/套）；

　　——套型阳台面积（m²/套）；

　　——套型总建筑面积（m²/套）；

---

①　此表为本标准 7.4.1 条文说明中表格。

——住宅楼总建筑面积（m²）。

4.0.2 计算住宅的技术经济指标，应符合下列规定：

1 各功能空间使用面积应等于各功能空间墙体内表面所围合的水平投影面积；

2 套内使用面积应等于套内各功能空间使用面积之和；

3 套型阳台面积应等于套内各阳台的面积之和；阳台的面积均应按其结构底板投影净面积的一半计算；

4 套型总建筑面积应等于套内使用面积、相应的建筑面积和套型阳台面积之和；

5 住宅楼总建筑面积应等于全楼各套型总建筑面积之和。

4.0.3 套内使用面积计算，应符合下列规定：

1 套内使用面积应包括卧室、起居室（厅）、餐厅、厨房、卫生间、过厅、过道、贮藏室、壁柜等使用面积的总和；

2 跃层住宅中的套内楼梯应按自然层数的使用面积总和计入套内使用面积；

3 烟囱、通风道、管井等均不应计入套内使用面积；

4 套内使用面积应按结构墙体表面尺寸计算；有复合保温层时，应按复合保温层表面尺寸计算；

5 利用坡屋顶内的空间时，屋面板下表面与楼板地面的净高低于1.20m的空间不应计算使用面积，净高在1.20～2.10m的空间应按1/2计算使用面积，净高超过2.10m的空间应全部计入套内使用面积；坡屋顶无结构顶层楼板，不能利用坡屋顶空间时不应计算其使用面积；

6 坡屋顶内的使用面积应列入套内使用面积中。

4.0.4 套型总建筑面积计算，应符合下列规定：

1 应按全楼各层外墙结构外表面及柱外沿所围合的水平投影面积之和求出住宅楼建筑面积，当外墙设外保温层时，应按保温层外表面计算；

2 应以全楼总套内使用面积除以住宅楼建筑面积得出计算比值；

3 套型总建筑面积应等于套内使用面积除以计算比值所得面积，加上套型阳台面积。

4.0.5 住宅楼的层数计算应符合下列规定：

1 当住宅楼的所有楼层的层高不大于3.00m时，层数应按自然层数计；

2 当住宅和其他功能空间处于同一建筑物内时，应将住宅部分的层数与其他功能空间的层数叠加计算建筑层数。当建筑中有一层或若干层的层高大于3.00m时，应对大于3.00m的所有楼层按其高度总和除以3.00m进行层数折算，余数小于1.50m时，多出部分不应计入建筑层数，余数大于或等于1.50m时，多出部分应按一层计算；

3 层高小于2.20m的架空层和设备层不应计入自然层数；

4 高出室外设计地面小于2.20m的半地下室不应计入地上自然层数。

5 套 内 空 间

5.1.1 住宅应按套型设计，每套住宅应设卧室、起居室（厅）、厨房和卫生间等基本功能空间。

5.1.2 套型的使用面积应符合下列规定：

1 由卧室、起居室（厅）、厨房和卫生间等组成的套型，其使用面积不应小于30m²；

2 由兼起居的卧室、厨房和卫生间等组成的最小套型，其使用面积不应小于22m²。

5.2.1 卧室的使用面积应符合下列规定：

1 双人卧室不应小于9m²；

2 单人卧室不应小于5m²；

3 兼起居的卧室不应小于12m²。

5.2.2 起居室（厅）的使用面积不应小于10m²。

5.2.3 套型设计时应减少直接开向起居厅的门的数量。起居室（厅）内布置家具的墙面直线长度宜大于3m。

5.2.4 无直接采光的餐厅、过厅等，其使用面积不宜大于10m²。

5.3.1 厨房的使用面积应符合下列规定：

1 由卧室、起居室（厅）、厨房和卫生间等组成的住宅套型的厨房使用面积，不应小于4.0m²；

2 由兼起居的卧室、厨房和卫生间等组成的住宅最小套型的厨房使用面积，不应小于3.5m²。

5.3.2 厨房宜布置在套内近入口处。

5.3.3 厨房应设置洗涤池、案台、炉灶及排油烟机、热水器等设施或为其预留位置。

5.3.4 厨房应按炊事操作流程布置。排油烟机的位置应与炉灶位置对应，并应与排气道直接连通。

5.3.5 单排布置设备的厨房净宽不应小于1.50m；双排布置设备的厨房其两排设备之间的净距不应小于0.90m。

5.4.1 每套住宅应设卫生间，应至少配置便器、洗浴器、洗面器三件卫生设备或为其预留设置位置及条件。三件卫生设备集中配置的卫生间的使用面积不应小于2.50m²。

5.4.2 卫生间可根据使用功能要求组合不同的设备。不同组合的空间使用面积应符合下列规定：

1 设便器、洗面器时不应小于1.80m²；

2 设便器、洗浴器时不应小于2.00m²；

3 设洗面器、洗浴器时不应小于2.00m²；

4 设洗面器、洗衣机时不应小于1.80m²；

5 单设便器时不应小于1.10m²。

5.4.3 无前室的卫生间的门不应直接开向起居室（厅）或厨房。

5.4.4 卫生间不应直接布置在下层住户的卧室、起居室（厅）、厨房和餐厅的上层。

5.4.5 当卫生间布置在本套内的卧室、起居室（厅）、厨房和餐厅的上层时，均应有防水和便于检修的措施。

5.5.1 住宅层高宜为2.80m。

5.5.2 卧室、起居室（厅）的室内净高不应低于2.40m，局部净高不应低于2.10m，且局部净高的室内面积不应大于室内使用面积的1/3。

5.5.3 利用坡屋顶内空间作卧室、起居室（厅）时，至少有1/2的使用面积的室内净高不应低于2.10m。

5.5.4 厨房、卫生间的室内净高不应低于2.20m。

5.5.5 厨房、卫生间内排水横管下表面与楼面、地面净距不得低于1.90m，且不得影响门、窗扇开启。

5.6.2 阳台栏杆设计必须采用防止儿童攀登的构造，栏杆的垂直杆件间净距不应大于0.11m，放置花盆处必须采取防坠落措施。

5.6.3 阳台栏板或栏杆净高，六层及六层以下不应低于1.05m；七层及七层以上不应低于1.10m。

5.7.1 套内入口过道净宽不宜小于1.20m；通往卧室、起居室（厅）的过道净宽不应小于1.00m；通往厨房、卫生间、贮藏室的过道净宽不应小于0.90m。

5.7.3 套内楼梯当一边临空时，梯段净宽不应小于0.75m；当两侧有墙时，墙面之间净宽不应小于0.90m，并应在其中一侧墙面设置扶手。

5.7.4 套内楼梯的踏步宽度不应小于0.22m；高度不应大于0.20m，扇形踏步转角距扶手中心0.25m处，宽度不应小于0.22m。

5.8.1 窗外没有阳台或平台的外窗，窗台距楼面、地面的净高低于0.90m时，应设置防护设施。

5.8.2 当设置凸窗时应符合下列规定：

1 窗台高度低于或等于0.45m时，防护高度从窗台面起算不应低于0.90m；

2 可开启窗扇窗洞口底距窗台面的净高低于0.90m时，窗洞口处应有防护措施。其防护高度从窗台面起算不应低于0.90m；

3 严寒和寒冷地区不宜设置凸窗。

5.8.7 各部位门洞的最小尺寸应符合表5.8.7的规定。

门洞最小尺寸

表5.8.7

类　别	洞口宽度（m）	洞口高度（m）	类　别	洞口宽度（m）	洞口高度（m）
共用外门	1.20	2.00	厨房门	0.80	2.00
户（套）门	1.00	2.00	卫生间门	0.70	2.00
起居室（厅）门	0.90	2.00	阳台门（单扇）	0.70	2.00
卧室门	0.90	2.00			

注：1. 表中门洞口高度不包括门上亮子高度，宽度以平开门为准。

2. 洞口两侧地面有高低差时，以高地面为起算高度。

6 共 用 部 分

6.1.1 楼梯间、电梯厅等共用部分的外窗，窗外没有阳台或平台，且窗台距楼面、地面的净高小于0.90m时，应设置防护设施。

6.1.2 公共出入口台阶高度超过0.70m并侧面临空时，应设置防护设施，防护设施净高不应低于1.05m。

6.1.3 外廊、内天井及上人屋面等临空处的栏杆净高，六层及六层以下不应低于1.05m，七层及七层以上不应低于1.10m。防护栏杆必须采用防止儿童攀登的构造，栏杆的垂直杆件间净距不应大于0.11m。放置花盆处必须采取防坠落措施。

6.1.4 公共出入口台阶踏步宽度不宜小于0.30m，踏步高度不宜大于0.15m，并不宜小于0.10m，踏步高度应均匀一致，并应采取防滑措施。台阶踏步数不应少于2级，当高差不足2级时，应按坡道设置；台阶宽度大于1.80m时，两侧宜设置栏杆扶手，高度应为0.90m。

6.2.1 十层以下的住宅建筑，当住宅单元任一层的建筑面积大于650m²，或任一套房的户门至安全出口的距离大于15m时，该住宅单元每层的安全出口不应少于2个。

6.2.2 十层及十层以上且不超过十八层的住宅建筑，当住宅单元任一层的建筑面积大于650m²，或任一套房的户门至安全出口的距离大于10m时，该住宅单元每层的安全出口不应少于2个。

6.2.3 十九层及十九层以上的住宅建筑，每层住宅单元的安全出口不应少于2个。

6.2.4 安全出口应分散布置，两个安全出口的距离不应小于5m。

6.2.5 楼梯间及前室的门应向疏散方向开启。

6.3.1 楼梯梯段净宽不应小于1.10m，不超过六层的住宅，一边设有栏杆的梯段净宽不应小于1.00m。

6.3.2 楼梯踏步宽度不应小于0.26m，踏步高度不应大于0.175m。扶手高度不应小于0.90m。楼梯水平段栏杆长度大于0.50m时，其扶手高度不应小于1.05m。楼梯栏杆垂直杆件间净空不应大于0.11m。

6.3.3 楼梯平台净宽不应小于楼梯梯段净宽，且不得小于1.20m。楼梯平台的结构下缘至人行通道的垂直高度不应低于2.00m。入口处地坪与室外地面应有高差，并不应小于0.10m。

6.3.4 楼梯为剪刀梯时，楼梯平台的净宽不得小于1.30m。

6.3.5 楼梯井净宽大于0.11m时，必须采取防止儿童攀滑的措施。

6.4.1 属下列情况之一时，必须设置电梯：

1 七层及七层以上住宅或住户入口层楼面距室外设计地面的高度超过16m时；

2 底层作为商店或其他用房的六层及六层以下住宅，其住户入口层楼面距该建筑物的室外设计地面高度超过16m时；

3 底层做架空层或贮存空间的六层及六层以下住宅，其住户入口层楼面距该建筑物的室外设计地面高度超过16m时；

4 顶层为两层一套的跃层住宅时，跃层部分不计层数，其顶层住户入口层楼面距该建筑物室外设计地面的高度超过16m时。

6.4.2 十二层及十二层以上的住宅，每栋楼设置电梯不应少于两台，其中应设置一台可容纳担架的电梯。

6.4.3 十二层及十二层以上的住宅每单元只设置一部电梯时，从第十二层起应设置与相邻住宅单元联通的联系廊。联系廊可隔层设置，上下联系廊之间的间隔不应超过五层。联系廊的净宽不应小于1.10m，局部净高不应低于2.00m。

6.4.4 十二层及十二层以上的住宅由两个及两个以上的住宅单元组成，且其中有一个或一个以上住宅单元未设置可容纳担架的电梯时，应从第十二层起设置与可容纳担架的电梯联通的联系廊。联系廊可隔层设置，上下联系廊之间的间隔不应超过五层。联系廊的净宽不应小于1.10m，局部净高不应低于2.00m。

6.4.5 七层及七层以上住宅电梯应在设有户门和公共走廊的每层设站。住宅电梯宜成组集中布置。

6.4.6 候梯厅深度不应小于多台电梯中最大轿厢的深度，且不应小于1.50m。

6.4.7 电梯不应紧邻卧室布置。当受条件限制，电梯不得不紧邻兼起居的卧室布置时，应采取隔声、减振的构造措施。

6.5.1 住宅中作为主要通道的外廊宜作封闭外廊，并应设置可开启的窗扇。走廊通道的净宽不应小于1.20m，局部净高不应低于2.00m。

6.6.1 七层及七层以上的住宅，应对下列部位进行无障碍设计：

   1 建筑入口；

   2 入口平台；

   3 候梯厅；

   4 公共走道。

6.6.3 七层及七层以上住宅建筑入口平台宽度不应小于2.00m，七层以下住宅建筑入口平台宽度不应小于1.50m。

6.9.1 卧室、起居室（厅）、厨房不应布置在地下室；当布置在半地下室时，必须对采光、通风、日照、防潮、排水及安全防护采取措施，并不得降低各项指标要求。

6.9.2 除卧室、起居室（厅）、厨房以外的其他功能房间可布置在地下室，当布置在地下室时，应对采光、通风、防潮、排水及安全防护采取措施。

6.9.3 住宅的地下室、半地下室做自行车库和设备用房时，其净高不应低于2.00m。

6.9.4 当住宅的地上架空层及半地下室做机动车停车位时，其净高不应低于2.20m。

6.9.6 直通住宅单元的地下楼、电梯间入口处应设置乙级防火门，严禁利用楼、电梯间为地下车库进行自然通风。

三、《托儿所、幼儿园建筑设计规范》JGJ 39—2016（2019年版）（节选）

1.0.2 本规范适用于新建、扩建、改建托儿所、幼儿园和相同功能的建筑设计。

1.0.3 托儿所、幼儿园的规模应符合表1.0.3-1的规定。

托儿所、幼儿园的规模　　　　　　　　　　表 1.0.3-1

规　模	托儿所（班）	幼儿园（班）
小型	1～3	1～4
中型	4～7	5～8
大型	8～10	9～12

3.1.3 托儿所、幼儿园的服务半径宜为300m。

3.2.2 四个班及以上的托儿所、幼儿园建筑应独立设置。三个班及以下时，可与居住、养老、教育、办公建筑合建，但应符合下列规定：

   1 此款删除；

   1A 合建的既有建筑应经有关部门验收合格，符合抗震、防火等安全方面的规定，其基地应符合本规范第3.1.2条规定；

   2 应设独立的疏散楼梯和安全出口；

   3 出入口处应设置人员安全集散和车辆停靠的空间；

   4 应设独立的室外活动场地，场地周围应采取隔离措施；

   5 建筑出入口及室外活动场地范围内应采取防止物体坠落措施。

3.2.3 托儿所、幼儿园应设室外活动场地，并应符合下列规定：

   1 幼儿园每班应设专用室外活动场地，人均面积不应小于2m²。各班活动场地之间宜采取分隔措施。

2 幼儿园应设全园共用活动场地，人均面积不应小于 $2m^2$。

2A 托儿所室外活动场地人均面积不应小于 $3m^2$。

2B 城市人口密集地区改、扩建的托儿所，设置室外活动场地确有困难时，室外活动场地人均面积不应小于 $2m^2$。

3 地面应平整、防滑、无障碍、无尖锐突出物，并宜采用软质地坪。

4 共用活动场地应设置游戏器具、沙坑、30m跑道等，宜设戏水池，储水深度不应超过 0.30m。游戏器具下地面及周围应设软质铺装。宜设洗手池、洗脚池。

5 室外活动场地应有1/2以上的面积在标准建筑日照阴影线之外。

3.2.8 托儿所、幼儿园的活动室、寝室及具有相同功能的区域，应布置在当地最好朝向，冬至日底层满窗日照不应小于 3h。

3.2.8A 需要获得冬季日照的婴幼儿生活用房窗洞开口面积不应小于该房间面积的20%。

4.1 一般规定

4.1.3 托儿所、幼儿园中的生活用房不应设置在地下室或半地下室。

4.1.3A 幼儿园生活用房应布置在三层及以下。

4.1.3B 托儿所生活用房应布置在首层。当布置在首层确有困难时，可将托大班布置在二层，其人数不应超过 60 人，并应符合有关防火安全疏散的规定。

4.1.4 托儿所、幼儿园的建筑造型和室内设计应符合幼儿的心理和生理特点。

4.1.5 托儿所、幼儿园建筑窗的设计应符合下列规定：

1 活动室、多功能活动室的窗台面距地面高度不宜大于 0.60m；

2 当窗台面距楼地面高度低于 0.90m 时，应采取防护措施，防护高度应从可踏部位顶面起算，不应低于 0.90m；

3 窗距离楼地面的高度小于或等于 1.80m 的部分，不应设内悬窗和内平开窗扇；

4 外窗开启扇均应设纱窗。

4.1.6 活动室、寝室、多功能活动室等幼儿使用的房间应设双扇平开门，门净宽不应小于 1.20m。

4.1.7 严寒地区托儿所、幼儿园建筑的外门应设门斗，寒冷地区宜设门斗。

4.1.8 幼儿出入的门应符合下列规定：

1 当使用玻璃材料时，应采用安全玻璃；

2 距离地面 0.60m 处宜加设幼儿专用拉手；

3 门的双面均应平滑、无棱角；

4 门下不应设门槛；平开门距离楼地面 1.20m 以下部分应设防止夹手设施；

5 不应设置旋转门、弹簧门、推拉门，不宜设金属门；

6 生活用房开向疏散走道的门均应向人员疏散方向开启，开启的门扇不应妨碍走道疏散通行；

7 门上应设观察窗，观察窗应安装安全玻璃。

4.1.9 托儿所、幼儿园的外廊、室内回廊、内天井、阳台、上人屋面、平台、看台及室外楼梯等临空处应设置防护栏杆，栏杆应以坚固、耐久的材料制作。防护栏杆的高度应从可踏部位顶面起算，且净高不应小于 1.30m。防护栏杆必须采用防止幼儿攀登和穿过的构造，当采用垂直杆件做栏杆时，其杆件净距离不应大于0.09m。

4.1.10 距离地面高度1.30m以下，婴幼儿经常接触的室内外墙面，宜采用光滑易清洁的材料；墙角、窗台、暖气罩、窗口竖边等阳角处应做成圆角。

4.1.11 楼梯、扶手和踏步等应符合下列规定：

1 楼梯间应有直接的天然采光和自然通风；

2 楼梯除设成人扶手外，应在梯段两侧设幼儿扶手，其高度宜为0.60m；

3 供幼儿使用的楼梯踏步高度宜为0.13m，宽度宜为0.26m；

4 严寒地区不应设置室外楼梯；

5 幼儿使用的楼梯不应采用扇形、螺旋形踏步；

6 楼梯踏步面应采用防滑材料，踏步踢面不应漏空，踏步面应做明显警示标识；

7 楼梯间在首层应直通室外。

4.1.12 幼儿使用的楼梯，当楼梯井净宽度大于0.11m时，必须采取防止幼儿攀滑措施。楼梯栏杆应采取不易攀爬的构造，当采用垂直杆件做栏杆时，其杆件净距不应大于0.09m。

4.1.13 幼儿经常通行和安全疏散的走道不应设有台阶，当有高差时，应设置防滑坡道，其坡度不应大于1：12。疏散走道的墙面距地面2m以下不应设有壁柱、管道、消火栓箱、灭火器、广告牌等突出物。

4.1.14 托儿所、幼儿园建筑走廊最小净宽不应小于表4.1.14的规定。

走廊最小净宽度（m）   表4.1.14

房间名称	走廊布置	
	中间走廊	单面走廊或外廊
生活用房	2.4	1.8
服务、供应用房	1.5	1.3

4.1.15 建筑室外出入口应设雨篷，雨篷挑出长度宜超过首级踏步0.50m以上。

4.1.16 出入口台阶高度超过0.30m，并侧面临空时，应设置防护设施，防护设施净高不应低于1.05m。

4.1.17 托儿所睡眠区、活动区，幼儿园活动室、寝室，多功能活动室的室内最小净高不应低于表4.1.17的规定。

室内最小净高（m）   表4.1.17

房间名称	最小净高
托儿所睡眠区、活动区	2.8
幼儿园活动室、寝室	3.0
多功能活动室	3.9

注：改、扩建的托儿所睡眠区和活动区室内净高不应小于2.6m。

4.1.17A 厨房、卫生间、试验室、医务室等使用水的房间不应设置在婴幼儿生活用房的上方。

4.1.17B 城市居住区按规划要求应按需配套设置托儿所。当托儿所独立设置有困难时，可联合建设。

4.2 托儿所生活用房

4.2.1 托儿所生活用房应由乳儿班、托小班、托大班组成，各班应为独立使用的生活单元。宜设公共活动空间。

4.2.4 托儿所和幼儿园合建时，托儿所应单独分区，并应设独立安全出入口，室外活动场地宜分开。

4.3 幼儿园生活用房

4.3.1 幼儿园的生活用房应由幼儿生活单元、公共活动空间和多功能活动室组成。公共活动空间可根据需要设置。

4.3.2 幼儿生活单元应设置活动室、寝室、卫生间、衣帽储藏间等基本空间。

4.3.3 幼儿园生活单元房间的最小使用面积不应小于表4.3.3的规定，当活动室与寝室合用时，其房间最小使用面积不应小于$105m^2$。

幼儿生活单元房间的最小使用面积（m^2） 表4.3.3

房间名称		房间最小使用面积
活动室		70
寝室		60
卫生间	厕所	12
	盥洗室	8
衣帽储藏间		9

4.3.4 单侧采光的活动室进深不宜大于6.60m。

4.3.5 设置的阳台或室外活动平台不应影响生活用房的日照。

4.3.13 卫生间所有设施的配置、形式、尺寸均应符合幼儿人体尺度和卫生防疫的要求。卫生洁具布置应符合下列规定：

　　1　盥洗池距地面的高度宜为0.50~0.55m，宽度宜为0.40~0.45m，水龙头的间距宜为0.55~0.60m；

　　2　大便器宜采用蹲式便器，大便器或小便器之间均应设隔板，隔板处应加设幼儿扶手。厕位的平面尺寸不应小于0.70m×0.80m（宽×深），坐式便器的高度宜为0.25~0.30m。

4.4 服务管理用房

4.4.2 托儿所、幼儿园建筑应设门厅，门厅内应设置晨检室和收发室，宜设置展示区、婴幼儿和成年人使用的洗手池、婴幼儿车存储等空间，宜设卫生间。

4.4.3 晨检室（厅）应设在建筑物的主入口处，并应靠近保健观察室。

4.5 供应用房

4.5.1 供应用房宜包括厨房、消毒室、洗衣间、开水间、车库等房间，厨房应自成一区，并与婴幼儿生活用房应有一定距离。

4.5.2A 厨房使用面积宜每人$0.40m^2$，且不应小于$12m^2$。

4.5.3 厨房加工间室内净高不应低于3.00m。

四、《中小学校设计规范》GB 50099—2011（节选）

4.1.1 中小学校应建设在阳光充足、空气流动、场地干燥、排水通畅、地势较高的宜建地段。校内应有布置运动场地和提供设置基础市政设施的条件。

4.1.4 城镇完全小学的服务半径宜为500m，城镇初级中学的服务半径宜为1000m。

4.1.5 学校周边应有良好的交通条件，有条件时宜设置临时停车场地。学校的规划布局应与生源分布及周边交通相协调。与学校毗邻的城市主干道应设置适当的安全设施，以保障学生安全跨越。

4.1.6 学校主要教学用房设置窗户的外墙与铁路路轨的距离不应小于300m，与高速路、地上轨道交通线或城市主干道的距离不应小于80m。当距离不足时，应采取有效的隔声措施。

4.1.7 学校周界外25m范围内已有邻里建筑处的噪声级不应超过现行国家标准规定的限值。

4.3.2 各类小学的主要教学用房不应设在四层以上，各类中学的主要教学用房不应设在五层以上。

4.3.3 普通教室冬至日满窗日照不应少于2h。

4.3.6 中小学校体育用地的设置应符合下列规定：

2 室外田径场及足球、篮球、排球等各种球类场地的长轴宜南北向布置。长轴南偏东宜小于20°，南偏西宜小于10°。

4.3.7 各类教室的外窗与相对的教学用房或室外运动场地边缘间的距离不应小于25m。

5.1.8 各教室前端侧窗窗端墙的长度不应小于1.00m。窗间墙宽度不应大于1.20m。

5.2.2 普通教室内的课桌椅布置应符合下列规定：

1 中小学校普通教室课桌椅的排距不宜小于0.90m，独立的非完全小学可为0.85m；

2 最前排课桌的前沿与前方黑板的水平距离不宜小于2.20m；

3 最后排课桌的后沿与前方黑板的水平距离应符合下列规定：

　　1）小学不宜大于8.00m；

　　2）中学不宜大于9.00m；

4 教室最后排座椅之后应设横向疏散走道；自最后排课桌后沿至后墙面或固定家具的净距不应小于1.10m；

5 中小学校普通教室内纵向走道宽度不应小于0.60m，独立的非完全小学可为0.55m；

6 沿墙布置的课桌端部与墙面或壁柱、管道等墙面突出物的净距不宜小于0.15m；

7 前排边座座椅与黑板远端的水平视角不应小于30°。

5.12.1 各类小学宜配置能容纳2个班的合班教室。当合班教室兼用于唱游课时，室内不应设置固定课桌椅，并应附设课桌椅存放空间。兼作唱游课教室的合班教室应对室内空间进行声学处理。

5.12.2 各类中学宜配置能容纳一个年级或半个年级的合班教室。

5.12.3 容纳3个班及以上的合班教室应设计为阶梯教室。

5.12.4 阶梯教室梯级高度依据视线升高值确定。阶梯教室的设计视点应定位于黑板底边缘的中点处。前后排座位错位布置时，视线的隔排升高值宜为0.12m。

5.12.6 合班教室课桌椅的布置应符合下列规定：

1 每个座位的宽度不应小于0.55m，小学座位排距不应小于0.85m，中学座位排距不应小于0.90m；

2 教室最前排座椅前沿与前方黑板间的水平距离不应小于2.50m，最后排座椅的前沿与前方黑板间的水平距离不应大于18.00m；

3 纵向、横向走道宽度均不应小于0.90m，当座位区内有贯通的纵向走道时，若设置靠墙纵向走道，靠墙走道宽度可小于0.90m，但不应小于0.60m；

4 最后排座位之后应设宽度不小于0.60m的横向疏散走道；

5 前排边座座椅与黑板远端间的水平视角不应小于30°。

6.2.24 学生宿舍不得设在地下室或半地下室。

6.2.25 宿舍与教学用房不宜在同一栋建筑中分层合建，可在同一栋建筑中以防火墙分隔贴建。学生宿舍应便于自行封闭管理，不得与教学用房合用建筑的同一个出入口。

6.2.26 学生宿舍必须男女分区设置，分别设出入口，满足各自封闭管理的要求。

6.2.29 学生宿舍每室居住学生不宜超过6人。居室每生占用使用面积不宜小于3.00m²。当采用单层床时，居室净高不宜低于3.00m；当采用双层床时，居室净高不宜低于3.10m；当采用高架床时，居室净高不宜低于3.35m。

注：居室面积指标内未计入储藏空间所占面积。

6.2.30 学生宿舍的居室内应设储藏空间，每人储藏空间宜为0.30~0.45m³，储藏空间的宽度和深度均不宜小于0.60m。

7.2.1 中小学校主要教学用房的最小净高应符合表7.2.1的规定。

主要教学用房的最小净高（m） 表7.2.1

教室	小学	初中	高中
普通教室、史地、美术、音乐教室	3.00	3.05	3.10
舞蹈教室	4.50		
科学教室、实验室、计算机教室、劳动教室、技术教室、合班教室	3.10		
阶梯教室	最后一排（楼地面最高处）距顶棚或上方突出物最小距离为2.20m		

8.1.5 临空窗台的高度不应低于0.90m。

8.2.1 中小学校内，每股人流的宽度应按0.60m计算。

8.2.2 中小学校建筑的疏散通道宽度最少应为2股人流，并应按0.60m的整数倍增加疏散通道宽度。

8.2.3 中小学校建筑的安全出口、疏散走道、疏散楼梯和房间疏散门等处每100人的净宽度应按表8.2.3计算。同时，教学用房的内走道净宽度不应小于2.40m，单侧走道及外廊的净宽度不应小于1.80m。

安全出口、疏散走道、疏散楼梯和房间疏散门每100人的净宽度（m） 表8.2.3

所在楼层位置	耐火等级		
	一、二级	三级	四级
地上一、二层	0.70	0.80	1.05
地上三层	0.80	1.05	—
地上四、五层	1.05	1.30	—
地下一、二层	0.80	—	—

8.2.4 房间疏散门开启后，每樘门净通行宽度不应小于0.90m。

8.3.1 中小学校的校园应设置2个出入口。出入口的位置应符合教学、安全、管理的需要，出入口的布置应避免人流、车流交叉。有条件的学校宜设置机动车专用出入口。

8.3.2 中小学校校园出入口应与市政交通衔接，但不应直接与城市主干道连接。校园主要出入口应设置缓冲场地。

8.4.3 校园道路每通行100人道路净宽为0.70m，每一路段的宽度应按该段道路通达的建筑物容纳人数之和计算，每一路段的宽度不宜小于3.00m。

8.5.1 校园内除建筑面积不大于200m²，人数不超过50人的单层建筑外，每栋建筑应设置2个出入口。非完全小学内，单栋建筑面积不超过500m²，且耐火等级为一、二级的低层建筑可只设1个出入口。

8.5.2 教学用房在建筑的主要出入口处宜设门厅。

8.5.3 教学用建筑物出入口净通行宽度不得小于1.40m，门内与门外各1.50m范围内不宜设置台阶。

8.6.2 中小学校的建筑物内，当走道有高差变化应设置台阶时，台阶处应有天然采光或照明，踏步级数不得少于3级，并不得采用扇形踏步。当高差不足3级踏步时，应设置坡道。坡道的坡度不应大于1∶8，不宜大于1∶12。

8.7.2 中小学校教学用房的楼梯梯段宽度应为人流股数的整数倍。梯段宽度不应小于1.20m，并应按0.60m的整数倍增加梯段宽度。每个梯段可增加不超过0.15m的摆幅宽度。

8.7.3 中小学校楼梯每个梯段的踏步级数不应少于3级，且不应多于18级，并应符合下列规定：

    1 各类小学楼梯踏步的宽度不得小于0.26m，高度不得大于0.15m；

    2 各类中学楼梯踏步的宽度不得小于0.28m，高度不得大于0.16m；

    3 楼梯的坡度不得大于30°。

8.7.4 疏散楼梯不得采用螺旋楼梯和扇形踏步。

8.7.5 楼梯两梯段间楼梯井净宽不得大于0.11m，大于0.11m时，应采取有效的安全防护措施。两梯段扶手间的水平净距宜为0.10～0.20m。

8.8.1 每间教学用房的疏散门均不应少于2个，疏散门的宽度应通过计算；同时，每樘疏散门的通行净宽度不应小于0.90m。当教室处于袋形走道尽端时，若教室内任一处距教室门不超过15.00m，且门的通行净宽度不小于1.50m时，可设1个门。

五、《文化馆建筑设计规范》JGJ 41—2014（节选）

3 选址和总平面

3.2.1 文化馆建筑的总平面设计应符合下列规定：

    1 功能分区应明确，群众活动区宜靠近主出入口或布置在便于人流集散的部位；

    2 人流和车辆交通路线应合理，道路布置应便于道具、展品的运输和装卸；

    3 基地至少应设有两个出入口，且当主要出入口紧邻城市交通干道时，应符合城乡规划的要求并应留出疏散缓冲距离。

3.2.2 文化馆建筑的总平面应划分静态功能区和动态功能区，且应分区明确、互不干扰，并应按人流和疏散通道布局功能区。静态功能区与动态功能区宜分别设置功能区的出入口。

3.2.3 文化馆应设置室外活动场地，并应符合下列规定：

　　1 应设置在动态功能区一侧，并应场地规整、交通方便、朝向较好；

　　2 应预留布置活动舞台的位置，并应为活动舞台及其设施设备预留必要的条件。

4 建 筑 设 计

4.1.4 文化馆的群众活动区域内应设置无障碍卫生间。

4.1.5 文化馆设置儿童、老年人的活动用房时，应布置在三层及三层以下，且朝向良好和出入安全、方便的位置。

4.1.6 群众活动用房应采用易清洁、耐磨的地面；严寒地区的儿童和老年人的活动室宜做暖性地面。

4.1.7 排演用房、报告厅、展览陈列用房、图书阅览室、教学用房、音乐、美术工作室等应按不同功能要求设置相应的外窗遮光设施。

4.2　群众活动用房

4.2.1 群众活动用房宜包括门厅、展览陈列用房、报告厅、排演厅、文化教室、计算机与网络教室、多媒体视听教室、舞蹈排练室、琴房、美术书法教室、图书阅览室、游艺用房等。

4.2.2 门厅应符合下列规定：

　　1 位置应明显，方便人流疏散，并具有明确的导向性；

　　2 宜设置具有交流展示功能的设施。

4.2.3 展览陈列用房应符合下列规定：

　　1 应由展览厅、陈列室、周转房及库房等组成，且每个展览厅的使用面积不宜小于65m²；小型馆的展览厅、陈列室宜与门厅合并布置；大型馆的陈列室宜与门厅或走廊合并布置；

　　2 展览厅内的参观路线应顺畅，并应设置可灵活布置的展板和照明设施；

　　3 宜以自然采光为主，并应避免眩光及直射光；

　　4 展览厅、陈列室的出入口的宽度和高度应满足安全疏散和搬运展品及大型版面的要求；

　　5 展墙、展柜应满足展物保护、环保、防潮、防淋及防盗的要求，并应保证展物的安全；

　　6 展墙、展柜应符合展览陈列品的规格要求，并应结构牢固耐用，材质和色彩应符合展览陈列品的特点；独立展柜、展台不应与地面固定；展柜的开启应方便、安全、可靠；

　　7 展览陈列厅宜预留多媒体及数字放映设备的安装条件；

　　8 展览陈列厅应满足展览陈列品的防霉、防蛀要求，并宜设置温度、湿度监测设施及防止虫菌害的措施；

　　9 展览厅、陈列室可按现行行业标准《博物馆建筑设计规范》JGJ 66执行。

4.2.4 报告厅应符合下列规定：

　　1 应具有会议、讲演、讲座、报告、学术交流等功能，也可用于娱乐活动和教学；

2 规模宜控制在300座以下，并应设置活动座椅，且每座使用面积不应小于1.0m²；

3 应设置讲台、活动黑板、投影幕等，并宜配备标准主席台和贵宾休息室；

4 应预留投影机、幻灯机、扩声系统等设备的安装条件，并应满足投影、扩声等使用功能要求；声学环境宜以建筑声学为主，且扩声指标不应低于现行国家标准《厅堂扩声系统设计规范》GB 50371中会议类二级标准的要求；

5 当规模较小或条件不具备时，报告厅宜与小型排演厅合并为多功能厅。

4.2.5 排演厅应符合下列规定：

1 排演厅宜包括观众厅、舞台、控制室、放映室、化妆间、厕所、淋浴更衣间等功能用房。

2 观众厅的规模不宜大于600座，观众厅的座椅排列和每座使用面积指标可按现行行业标准《剧场建筑设计规范》JGJ 57执行。当观众厅为300座以下时，可将观众厅做成水平地面、伸缩活动座椅。

3 当观众厅规模超过300座时，观众厅的座位排列、走道宽度、视线及声学设计、放映室及舞台设计，应符合现行国家标准《剧场建筑设计规范》JGJ 57、《剧场、电影院和多用途厅堂建筑声学设计规范》GB/T 50356的有关规定。

4 排演厅应配置电动升降吊杆、舞台灯光及音响等舞台设施。排演厅舞台高度应满足排练演出和舞台机械设备的安装尺度要求。

5 化妆间、淋浴更衣间等舞台附属用房应满足演出活动时演员的基本使用要求。

6 排演厅宜具备剧目排演、审查及电影放映等多种用途；当设置小型剧场或影剧院时，排演厅不宜再重复设置。

4.2.6 文化教室应包括普通教室（小教室）和大教室，并应符合下列规定：

1 普通教室宜按每40人一间设置，大教室宜按每80人一间设置，且教室的使用面积不应小于1.4m²/人；

2 文化教室课桌椅的布置及有关尺寸，不宜小于现行国家标准《中小学校设计规范》GB 50099有关规定；

3 普通教室及大教室均应设黑板、讲台，并应预留电视、投影等设备的安装条件；

4 大教室可根据使用要求设为阶梯地面，并应设置连排式桌椅。

4.2.7 计算机与网络教室应符合下列规定：

1 平面布置应符合现行国家标准《中小学校设计规范》GB 50099对计算机教室的规定，且计算机桌应采用全封闭双人单桌，操作台的布置应方便教学；

2 50座的教室使用面积不应小于73m²，25座的教室使用面积不应小于54 m²；

3 室内净高不应小于3.0m；

4 不应采用易产生粉尘的黑板；

5 各种管线宜暗敷设，竖向走线宜设管井；

6 宜北向开窗；

7 宜配置相应的管理用房；

8 宜与文化信息资源共享工程服务点、电子图书阅览室合并设置，且合并设置时，应设置国家共享资源接收终端，并应设置统一标识牌。

4.2.8 多媒体视听教室宜具备多媒体视听、数字电影、文化信息资源共享工程服务等功能，并应符合下列规定：

1 可按文化馆的规模和需求，分别设置或合并设置不同功能空间；

2 规模宜控制在每间100～200人，且当规模较小时，宜与报告厅等功能相近的空间合并设置；

3 应预留投影机、投影幕、扩声系统、播放机的安装条件；

4 室内装修应满足声学要求，且房间门应采用隔声门。

4.2.9 舞蹈排练室应符合下列规定：

1 宜靠近排演厅后台布置，并应设置库房、器材储藏室等附属用房；

2 每间的使用面积宜控制在80～200m²；用于综合排练室使用时，每间的使用面积宜控制在200～400m²；每间人均使用面积不应小于6m²；

3 室内净高不应低于4.5m；

4 地面应平整，且宜做有木龙骨的双层木地板；

5 室内与采光窗相垂直的一面墙上，应设置高度不小于2.10m（包括镜座）的通长照身镜，且镜座下方应设置不超过0.30m高的通长储物箱，其余三面墙上应设置高度不低于0.90m的可升降把杆，把杆距墙不宜小于0.40m；

6 舞蹈排练室的墙面应平直，室内不得设有独立柱及墙壁柱，墙面及顶棚不得有妨碍活动安全的突出物，采暖设施应暗装；

7 舞蹈排练室的采光窗应避免眩光，或设置遮光设施。

4.2.10 琴房应符合下列规定：

1 琴房的数量可根据文化馆的规模进行确定，且使用面积不应小于6m²/人；

2 琴房墙面不应相互平行，墙体、地面及顶棚应采用隔声材料或做隔声处理，且房间门应为隔声门，内墙面及顶棚表面应做吸声处理；

3 琴房内不宜有通风管道等穿过；当需要穿过时，管道及穿墙洞口处应做隔声处理；

4 不宜设在温度、湿度常变的位置，且宜避开直射阳光，并应设具有吸声效果的窗帘。

4.2.11 美术书法教室设计应符合下列规定：

1 美术教室应为北向或顶部采光，并应避免直射阳光；人体写生的美术教室，应采取遮挡外界视线的措施；

2 教室墙面应设挂镜线，且墙面宜设置悬挂投影幕的设施，室内应设洗涤池；

3 教室的使用面积不应小于2.8m²/人，教室容纳人数不宜超过30人，准备室的面积宜为25m²；

4 书法学习桌应采用单桌排列，其排距不宜小于1.20m，且教室内的纵向走道宽度不应小于0.70m；

5 有条件时，美术教室、书法教室宜单独设置，且美术教室宜配备教具储存室、陈列室等附属房间，教具储存室宜与美术教室相通。

4.2.12 图书阅览室宜包括开架书库、阅览室、资料室、书报储藏间等，并应符合下列规定：

1 应设于文化馆内静态功能区；

2 阅览室应光线充足，照度均匀，并应避免眩光及直射光；

3 宜设儿童阅览室，并宜临近室外活动场地；

4 阅览桌椅的排列间隔尺寸及每座使用面积，可按现行行业标准《图书馆建筑设计规范》JGJ 38 执行；阅览室使用面积可根据服务人群的实际数量确定，也可多点设置阅览角；

5 室内应预留布置书刊架、条形码管理系统、复印机等的空间。

4.2.13 游艺室应符合下列规定：

1 文化馆应根据活动内容和实际需要设置大、中、小游艺室，并应附设管理及储藏空间，大游艺室的使用面积不应小于 $100m^2$，中游艺室的使用面积不应小于 $60m^2$，小游艺室的使用面积不应小于 $30m^2$；

2 大型馆的游艺室宜分别设置综合活动室、儿童活动室、老人活动室及特色文化活动室，且儿童活动室室外宜附设儿童活动场地。

4.3 业务用房

4.3.1 文化馆的业务用房应包括录音录像室、文艺创作室、研究整理室、计算机机房等。

4.3.2 录音录像室应符合下列规定：

1 录音录像室应包括录音室和录像室，且录音室应由演唱演奏室和录音控制室组成；录像室宜由表演空间、控制室、编辑室组成，编辑室可兼作控制室；小型录像室的使用面积宜为 $80\sim130m^2$，室内净高宜为 5.5m，单独设置的录音室使用面积可取下限。常用录音室、录像室的适宜尺寸应符合表 4.3.2 的规定。

常用录音室、录像室的适宜尺寸　　　　　　　　　　表 4.3.2

类型	适宜尺寸（高：宽：长）
小型	1.00：1.25：1.60
标准型	1.00：1.60：2.50

2 大型馆可分设专用的录音室和录像室，中型馆可分设也可合设录音室和录像室，小型馆宜合设为录音室和录像室。

3 录音录像室应布置在静态功能区内最为安静的部位，且不得邻近变电室、空调机房、锅炉房、厕所等易产生噪声的地方，其功能分区宜自成一区。

4 录音录像室的室内应进行声学设计，地面宜铺设木地板，并应采用密闭隔声门；不宜设外窗，并应设置空调设施。

5 演唱演奏室和表演空间与控制室之间的隔墙应设观察窗。

6 录音录像室不应有与其无关的管道穿越。

4.3.3 文艺创作室应符合下列规定：

1 文艺创作室宜由若干文学艺术创作工作间组成，且每个工作间的使用面积宜为 $12m^2$；

2 应设在静区，并宜与图书阅览室邻近；

3 应设在适合自然采光的朝向，且外窗应设有遮光设施。

4.3.4 研究整理室应符合下列规定：

1 研究整理室应由调查研究室、文化遗产整理室和档案室等组成；有条件时，各部分宜单独设置；

2 应具备对当地地域文化、群众文化、群众艺术和馆藏文物、非物质文化遗产开展调查、研究的功能，并应具备鉴定编目的功能，也可兼作本馆出版物编辑室，使用面积不宜小于24m²；

3 应设在静态功能区，并宜邻近图书阅览室集中布置；

4 文化遗产整理室应设置试验平台及临时档案资料存放空间；

5 档案室应设在干燥、通风的位置；不宜设在建筑的顶层和底层。资料储藏用房的外墙不得采用跨层或跨间的通长窗，其外墙的窗墙比不应大于1：10；

6 档案室应采取防潮、防蛀、防鼠措施，并应设置防火和安全防范设施；门窗应为密闭的，外窗应设纱窗；房间门应设防盗门和甲级防火门；

7 对于档案室的门，高度宜为2.1m，宽度宜为1.0m，室内地面、墙面及顶棚的装修材料应易于清扫、不易起尘；

8 档案室内的资料储藏宜设置密集架、档案柜等装具，且装具排列的主通道净宽不应小于1.20m，两行装具间净宽不应小于0.80m，装具端部与墙的净距离不应小于0.60m；

9 档案室应防止日光直射，并应避免紫外线对档案、资料的危害；

10 档案资料储藏用房的楼面荷载取值可按现行行业标准《档案馆建筑设计规范》JGJ 25执行。

4.3.5 计算机机房应包括计算机网络管理、文献数字化、网站管理等用房，并应符合现行国家标准《电子信息系统机房设计规范》GB 50174的有关规定。

4.4 管理、辅助用房

4.4.1 文化馆的管理用房应由行政办公室、接待室、会计室、文印打字室及值班室等组成，且应设于对外联系方便、对内管理便捷的部位，并宜自成一区。管理用房的建筑面积可按现行行业标准《办公建筑设计规范》JGJ 67的有关规定执行。辅助用房应包括休息室，卫生、洗浴用房，服装、道具、物品仓库，档案室、资料室，车库及设备用房等。

4.4.2 行政办公室的使用面积宜按每人5m²计算，且最小办公室使用面积不宜小于10m²。档案室、资料室、会计室应设置防火、防盗设施。接待室、文印打字室、党政办公室宜设置防火、防盗设施。

4.4.3 卫生、洗浴用房应符合下列规定：

1 文化馆建筑内应分层设置卫生间；

2 公用卫生间应设室内水冲式便器，并应设置前室；公用卫生间服务半径不宜大于50m，卫生设施的数量应按男40人设一个蹲位、一个小便器或1m小便池，女每13人设一个蹲位；

3 洗浴用房应按男女分设，且洗浴间、更衣间应分别设置，更衣间前应设前室或门斗；

4 洗浴间应采用防滑地面，墙面应采用易清洗的饰面材料；

5 洗浴间对外的门窗应有阻挡视线的功能。

4.4.4 服装、道具、物品仓库应布置在相应使用场所及通道附近，并应防潮、通风，必要时可设置机械排风。

4.4.5 设备用房应包括锅炉房、水泵房、空调机房、变配电间、电信设备间、维修间等。设备用房应采取措施，避免粉尘、潮气、废水、废渣、噪声、振动等对周边环境造成影响。

六、《图书馆建筑设计规范》JGJ 38—2015（节选）

4 建 筑 设 计

4.1 一般规定

4.1.1 图书馆建筑设计应根据其性质、规模和功能，分别设置藏书、阅览、检索出纳、公共活动、辅助服务、行政办公、业务及技术设备用房等。

4.1.2 图书馆建筑布局应与其管理方式和服务手段相适应，并应合理安排采编、收藏、借还、阅览之间的运行路线，使读者、管理人员和书刊运送路线便捷畅通，互不干扰。

4.1.3 图书馆藏阅空间的柱网尺寸、层高、荷载设计应有较大的适应性和使用的灵活性。

4.1.4 图书馆的四层及四层以上设有阅览室时，应设置为读者服务的电梯，并应至少设一台无障碍电梯。

4.2 书库

4.2.4 书库的平面布局和书架排列应有利于天然采光和自然通风，并应缩短书刊取送距离；书架的连续排列最多档数应符合表 4.2.4-1 的规定，书架之间以及书架与墙体之间通道的最小宽度应符合表 4.2.4-2 的规定。

书库书架连续排列最多档数（档）　　表 4.2.4-1

条件	开架	闭架
书架两端有走道	9	11
书架一端有走道	5	6

书架之间以及书架与墙体之间通道的最小宽度（m）　　表 4.2.4-2

通道名称	常用书架		不常用书架
	开架	闭架	
主通道	1.50	1.20	1.00
次通道	1.10	0.75	0.60
档头走道（即靠墙走道）	0.75	0.60	0.60
行道	1.00	0.75	0.60

4.2.5 书架宜垂直于开窗的外墙布置。书库采用竖向条形窗时，窗口应正对行道，书架档头可靠墙。书库采用横向条形窗且窗宽大于书架之间的行道宽度时，书架档头不应靠墙，书架与外墙之间应留有通道，其尺寸应符合本规范表 4.2.4-2 的规定。

4.2.6 特藏书库应单独设置。珍善本书库的出入口应设置缓冲间，并在其两侧分别设置密闭门。

4.2.7 卫生间、开水间或其他经常有积水的场所不应设置在书库内部及其直接上方。

4.2.8 书库的净高不应小于2.40m。有梁或管线的部位，其底面净高不宜小于2.30m。采用积层书架的书库，结构梁或管线的底面净高不应小于4.70m。

4.2.9 书库内的工作人员专用楼梯的梯段净宽不宜小于0.80m，坡度不应大于45°，并应采取防滑措施。

4.2.10 二层至五层的书库应设置书刊提升设备，六层及六层以上的书库应设专用货梯。

4.2.11 书刊提升设备的位置宜邻近书刊出纳台。

4.2.12 同层的书库与阅览区的楼、地面宜采用同一标高。

4.3 阅览室（区）

4.3.1 图书馆应按其性质、任务及不同的读者对象设置相应的阅览室或阅览区。

4.3.2 阅览室（区）应光线充足、照度均匀。

4.3.3 阅览室（区）的开间、进深及层高，应满足家具、设备的布置及开架阅览的使用和管理要求。

4.3.4 阅览室（区）应根据管理模式在入口附近设置相应的管理设施。

4.3.5 阅览桌椅排列的最小间距应符合表4.3.5的规定。

阅览桌椅排列的最小间距（m）　　　　　　　　　表4.3.5

条　件		最小间距尺寸		备　注
		开架	闭架	
单面阅览桌前后间隔净宽		0.65	0.65	适用于单人桌、双人桌
双面阅览桌前后间隔净宽		1.30～1.50	1.30～1.50	四人桌取下限，六人桌取上限
阅览桌左右间隔净宽		0.90	0.90	—
阅览桌之间的主通道净宽		1.50	1.20	—
阅览桌后侧与侧墙之间净距	靠墙无书架时	—	1.05	靠墙书架深度按0.25m计算
	靠墙有书架时	1.60	—	
阅览桌侧沿与侧墙之间净距	靠墙无书架时	—	0.60	靠墙书架深度按0.25m计算
	靠墙有书架时	1.30	—	
阅览桌与出纳台外沿净宽	单面桌前沿	1.85	1.85	—
	单面桌后沿	2.50	2.50	
	双面桌前沿	2.80	2.80	
	双面桌后沿	2.80	2.80	

4.3.6 珍善本阅览室与珍善本书库应毗邻布置。

4.3.7 舆图阅览室应能容纳大型阅览桌，并应有完整的大片墙面和悬挂大幅舆图的设施。

4.3.8 缩微阅读应设专门的阅览区，并宜与缩微资料库相连通，其室内家具设施应满足缩微阅读的要求。

4.3.9 音像视听室由视听室、控制室和工作间组成，并宜自成区域。

4.3.10 珍善本书、舆图、音像资料和电子阅览室的外窗均应有遮光设施。

4.3.11 少年儿童阅览室应与成人阅览区分隔。

4.3.12 视障阅览室应方便视障读者使用，并应与盲文书库相连通。

4.3.13 当阅览室（区）设置老年人及残障读者的专用座席时，应邻近管理台布置。

4.4 检索和出纳空间

4.4.2 目录检索空间宜靠近读者出入口，并应与出纳空间相毗邻，检索设施可分散设置。当目录检索与出纳共处同一空间时，应有明确的分区。

4.4.3 目录检索空间内目录柜的排列最小间距应符合表4.4.3的规定。

目录柜排列最小间距（m） 表4.4.3

布置形式	使用方式	净距			通道净宽	
		目录台之间	目录柜与查目台之间	目录柜之间	端头走廊	中间通道
目录台放置目录盒	立式	1.20	—	0.60	0.60	1.40
	坐式	1.50	—	—	0.60	1.40
目录柜之间设查目录台	立式	—	1.20	—	0.60	1.40
	坐式	—	1.50	—	0.60	1.40
目录柜使用抽拉板	立式	—	—	1.80	0.60	1.40

4.4.4 目录柜供成人使用时，高度不宜大于1.50m；供少年儿童使用时，高度不宜大于1.30m。采用坐式目录台检索时，应满足现行国家标准《无障碍设计规范》GB 50763低位服务设施的要求。

4.4.5 目录检索空间内采用计算机检索时，每台计算机所占使用面积应按2m² 计算。坐式计算机检索台的高度宜为0.70～0.75m，立式计算机检索台的高度宜为1.05～1.10m。

4.4.6 中心出纳台（总出纳台）应毗邻基本书库设置。出纳台与基本书库之间的通道不应设置踏步；当高差不可避免时，应采用坡度不大于1：8的坡道。书库通往出纳台的门应向出纳台方向开启，其净宽不应小于1.40m，并不应设置门槛，门外1.40m范围内应平坦、无障碍物。

4.4.7 出纳空间应符合下列规定：

1 出纳台内的工作人员所占使用面积应按每一工作岗位不小于6m² 计算；

2 当无水平传送设备时，工作区的进深不宜小于4m；当有水平传送设备时，应满足设备安装的技术要求；

3 出纳台外的读者活动面积，应按出纳台内每一工作岗位所占使用面积的1.2倍计算，且不应小于18m²；出纳台前应保持进深不小于3m的读者活动区；

4 出纳台宽度不应小于 0.60m。出纳台长度应按每一工作岗位 1.50m 计算。出纳台兼有咨询、监控等多种服务功能时，应按工作岗位总数计算长度。出纳台的高度宜为 0.70～0.85m。

4.5 公共活动和辅助服务空间

4.5.1 公共活动和辅助服务空间包括门厅、办证处、寄存处、陈列厅、培训场所、读者休息处、咨询服务处及报告厅等，可根据图书馆的性质、规模及实际需要确定。

4.5.2 门厅应符合下列规定：

1 应根据管理和服务的需要设置验证、咨询、收发、寄存和门禁监控等功能设施；

2 多雨地区，门厅内应设置存放雨具的设施；

3 严寒地区门厅应设门斗或采取其他防寒措施，寒冷地区门厅宜设门斗或采取其他防寒措施。

4.5.3 寄存处应靠近读者出入口，存物柜数量可按阅览座位的 25% 确定，每个存物柜的使用面积应按 0.15～0.20m² 计算。

4.5.4 陈列厅应符合下列规定：

1 图书馆应设陈列空间，并可根据图书馆的规模、使用要求分别设置新书陈列厅、专题陈列厅或书刊图片展览厅；

2 门厅、读者休息处、走廊兼作陈列厅时，不应影响交通组织和安全疏散；

3 陈列厅宜采光均匀，并应防止阳光直射和眩光。

4.5.5 报告厅应符合下列规定：

1 超过 300 座规模的报告厅应独立设置，并应与阅览区隔离；

2 报告厅与阅览区毗邻设置时，应设单独对外出入口；

3 报告厅宜设休息区、接待室及厕所；

4 报告厅应设置无障碍轮椅席位。

4.5.6 图书馆的公共活动空间或辅助服务空间内应设置饮水供应设施。

4.5.7 供读者使用的厕所卫生洁具应按男女座位数各 50% 计算，卫生洁具数量应符合现行行业标准《城市公共厕所设计标准》CJJ 14 的规定。

4.6 行政办公、业务及技术设备用房

4.6.1 图书馆行政办公用房包括行政管理和后勤保障用房，其规模应根据使用要求确定，可组合在建筑中，也可单独设置。行政办公用房的建筑设计应按现行行业标准《办公建筑设计规范》JGJ 67 的有关规定执行。

4.6.2 图书馆的业务用房宜设置采编、典藏、辅导、咨询、研究、信息处理、美工等用房。技术设备用房宜设置电子计算机、缩微、照相、静电复印、音像控制、装裱修复、消毒等用房。

4.6.3 采编用房应符合下列规定：

1 应与读者活动区分开，并应与典藏室、书库、书刊入口有便捷联系；

2 平面布置应满足采购、交换、拆包、验收、登记、分类、编目和加工等工艺流程的要求；

3 拆包间应邻近工作人员入口或专设的书刊入口，进书量大的拆包间入口处应设卸

货平台；

    4 工作人员的人均使用面积不宜小于 10m²。

4.6.4 典藏室应符合下列规定：

    1 当单独设置典藏室时，应位于基本书库的入口附近；

    2 工作人员的人均使用面积不宜小于 6m²，且房间的最小使用面积不宜小于 15m²。

4.6.5 图书馆建筑设计可根据其业务需要，设置专题咨询和业务辅导用房，并应符合下列规定：

    1 专题咨询和业务辅导工作人员的人均使用面积不宜小于 6m²；

    2 业务辅导用房应包括业务资料编辑室和业务资料阅览室；

    3 业务资料编辑工作人员的人均使用面积不宜小于 8m²；

    4 业务资料阅览室可按 8 座～10 座位设置，每座所占使用面积不宜小于 3.50m²；

    5 公共图书馆的咨询和业务辅导用房，宜分别配备不小于 15m² 的接待室。

4.6.6 图书馆信息处理等业务用房的工作人员人均使用面积不宜小于 6m²。

4.6.7 系统网络机房不得与易燃易爆物存放场所毗邻，且机房设计应符合现行国家标准《电子信息系统机房设计规范》GB 50174 的规定。

4.6.8 缩微与照相用房应符合下列规定：

    1 缩微复制用房宜单独设置，且其建筑设计应满足工艺流程和设备的操作要求；

    2 缩微复制用房应有防尘、防振、防污染措施，室内应配置电源和给水、排水设施，并宜根据工艺要求对室内温度、湿度进行调节控制；当采用机械通风时，应有净化措施；

    3 照相室宜设置摄影室、拷贝还原工作间、冲洗放大室和器材、药品储存间；

    4 摄影室、拷贝还原工作间应防紫外线和可见光，门窗应设遮光措施，墙壁、顶棚不宜用白色反光材料饰面；

    5 冲洗放大室的地面、工作柜面和墙裙应能防酸、碱腐蚀，门窗应设遮光措施，室内应配置给水、排水和通风换气设施；

    6 应根据规模和使用要求分别设置胶片库和药品库。

4.6.9 音像视听室的控制室应符合下列规定：

    1 幕前放映的控制室，其进深和净高均不应小于 3m；

    2 控制室的观察窗应视野开阔，兼作放映孔时，其窗口下沿距控制室地面应为 0.85m，距视听室后部地面应大于 2m；

    3 幕后放映的反射式控制室，进深不应小于 2.70m，地面宜采用活动地板。

4.6.10 装裱、修整室应符合下列规定：

    1 室内应光线充足、宽敞，并应配备机械通风装置；

    2 应设置给水、排水设施和加热用的电源；

    3 每工作岗位人均使用面积不应小于 10m²，且房间的最小面积不应小于 30m²。

4.6.11 化学消毒室应符合下列规定：

    1 消毒室面积不宜小于 10m²，建筑构造应密封；

    2 地面、墙面应易于清扫、冲洗，并应设置机械排风系统；

    3 废水、废气的排放应符合国家现行有关标准的规定。

4.6.12 当采用物理方法杀虫灭菌时，其消毒装置可靠近中心（总）出纳台设置。

4.6.13 当图书馆设有卫星接收及微波通信系统时，应在其附近设置相应的机房。

5 文献资料防护

5.1 一般规定

5.1.1 防护内容应包括围护结构保温、隔热、温度和湿度要求、防水、防潮、防尘、防有害气体、防阳光直射和紫外线照射、防磁、防静电、防虫、防鼠、消毒和安全防范等。

5.1.2 各类书库的防护要求应根据图书馆的性质、规模、重要性及书库类型确定。

5.3 防水和防潮

5.3.1 书库的室外场地应排水通畅，防止积水倒灌；室内应防止地面、墙身返潮，不得出现结露现象；屋面雨水宜采用有组织外排法，不得在屋面上直接放置水箱等蓄水设施。

5.3.2 书库底层地面基层应采用架空地面或其他防潮措施。

5.3.3 当书库设于地下室时，不应跨越变形缝，且防水等级应为一级。

5.4 防尘和防污染

5.4.1 图书馆的环境绿化宜选择具有净化空气能力的树种。

5.4.2 书库的楼、地面应坚实耐磨，墙面和顶棚应表面平整、不易积灰。

5.4.3 书库的外门窗应有防尘的密闭措施。特藏书库应设固定窗，必要时可设少量开启窗扇。

5.4.4 锅炉房、除尘室、洗印暗室等用房应设置在对图书馆污染影响较少的部位，并应设置通风设施。

5.5 防日光直射和紫外线照射

5.5.1 天然采光的书库及阅览室应采取遮阳措施，防止阳光直射。

5.5.2 书库及阅览室均应采取消除或减轻紫外线对文献资料危害的措施。

5.5.3 珍善本书库及其阅览室的人工照明应采取防止紫外线的措施。

5.6 防磁和防静电

5.6.1 计算机房和数字资源储存区域应远离产生强磁干扰的设备，并应符合现行国家标准《电子信息系统机房设计规范》GB 50174 的规定。

5.6.2 计算机房和数字资源储存区域的楼、地面应采用防静电的饰面材料。

5.7 防虫和防鼠

5.7.1 图书馆的绿化应选择不滋生、引诱害虫的植物。

5.7.2 书库外窗的开启扇应采取防蚊蝇的措施。

5.7.3 食堂、快餐室、食品小卖部等应远离书库布置。

5.7.4 鼠患地区宜采用金属门，门下沿与楼地面之间的缝隙不应大于 5mm。墙身通风口应用金属网封罩。

5.7.5 白蚁危害地区，应对木质构件及木制品等采取白蚁防治措施。

5.8 安全防范

5.8.1 图书馆的主要出入口、特藏书库、开架阅览室、系统网络机房等场所应设安全防范装置。

5.8.2 图书馆宜在各通道出入口设置出入口控制系统，并应按开放的时间、区域使用功能等需求设置安全防范系统。

5.8.3 位于底层及有入侵可能部位的外门窗应采取安全防范措施。

5.8.4 陈列和贮藏珍贵文献资料的房间应能单独锁闭，并应设置入侵报警系统。

6 防火设计

6.1 耐火等级

6.1.1 图书馆建筑防火设计除应执行本规范规定外，尚应符合现行国家标准《建筑设计防火规范》GB 50016 的有关规定。

6.1.2 藏书量超过 100 万册的高层图书馆、书库，建筑耐火等级应为一级。

6.1.3 除藏书量超过 100 万册的高层图书馆、书库外的图书馆、书库，建筑耐火等级不应低于二级，特藏书库的建筑耐火等级应为一级。

6.2 防火分区及建筑构造

6.2.1 基本书库、特藏书库、密集书库与其毗邻的其他部位之间应采用防火墙和甲级防火门分隔。

6.2.2 对于未设置自动灭火系统的一、二级耐火等级的基本书库、特藏书库、密集书库、开架书库的防火分区最大允许建筑面积，单层建筑不应大于 1500m²；建筑高度不超过 24m 的多层建筑不应大于 1200m²；高度超过 24m 的建筑不应大于 1000m²；地下室或半地下室不应大于 300m²。

6.2.3 当防火分区设有自动灭火系统时，其允许最大建筑面积可按本规范规定增加 1.0 倍，当局部设置自动灭火系统时，增加面积可按该局部面积的 1.0 倍计算。

6.2.4 阅览室及藏阅合一的开架阅览室均应按阅览室功能划分其防火分区。

6.2.5 对于采用积层书架的书库，其防火分区面积应按书架层的面积合并计算。

6.2.6 除电梯外，书库内部提升设备的井道井壁应为耐火极限不低于 2.00h 的不燃烧体，井壁上的传递洞口应安装不低于乙级的防火闸门。

6.3 消防设施

6.3.1 藏书量超过 100 万册的图书馆、建筑高度超过 24m 的书库以及特藏书库，均应设置火灾自动报警系统。

6.3.2 图书馆的室内消火栓箱宜增设消防软管卷盘。

6.3.3 建筑灭火器配置应符合现行国家标准《建筑灭火器配置设计规范》GB 50140 的有关规定。

6.3.4 特藏书库、系统网络机房和贵重设备等用房应设置自动灭火系统，其中不适合用水扑救的场所宜选用气体灭火系统。

6.4 安全疏散

6.4.1 图书馆每层的安全出口不应少于两个，并应分散布置。

6.4.2 书库的每个防火分区安全出口不应少于两个，但符合下列条件之一时，可设一个安全出口：

　　1 占地面积不超过 300m² 的多层书库；

　　2 建筑面积不超过 100m² 的地下、半地下书库。

6.4.3 建筑面积不超过 100m² 的特藏书库，可设一个疏散门，并应为甲级防火门。

6.4.4 当公共阅览室只设一个疏散门时，其净宽度不应小于 1.20m。

6.4.5 书库的疏散楼梯宜设置在书库门附近。

6.4.6 图书馆需要控制人员随意出入的疏散门，可设置门禁系统，但在发生紧急情况时，应有易于从内部开启的装置，并应在显著位置设置标识和使用提示。

七、《博物馆建筑设计规范》JGJ 66—2015（节选）

3.2.2 博物馆建筑的总平面设计应符合下列规定：

1 新建博物馆建筑的建筑密度不应超过40%。

2 基地出入口的数量应根据建筑规模和使用需要确定，且观众出入口应与藏品、展品进出口分开设置。

3 人流、车流、物流组织应合理；藏品、展品的运输线路和装卸场地应安全、隐蔽，且不应受观众活动的干扰。

4 观众出入口广场应设有供观众集散的空地，空地面积应按高峰时段建筑内向该出入口疏散的观众量的1.2倍计算确定，且不应少于0.4m²/人。

5 特大型馆、大型馆建筑的观众主入口到城市道路出入口的距离不宜小于20m，主入口广场宜设置供观众避雨遮阴的设施。

6 建筑与相邻基地之间应按防火、安全要求留出空地和道路，藏品保存场所的建筑物宜设环形消防车道。

7 对噪声不敏感的建筑、建筑部位或附属用房等宜布置在靠近噪声源的一侧。

4 基 本 规 定

4.1 一般规定

4.1.1 博物馆建筑的功能空间应划分为公众区域、业务区域和行政区域，且各区域的功能区和主要用房的组成宜符合表4.1.1的规定，并应满足工艺设计要求。

博物馆建筑各区域的功能区和主要用房的组成

表4.1.1

区域分类	功能区或用房类别	主要用房组成			
		历史类、综合类博物馆	艺术类博物馆	科学与技术类博物馆	
				自然博物馆	技术博物馆、科技馆
公众区域	陈列展览区	综合大厅、基本陈列厅、临时展厅、儿童展厅、特殊展厅及其设备间	综合大厅、基本陈列厅、临时展厅、儿童展厅、特殊展厅及其设备间	综合大厅、基本陈列厅、临时展厅、儿童展厅、特殊展厅及其设备间	综合大厅、基本陈列厅、临时展厅、儿童展厅、特殊展厅及其设备间
		展具储藏室、讲解员室、管理员室	展具储藏室、讲解员室、管理员室	展具储藏室、讲解员室、管理员室	展具储藏室、讲解员室、管理员室
	教育区	影视厅、报告厅、教室、实验室、阅览室、博物馆之友活动室、青少年活动室	影视厅、报告厅、教室、阅览室、博物馆之友活动室、青少年活动室	影视厅、报告厅、教室、实验室、阅览室、博物馆之友活动室、青少年活动室	影视厅、报告厅、教室、实验室、阅览室、博物馆之友活动室、青少年活动室
	服务设施	售票室、门廊、门厅、休息室（廊）、饮水、厕所、贵宾室、广播室、医务室	售票室、门廊、门厅、休息室（廊）、饮水、厕所、贵宾室、广播室、医务室	售票室、门廊、门厅、休息室（廊）、饮水、厕所、贵宾室、广播室、医务室	售票室、门廊、门厅、休息室(廊)、饮水、厕所、贵宾室、广播室、医务室
		茶座、餐厅、商店	茶座、餐厅、商店	茶座、餐厅、商店	茶座、餐厅、商店

区域分类	功能区或用房类别		主要用房组成			
			历史类、综合类博物馆	艺术类博物馆	科学与技术类博物馆	
					自然博物馆	技术博物馆、科技馆
业务区区域	藏品库区	库前区	拆箱间、鉴选室、暂存库、保管员工作用房、包装材料库、保管设备库、鉴赏室、周转库	拆箱间、鉴选室、暂存库、保管员工作用房、包装材料库、保管设备库、鉴赏室、周转库	拆箱间、鉴选室、暂存库、保管员工作用房、包装材料库、保管设备库、鉴赏室、周转库	拆箱间、保管员工作用房、保管设备库
		库房区	按藏品材质分类，可包括书画、金属器具、陶瓷、玉石、织绣、木器等库	按艺术品材质分类，可包括书画、油画、雕塑、民间工艺、家具等库	按学科分哺乳、鸟、爬行、两栖、鱼、昆虫、无脊椎动物、植物、古生物类等库，按标本制作方法分浸制、干制标本库	工程技术产品库、科技展品库、模型库、音像资料库
	藏品技术区		清洁间、晾置间、干燥间、消毒（熏蒸、冷冻、低氧）室	清洁间、晾置间、干燥间、消毒（熏蒸、冷冻、低氧）室	清洗间、晾置间、冷冻消毒间	按工艺要求配置
	藏品技术区		书画装裱及修复用房、油画修复室、实物修复用房（陶瓷、金属、漆木等）、药品库、临时库	书画装裱及修复用房、油画修复室、实物修复用房（陶瓷、金属、漆木等）、药品库、临时库	动物标本制作用房、植物标本制作用房、化石修理室、模型制作室、药品库、临时库	按工艺要求配置
			鉴定实验室、修复工艺实验室、仪器室、材料库、药品库、临时库	鉴定实验室、修复工艺实验室、仪器室、材料库、药品库、临时库	生物实验室、仪器室、药品库、临时库	
	业务与研究用房		摄影用房、研究室、展陈设计室、阅览室、资料室、信息中心	摄影用房、研究室、展陈设计室、阅览室、资料室、信息中心	摄影用房、研究室、展陈设计室、阅览室、资料室、信息中心	摄影用房、研究室、展陈设计室、阅览室、资料室、信息中心
			美工室、展品展具制作与维修用房、材料库	美工室、展品展具制作与维修用房、材料库	美工室、展品展具制作与维修用房、材料库	美工室、展品展具制作与维修用房、材料库

区域分类	功能区或用房类别	主要用房组成		科学与技术类博物馆	
		历史类、综合类博物馆	艺术类博物馆	自然博物馆	技术博物馆、科技馆
行政区域	行政管理区	行政办公室、接待室、会议室、物业管理用房	行政办公室、接待室、会议室、物业管理用房	行政办公室、接待室、会议室、物业管理用房	行政办公室、接待室、会议室、物业管理用房
		安全保卫用房、消防控制室、建筑设备监控室	安全保卫用房、消防控制室、建筑设备监控室	安全保卫用房、消防控制室、建筑设备监控室	安全保卫用房、消防控制室、建筑设备监控室
	附属用房	职工更衣室、职工餐厅	职工更衣室、职工餐厅	职工更衣室、职工餐厅	职工更衣室、职工餐厅
		设备机房、行政库房、车库	设备机房、行政库房、车库	设备机房、行政库房、车库	设备机房、行政库房、车库

注：1. 当综合类博物馆、科技馆等设有自然部或存有自然类藏品时，可按自然博物馆的要求设置相关用房；当技术博物馆、科技馆等存有科技类文物时，可按历史类博物馆的要求设置相关用房。
　2. 当艺术类博物馆的藏品以古代艺术品为主时，其藏品库区的用房组成可与历史类博物馆相同。

4.1.3 博物馆建筑的藏（展）品出入口、观众出入口、员工出入口应分开设置。公众区域与行政区域、业务区域之间的通道应能关闭。

4.1.4 博物馆建筑内的观众流线与藏（展）品流线应各自独立，不应交叉；食品、垃圾运送路线不应与藏（展）品流线交叉。

4.1.5 博物馆建筑的藏品保存场所应符合下列规定：

1 饮水点、厕所、用水的机房等存在积水隐患的房间，不应布置在藏品保存场所的上层或同层贴邻位置。

2 当用水消防的房间需设置在藏品库房、展厅的上层或同层贴邻位置时，应有防水构造措施和排除积水的设施。

3 藏品保存场所的室内不应有与其无关的管线穿越。

4.1.6 公众区域应符合下列规定：

1 当有地下层时，地下层地面与出入口地坪的高差不宜大于 10m；

2 除工艺设计要求外，展厅与教育用房不宜穿插布置；

3 贵宾接待室应与陈列展览区联系方便，且其布置宜避免贵宾与观众相互干扰；

4 当综合大厅、报告厅、影视厅或临时展厅等兼具庆典、礼仪活动、新闻发布会或社会化商业活动等功能时，其空间尺寸、设施和设备容量、疏散安全等应满足使用要求，并宜有独立对外的出入口；

5 为学龄前儿童专设的活动区、展厅等，应设置在首层、二层或三层，并应为独立区域，且宜设置独立的安全出口，设于高层建筑内应设置独立的安全出口和疏散楼梯。

4.1.7 通向室外的藏品库区或展厅的货运出入口，应设置装卸平台或装卸间；装卸平台或装卸间应满足工艺设计要求，且应有防止污物、灰尘和水进入藏品库区或展厅的设施，并应有安全防范及监控设施。

4.1.8 博物馆建筑内藏品、展品的运送通道应符合下列规定：

1 通道应短捷、方便。

2 通道内不应设置台阶、门槛；当通道为坡道时，坡道的坡度不应大于 1∶20。

3 当藏品、展品需要垂直运送时应设专用货梯，专用货梯不应与观众、员工电梯或其他工作货梯合用，且应设置可关闭的候梯间。

4 通道、门、洞、货梯轿厢及轿厢门等，其高度、宽度或深度尺寸、荷载等应满足藏品、展品及其运载工具通行和藏具、展具运送的要求。

5 对温湿度敏感的藏品、展品的运送通道，不应为露天。

6 应设置防止无关人员进入通道的技术防范和实体防护设施。

4.1.9 公众区域的厕所应符合下列规定：

1 陈列展览区的使用人数应按展厅净面积 0.2 人/m² 计算；教育区使用人数应按教育用房设计容量的 80% 计算。陈列展览区与教育区厕所卫生设施数量应符合表 4.1.9 的规定，并应按使用人数计算确定，且使用人数的男女比例均应按 1∶1 计。

2 茶座、餐厅、商店等的厕所应符合相关建筑设计标准的规定。

3 应符合现行国家标准《无障碍设计规范》GB 50763 的规定，并宜配置婴童搁板和喂养母乳座椅；特大型馆、大型馆应设无障碍厕所和无性别厕所。

4 为儿童展厅服务的厕所的卫生设施宜有 50% 适于儿童使用。

厕所卫生设施数量 表 4.1.9

设施	陈列展览区		教育区	
	男	女	男	女
大便器	每 60 人设 1 个	每 20 人设 1 个	每 40 人设 1 个	每 13 人设 1 个
小便器	每 30 人设 1 个	—	每 20 人设 1 个	—
洗手盆	每 60 人设 1 个	每 40 人设 1 个	每 40 人设 1 个	每 25 人设 1 个

4.1.10 业务区域和行政区域的饮水点和厕所距最远工作点的距离不应大于 50m；卫生设施的数量应符合现行行业标准《城市公共厕所设计标准》CJJ 14 的规定，并应按工艺设计确定的工作人员数量计算确定。

4.1.11 应在博物馆建筑内的适当的位置设清洁用水池、清洁工具储藏室、清洁工人休息间、垃圾间。

4.1.12 锅炉房、冷冻机房、变电所、汽车库、冷却塔、餐厅、厨房、食品小卖部、垃圾间等可能危及藏品安全的建筑、用房或设施应远离藏品保存场所布置。

4.1.13 当职工餐厅与观众餐厅合用时，应设置避免非工作人员进入业务区域或行政区域的安全设施。

4.2 陈列展览区

4.2.1 陈列展览区的平面组合应符合下列规定：

1 应满足陈列内容的系统性、顺序性和观众选择性参观的需要；

2 观众流线的组织应避免重复、交叉、缺漏，其顺序宜按顺时针方向；

3 除小型馆外，临时展厅应能独立开放、布展、撤展；当个别展厅封闭维护或布展调整时，其他展厅应能正常开放。

4.2.2 展厅的平面设计应符合下列规定：

1 分间及面积应满足陈列内容（或展项）完整性、展品布置及展线长度的要求，并应满足展陈设计适度调整的需要；

2 应满足观众观展、通行、休息和抄录、临摹的需要；

3 展厅单跨时的跨度不宜小于8m，多跨时的柱距不宜小于7m。

4.2.3 展厅净高应符合下列规定：

1 展厅净高可按下式确定：

$$h \geqslant a + b + c \qquad (4.2.3)$$

式中 h——净高（m）；

a——灯具的轨道及吊挂空间，宜取0.4m；

b——厅内空气流通需要的空间，宜取0.7～0.8m；

c——展厅内隔板或展品带高度，取值不宜小于2.4m。

2 应满足展品展示、安装的要求，顶部灯光对展品入射角的要求，以及安全监控设备覆盖面的要求；顶部空调送风口边缘距藏品顶部直线距离不应少于1.0m。

4.3 教育区与服务设施

4.3.2 应在博物馆建筑的观众主入口处，设置售票室、门廊、门厅等，并应在其中或近旁合理安排售票、验票、安检、雨具存放、衣帽寄存、问询、语音导览及资料索取、轮椅及儿童车租用等为观众服务的功能空间。

4.3.3 餐厅、茶座的设计应符合现行行业标准《饮食建筑设计规范》JGJ 64的要求，且产生的油烟、蒸汽、气味等不应污染藏品保存场所的环境，并应配置食品储藏间、垃圾间和通往室外的卸货区。

4.4 藏品库区、藏品技术区

4.4.1 藏品库区应由库前区和库房区组成，并应符合下列规定：

1 建筑面积应满足现有藏品保管的需要，并应满足工艺确定的藏品增长预期的要求，或预留扩建的余地；

2 当设置多层库房时，库前区宜设于地面层；体积较大或重量大于500kg的藏品库房宜设于地面层；

3 开间或柱网尺寸不宜小于6m；

4 当收藏对温湿度敏感的藏品时，应在库房区总门附近设置缓冲间。

4.4.2 采用藏品柜（架）存放藏品的库房应符合下列规定：

1 库房内主通道净宽应满足藏品运送的要求，并不应小于1.20m；

2 两行藏品柜间通道净宽应满足藏品存取、运送的要求，并不应小于0.80m；

3 藏品柜端部与墙面净距不宜小于0.60m；

4 藏品柜背与墙面的净距不宜小于0.15m。

4.4.3 藏品技术区应符合下列规定：

1 各类用房的面积、层高、平面布置、墙地面构造、水池、工作台、排气柜、空调参数、水质、电源、防腐蚀、防辐射等应根据工艺要求进行设计；

2 建筑空间与设备容量应适应工艺变化和设备更新的需要；

3 使用有害气体、辐射仪器、化学品或产生灰尘、废气、污水、废液的用房，应符合国家有关环境保护和劳动保护的规定；使用易燃易爆品的用房应符合防火要求；危险品库，应独立布置；

4 藏品技术区的实验室每间面积宜为 20~30m² 。

4.5 业务与研究用房

4.5.1 摄影用房可包括摄影室、编辑室、冲放室、配药室、器材库等，并应符合下列规定：

1 摄影用房宜靠近藏品库区设置，有工艺要求的大型馆、特大型馆可在库前区设置专用摄影室；

2 摄影室面积、层高、门宽度和高度尺寸，以及灯光、吊轨等设施应满足摄影工艺要求；

3 冲放室应严密避光，室内墙裙、地面和管道应采取防腐蚀材料，并应设置满足工艺要求的水质、水压、水温和水量，废液应按国家有关环境保护的要求进行处置。

4.5.2 研究室、展陈设计室朝向宜为北向，并应有良好的自然采光、照明。

4.5.3 需要从藏品库区提取藏品进行工作的研究室，应与库区连接方便，并宜设藏品存放室或保险柜。

4.5.4 信息中心可由服务器机房、计算机房、电子信息接收室、电子文件采集室、数字化用房等组成，且服务器机房和计算机房的设计应符合现行国家标准《电子信息系统机房设计规范》GB 50174 的规定，并不应与藏品库及易燃易爆物存放场所毗邻。

4.5.5 美工室、展品展具制作与维修用房应符合下列规定：

1 应与展厅联系方便，且应靠近货运电梯设置，并应避免干扰公众区域和有安静环境要求的区域。

2 净高不宜小于4.5m。

3 通往展厅的垂直和水平通道，应满足展品、展具运输的要求。

4 应采取隔声、吸声处理措施满足声学设计要求。

5 应按工艺要求配置水、电等设备；使用油漆和易产生粉尘的工作区应设置排气、除尘等设施；当设有电焊等明火设施时，应符合国家现行有关标准的要求。

4.6 行政管理区

4.6.2 安全保卫用房应符合下列规定：

1 安全保卫用房应根据博物馆防护级别的要求设置，并可包括安防监控中心或报警值班室、保卫人员办公室、宿舍（营房）、自卫器具储藏室、卫生间等。大型馆、特大型馆宜在重要部位设分区报警值班室。

2 安防监控中心、报警值班室宜设在首层。

3 安防监控中心不应与建筑设备监控室或计算机网络机房合用；当与消防控制室合用时，应同时满足消防与安全防范的要求。

4 报警值班室、安防监控中心、自卫器具储藏室应安装防盗门窗。

5 特大型馆、大型馆的安防监控中心出入口宜设置两道防盗门，门间通道长度不应小于 3.0m；门、窗应满足防盗、防弹要求。

6 保卫人员办公室、宿舍（营房）的使用面积应按定员数量确定；宿舍（营房）应有自然通风和采光，并应配备卫生间、自卫器具储藏室。

5 建筑设计分类规定

5.1 历史类、艺术类、综合类博物馆

5.1.1 展厅设计应符合下列规定：

1 展示艺术品的单跨展厅，其跨度不宜小于艺术品高度或宽度最大尺寸的 1.5 倍～2.0 倍。

2 展示一般历史文物或古代艺术品的展厅，净高不宜小于 3.5m；展示一般现代艺术品的展厅，净高不宜小于 4.0m。

3 临时展厅的分间面积不宜小于 200m²，净高不宜小于 4.5m。

5.1.2 库前区应符合下列规定：

1 保管员工作室可包含测量、摄影、编目、藏品检索、影像库及库前更衣间、风淋间等功能空间或用房；

2 清洁区与不洁区应分区明确。

5.1.3 库房区应符合下列规定：

1 藏品应按材质类别分间储藏。每间应单独设门，且不应设套间。

2 每间库房的面积不宜小于 50m²；文物类、现代艺术类藏品库房宜为 80～150m²；自然类藏品库房宜为 200～400m²。

3 文物类藏品库房净高宜为 2.8～3.0m；现代艺术类藏品、标本类藏品库房净高宜为 3.5～4.0m；特大体量藏品库房净高应根据工艺要求确定。

4 重点保护的一级文物、标本等珍贵藏品应独立设置库房。

5.1.4 藏品技术区的用房可包括清洁间、晾置间、干燥间、消毒（熏蒸、冷冻、低氧）室、书画装裱及修复用房、油画修复室、实物修复用房、实验室等，并应符合下列规定：

1 清洁间应配置沉淀池；晾置间（或晾置场地）不应有直接日晒，并应通风良好。

2 熏蒸室（釜）应密闭，并应设滤毒装置和独立机械通风系统；墙面、顶棚及楼地面应易于清洁。

3 书画装裱及修复用房可包括修复室、装裱间、裱件暂存库、打浆室；修复室、装裱间不应有直接日晒，应采光充足、均匀，应有供吊挂、装裱书画的较大墙面，并宜设置空调设备。

4 油画修复室的平面尺寸、净高、电源、通风系统和专业照明等应根据设备和工艺要求设计。

5 实物修复用房可包括金石器、漆木器、陶瓷等修复用房及材料工具库。金石器修复用房可包括翻模翻砂浇铸室、烘烤间、操作室等；漆木器修复用房可包括家具、漆器修复室、阴干间等；陶瓷修复用房可包括陶瓷烧造室、操作室等。实物修复用房应符合下列规定：

1）每间面积宜为 50～100m²，净高不应小于 3.0m；

2）应有良好自然通风、采光，且不应有直接日晒；

3) 应根据工艺要求配备排气柜、污水处理等设施，当设有明火设施时，应满足防火要求；

4) 漆器修复室宜配有晾晒场地。

5.2 自然博物馆

5.2.1 展厅应符合下列规定：

1 应有防止标本展品药物气味在展厅扩散的措施；

2 展厅净高不宜低于 4.0m；

3 临时展厅的分间面积不宜小于 $400m^2$。

5.2.2 藏品库区应符合下列规定：

1 库前区、库房区用房的设置宜符合本规范第 5.1.2 条、第 5.1.3 条的规定，并应根据工艺要求确定；

2 液体浸制标本库、蜡制标本库和使用樟脑气体防虫的标本库设计应符合下列规定：

1) 宜设于首层且应靠外墙设置，不应设在地下、半地下室；

2) 应密闭，并应设独立的通风与空调系统。

5.2.3 藏品技术区的用房可包括清洗间、晾置间、冷冻消毒室、动物标本制作用房、植物标本制作用房、化石修理室、模型制作室、生物实验室等，并应符合下列规定：

1 宜设于地面层，并应配有露天场地。

2 清洗间的清洗池与沉淀池应按工艺要求设置；晾置间或场地应靠近清洗间。

3 冷冻消毒室每间面积不宜小于 $20m^2$，且可根据工艺要求设于库前区。

4 动物标本制作用房可包括解剖室、鞣制室、制作室、缝合室等，并应符合下列规定：

1) 解剖室应设置污水处理设施，并宜配置露天剥制场地；应有良好的采光、照明、通风条件；墙地面应采取防水措施，且易冲洗清洁；污物应直接运至室外，不应穿越其他房间。

2) 鞣制室应设置通风、排气、遮光设施，并宜附设药品器材库，墙地面应采取防水措施，且易冲洗清洁。

3) 制作室净高不宜小于 4.0m，并应有良好的采光，焊接区应满足防火要求。

4) 缝合室净高不宜小于 4.0m，并应有良好的采光和清洁的环境。

5 植物标本制作用房可包括蜡模制作室、浸泡室、消毒室、标本修复室、药品器材库房等，并应符合下列规定：

1) 液体浸泡标本、蜡制标本制作室应靠外墙设置，且应有防止液体流散设施和废液处理设施，并应根据工艺设置排气柜；墙、地面应防水、防腐蚀，且易冲洗清洁。

2) 使用火灾危险性为甲、乙类物品应满足防火要求。

3) 应通风、采光良好。

6 化石修理室、模型制作室的净高及平面尺寸应满足符合工艺要求，应有良好的采光、照明、通风条件，应配置污水处理设施，并宜配置露天制作场地；焊接区应满足防火要求。

5.3 技术博物馆

5.3.1 用于展示大型工程技术产品和大型实验装置的展厅宜设于地面层；用于展示或储藏重量大的工程技术产品的展厅或库房宜设于无地下室的地面层。

5.3.2 展示交通运输或大型工程技术产品的技术博物馆宜配置露天展场；特大型露天展场宜配备导览车辆。

5.4 科技馆

5.4.1 科技馆常设展厅的使用面积不宜小于 $3000m^2$，临时展厅使用面积不宜小于 $500m^2$。

5.4.2 公众区域应符合下列规定：

1 宜设置在首层、二层、三层，不宜设在四层及以上或地下、半地下层；

2 临时展厅宜设于地面层，并应靠近门厅或设有专用门厅；

3 建筑应符合青少年、儿童观众的行为特征和安全使用要求；

4 展览教育区应满足工艺适时变化的要求，并应满足观众选择性参观的要求；

5 建筑应充分利用自然通风和采光，展厅室内应避免受阳光直晒；

6 展厅内应布置观众休息区，休息区内应设置饮水处和休息座椅，且座椅的数量不宜小于展厅观众合理限值的5%。

5.4.3 展厅柱网和净高应符合下列规定：

1 特大型馆、大型馆展厅跨度不宜小于15.0m，柱距不宜小于12.0m；大中型馆、中型馆展厅跨度不宜小于12.0m，柱距不宜小于9.0m。

2 特大型馆、大型馆主要入口层展厅净高宜为6.0～7.0m；大中型馆、中型馆主要入口层净高宜为5.0～6.0m；特大型馆、大型馆楼层净高宜为5.0～6.0m；大中型馆、中型馆楼层净高宜为4.5～5.0m。

5.4.4 货运入口宜设装卸平台和临时库房；特大型馆货梯载重量不宜小于5t，大型馆货梯载重量不宜小于3t，大中型馆、中型馆货梯载重量不宜小于2t。

5.4.5 展示中产生振动或产生允许噪声级（A声级）在60dB以上的科技展品、实验装置或设备不应与要求安静的区域相邻，并应对其采取隔振、减振和消声、隔声处理。

6 藏品保存环境

6.0.1 藏品保存场所应符合下列规定：

1 应有稳定的、适于藏品长期保存的环境；

2 应具备防止藏品受人为破坏的安全条件；

3 应具备不遭受火灾危险的消防条件；

4 应设置保障藏品保存环境、安全和消防条件等不受破坏的监控设施。

6.0.2 藏品保存场所的环境要求应包括对温度、相对湿度、空气质量、污染物浓度、光辐射的控制，以及防生物危害、防水、防潮、防尘、防振动、防地震、防雷等内容。

6.0.7 藏品保存场所的建筑构件、构造应符合下列规定：

1 门窗应符合保温、密封、防生物入侵、防日光和紫外线辐射、防窥视的要求，并应符合国家现行防火和安全防范标准的规定。

2 当库房区因工艺要求设置通风外窗时，窗墙比不宜大于1：20，且不应采用跨层或跨间的窗户。

3 室内装修宜采用在使用中不产生挥发性气体或有害物质，在火灾事故中不产生烟尘和有害物质的材料；墙及楼地面应表面平整、易清洁；楼地面应耐磨、防滑。

4 操作平台、藏具、展具应牢固，表面平整，构造紧密；易碎易损藏品及展品应采取防振、减振措施。

5 屋面排水系统应保证将屋面雨水迅速排至室外雨水管渠或室外；屋面防水等级应为Ⅰ级；当为平屋面时，屋面排水坡度不宜小于5％，夏热冬冷和夏热冬暖地区的平屋面宜设置架空隔热层。

6 无地下室的首层地面以及半地下室及地下室的墙、地面应有防潮、防水、防结露措施；地下室防水等级应为一级。

7 管道通过的墙面、楼面、地面等处均应用不燃材料填塞密实。

8 藏品保存场所的外门、外窗、采光口、通风洞等应根据安全防护要求设置实体防护装置；藏品保存场所建筑周围不应有可攀缘入室的高大乔木、电杆、外落水管等物体。

6.0.8 藏品保存场所周边绿化不宜选用易生虫害或飞花扬絮的植物。

7 防 火

7.1 一般规定

7.1.1 博物馆建筑各功能场所之间应进行防火分隔，建筑及各功能区的防火设计应符合现行国家标准《建筑设计防火规范》GB 50016 的规定。当设置人防工程时，应符合现行国家标准《人民防空工程设计防火规范》GB 50098 的有关规定。当利用古建筑作为博物馆建筑时，应符合国家现行有关古建筑防火的规定。

7.1.2 博物馆建筑的耐火等级不应低于二级，且当符合下列条件之一时，耐火等级应为一级：

1 地下或半地下建筑（室）和高层建筑；

2 总建筑面积大于 10000m² 的单层、多层建筑；

3 主管部门确定的重要博物馆建筑。

7.1.3 高层博物馆建筑的防火设计应符合一类高层民用建筑的规定。

7.1.4 除因藏品保存的特殊需要外，博物馆建筑的内部装修应采用不燃材料或难燃材料，并应符合现行国家标准《建筑内部装修设计防火规范》GB 50222 的规定。

7.1.5 博物馆建筑设计应满足博物馆对一切火源、电源和各种易燃易爆物进行严格管理的要求，并应符合下列规定：

1 除工艺特殊要求外，建筑内不得设置明火设施，不得使用和储存火灾危险性为甲类、乙类的物品；

2 藏品技术区、展品展具制作与维修用房中因工艺要求设置明火设施，或使用、储藏火灾危险性为甲类、乙类物品时，应采取防火和安全措施，且应符合现行国家标准《建筑设计防火规范》GB 50016 的规定；

3 食品加工区宜使用电能加热设备，当使用明火设施时，应远离藏品保存场所且应靠外墙设置，应用耐火极限不低于2.00h的防火隔墙和甲级防火门与其他区域分隔，且应设置火灾报警和自动灭火装置。

7.2 藏品保存场所的防火设计

7.2.1 藏品库区、展厅和藏品技术区等藏品保存场所的建筑构件耐火极限不应低于表7.2.1的规定，并应为不燃烧体。

藏品保存场所建筑构件的耐火极限　　　　　　表7.2.1

建筑构件名称		耐火极限（h）
墙	防火墙	3.00
	承重墙、房间隔墙	3.00
	疏散走道两侧的墙、非承重外墙	2.00
	楼梯间、前室的墙，电梯井的墙	2.00
	珍贵藏品库房、丙类藏品库房的防火墙	4.00
柱		3.00
梁		2.50
楼板		2.00
屋顶承重构件，上人屋面的屋面板		1.50
疏散楼梯		1.50
吊顶（包括吊顶格栅）		0.30
防火分区、藏品库房和展厅的疏散门、库房区总门		甲级

7.2.2 藏品保存场所的安全疏散楼梯应采用封闭楼梯间或防烟楼梯间，电梯应设前室或防烟前室；藏品库区电梯和安全疏散楼梯不应设在库房区内。

7.2.3 陈列展览区防火分区设计应符合下列规定：

1 防火分区的最大允许建筑面积应符合下列规定：

1）单层、多层建筑不应大于2500m²；

2）高层建筑不应大于1500m²；

3）地下或半地下建筑（室）不应大于500m²。

2 当防火分区内全部设置自动灭火系统时，其防火分区最大允许建筑面积可按本条第一款的规定增加一倍；当局部设置时，其防火分区增加面积可按设置自动灭火系统部分的建筑面积减半计算。

3 当裙房与高层建筑主体之间设置防火墙时，裙房的防火分区可按单层、多层建筑的要求确定。

4 对于科技馆和展品火灾危险性为丁、戊类物品的技术博物馆，当建筑内全部设置自动灭火系统和火灾自动报警系统时，其每个防火分区的最大允许建筑面积可适当增加，并应符合下列规定：

1）设置在高层建筑内时，不应大于4000m²；

2）设置在单层建筑内或仅设置在多层建筑的首层时，不应大于10000m²；

3）设置在地下或半地下时，不应大于2000m²。

5 防火分区内一个厅、室的建筑面积不应大于1000m²；当防火分区位于单层建筑内或仅设置在多层建筑的首层，且展厅内展品的火灾危险性为丁、戊类物品时，该展厅建筑面积可适当增加，但不宜大于2000m²。

7.2.4 陈列展览区每个防火分区的疏散人数应按区内全部展厅的高峰限值之和计算

确定。

7.2.5 藏品库房区内藏品的火灾危险性应根据藏品的性质和藏品中可燃物数量等因素划分，并应符合现行国家标准《建筑设计防火规范》GB 50016 中关于储存物品火灾危险性分类的规定。

7.2.6 丙类液体藏品库房不应设在地下或半地下，以及高层建筑中；当设在单层、多层建筑时，应靠外墙布置，且应设置防止液体流散的设施。

7.2.7 当丁、戊类藏品库房的可燃包装材料重量大于物品本身重量 1/4，或可燃包装材料体积大于藏品本身体积的 1/2 时，其火灾危险性应按丙类固体藏品类别确定；当丁、戊类藏品库房内采用木质护墙时，其防火设计应按丙类固体藏品库房的要求确定。

7.2.8 藏品库区的防火分区设计应符合下列规定：

    1 藏品库区每个防火分区的最大允许建筑面积应符合表 7.2.8 的规定；

    2 防火分区内一个库房的建筑面积，丙类液体藏品库房不应大于 $300m^2$；丙类固体藏品库房不应大于 $500m^2$；丁类藏品库房不应大于 $1000m^2$；戊类藏品库房不宜大于 $2000m^2$。

藏品库区每个防火分区的最大允许建筑面积　　　　　　表 7.2.8

藏品火灾危险性类别		每个防火分区的允许最大建筑面积（m^2）			
		单层或多层建筑的首层	多层建筑	高层建筑	地下、半地下建筑（室）
丙	液体	1000	700	—	—
	固体	1500	1200	1000	500
丁		3000	1500	1200	1000
戊		4000	2000	1500	1000

    注：1. 当藏品库区内全部设置自动灭火系统和火灾自动报警系统时，可按表内的规定增加 1.0 倍。

          2. 库房内设置阁楼时，阁楼面积应计入防火分区面积。

7.2.9 当藏品库区中同一防火分区内储藏不同火灾危险性藏品时，该防火分区最大允许建筑面积应按其中火灾危险性最大类别确定；当该防火分区内无甲、乙类或丙类液体藏品，且丙类固体藏品库房建筑面积之和不大于区内库房建筑面积之和的 1/3 时，该防火分区最大允许建筑面积可按本规范 7.2.8 条丁类藏品的规定确定。

7.2.10 藏品库区内每个防火分区通向疏散走道、楼梯或室外的出口不应少于 2 个，当防火分区的建筑面积不大于 $100m^2$ 时，可设一个出口；每座藏品库房建筑的安全出口不应少于 2 个；当一座库房建筑的占地面积不大于 $300m^2$ 时，可设置 1 个安全出口。

7.2.11 地下或半地下藏品库房的安全出口不应少于 2 个；当建筑面积不大于 $100m^2$ 时，可设 1 个安全出口。

    当地下或半地下藏品库房有多个防火分区相邻布置，且采用防火墙分隔时，每个防火分区可利用防火墙上通向相邻防火分区的甲级防火门作为第二安全出口，但每个防火分区至少应有一个直通室外的安全出口。

八、《剧场建筑设计规范》JGJ 57—2016（节选）

《剧场建筑设计规范》为行业标准，自 2017 年 3 月 1 日起实施。其中，第 5.3.1、5.3.5、5.3.8、6.8.2、6.8.6、6.8.8、8.1.1、8.1.4、8.1.5、8.1.7、8.1.9、8.1.13、8.1.14、8.2.2、8.4.1、10.3.13 条为强制性条文，必须严格执行。

1 总 则

1.0.5 剧场建筑的规模应按观众座席数量进行划分，并应符合表 1.0.5 的规定。

剧场建筑规模划分   表 1.0.5

规　　模	观众座席数量（座）
特大型	＞1500
大　型	1201～1500
中　型	801～1200
小　型	≤800

1.0.6 剧场的建筑等级根据观演技术要求可分为特等、甲等、乙等三个等级。

4 前厅和休息厅

4.0.5 剧场应设置供观众使用的厕所，且厕所应设前室。厕所门不得开向观众厅。观众男女比例宜按 1：1 计算，女厕位与男厕位（含小便站位）的比例不应小于 2：1，卫生器具应符合下列规定：

1 男厕所应按每 150 座设一个大便器，每 60 座设一个小便器或 0.60m 长小便槽，每 150 座设一个洗手盆。

2 女厕所应按每 20 座设一个大便器，每 100 座设一个洗手盆。

3 男女厕所均应设无障碍厕位或设置无障碍厕所。

4 当剧场设有分层观众厅时，各层的厕所卫生器具数量宜根据各层观众座席的数量进行确定。

5 观 众 厅

5.1 视线设计

5.1.1 观众厅的视线设计宜使观众能看到舞台面表演区的全部。当受条件限制时，应使位于视觉质量不良位置的观众能看到表演区的 80％。

5.1.2 观众厅的视点选择应符合下列规定：

1 对于镜框式舞台剧场，视点宜选在舞台面台口线中心处。

2 对于大台唇式、伸出式舞台剧场，视点应按实际需要，将设计视点适当外移。

3 对于岛式舞台，视点应选在表演区的边缘。

4 当受条件限制时，视点可适当上移，但不得超过舞台面 0.30m；也可向台口线或表演区边缘后方移动，但不得大于 1.00m。

5.1.3 观众厅视线超高值（C 值）的设计应符合下列规定：

1 视线超高值不应小于 0.12m。

2 当隔排计算视线超高值时，座席排列应错排布置，并应保证视线直接看到视点。

3 对于儿童剧场、伸出式、岛式舞台剧场，视线超高值宜适当增加。

5.1.4 舞台面距第一排座席地面的高度应符合下列规定：

1 对于镜框式舞台面，不应小于0.60m，且不应大于1.10m。

5.1.5 对于观众席与视点之间的最近视距，歌舞剧场不宜大于33m；话剧和戏曲剧场不宜大于28m；伸出式、岛式舞台剧场不宜大于20m。

5.2 座席

5.2.1 观众厅的座席应紧凑，应满足视线、排距、扶手中距、疏散等要求，其面积应符合下列规定：

1 甲等剧场不应小于0.80m²/座。

2 乙等剧场不应小于0.70m²/座。

5.2.4 座椅扶手中距，硬椅不应小于0.50m，软椅不应小于0.55m。

5.2.5 座席排距应符合下列规定：

1 短排法：硬椅不应小于0.80m，软椅不应小于0.90m，台阶式地面排距应适当增大，椅背到后面一排最突出部分的水平距离不应小于0.30m。

2 长排法：硬椅不应小于1.00m；软椅不应小于1.10m，台阶式地面排距应适当增大，椅背到后面一排最突出部分水平距离不应小于0.50m。

3 靠后墙设置座位时，楼座及池座最后一排座位排距应至少增大0.12m。

4 在座位升起大于0.50m时，应适当增高靠背高度。

5.2.6 每排座位排列数目应符合下列规定：

1 短排法：双侧有走道时不宜超过22座，单侧有走道时不宜超过11座；超过限额时，每增加一个座位，排距应增大25mm。

2 长排法：双侧有走道时不应超过50座，单侧有走道时不应超过25座。

5.2.7 观众席应预留轮椅座席，且座席深度不应小于1.10m，宽度不应小于0.80m，位置应方便行动障碍者入席及疏散，并应设置国际通用标志。

5.2.8 观众厅的轮椅座席数量应根据剧场规模进行确定，并应符合表5.2.8的规定：

观众厅的轮椅座席数量

表5.2.8

剧场规模	轮椅座席数量（个）
特大型	＞4
大 型	4
中 型	3
小 型	2

5.3 走道

5.3.1 观众厅内走道的布局应与观众席片区容量相适应，并应与安全出口联系顺畅，宽度应满足安全疏散的要求。

5.3.2 对于池座首排座位，除排距外，与舞台前沿之间的净距不应小于1.50m，与乐池栏杆之间的净距不应小于1.00m；当池座首排设置轮椅座席时，至少应再增加0.50m的距离。

5.3.4 走道的宽度除应满足安全疏散的要求外，尚应符合下列规定：

1 短排法：边走道净宽度不应小于0.80m；纵向走道净宽度不应小于1.10m，横向走道除排距尺寸以外的通行净宽度不应小于1.10m。

2 长排法：边走道净宽度不应小于1.20m。

5.3.5 观众厅纵走道铺设的地面材料燃烧性能等级不应低于B1级材料，且应固定牢固，并应做防滑处理。坡度大于1：8时应做成高度不大于0.20m的台阶。

5.3.7 当观众厅座席地坪高于前排0.50m以及座席侧面紧临有高差的纵向走道或梯步时，应在高处设栏杆，且栏杆应坚固，高度不应小于1.05m，并不应遮挡视线。

5.3.8 观众厅应采取措施保证人身安全，楼座前排栏杆和楼层包厢栏杆不应遮挡视线，高度不应大于0.85m，下部实体部分不得低于0.45m。

6 舞 台

6.1 一般规定

6.1.2 台唇和耳台最窄处的宽度不应小于1.50m。

6.1.7 主舞台应分别设置进入后台上场的门和下场的门，且门的位置应便于演员上下场和跑场，不应设置在天幕后方。门的净宽不应小于1.50m，净高不应小于2.40m。

6.1.8 侧舞台应符合下列规定：

1 主舞台两侧宜布置侧舞台，且位置应靠近主舞台前部，当受条件限制时，可只在一侧设侧舞台，侧舞台的总面积应符合下列规定：

    1）甲等剧场不应小于主舞台面积的1/2；

    2）乙等剧场不应小于主舞台面积的1/3。

6.2 乐池

6.2.1 歌舞剧场的舞台应设乐池，其他演出剧种的剧场根据演出需要确定是否设置乐池。剧场设置乐池的面积应按容纳乐队人数进行计算，演奏员平均每人不应小于$1m^2$，伴唱每人不应小于$0.25m^2$。

6.2.2 乐池开口进深不应小于乐池进深的2/3。

6.2.3 乐池进深与宽度之比不应小于1：3。

6.8 舞台结构荷载

6.8.2 作用在主舞台、侧舞台、后舞台及台唇台面上的荷载取值，应符合下列规定：

1 对于舞台面上设置的固定设施，其荷载取值应根据其实际重量取值。

2 台面均布活荷载取值不应小于$5.0kN/m^2$。

3 当台面上有车载转台等移动设施时，等效均布活荷载取值应根据其实际重量按现行国家标准《建筑结构荷载规范》GB 50009进行计算，且不应小于$5.0kN/m^2$。

4 各种机械舞台台面上作用的均布活荷载取值应根据舞台工艺设计的要求确定，且静止时其值不应小于$5.0kN/m^2$，升降时不应小于$2.5kN/m^2$。

6.8.6 剧场栏杆顶部的水平荷载与竖向荷载应分别取值，且水平荷载取值不应小于1.0kN/m，竖向荷载取值不应小于1.2kN/m。

6.8.8 天桥的均布活荷载取值应根据实际荷载取值，且安装吊杆卷扬机或放置平衡重天桥的均布活荷载取值不应小于$4.0kN/m^2$，其他天桥的均布活荷载不应小于$2.0kN/m^2$。天桥的均布活荷载的作用方向应为正反两向。

7 后 台

7.1 演出用房

7.1.1 剧场后台演出用房应设置化妆室、抢妆室、服装室、乐队休息室、乐器调音室、盥洗室、浴室、厕所，宜设置候场室、小道具室、指挥休息室、演职员演出办公等用房。

7.1.2 剧场后台区应设集中的演职人员出入口和门厅，且门厅宜设置门卫值班室、接待室和寄存空间等。

7.1.3 后台区域应符合无障碍设计要求。出入口、通道、化妆室、盥洗室、浴室、厕所等，应设置无障碍专用设施。

7.1.4 化妆室应靠近舞台布置，且主要化妆室应与舞台同层。当在其他层设化妆室时，楼梯应靠近上场口、下场口，有条件的剧场宜设置电梯。

7.1.5 化妆室的设置应符合下列规定：

1 对于 1～2 人的小化妆室，每间使用面积不应小于 12m²；对于 4～6 人的中化妆室，每人不应少于 4m²；对于 10 人以上的大化妆室，每人不应少于 2.5m²。

7.1.6 化妆室应符合下列规定：

1 化妆室采光窗应具有遮光措施。

2 大、中化妆室的门，净宽不应小于 1.40m，净高不应低于 2.40m。

3 化妆室应设洗脸盆，且小化妆室每间应设 1 个，中化妆室每间不应少于 1 个，大化妆室每间不应少于 2 个。

7.1.7 抢妆室应靠近台口或上场口、下场口设置。

7.1.8 化妆室、服装室、乐队休息室、候场室等，应设监视显示屏，并应传送舞台演出实况音频、视频信号。

7.1.9 服装室应按男、女分别设置，并应符合下列规定：

1 甲等剧场不应少于 4 间，使用面积不应少于 160m²；乙等剧场不应少于 3 间，使用面积不应少于 110m²。

2 服装室的门，净宽不应小于 1.40m，净高不应低于 2.40m。

7.1.10 候场室应靠近上场口、下场口，并应符合下列规定：

2 门净宽不应小于 1.40m，净高不应小于 2.40m。

4 当受场地限制时，后台跑场道可兼做演员候场空间。

7.1.11 后台跑场道的设置应简短便捷，并应符合下列规定：

1 后台跑场道净宽不应小于 2.10m，净高不应低于 2.40m。当剧场后台跑场道兼作演员候场休息区及服装道具临时存放区时，净宽不应小于 2.80m，在出场口附近宜设候场休息空间。

2 后台跑场道地面标高应与舞台一致。

3 后台跑场道应做吸声处理，跑场道地面应防滑及防止产生噪声。

7.1.13 剧场应设乐队休息室和乐器调音室。有条件时，宜另设指挥休息室。休息室和乐器调音室应与乐池联系方便，并应防止调音噪声对舞台演出的干扰。

7.1.14 盥洗室、浴室、厕所不应靠近主舞台，并应符合下列规定：

1 盥洗室洗脸盆应按每 6～10 人设 1 个。

2 淋浴室喷头应按每 6～10 人设 1 个。

3 后台每层均应设男、女厕所，且男大便器应按每 10～15 人设 1 个，男小便器应按每 7～15 人设 1 个，女大便器应按每 10～12 人设 1 个。

7.2 辅助用房

7.2.1 排练厅兼顾不同剧种使用要求时，厅内净高不应小于6.00m。

7.2.2 乐队排练厅应按乐队规模大小设定，面积可按2.0～2.4m²/人计。

7.2.3 合唱队排练厅地面应设台阶式站席，每个合唱队演员所占面积可按1.40m²/人计。

7.2.4 舞蹈排练厅应符合下列规定：

    2 地面应为弹性木地板或舞蹈地胶毯。

    3 练功扶手高度应为0.80～1.20m，距墙应为0.20～0.30m。

    4 一个墙面应设通长镜子，高度应大于2.00m。

7.2.7 排练厅、琴房不宜靠近主舞台，并应防止对舞台演出产生干扰。

8 防 火 设 计

8.1 防火

8.1.1 大型、特大型剧场舞台台口应设防火幕。

8.1.4 舞台区通向舞台区外各处的洞口均应设甲级防火门或设置防火分隔水幕，运景洞口应采用特级防火卷帘或防火幕。

8.1.5 舞台与后台的隔墙及舞台下部台仓的周围墙体的耐火极限不应低于2.5h。

8.1.7 当高、低压配电室与主舞台、侧舞台、后舞台相连时，必须设置面积不小于6m²的前室，高、低压配电室应设甲级防火门。

8.1.8 剧场应设消防控制室，并应有对外的单独出入口，使用面积不应小于12m²。大型、特大型剧场应设舞台区专用消防控制间，专用消防控制间宜靠近舞台，使用面积不应小于12m²。

8.1.9 观众厅吊顶内的吸声、隔热、保温材料应采用不燃材料。

8.1.13 舞台内严禁设置燃气设备。当后台使用燃气设备时，应采用耐火极限不低于3.0h的隔墙和甲级防火门分隔，且不应靠近服装室、道具间。

8.1.14 当剧场建筑与其他建筑合建或毗连时，应形成独立的防火分区，并应采用防火墙隔开，且防火墙不得开窗洞；当设门时，应采用甲级防火门。防火分区上下楼板耐火极限不应低于1.5h。

8.2 疏散

8.2.1 观众厅出口应符合下列规定：

    1 出口应均匀布置。

    2 楼座与池座应分别布置安全出口，且楼座宜至少有两个独立的安全出口，面积不超过200m²且不超过50座时，可设一个安全出口。楼座不应穿越池座疏散。

8.2.2 观众厅的出口门、疏散外门及后台疏散门应符合下列规定：

    1 应设双扇门，净宽不应小于1.40m，并应向疏散方向开启。

    2 靠门处不应设门槛和踏步，踏步应设置在距门1.40m以外。

    3 不应采用推拉门、卷帘门、吊门、转门、折叠门、铁栅门。

    4 应采用自动门闩，门洞上方应设疏散指示标志。

8.2.4 观众厅外的疏散通道应符合下列规定：

    1 室内部分的坡度不应大于1∶8，室外部分的坡度不应大于1∶10，并应采取防滑措施，室内坡道的装饰材料燃烧性能不应低于B1级，为残疾人设置的通道坡度不应大于

1：12。

2 地面以上 2.00m 内不得有任何突出物，并不得设置落地镜子及装饰性假门。

3 当疏散通道穿过前厅及休息厅时，设置在前厅、休息厅的商品零售部及衣物寄存处不得影响疏散的畅通。

4 疏散通道的隔墙耐火极限不应小于 1.00h。

5 对于疏散通道内装修材料燃烧性能，顶棚不低于 A 级，墙面和地面不低于 B1 级，并不得在燃烧时产生有毒气体。

6 疏散通道宜有自然通风及采光，当没有自然通风及采光时，应设人工照明，疏散通道长度超过 20m 时，应采用机械通风排烟。

8.2.5 疏散楼梯应符合下列规定：

1 踏步宽度不应小于 0.28m，踏步高度不应大于 0.16m。当超过 18 级时，应加设中间休息平台，且平台宽度不应小于梯段宽度，并不应小于 1.20m。

2 不宜采用螺旋楼梯。

3 楼梯应设置坚固、连续的扶手，且高度不应低于 0.90m。

8.2.6 后台应设置不少于两个直接通向室外的出口。

8.2.7 舞台区宜设有直接通向室外的疏散通道，当有困难时，可通过后台的疏散通道进行疏散，且疏散通道的出口不应少于 2 个。舞台区出口到室外出口的距离，当未设自动喷水灭火系统和自动火灾报警系统时，不应大于 30m，当设自动喷水灭火系统和自动火灾报警系统时，安全疏散距离可增加 25%。开向该疏散通道的门应采用能自行关闭的乙级防火门。

8.2.8 乐池和台仓的出口均不应少于两个。

8.2.10 剧场与其他建筑合建时，应符合下列规定：

1 设置在一、二级耐火等级的建筑内，布置在四层及以上楼层时，一个厅、室的疏散门不应少于 2 个；设置在三级耐火等级的建筑内时，不应布置在三层及以上楼层。

2 应设独立的楼梯和安全出口通向室外地坪面。

8.2.11 疏散口的帷幕燃烧性能不应低于 B1 级。

8.2.12 室外疏散及集散广场不得兼作停车场。

8.4.1 主舞台上部的屋顶或侧墙上应设置排烟设施。

九、《办公建筑设计标准》JGJ/T 67—2019（节选）

4.1 一般规定

4.1.3 办公建筑应进行节能设计，并符合现行国家标准《公共建筑节能设计标准》GB 50189 和《民用建筑热工设计规范》GB 50176 的有关规定。办公建筑在方案与初步设计阶段应编制绿色设计专篇，施工图设计文件应注明对绿色建筑相关技术施工与建筑运营管理的技术要求。

4.1.5 办公建筑的电梯及电梯厅设置应符合下列规定：

1 四层及四层以上或楼面距室外设计地面高度超过 12m 的办公建筑应设电梯。

2 乘客电梯的数量、额定载重量和额定速度应通过设计和计算确定。

3 乘客电梯位置应有明确的导向标识，并应能便捷到达。

4 消防电梯应按现行国家标准《建筑设计防火规范》GB 50016 进行设置，可兼作服务电梯使用。

5 电梯厅的深度应符合表 4.1.5 的规定。

6 3 台及以上的客梯集中布置时，客梯控制系统应具备按程序集中调控和群控的功能。

电梯厅的深度要求　　　　　　　　　　　　　　　　　　　　表 4.1.5

布置方式	电梯厅深度
单台	大于等于 1.5B
多台单侧布置	大于等于 1.5B′，当电梯并列布置为 4 台时应大于等于 2.40m
多台双侧布置	大于等于相对电梯 B′ 之和，并小于 4.50m

注：B 为轿厢深度，B′ 为并列布置的电梯中最大轿厢深度。

7 超高层办公建筑的乘客电梯应分层分区停靠。

4.1.6 办公建筑的窗应符合下列规定：

1 底层及半地下室外窗宜采取安全防范措施；

2 当高层及超高层办公建筑采用玻璃幕墙时应设置清洗设施，并应设有可开启窗或通风换气装置；

3 外窗可开启面积应按现行国家标准《公共建筑节能设计标准》GB 50189 的有关规定执行；外窗应有良好的气密性、水密性和保温隔热性能，满足节能要求；

4 不利朝向的外窗应采取合理的建筑遮阳措施。

4.1.7 办公建筑的门应符合下列规定：

1 办公用房的门洞口宽度不应小于 1.00m，高度不应小于 2.10m；

2 机要办公室、财务办公室、重要档案库、贵重仪表间和计算机中心的门应采取防盗措施，室内宜设防盗报警装置。

4.1.8 办公建筑的门厅应符合下列规定：

1 门厅内可附设传达、收发、会客、服务、问讯、展示等功能房间（场所）；根据使用要求也可设商务中心、咖啡厅、警卫室、快递储物间等；

2 楼梯、电梯厅宜与门厅邻近设置，并应满足消防疏散的要求；

3 严寒和寒冷地区的门厅应设门斗或其他防寒设施；

4 夏热冬冷地区门厅与高大中庭空间相连时宜设门斗。

4.1.9 办公建筑的走道应符合下列规定：

1 宽度应满足防火疏散要求，最小净宽应符合表 4.1.9 的规定。

走道最小净宽　　　　　　　　　　　　　　　　　　　　表 4.1.9

走道长度 （m）	走道净宽（m）	
	单面布房	双面布房
≤40	1.30	1.50
>40	1.50	1.80

注：高层内筒结构的回廊式走道净宽最小值同单面布房走道。

2 高差不足 0.30m 时，不应设置台阶，应设坡道，其坡度不应大于 1：8。

4.1.11 办公建筑的净高应符合下列规定：

1 有集中空调设施并有吊顶的单间式和单元式办公室净高不应低于 2.50m；

2 无集中空调设施的单间式和单元式办公室净高不应低于 2.70m；

3 有集中空调设施并有吊顶的开放式和半开放式办公室净高不应低于 2.70m；

4 无集中空调设施的开放式和半开放式办公室净高不应低于 2.90m；

5 走道净高不应低于 2.20m，储藏间净高不宜低于 2.00m。

4.2 办公用房

4.2.2 办公用房宜有良好的天然采光和自然通风，并不宜布置在地下室。办公室宜有避免西晒和眩光的措施。

4.2.3 普通办公室应符合下列规定：

1 宜设计成单间式办公室、单元式办公室、开放式办公室或半开放式办公室；

2 开放式和半开放式办公室在布置吊顶上的通风口、照明、防火设施等时，宜为自行分隔或装修创造条件，有条件的工程宜设计成模块式吊顶；

3 带有独立卫生间的办公室，其卫生间宜直接对外通风采光，条件不允许时，应采取机械通风措施；

4 机要部门办公室应相对集中，与其他部门宜适当分隔；

5 值班办公室可根据使用需要设置，设有夜间值班室时，宜设专用卫生间；

6 普通办公室每人使用面积不应小于 6m²，单间办公室使用面积不宜小于 10m²。

4.3 公共用房

4.3.1 公共用房宜包括会议室、对外办事厅、接待室、陈列室、公用厕所、开水间、健身场所等。

4.3.2 会议室应符合下列规定：

1 按使用要求可分设中、小会议室和大会议室。

2 中、小会议室可分散布置。小会议室使用面积不宜小于 30m²，中会议室使用面积不宜小于 60m²。中、小会议室每人使用面积：有会议桌的不应小于 2.00m²/人，无会议桌的不应小于 1.00m²/人。

3 大会议室应根据使用人数和桌椅设置情况确定使用面积，平面长宽比不宜大于 2：1，宜有音频视频、灯光控制、通信网络等设施，并应有隔声、吸声和外窗遮光措施；大会议室所在层数、面积和安全出口的设置等应符合国家现行有关防火标准的规定。

4 会议室应根据需要设置相应的休息、储藏及服务空间。

4.4 服务用房

4.4.4 汽车库应符合下列规定：

1 应符合现行国家标准《汽车库、修车库、停车场设计防火规范》GB 50067、《车库建筑设计规范》JGJ 100 的规定；

2 停车方式应根据车型、柱网尺寸及结构形式等确定；

3 设有电梯的办公建筑，当条件允许时应至少有一台电梯通至地下汽车库；

4 汽车库内可按管理方式和停车位的数量设置相应的值班室、控制室、储藏室等辅助房间；

5 汽车库内应按相关规定集中设置或预留电动汽车专用车位。

4.4.5 非机动车库应符合下列规定：

1 净高不得低于2.00m；

2 每辆自行车停放面积宜为1.50~1.80m²；

3 非机动车及二轮摩托车应以自行车为计算当量进行停车当量的换算。

4.4.6 员工餐厅、厨房可根据建筑规模、供餐方式和使用人数确定使用面积，并应符合现行行业标准《饮食建筑设计标准》JGJ 64的有关规定。

5 防 火 设 计

5.0.1 办公建筑的耐火等级应符合下列规定：

1 A类、B类办公建筑应为一级；

2 C类办公建筑不应低于二级。

5.0.2 办公综合楼内办公部分的安全出口不应与同一楼层内对外营业的商场、营业厅、娱乐、餐饮等人员密集场所的安全出口共用。

5.0.3 办公建筑疏散总净宽度应按总人数计算，当无法额定总人数时，可按其建筑面积9m²/人计算。

5.0.4 机要室、档案室、电子信息系统机房和重要库房等隔墙的耐火极限不应小于2h，楼板不应小于1.5h，并应采用甲级防火门。

十、《商店建筑设计规范》JGJ 48—2014（节选）

4 建 筑 设 计

4.1 一般规定

4.1.1 商店建筑可按使用功能分为营业区、仓储区和辅助区等三部分。商店建筑的内外均应做好交通组织设计，人流与货流不得交叉，并应按现行国家标准《建筑设计防火规范》GB 50016的规定进行防火和安全分区。

4.1.2 营业区、仓储区和辅助区等的建筑面积应根据零售业态、商品种类和销售形式等进行分配，并应能根据需要进行取舍或合并。

4.1.3 商店建筑外部的招牌、广告等附着物应与建筑物之间牢固结合，且凸出的招牌、广告等的底部至室外地面的垂直距离不应小于5m。招牌、广告的设置除应满足当地城市规划的要求外，还应与建筑外立面相协调，且不得妨碍建筑自身及相邻建筑的日照、采光、通风、环境卫生等。

4.1.4 商店建筑设置外向橱窗时应符合下列规定：

1 橱窗的平台高度宜至少比室内和室外地面高0.20m；

2 橱窗应满足防晒、防眩光、防盗等要求；

3 采暖地区的封闭橱窗可不采暖，其内壁应采取保温构造，外表面应采取防雾构造。

4.1.5 商店建筑的外门窗应符合下列规定：

1 有防盗要求的门窗应采取安全防范措施；

2 外门窗应根据需要，采取通风、防雨、遮阳、保温等措施；

3 严寒和寒冷地区的门应设门斗或采取其他防寒措施。

4.1.6 商店建筑的公用楼梯、台阶、坡道、栏杆应符合下列规定：

1 楼梯梯段最小净宽、踏步最小宽度和最大高度应符合表 4.1.6 的规定；

楼梯梯段最小净宽、踏步最小宽度和最大高度
表 4.1.6

楼梯类别	梯段最小净宽（m）	踏步最小宽度（m）	踏步最大高度（m）
营业区的公用楼梯	1.40	0.28	0.16
专用疏散楼梯	1.20	0.26	0.17
室外楼梯	1.40	0.30	0.15

2 室内外台阶的踏步高度不应大于 0.15m 且不宜小于 0.10m，踏步宽度不应小于 0.30m；当高差不足两级踏步时，应按坡道设置，其坡度不应大于 1∶12；

3 楼梯、室内回廊、内天井等临空处的栏杆应采用防攀爬的构造，当采用垂直杆件做栏杆时，其杆件净距不应大于 0.11m；栏杆的高度及承受水平荷载的能力应符合现行国家标准《民用建筑设计通则》GB 50352 的规定；

4 人员密集的大型商店建筑的中庭应提高栏杆的高度，当采用玻璃栏板时，应符合现行行业标准《建筑玻璃应用技术规程》JGJ 113 的规定。

4.1.7 大型和中型商店的营业区宜设乘客电梯、自动扶梯、自动人行道；多层商店宜设置货梯或提升机。

4.1.8 商店建筑内设置的自动扶梯、自动人行道除应符合现行国家标准《民用建筑设计通则》GB 50352 的有关规定外，还应符合下列规定：

1 自动扶梯倾斜角度不应大于 30°，自动人行道倾斜角度不应超过 12°；

2 自动扶梯、自动人行道上下两端水平距离 3m 范围内应保持畅通，不得兼作他用；

3 扶手带中心线与平行墙面或楼板开口边缘间的距离、相邻设置的自动扶梯或自动人行道的两梯（道）之间扶手带中心线的水平距离应大于 0.50m，否则应采取措施，以防对人员造成伤害。

4.1.9 商店建筑的无障碍设计应符合现行国家标准《无障碍设计规范》GB 50763 的有关规定。

4.1.10 商店建筑宜利用天然采光和自然通风。

4.1.11 商店建筑采用自然通风时，其通风开口的有效面积不应小于该房间（楼）地板面积的 1/20。

4.1.12 商店建筑应进行节能设计，并应符合现行国家标准《公共建筑节能设计标准》GB 50189 的规定。

4.2 营业区

4.2.1 营业厅设计应符合下列规定：

1 应按商品的种类、选择性和销售量进行分柜、分区或分层，且顾客密集的销售区应位于出入方便区域；

2 营业厅内的柱网尺寸应根据商店规模大小、零售业态和建筑结构选型等进行确定，应便于商品展示和柜台、货架布置，并应具有灵活性。通道应便于顾客流动，并应设有均匀的出入口。

4.2.2 营业厅内通道的最小净宽度应符合表 4.2.2 的规定。

通道位置		最小净宽度（m）
通道在柜台或货架与墙面或陈列窗之间		2.20
通道在两个平行柜台或货架之间	每个柜台或货架长度小于 7.50m	2.20
	一个柜台或货架长度小于 7.50m 另一个柜台或货架长度为 7.50～15.00m	3.00
	每个柜台或货架长度为 7.50～15.00m	3.70
	每个柜台或货架长度大于 15.00m	4.00
	通道一端设有楼梯时	上下两个梯段宽度之和再加 1.00m
柜台或货架边与开敞楼梯最近踏步间距离		4.00m，并不小于楼梯间净宽度

注：1. 当通道内设有陈列物时，通道最小净宽度应增加该陈列物的宽度；

2. 无柜台营业厅的通道最小净宽可根据实际情况，在本表的规定基础上酌减，减小量不应大于 20％；

3. 菜市场营业厅的通道最小净宽宜在本表的规定基础上增加 20％。

4.2.3 营业厅的净高应按其平面形状和通风方式确定，并应符合表 4.2.3 的规定。

营业厅的净高　　　　　　　　　　　　　　　　　表 4.2.3

通风方式	自然通风			机械排风和自然通风相结合	空气调节系统
	单面开窗	前面敞开	前后开窗		
最大进深与净高比	2∶1	2.5∶1	4∶1	5∶1	—
最小净高（m）	3.20	3.20	3.50	3.50	3.00

注：1. 设有空调设施、新风量和过渡季节通风量不小于 20m³/（h·人），并且有人工照明的面积不超过 50m² 的房间或宽度不超过 3m 的局部空间的净高可酌减，但不应小于 2.40m；

2. 营业厅净高应按楼地面至吊顶或楼板底面障碍物之间的垂直高度计算。

4.2.4 营业厅内或近旁宜设置附加空间或场地，并应符合下列规定：

1 服装区宜设试衣间；

2 宜设检修钟表、电器、电子产品等的场地；

3 销售乐器和音响器材等的营业厅宜设试音室，且面积不应小于 2m²。

4.2.5 自选营业厅设计应符合下列规定：

1 营业厅内宜按商品的种类分开设置自选场地；

2 厅前应设置顾客物品寄存处、进厅闸位、供选购用的盛器堆放位及出厅收款位等，且面积之和不宜小于营业厅面积的 8％；

3 应根据营业厅内可容纳顾客人数，在出厅处按每 100 人设收款台 1 个（含 0.60m 宽顾客通过口）；

4 面积超过 1000m² 的营业厅宜设闭路电视监控装置。

4.2.6 自选营业厅的面积可按每位顾客 1.35m² 计，当采用购物车时，应按 1.70m²/人计。

4.2.7 自选营业厅内通道最小净宽度应符合表 4.2.7 的规定，并应按自选营业厅的设计容纳人数对疏散用的通道宽度进行复核。兼作疏散的通道宜直通至出厅口或安全出口。

通 道 位 置		最小净宽度（m）	
		不采用购物车	采用购物车
通道在两个平行货架之间	靠墙货架长度不限，离墙货架长度小于 15m	1.60	1.80
	每个货架长度小于 15m	2.20	2.40
	每个货架长度为 15～24m	2.80	3.00
与各货架相垂直的通道	通道长度小于 15m	2.40	3.00
	通道长度不小于 15m	3.00	3.60
货架与出入闸位间的通道		3.80	4.20

注：当采用货台、货区时，其周围留出的通道宽度，可按商品的可选择性进行调整。

4.2.8 购物中心、百货商场等综合性建筑，除商店建筑部分应符合本规范规定外，饮食、文娱等部分的建筑设计应符合国家现行有关标准的规定。

4.2.9 大型和中型商店建筑内连续排列的商铺应符合下列规定：

1 各商铺的作业运输通道宜另设；

2 商铺内面向公共通道营业的柜台，其前沿应后退至距通道边线不小于 0.50m 的位置；

3 公共通道的安全出口及其间距等应符合现行国家标准《建筑设计防火规范》GB 50016的规定。

4.2.10 大型和中型商店建筑内连续排列的商铺之间的公共通道最小净宽度应符合表 4.2.10的规定。

通道名称	最小净宽度（m）	
	通道两侧设置商铺	通道一侧设置商铺
主要通道	4.00，且不小于通道长度的 1/10	3.00，且不小于通道长度的 1/15
次要通道	3.00	2.00
内部作业通道	1.80	—

注：主要通道长度按其两端安全出口间距离计算。

4.2.11 大型和中型商场内连续排列的饮食店铺的灶台不应面向公共通道，并应设置机械排烟通风设施。

4.2.12 大型和中型商场内连续排列的商铺的隔墙、吊顶等装修材料和构造，不得降低建筑设计对建筑构件及配件的耐火极限要求，并不得随意增加荷载。

4.2.13 大型和中型商店应设置为顾客服务的设施，并应符合下列规定：

1 宜设置休息室或休息区，且面积宜按营业厅面积的 1.00%～1.40% 计；

2 应设置为顾客服务的卫生间，并宜设服务问讯台。

4.2.14 供顾客使用的卫生间设计应符合下列规定：

　　1 应设置前室，且厕所的门不宜直接开向营业厅、电梯厅、顾客休息室或休息区等主要公共空间；

　　2 宜有天然采光和自然通风，条件不允许时，应采取机械通风措施；

　　3 中型以上的商店建筑应设置无障碍专用厕所，小型商店建筑应设置无障碍厕位；

　　4 卫生设施的数量应符合现行行业标准《城市公共厕所设计标准》CJJ 14 的规定，且卫生间内宜配置污水池；

　　5 当每个厕所大便器数量为 3 具及以上时，应至少设置 1 具坐式大便器；

　　6 大型商店宜独立设置无性别公共卫生间，并应符合现行国家标准《无障碍设计规范》GB 50763 的规定；

　　7 宜设置独立的清洁间。

4.2.15 仓储式商店营业厅的室内净高应满足堆高机、叉车等机械设备的提升高度要求。货架的布置形式应满足堆高机、叉车等机械设备移动货物时对操作空间的要求。

4.2.16 菜市场设计应符合下列规定：

　　1 在菜市场内设置商品运输通道时，其宽度应包括顾客避让宽度；

　　2 商品装卸和堆放场地应与垃圾废弃物场地相隔离；

　　3 菜市场内净高应满足通风、排除异味的要求；其地面、货台和墙裙应采用易于冲洗的面层，并应有良好的排水设施；当采用明沟排水时，应加盖箅子，沟内阴角应做成弧形。

4.2.17 大型和中型书店设计应符合下列规定：

　　1 营业厅宜按书籍文种、科目等划分范围或层次，顾客较密集的售书区应位于出入方便区域；

　　2 营业厅可按经营需要设置书展区域；

　　3 设有较大的语音、声像售区时，宜提供试听设备或设试听、试看室；

　　4 当采用开架书廊营业方式时，可利用空间设置夹层，其净高不应小于 2.10m；

　　5 开架书廊和书库储存面积指标，可按 400～500 册/m² 计；书库底层入口宜设置汽车卸货平台。

4.2.18 中药店设计应符合下列规定：

　　1 营业部分附设门诊时，面积可按每一名医师 10m² 计（含顾客候诊面积），且单独诊室面积不宜小于 12m²；

　　2 饮片、药膏、加工场和熬药间均应符合国家现行有关卫生和防火标准的规定。

4.2.19 西医药店营业厅设计应按药品性质与医疗器材种类进行分区、分柜设置。

4.2.20 家居建材商店应符合下列规定：

　　1 底层宜设置汽车卸货平台和货物堆场，并应设置停车位；

　　2 应根据所售商品的种类和商品展示的需要，进行平面分区；

　　3 楼梯宽度和货梯选型应便于大件商品搬运；

　　4 商品陈列和展示应符合国家现行有关卫生和防火标准的规定。

4.3 仓储区

4.3.1 商店建筑应根据规模、零售业态和需要等设置供商品短期周转的储存库房、卸货区、商品出入库及与销售有关的整理、加工和管理等用房。储存库房可分为总库房、分部库房、散仓。

4.3.2 储存库房设计应符合下列规定：

 1 单建的储存库房或设在建筑内的储存库房应符合国家现行有关防火标准的规定，并应满足防盗、通风、防潮和防鼠等要求；

 2 分部库房、散仓应靠近营业厅内的相关销售区，并宜设置货运电梯。

4.3.3 食品类商店仓储区应符合下列规定：

 1 根据商品的不同保存条件，应分设库房或在库房内采取有效隔离措施；

 2 各用房的地面、墙裙等均应为可冲洗的面层，并不得采用有毒和容易发生化学反应的涂料。

4.3.4 中药店的仓储区宜按各类药材、饮片及成药对温湿度和防霉变等的不同要求，分设库房。

4.3.5 西医药店的仓储区应设置与商店规模相适应的整理包装间、检验间及按药品性质、医疗器材种类分设的库房；对无特殊储存条件要求的药品库房，应保持通风良好、空气干燥、无阳光直射，且室温不应大于30℃。

4.3.6 储存库房内存放商品应紧凑、有规律，货架或堆垛间的通道净宽度应符合表4.3.6的规定。

货架或堆垛间的通道净宽度 表4.3.6

通道位置	净宽度（m）
货架或堆垛与墙面间的通风通道	＞0.30
平行的两组货架或堆垛间手携商品通道，按货架或堆垛宽度选择	0.70～1.25
与各货架或堆垛间通道相连的垂直通道，可以通行轻便手推车	1.50～1.80
电瓶车通道（单车道）	＞2.50

 注：1. 单个货架宽度为0.30～0.90m，一般为两架并靠成组；堆垛宽度为0.60～1.80m；

   2. 储存库房内电瓶车行速不应超过75m/min，其通道宜取直，或设置不小于6m×6m的回车场地。

4.3.7 储存库房的净高应根据有效储存空间及减少至营业厅垂直运距等确定，应按楼地面至上部结构主梁或桁架下弦底面间的垂直高度计算，并应符合下列规定：

 1 设有货架的储存库房净高不应小于2.10m；

 2 设有夹层的储存库房净高不应小于4.60m；

 3 无固定堆放形式的储存库房净高不应小于3.00m。

4.3.8 当商店建筑的地下室、半地下室用作商品临时储存、验收、整理和加工场地时，应采取防潮、通风措施。

4.4　辅助区

4.4.1 大型和中型商店辅助区包括外向橱窗、商品维修用房、办公业务用房，以及建筑设备用房和车库等，并应根据商店规模和经营需要进行设置。

4.4.2 大型和中型商店应设置职工更衣、工间休息及就餐等用房。

4.4.3 大型和中型商店应设置职工专用厕所，小型商店宜设置职工专用厕所，且卫生设施数量应符合现行行业标准《城市公共厕所设计标准》CJJ 14 的规定。

4.4.4 商店建筑内部应设置垃圾收集空间或设施。

5 防火与疏散

5.1 防火

5.1.1 商店建筑防火设计应符合现行国家标准《建筑设计防火规范》GB 50016 的规定。

5.1.2 商店的易燃、易爆商品储存库房宜独立设置；当存放少量易燃、易爆商品储存库房与其他储存库房合建时，应靠外墙布置，并应采用防火墙和耐火极限不低于 1.50h 的不燃烧体楼板隔开。

5.1.3 专业店内附设的作坊、工场应限为丁、戊类生产，其建筑物的耐火等级、层数和面积应符合现行国家标准《建筑设计防火规范》GB 50016 的规定。

5.1.4 除为综合建筑配套服务且建筑面积小于 1000m² 的商店外，综合性建筑的商店部分应采用耐火极限不低于 2.00h 的隔墙和耐火极限不低于 1.50h 的不燃烧体楼板与建筑的其他部分隔开；商店部分的安全出口必须与建筑其他部分隔开。

5.1.5 商店营业厅的吊顶和所有装修饰面，应采用不燃材料或难燃材料，并应符合建筑物耐火等级要求和现行国家标准《建筑内部装修设计防火规范》GB 50222 的规定。

5.2 疏散

5.2.1 商店营业厅疏散距离的规定和疏散人数的计算应符合现行国家标准《建筑设计防火规范》GB 50016 的规定。

5.2.2 商店营业区的底层外门、疏散楼梯、疏散走道等的宽度应符合现行国家标准《建筑设计防火规范》GB 50016 的规定。

5.2.3 商店营业厅的疏散门应为平开门，且应向疏散方向开启，其净宽不应小于 1.40m，并不宜设置门槛。

5.2.4 商店营业区的疏散通道和楼梯间内的装修、橱窗和广告牌等均不得影响疏散宽度。

5.2.5 大型商店的营业厅设置在五层及以上时，应设置不少于 2 个直通屋顶平台的疏散楼梯间。屋顶平台上无障碍物的避难面积不宜小于最大营业层建筑面积的 50%。

十一、《饮食建筑设计标准》JGJ 64—2017（节选）

4.1 一般规定

4.1.1 饮食建筑的功能空间可划分为用餐区域、厨房区域、公共区域和辅助区域四个区域。区域的划分及各类用房的组成宜符合表 4.1.1 的规定。

饮食建筑的区域划分及各类用房组成　　　　　　表 4.1.1

区域分类		各类用房举例
用餐区域		宴会厅、各类餐厅、包间等
厨房区域	餐馆、食堂、快餐店	主食加工区（间）[包括主食制作、主食热加工区（间）等]、副食加工区（间）[包括副食粗加工、副食细加工、副食热加工区（间）等]、厨房专间（包括冷荤间、生食海鲜间、裱花间等）、备餐区（间）、餐用具洗消间、餐用具存放区（间）、清扫工具存放区（间）等
	饮品店	加工区（间）[包括原料调配、热加工、冷食制作、其他制作及冷藏区（间）等]、冷（热）饮料加工区（间）[包括原料研磨配制、饮料煮制、冷却和存放区（间）等]、点心和简餐制作区（间）、食品存放区（间）、裱花间、餐用具洗消间、餐用具存放区（间）、清扫工具存放区（间）等

区域分类	各类用房举例
公共区域	门厅、过厅、等候区、大堂、休息厅（室）、公共卫生间、点菜区、歌舞台、收款处（前台）、饭票（卡）出售（充值）处及外卖窗口等
辅助区域	食品库房（包括主食库、蔬菜库、干货库、冷藏库、调料库、饮料库）、非食品库房、办公用房及工作人员更衣间、淋浴间、卫生间、清洁间、垃圾间等

注：1. 厨房专间、冷食制作间、餐用具洗消间应单独设置。

2. 各类用房可根据需要增添、删减或合并在同一空间。

4.1.2 用餐区域每座最小使用面积宜符合表 4.1.2 的规定。

用餐区域每座最小使用面积（m²/座）　　　　表 4.1.2

分类	餐馆	快餐店	饮品店	食堂
指标	1.3	1.0	1.5	1.0

注：快餐店每座最小使用面积可以根据实际需要适当减少。

4.1.3 附建在商业建筑中的饮食建筑，其防火分区划分和安全疏散人数计算应按现行国家标准《建筑设计防火规范》GB 50016 中商业建筑的相关规定执行。

4.1.4 厨房区域和食品库房面积之和与用餐区域面积之比宜符合表 4.1.4 的规定。

厨房区域和食品库房面积之和与用餐区域面积之比　　　　表 4.1.4

分类	建筑规模	厨房区域和食品库房面积之和与用餐区域面积之比
餐馆	小型	≥1:2.0
	中型	≥1:2.2
	大型	≥1:2.5
	特大型	≥1:3.0
快餐店、饮品店	小型	≥1:2.5
	中型及中型以上	≥1:3.0
食堂	小型	厨房区域和食品库房面积之和不小于30m²
	中型	厨房区域和食品库房面积之和在30m²的基础上按照服务 100 人以上每增加 1 人增加 0.3m²
	大型及特大型	厨房区域和食品库房面积之和在300m²的基础上按照服务 1000 人以上每增加 1 人增加 0.2m²

注：1. 表中所示面积为使用面积。

2. 使用半成品加工的饮食建筑以及单纯经营火锅、烧烤等的餐馆，厨房区域和食品库房面积之和与用餐区域面积之比可根据实际需要确定。

4.1.5 位于二层及二层以上的餐馆、饮品店和位于三层及三层以上的快餐店宜设置乘客电梯；位于二层及二层以上的大型和特大型食堂宜设置自动扶梯。

4.1.6 建筑物的厕所、卫生间、盥洗室、浴室等有水房间不应布置在厨房区域的直接上层，并应避免布置在用餐区域的直接上层。确有困难布置在用餐区域直接上层时应采取同层排水和严格的防水措施。

4.1.7 用餐区域、厨房区域、食品库房等用房应采取防鼠、防蝇和防其他有害动物及防尘、防潮、防异味、通风等有效措施。

4.1.8 用餐区域、公共区域和厨房区域的楼地面应采用防滑设计，并应满足现行行业标准《建筑地面工程防滑技术规程》JGJ/T 331 中的相关要求。

4.1.9 位于建筑物内的成品隔油装置，应设于专门的隔油设备间内，且设备间应符合下列要求：

  1 应满足隔油装置的日常操作以及维护和检修的要求；

  2 应设洗手盆、冲洗水嘴和地面排水设施；

  3 应有通风排气装置。

4.1.10 使用燃气的厨房设计应符合现行国家标准《城镇燃气设计规范》GB 50028 的相关规定。

4.1.11 餐饮建筑应进行无障碍设计，并应符合现行国家标准《无障碍设计规范》GB 50763 的规定。

4.2　用餐区域和公共区域

4.2.1 用餐区域的室内净高应符合下列规定：

  1 用餐区域不宜低于 2.6m，设集中空调时，室内净高不应低于 2.4m；

  2 设置夹层的用餐区域，室内净高最低处不应低于 2.4m。

4.2.2 用餐区域采光、通风应良好。天然采光时，侧面采光窗洞口面积不宜小于该厅地面面积的 1/6。直接自然通风时，通风开口面积不应小于该厅地面面积的 1/16。无自然通风的餐厅应设机械通风排气设施。

4.2.3 用餐区域的室内各部分面层均应采用不易积垢、易清洁的材料。

4.2.4 食堂用餐区域售饭口（台）应采用光滑、不渗水和易清洁的材料。

4.2.5 公共区域的卫生间设计应符合下列规定：

  1 公共卫生间宜设置前室，卫生间的门不宜直接开向用餐区域，卫生洁具应采用水冲式；

  2 卫生间宜利用天然采光和自然通风，并应设置机械排风设施；

  3 未单独设置卫生间的用餐区域应设置洗手设施，并宜设儿童用洗手设施；

  4 卫生设施数量的确定应符合现行行业标准《城市公共厕所设计标准》CJJ 14 对餐饮类功能区域公共卫生间设施数量的规定及现行国家标准《无障碍设计规范》GB 50763 的相关规定；

  5 有条件的卫生间宜提供为婴儿更换尿布的设施。

4.3　厨房区域

4.3.1 餐馆、快餐店和食堂的厨房区域可根据使用功能选择设置下列各部分：

  1 主食加工区（间）——包括主食制作和主食热加工区（间）；

  2 副食加工区（间）——包括副食粗加工、副食细加工、副食热加工区（间）及风味餐馆的特殊加工间；

3 厨房专间——包括冷荤间、生食海鲜间、裱花间等，厨房专间应单独设置隔间；

4 备餐区（间）——包括主食备餐、副食备餐区（间）、食品留样区（间）；

5 餐用具洗涤消毒间与餐用具存放区（间），餐用具洗涤消毒间应单独设置。

4.3.2 饮品店的厨房区域可根据经营性质选择设置下列各部分：

1 加工区（间）——包括原料调配、热加工、冷食制作、其他制作区（间）及冷藏场所等，冷食制作应单独设置隔间；

2 冷、热饮料加工区（间）——包括原料研磨配制、饮料煮制、冷却和存放区（间）等；

3 点心、简餐等制作的房间内容可参照本标准第4.3.1条规定的有关部分；

4 餐用具洗涤消毒间应单独设置。

4.3.3 厨房区域应按原料进入、原料处理、主食加工、副食加工、备餐、成品供应、餐用具洗涤消毒及存放的工艺流程合理布局，食品加工处理流程应为生进熟出单一流向，并应符合下列规定：

1 副食粗加工应分设蔬菜、肉禽、水产工作台和清洗池，粗加工后的原料送入细加工区不应反流；

2 冷荤成品、生食海鲜、裱花蛋糕等应在厨房专间内拼配，在厨房专间入口处应设置有洗手、消毒、更衣设施的通过式预进间；

3 垂直运输的食梯应原料、成品分设。

4.3.4 使用半成品加工的饮食建筑以及单纯经营火锅、烧烤等的餐馆，可在本标准第4.3.3条的基础上根据实际情况简化厨房的工艺流程。使用外部供应预包装的成品冷荤、生食海鲜、裱花蛋糕等可不设置厨房专间。

4.3.5 厨房区域各类加工制作场所的室内净高不宜低于2.5m。

4.3.6 厨房区域各类加工间的工作台边或设备边之间的净距应符合食品安全操作规范和防火疏散宽度的要求。

4.3.7 厨房区域加工间天然采光时，其侧面采光窗洞口面积不宜小于地面面积的1/6；自然通风时，通风开口面积不应小于地面面积的1/10。

4.3.8 厨房区域各加工场所的室内构造应符合下列规定：

1 楼地面应采用无毒、无异味、不易积垢、不渗水、易清洗、耐磨损的材料；

2 楼地面应处理好防水、排水，排水沟内阴角宜采用圆弧形；

3 楼地面不宜设置台阶；

4 墙面、隔断及工作台、水池等设施均应采用无毒、无异味、不透水、易清洁的材料，各阴角宜做成曲率半径为3cm以上的弧形；

5 厨房专间、备餐区等清洁操作区内不得设置排水明沟，地漏应能防止浊气逸出；

6 顶棚应选用无毒、无异味、不吸水、表面光洁、耐腐蚀、耐湿的材料，水蒸气较多的房间顶棚宜有适当坡度，减少凝结水滴落；

7 粗加工区（间）、细加工区（间）、餐用具洗消间、厨房专间等应采用光滑、不吸水、耐用和易清洗材料墙面。

4.3.9 厨房区域各加工区（间）内宜设置洗手设施；厨房区域应设拖布池和清扫工具存放空间，大型以上饮食建筑宜设置独立隔间。

4.3.10 厨房有明火的加工区应采用耐火极限不低于2.00h的防火隔墙与其他部位分隔，隔墙上的门、窗应采用乙级防火门、窗。

4.3.11 厨房有明火的加工区（间）上层有餐厅或其他用房时，其外墙开口上方应设置宽度不小于1.0m、长度不小于开口宽度的防火挑檐；或在建筑外墙上下层开口之间设置高度不小于1.2m的实体墙。

4.4 辅助区域

4.4.1 饮食建筑辅助部分主要由食品库房、非食品库房、办公用房、工作人员更衣间、淋浴间、卫生间、值班室及垃圾和清扫工具存放场所等组成，上述空间可根据实际需要选择设置。

4.4.2 饮食建筑食品库房宜根据食材和食品分类设置，并应根据实际需要设置冷藏及冷冻设施，设置冷藏库时应符合现行国家标准《冷库设计规范》GB 50072的相关规定。

4.4.3 饮食建筑食品库房天然采光时，窗洞面积不宜小于地面面积的1/10。饮食建筑食品库房自然通风时，通风开口面积不应小于地面面积的1/20。

4.4.4 工作人员更衣间应邻近主、副食加工场所，宜按全部工作人员男女分设。更衣间入口处应设置洗手、干手消毒设施。

4.4.5 饮食建筑辅助区域应按全部工作人员最大班人数分别设置男、女卫生间，卫生间应设在厨房区域以外并采用水冲式洁具。卫生间前室应设置洗手设施，宜设置干手消毒设施。前室门不应朝向用餐区域、厨房区域和食品库房。卫生设施数量应符合现行行业标准《城市公共厕所设计标准》CJJ 14的规定。

4.4.6 清洁间和垃圾间应合理设置，不应影响食品安全，其室内装修应方便清洁。垃圾间位置应方便垃圾外运。垃圾间内应设置独立的排气装置，垃圾应分类储存、干湿分离，厨余垃圾应有单独容器储存。

十二、《综合医院建筑设计规范》GB 51039—2014（节选）

5 建 筑 设 计

5.1 一般规定

5.1.1 主体建筑的平面布置、结构形式和机电设计，应为今后发展、改造和灵活分隔创造条件。

5.1.2 建筑物出入口的设置应符合下列要求：

　　1 门诊、急诊、急救和住院应分别设置无障碍出入口；

　　2 门诊、急诊、急救和住院主要出入口处，应有机动车停靠的平台，并应设雨篷。

5.1.4 电梯的设置应符合下列规定：

　　1 二层医疗用房宜设电梯；三层及三层以上的医疗用房应设电梯，且不得少于2台。

　　2 供患者使用的电梯和污物梯，应采用病床梯。

　　3 医院住院部宜增设供医护人员专用的客梯、送餐和污物专用货梯。

　　4 电梯井道不应与有安静要求的用房贴邻。

5.1.5 楼梯的设置应符合下列要求：

1 楼梯的位置应同时符合防火、疏散和功能分区的要求；

2 主楼梯宽度不得小于1.65m，踏步宽度不应小于0.28m，高度不应大于0.16m。

5.1.6 通行推床的通道，净宽不应小于2.40m。有高差者应用坡道相接，坡道坡度应按无障碍坡道设计。

5.1.7 50%以上的病房日照应符合现行国家标准《民用建筑设计通则》GB 50352的有关规定。

5.1.8 门诊、急诊和病房应充分利用自然通风和天然采光。

5.1.9 室内净高应符合下列要求：

1 诊查室不宜低于2.60m；

2 病房不宜低于2.80m；

3 公共走道不宜低于2.30m；

4 医技科室宜根据需要确定。

5.1.12 室内装修和防护宜符合下列要求：

1 医疗用房的地面、踢脚板、墙裙、墙面、顶棚应便于清扫或冲洗，其阴阳角宜做成圆角。踢脚板、墙裙应与墙面平。

2 手术室、检验科、中心实验室和病理科等医院卫生学要求高的用房，其室内装修应满足易清洁、耐腐蚀的要求。

3 检验科、中心实验室和病理科的操作台面应采用耐腐蚀、易冲洗、耐燃烧的面层。相关的洗涤池和排水管亦应采用耐腐蚀材料。

4 药剂科的配方室、贮药室、中心药房、药库均应采取防潮、防虫、防鼠等措施。

5 太平间、病理解剖室均应采取防虫、防雀、防鼠以及防其他动物侵入的措施。

5.1.13 卫生间的设置应符合下列要求：

1 患者使用的卫生间隔间的平面尺寸，不应小于1.10m×1.40m，门应朝外开，门闩应能里外开启。卫生间隔间内应设输液吊钩。

2 患者使用的坐式大便器坐圈宜采用不易被污染、易消毒的类型，进入蹲式大便器隔间不应有高差。大便器旁应装置安全抓杆。

3 卫生间应设前室，并应设非手动开关的洗手设施。

4 采用室外卫生间时，宜用连廊与门诊、病房楼相接。

5 宜设置无性别、无障碍患者专用卫生间。

6 无障碍专用卫生间和公共卫生间的无障碍设施与设计，应符合现行标准《无障碍设计规范》GB 50763的有关规定。

5.1.14 医疗废物和生活垃圾应分别处置。

5.2 门诊部用房

5.2.1 门诊部应设在靠近医院交通入口处，应与医技用房邻近，并应处理好门诊内各部门的相互关系，流线应合理并避免院内感染。

5.2.2 门诊用房设置应符合下列要求：

1 公共部分应设置门厅、挂号、问讯、病历、预检分诊、记账、收费、药房、候诊、采血、检验、输液、注射、门诊办公、卫生间等用房和为患者服务的公共设施；

2 各科应设置诊查室、治疗室、护士站、污洗室等；

3 可设置换药室、处置室、清创室、X线检查室、功能检查室、值班更衣室、杂物贮藏室、卫生间等。

5.2.3 候诊用房设置应符合下列要求：

1 门诊宜分科候诊，门诊量小时可合科候诊；

2 利用走道单侧候诊时，走道净宽不应小于2.40m，两侧候诊时，走道净宽不应小于3.00m；

3 可采用医患通道分设、电子叫号、预约挂号、分层挂号收费等方式。

5.2.4 诊查用房设置应符合下列要求：

1 双人诊查室的开间净尺寸不应小于3.00m，使用面积不应小于12.00m²；

2 单人诊查室的开间净尺寸不应小于2.50m，使用面积不应小于8.00m²。

5.2.5 妇科、产科和计划生育用房设置应符合下列要求：

1 应自成一区，可设单独出入口。

2 妇科应增设隔离诊室、妇科检查室及专用卫生间，宜采用不多于2个诊室合用1个妇科检查室的组合方式。

3 产科和计划生育应增设休息室及专用卫生间。

4 妇科可增设手术室、休息室；产科可增设人流手术室、咨询室。

5 各室应有阻隔外界视线的措施。

5.2.6 儿科用房设置应符合下列要求：

1 应自成一区，可设单独出入口。

2 应增设预检、候诊、儿科专用卫生间、隔离诊查和隔离卫生间等用房。隔离区宜有单独对外出口。

3 可单独设置挂号、药房、注射、检验和输液等用房。

4 候诊处面积每患儿不应小于1.50m²。

5.2.7 耳鼻喉科用房设置应符合下列要求：

1 应增设内镜检查（包括食道镜等）、治疗的用房；

2 可设置手术、测听、前庭功能、内镜检查（包括气管镜、食道镜等）等用房。

5.2.8 眼科用房设置应符合下列要求：

1 应增设初检（视力、眼压、屈光）、诊查、治疗、检查、暗室等用房；

2 初检室和诊查室宜具备明暗转换装置；

3 宜设置专用手术室。

5.2.9 口腔科用房设置应符合下列要求：

1 应增设X射线检查、镶复、消毒洗涤、矫形等用房；

2 诊查单元每椅中距不应小于1.80m，椅中心距墙不应小于1.20m；

3 镶复室宜考虑有良好的通风；

4 可设资料室。

5.2.10 门诊手术用房设置应符合下列要求：

1 门诊手术用房可与手术部合并设置；

2 门诊手术用房应由手术室、准备室、更衣室、术后休息室和污物室组成。手术室平面尺寸不宜小于3.60m×4.80m。

5.2.11 门诊卫生间设置应符合下列要求：

    1 卫生间宜按日门诊量计算，男女患者比例宜为1：1；

    2 男厕每100人次设大便器不应小于1个、小便器不应小于1个；

    3 女厕每100人次设大便器不应小于3个；

    4 应按本规范第5.1.13条的要求设置。

5.2.12 预防保健用房设置应符合下列要求：

    1 应设宣教、档案、儿童保健、妇女保健、免疫接种、更衣、办公等用房；

    2 可增设心理咨询用房。

5.3 急诊部用房

5.3.1 急诊部设置应符合下列要求：

    1 自成一区，应单独设置出入口，便于急救车、担架车、轮椅车的停放；

    2 急诊、急救应分区设置；

    3 急诊部与门诊部、医技部、手术部应有便捷的联系；

    4 设置直升机停机坪时，应与急诊部有快捷的通道。

5.3.2 急诊用房设置应符合下列要求：

    1 应设接诊分诊、护士站、输液、观察、污洗、杂物贮藏、值班更衣、卫生间等用房；

    2 急救部分应设抢救、抢救监护等用房；

    3 急诊部分应设诊查、治疗、清创、换药等用房；

    4 可独立设挂号、收费、病历、药房、检验、X射线检查、功能检查、手术、重症监护等用房；

    5 输液室应由治疗间和输液间组成。

5.3.3 当门厅兼用于分诊功能时，其面积不应小于24.00m²。

5.3.4 抢救用房设置应符合下列要求：

    1 抢救室应直通门厅，有条件时宜直通急救车停车位，面积不应小于每床30.00m²，门的净宽不应小于1.40m；

    2 宜设氧气、吸引等医疗气体的管道系统终端。

5.3.5 抢救监护室内平行排列的观察床净距不应小于1.20m，有吊帘分隔时不应小于1.40m，床沿与墙面的净距不应小于1.00m。

5.3.6 观察用房设置应符合下列要求：

    1 平行排列的观察床净距不应小于1.20m，有吊帘分隔时不应小于1.40m，床沿与墙面的净距不应小于1.00m；

    2 可设置隔离观察室或隔离单元，并应设单独出入口，入口处应设缓冲区及就地消毒设施；

    3 宜设氧气、吸引等医疗气体的管道系统终端。

5.4 感染床病门诊用房

5.4.1 消化道、呼吸道等感染疾病门诊均应自成一区，并应单独设置出入口。

5.4.2 感染门诊应根据具体情况设置分诊、接诊、挂号、收费、药房、检验、诊查、隔离观察、治疗、医护人员更衣、缓冲、专用卫生间等功能用房。

5.5 住院部用房

5.5.1 住院部应自成一区，设置单独或共用出入口，并应设在医院环境安静、交通方便处，与医技部、手术部和急诊部应有便捷的联系，同时应靠近医院的能源中心、营养厨房、洗衣房等辅助设施。

5.5.2 出入院用房设置应符合下列要求：

1 应设登记、结算、探望患者管理用房；

2 可设为患者服务的公共设施。

5.5.3 每个护理单元规模应符合本规范第3.2.1条的规定，专科病房或因教学科研需要可根据具体情况确定。设传染病房时，应单独设置，并应自成一区。

5.5.4 护理单元用房设置应符合下列要求：

1 应设病房、抢救、患者和医护人员卫生间、盥洗、浴室、护士站、医生办公、处置、治疗、更衣、值班、配餐、库房、污洗等用房；

2 可设患者就餐、活动、换药、患者家属谈话、探视、示教等用房。

5.5.5 病房设置应符合下列要求：

1 病床的排列应平行于采光窗墙面。单排不宜超过3床，双排不宜超过6床；

2 平行的两床净距不应小于0.80m，靠墙病床床沿与墙面的净距不应小于0.60m；

3 单排病床通道净宽不应小于1.10m，双排病床（床端）通道净宽不应小于1.40m；

4 病房门应直接开向走道；

5 抢救室宜靠近护士站；

6 病房门净宽不应小于1.10m，门扇宜设观察窗；

7 病房走道两侧墙面应设置靠墙扶手及防撞设施。

5.5.6 护士站宜以开敞空间与护理单元走道连通，并应与治疗室以门相连，护士站宜通视护理单元走廊，到最远病房门口的距离不宜超过30m。

5.5.7 配餐室应靠近餐车入口处，并应有供应开水和加热设施。

5.5.8 护理单元的盥洗室、浴室和卫生间，应符合下列要求：

1 当卫生间设于病房内时，宜在护理单元内单独设置探视人员卫生间。

2 当护理单元集中设置卫生间时，男女患者比例宜为1：1，男卫生间每16床应设1个大便器和1个小便器。女卫生间每16床应设3个大便器。

3 医护人员卫生间应单独设置。

4 设置集中盥洗室和浴室的护理单元，盥洗水龙头和淋浴器每12床～15床应各设1个，且每个护理单元应各不少于2个。盥洗室和淋浴室应设前室。

5 附设于病房内的浴室、卫生间面积和卫生洁具的数量，应根据使用要求确定，并应设紧急呼叫设施和输液吊钩。

6 无障碍病房内的卫生间应按本规范第5.1.13条的要求设置。

5.5.9 污洗室应邻近污物出口处，并应设倒便设施和便盆、痰杯的洗涤消毒设施。

5.5.10 病房不应设置开敞式垃圾井道。

5.5.11 监护用房设置应符合下列要求：

1 重症监护病房（ICU）宜与手术部、急诊部邻近，并应有快捷联系；

2 心血管监护病房（CCU）宜与急诊部、介入治疗科室邻近，并应有快捷联系；

3 应设监护病房、治疗、处置、仪器、护士站、污洗等用房；

4 护士站的位置宜便于直视观察患者；

5 监护病床的床间净距不应小于1.20m；

6 单床间不应小于12.00m。

5.5.12 儿科病房用房设置应符合下列要求：

1 宜设配奶室、奶具消毒室、隔离病房和专用卫生间等用房；

2 可设监护病房、新生儿病房、儿童活动室；

3 每间隔离病房不应多于2床；

4 浴室、卫生间设施应适合儿童使用；

5 窗和散热器等设施应采取安全防护措施。

5.5.13 妇产科病房用房设置应符合下列要求：

1 妇科应设检查和治疗用房。

2 产科应设产前检查、待产、分娩、隔离待产、隔离分娩、产期监护、产休室等用房。隔离待产和隔离分娩用房可兼用。

3 妇科、产科两科合为1个单元时，妇科的病房、治疗室、浴室、卫生间与产科的产休室、产前检查室、浴室、卫生间应分别设置。

4 产科宜设手术室。

5 产房应自成一区，入口处应设卫生通过和浴室、卫生间。

6 待产室应邻近分娩室，宜设专用卫生间。

7 分娩室平面净尺寸宜为4.20m×4.80m，剖腹产手术室宜为5.40m×4.80m。

8 洗手池的位置应使医护人员在洗手时能观察临产产妇的动态。

9 母婴同室或家庭产房应增设家属卫生通过，并应与其他区域分隔。

10 家庭产房的病床宜采用可转换为产床的病床。

5.5.14 婴儿室设置应符合下列要求：

1 应邻近分娩室；

2 应设婴儿间、洗婴池、配奶室、奶具消毒室、隔离婴儿室、隔离洗婴池、护士室等用房；

3 婴儿间宜朝南，应设观察窗，并应有防鼠、防蚊蝇等措施；

4 洗婴池应贴邻婴儿间，水龙头离地面高度宜为1.20m，并应有防止蒸气窜入婴儿间的措施；

5 配奶室与奶具消毒室不应与护士室合用。

5.5.15 烧伤病房用房设置应符合下列要求：

1 应设在环境良好、空气清洁的位置，可设于外科护理单元的尽端，宜相对独立或单独设置；

2 应设换药、浸浴、单人隔离病房、重点护理病房及专用卫生间、护士室、洗涤消毒、消毒品贮藏等用房；

3 入口处应设包括换鞋、更衣、卫生间和淋浴的医护人员卫生通过通道；

4 可设专用处置室、洁净病房。

5.5.16 血液病房用房设置应符合下列要求：

1 血液病房可设于内科护理单元内，亦可自成一区。可根据需要设置洁净病房，洁净病房应自成一区。

2 洁净病区应设准备、患者浴室和卫生间、护士室、洗涤消毒用房、净化设备机房。

3 入口处应设包括换鞋、更衣、卫生间和淋浴的医护人员卫生通道。

4 患者浴室和卫生间可单独设置，并应同时设有淋浴器和浴盆。

5 洁净病房应仅供一位患者使用，洁净标准应符合本规范第7.5.4条规定，并应在入口处设第二次换鞋、更衣处。

6 洁净病房应设观察窗，并应设置家属探视窗及对讲设备。

5.5.17 血液透析室用房设置应符合下列要求：

1 可设于门诊部或住院部内，应自成一区；

2 应设患者换鞋与更衣、透析、隔离透析治疗、治疗、复洗、污物处理、配药、水处理设备等用房；

3 入口处应设包括换鞋、更衣的医护人员卫生通过通道；

4 治疗床（椅）之间的净距不宜小于1.20m，通道净距不宜小于1.30m。

5.6 生殖医学中心用房

5.6.1 生殖医学中心应设诊查、B超、取精、取卵、体外授精、胚胎移植、检查、妇科内分泌测定和精子库等用房。

5.6.2 生殖医学中心可设影像学检查、遗传学检查等用房。

5.6.3 取卵室、体外授精实验室、胚胎移植室应满足医院卫生学要求。

5.7 手术部用房

5.7.1 手术部的环境要求，应符合现行国家标准《医院消毒卫生标准》GB 15982 的有关规定，手术部应分为一般手术部和洁净手术部；洁净手术部应按现行国家标准《医院洁净手术部建筑技术规范》GB 50333 的有关规定设计。

5.7.2 手术部用房位置和平面布置，应符合下列要求：

1 手术部应自成一区，宜与外科护理单元邻近，并宜与相关的急诊、介入治疗科、重症监护科（ICU）、病理科、中心（消毒）供应室、血库等路径便捷；

2 手术部不宜设在首层；

3 平面布置应符合功能流程和洁污分区要求；

4 入口处应设医护人员卫生通过，且换鞋处应采取防止洁污交叉的措施；

5 通往外部的门应采用弹簧门或自动启闭门。

5.7.3 手术部用房设置应符合下列规定：

1 应设手术室、刷手、术后苏醒、换床、护士室、麻醉师办公室、换鞋、男女更衣、男女浴室和卫生间、无菌物品存放、清洗、消毒、污物和库房等用房；

2 可设洁净手术室、手术准备室、石膏室、冰冻切片、敷料制作、麻醉器械贮藏、教学、医护休息、男女值班和家属等候等用房。

5.7.4 手术室平面尺寸应符合下列要求：

1 应根据需要选用手术室平面尺寸，平面尺寸不应小于表5.7.4的规定。

<table>
<tr><th colspan="4" style="text-align:left">手术室平面净尺寸   表5.7.4</th></tr>
</table>

手术室类型	平面净尺寸（m）	手术室类型	平面净尺寸（m）
特大型	7.50×5.70	中型	5.40×4.80
大型	5.70×5.40	小型	4.80×4.20

    2 每2间～4间手术室宜单独设立1间刷手间，可设于清洁区走廊内。刷手间不应设门。洁净手术室的刷手间不得和普通手术室共用。每间手术室不得少于2个洗手水龙头，并应采用非手动开关。

5.7.5 推床通过的手术室门，净宽不宜小于1.40m，且宜设置自动启闭装置。手术室可采用天然光源或人工照明，当采用天然光源时，窗洞口面积与地板面积之比不得大于1/7，并应采取遮阳措施。

5.7.6 手术室内基本设施设置应符合下列规定：

    1 观片灯联数可按手术室大小类型配置，观片灯应设置在手术医生对面墙上；

    2 手术台长向宜沿手术室长轴布置，台面中心点宜与手术室地面中心点相对应。患者头部不宜置于手术室门一侧；

    3 净高宜为2.70～3.00m；

    4 设置医用气体终端装置；

    5 采取防静电措施；

    6 不应有明露管线；

    7 吊顶及吊挂件应采取固定措施，吊顶上不应开设人孔；

    8 手术室内不应设地漏。

5.8 放射科用房

5.8.1 放射科位置与平面布置应符合下列要求：

    1 宜在底层设置，并应自成一区，且应与门、急诊部和住院部邻近布置，并有便捷联系；

    2 有条件时，患者通道与医护工作人员通道应分开设置。

5.8.2 用房设置应符合下列要求：

    1 应设放射设备机房（CT扫描室、透视室、摄片室）、控制、暗室、观片、登记存片和候诊等用房；

    2 可设诊室、办公、患者更衣等用房；

    3 胃肠透视室应设调钡处和专用卫生间。

5.8.3 机房内地沟深度、地面标高、层高、出入口、室内环境、机电设施等，应根据医疗设备的安装使用要求确定。

5.8.4 照相室最小净尺寸宜为4.50m×5.40m，透视室最小净尺寸宜为6.00m×6.00m。

5.8.5 放射设备机房门的净宽不应小于1.20m，净高不应小于2.80m，计算机断层扫描（CT）室的门净宽不应小于1.20m，控制室门净宽宜为0.90m。

5.8.6 透视室与CT室的观察窗净宽不应小于0.80m，净高不应小于0.60m。照相室观察窗的净宽不应小于0.60m，净高不应小于0.40m。

5.8.7 防护设计应符合国家现行有关医用X射线诊断卫生防护标准的规定。

5.9 磁共振检查室用房

5.9.1 磁共振检查室位置设置应符合下列要求：

    1 宜自成一区或与放射科组成一区，宜与门诊部、急诊部、住院部邻近，并应设置在底层；

    2 应避开电磁波和移动磁场的干扰。

5.9.2 用房设置应符合下列要求：

    1 应设扫描、控制、附属机房（计算机、配电、空调机）等用房；

    2 可设诊室、办公和患者更衣等用房。

5.9.3 扫描室应设电磁屏蔽、氦气排放和冷却水供应设施。机电管道不应穿越扫描室。

5.9.4 扫描室门的净宽不应小于1.20m，控制室门的净宽宜为0.90m，并应满足设备通过。磁共振扫描室的观察窗净宽不应小于1.20m，净高不应小于0.80m。

5.9.5 磁共振诊断室的墙身、楼地面、门窗、洞口、嵌入体等所采用的材料、构造均应按设备要求和屏蔽专门规定采取屏蔽措施。机房选址后，确定屏蔽措施前，应测定自然场强。

5.10 放射治疗科用房

5.10.1 放射治疗用房宜设在底层、自成一区，并应符合国家现行有关防护标准的规定，其中治疗机房应集中设置。

5.10.2 用房设置应符合下列要求：

    1 应设治疗机房（后装机、钴60、直线加速器、γ刀、深部X线治疗等）、控制、治疗计划系统、模拟定位；物理计划、模具间、候诊、护理、诊室、医生办公、卫生间、更衣（医患分开设）、污洗和固体废弃物存放等用房；

    2 可设会诊和值班等用房。

5.10.3 治疗室内噪声不应超过50dB(A)。

5.10.4 钴60治疗室、加速器治疗室、γ刀治疗室及后装机治疗室的出入口应设迷路，且有用线束照射方向应尽可能避免照射在迷路墙上。防护门和迷路的净宽均应满足设备要求。

5.10.5 防护应按国家现行有关后装γ源近距离卫生防护标准、γ远距治疗室设计防护要求、医用电子加速器卫生防护标准、医用X射线治疗卫生防护标准等的规定设计。

5.11 核医学科用房

5.11.1 核医学科位置与平面布置应符合下列要求：

    1 应自成一区，并应符合国家现行有关防护标准的规定。放射源应设单独出入口。

    2 平面布置应按"控制区、监督区、非限制区"的顺序分区布置。

    3 控制区应设于尽端，并应有贮运放射性物质及处理放射性废弃物的设施。

    4 非限制区进监督区和控制区的出入口处均应设卫生通过。

5.11.2 用房设置应符合下列要求：

    1 非限制区应设候诊、诊室、医生办公和卫生间等用房；

    2 监督区应设扫描、功能测定和运动负荷试验等用房，以及专用等候区和卫生间；

    3 控制区应设计量、服药、注射、试剂配制、卫生通过、储源、分装、标记和洗涤等用房。

5.11.3 核医学用房应按国家现行有关临床核医学卫生防护标准的规定设计。

5.11.4 固体废弃物、废水应按国家现行有关医用放射性废弃物管理卫生防护标准的规定处理后排放。

5.11.5 防护应按国家现行有关临床核医学卫生防护标准的规定设计。

5.12 介入治疗用房

5.12.1 介入治疗用房位置与平面布置应符合下列要求：

1 应自成一区，且应与急诊部、手术部、心血管监护病房有便捷联系；

2 洁净区、非洁净区应分设。

5.12.2 用房设置应符合下列要求：

1 应设心血管造影机房、控制、机械间、洗手准备、无菌物品、治疗、更衣和卫生间等用房；

2 可设置办公、会诊、值班、护理和资料等用房。

5.12.3 介入治疗用户应满足医疗设备安装、室内环境的要求。

5.12.4 防护应根据设备要求，按现行国家有关医用 X 射线诊断卫生防护标准的规定设计。

5.13 检验科用房

5.13.1 检验科用房位置及平面布置应符合下列要求：

1 应自成一区，微生物学检验应与其他检验分区布置；

2 微生物学检验室应设于检验科的尽端。

5.13.2 用房设置应符合下列要求：

1 应设临床检验、生化检验、微生物检验、血液实验、细胞检查、血清免疫、洗涤、试剂和材料库等用房；

2 可设更衣、值班和办公等用房。

5.13.3 检验科应设通风柜、仪器室（柜）、试剂室（柜）、防振天平台，并应有贮藏贵重药物和剧毒药品的设施。

5.13.4 细菌检验的接种室与培养室之间应设传递窗。

5.13.5 检验科应设洗涤设施，细菌检验应设专用洗涤、消毒设施，每个检验室应装有非手动开关的洗涤池。检验标本应设废弃消毒处理设施。

5.13.6 危险化学试剂附近应设有紧急洗眼处和淋浴。

5.13.7 实验室工作台间通道宽度不应小于 1.20m。

5.14 病理科用房

5.14.1 病理科用房应自成一区，宜与手术部有便捷联系。

5.14.2 病理解剖室宜和太平间合建，与停尸房宜有内门相通，并应设工作人员更衣及淋浴设施。

5.14.3 用房设置应符合下列要求：

1 应设置取材、标本处理（脱水、染色、蜡包埋、切片）、制片、镜检、洗涤消毒和卫生通过等用房；

2 可设置病理解剖和标本库用房。

5.15 功能检查科用房

5.15.1 超声、电生理、肺功能检查室宜各成一区，与门诊部、住院部应有便捷联系。

5.15.2 功能检查科应设检查室（肺功能、脑电图、肌电图、脑血流图、心电图、超声等）、处置、医生办公、治疗、患者、医护人员更衣和卫生间等用房。

5.15.3 检查床之间的净距不应小于1.50m，宜有隔断设施。

5.15.4 心脏运动负荷检查室应设氧气终端。

5.16 内窥镜科用房

5.16.1 内窥镜科用房位置与平面布置应符合下列要求：

1 应自成一区，与门诊部有便捷联系；

2 各检查室宜分别设置。上、下消化道检查室应分开设置。

5.16.2 用房设置应符合下列要求：

1 应设内窥镜（上消化道内窥镜、下消化道内窥镜、支气管镜、胆道镜等）检查、准备、处置、等候、休息、卫生间、患者和医护人员更衣等用房。下消化道检查应设置卫生间、灌肠室。

2 可设观察室。

5.16.3 检查室应设置固定于墙上的观片灯，宜配置医疗气体系统终端。

5.16.4 内窥镜科区域内应设置内镜洗涤消毒设施，且上、下消化道镜应分别设置。

5.17 理疗科用房

5.17.1 理疗科可设在门诊部或住院部，应自成一区。

5.17.2 理疗科设计应符合现行行业标准《疗养院建筑设计规范》JGJ 40的有关规定。

5.18 输血科（血库）用房

5.18.1 输血科（血库）用房位置与平面布置应符合下列要求：

1 宜自成一区，并宜邻近手术部；

2 贮血与配血室应分别设置。

5.18.2 输血科应设置配血、贮血、发血、清洗、消毒、更衣、卫生间等用房。

5.19 药剂科用房

5.19.1 药剂科用房位置与平面布置应符合下列要求：

1 门诊、急诊药房与住院部药房应分别设置；

2 药库和中药煎药处均应单独设置房间；

3 门诊、急诊药房宜分别设中、西药房；

4 儿科和各传染病科门诊宜设单独发药处。

5.19.2 用房设置应符合下列要求：

1 门诊药房应设发药、调剂、药库、办公、值班和更衣等用房；

2 住院药房应设摆药、药库、发药、办公、值班和更衣等用房；

3 中药房应设置中成药库、中草药库和煎药室；

4 可设一级药品库、办公、值班和卫生间等用房。

5.19.3 发药窗口的中距不应小于1.20m。

5.19.4 贵重药、剧毒药、麻醉药、限量药的库房，以及易燃、易爆药物的贮藏处，应有安全设施。

5.20 中心（消毒）供应室用房

5.20.1 中心（消毒）供应室位置与平面布置应符合下列要求：

1 应自成一区，宜与手术部、重症监护和介入治疗等功能用房区域有便捷联系；

2 应按照污染区、清洁区、无菌区三区布置，并应按单向流程布置，工作人员辅助用房应自成一区；

3 进入污染区、清洁区和无菌区的人员均应卫生通过。

5.20.2 用房设置应符合下列要求：

1 污染区应设收件、分类、清洗、消毒和推车清洗中心（消毒）用房；

2 清洁区应设敷料制备、器械制备、灭菌、质检、一次性用品库、卫生材料库和器械库等用房；

3 无菌区应设无菌物品储存用房；

4 应设办公、值班、更衣和浴室、卫生间等用房。

5.20.3 中心（消毒）供应室应满足清洗、消毒、灭菌、设备安装、室内环境要求。

5.21 营养厨房

5.21.1 营养厨房位置与平面布置应符合下列要求：

1 应自成一区，宜邻近病房，并与之有便捷联系通道；

2 配餐室和餐车停车室（处）应有冲洗和消毒餐车的设施；

3 应避免营养厨房的蒸汽、噪声和气味对病区的窜扰；

4 平面布置应遵守食品加工流程。

5.21.2 营养厨房应设置主食制作、副食制作、主食蒸煮，副食洗切、冷荤熟食、回民灶、库房、配餐、餐车存放、办公和更衣等用房。

5.22 洗衣房

5.22.1 洗衣房位置与平面布置应符合下列要求：

1 应自成一区，并应按工艺流程进行平面布置；

2 污衣入口和洁衣出口处应分别设置；

3 宜单独设置更衣间、浴室和卫生间；

4 设置在病房楼底层或地下层的洗衣房应避免噪声对病区的干扰；

5 工作人员与患者的洗涤物应分别处理；

6 当洗衣利用社会化服务时，应设收集、分拣、储存、发放处。

5.22.2 洗衣房应设置收件、分类、浸泡消毒、洗衣、烘干、烫平、缝纫、贮存、分发和更衣等用房。

5.23 太平间

5.23.1 太平间位置与平面布置应符合下列要求：

1 宜独立建造或设置在住院用房的地下层；

2 解剖室应有门通向停尸间；

3 尸体柜容量宜按不低于总病床数1‰～2‰计算。

5.23.2 太平间应设置停尸、告别、解剖、标本、值班、更衣、卫生间、器械、洗涤和消毒等用房。

5.23.3 存尸应有冷藏设施，最高一层存尸抽屉的下沿高度不宜大于1.30m。

5.23.4 太平间设置应避免气味对所在建筑的影响。

5.24 防火与疏散

5.24.1 医院建筑耐火等级不应低于二级。

5.24.2 防火分区应符合下列要求：

1 医院建筑的防火分区应结合建筑布局和功能分区划分。

2 防火分区的面积除应按建筑物的耐火等级和建筑高度确定外，病房部分每层防火分区内，尚应根据面积大小和疏散路线进行再分隔。同层有2个及2个以上护理单元时，通向公共走道的单元入口处应设乙级防火门。

3 高层建筑内的门诊大厅，设有火灾自动报警系统和自动灭火系统并采用不燃或难燃材料装修时，地上部分防火分区的允许最大建筑面积应为4000m²。

4 医院建筑内的手术部，当设有火灾自动报警系统，并采用不燃烧或难燃烧材料装修时，地上部分防火分区的允许最大建筑面积应为4000m²。

5 防火分区内的病房、产房、手术部、精密贵重医疗设备用房等，均应采用耐火极限不低于2.00h的不燃烧体与其他部分隔开。

5.24.3 安全出口应符合下列要求：

1 每个护理单元应有2个不同方向的安全出口；

2 尽端式护理单元，或自成一区的治疗用房，其最远一个房间门至外部安全出口的距离和房间内最远一点到房门的距离，均未超过建筑设计防火规范规定时，可设1个安全出口。

5.24.4 医疗用房应设疏散指示标识，疏散走道及楼梯间均应设应急照明。

5.24.5 中心供氧用房应远离热源、火源和易燃易爆源。

十三、《旅馆建筑设计规范》JGJ 62—2014（节选）

4 建 筑 设 计

4.1.7 旅馆建筑的主要出入口应符合下列规定：

1 应有明显的导向标识，并应能引导旅客直接到达门厅；

2 应满足机动车上、下客的需求，并应根据使用要求设置单车道或多车道；

3 出入口上方宜设雨篷，多雨雪地区的出入口上方应设雨篷，地面应防滑；

4 一级、二级、三级旅馆建筑的无障碍出入口宜设置在主要出入口，四级、五级旅馆建筑的无障碍出入口应设置在主要出入口。

4.1.8 锅炉房、制冷机房、水泵房、冷却塔等应采取隔声、减振等措施。

4.1.9 旅馆建筑的卫生间、盥洗室、浴室不应设在餐厅、厨房、食品贮藏等有严格卫生要求用房的直接上层。

4.1.10 旅馆建筑的卫生间、盥洗室、浴室不应设在变配电室等有严格防潮要求用房的直接上层。

4.1.11 电梯及电梯厅设置应符合下列规定：

1 四级、五级旅馆建筑2层宜设乘客电梯，3层及3层以上应设乘客电梯。一级、二级、三级旅馆建筑3层宜设乘客电梯，4层及4层以上应设乘客电梯；

2 乘客电梯的台数、额定载重量和额定速度应通过设计和计算确定；

3 主要乘客电梯位置应有明确的导向标识，并应能便捷抵达；

4 客房部分宜至少设置两部乘客电梯，四级及以上旅馆建筑公共部分宜设置自动扶梯或专用乘客电梯。

5 服务电梯应根据旅馆建筑等级和实际需要设置，且四级、五级旅馆建筑应设服务电梯；

6 电梯厅深度应符合现行国家标准《民用建筑设计通则》GB 50352 的规定，且当客房与电梯厅正对面布置时，电梯厅的深度不应包括客房与电梯厅之间的走道宽度。

4.1.13 中庭栏杆或栏板高度不应低于 1.20m，并应以坚固、耐久的材料制作，应能承受现行国家标准《建筑结构荷载规范》GB 50009 规定的水平荷载。

4.2 客房部分

4.2.1 客房设计应符合下列规定：

1 不宜设置在无外窗的建筑空间内；

2 客房、会客厅不宜与电梯井道贴邻布置；

3 多床客房间内床位数不宜多于 4 床；

4 客房内应设有壁柜或挂衣空间。

4.2.2 无障碍客房应设置在距离室外安全出口最近的客房楼层，并应设在该楼层进出便捷的位置。

4.2.3 公寓式旅馆建筑客房中的卧室及采用燃气的厨房或操作间应直接采光、自然通风。

4.2.4 客房净面积不应小于表 4.2.4 的规定。

客房净面积（m²）　　　　　　　　　　　　　　　表 4.2.4

旅馆建筑等级	一级	二级	三级	四级	五级
单人床间	—	8	9	10	12
双床或双人床间	12	12	14	16	20
多床间（按每床计）	每床不小于 4			—	—

注：客房净面积是指除客房阳台、卫生间和门内出入口小走道（门廊）以外的房间内面积（公寓式旅馆建筑的客房除外）。

4.2.5 客房附设卫生间不应小于表 4.2.5 的规定。

客房附设卫生间　　　　　　　　　　　　　　　表 4.2.5

旅馆建筑等级	一级	二级	三级	四级	五级
净面积（m²）	2.5	3.0	3.0	4.0	5.0
占客房总数百分比（%）	—	50	100	100	100
卫生器具（件）	2		3		

注：2 件指大便器、洗面盆，3 件指大便器、洗面盆、浴盆或淋浴间（开放式卫生间除外）。

4.2.8 上下楼层直通的管道井，不宜在客房附设的卫生间内开设检修门。

4.2.9 客房室内净高应符合下列规定：

1 客房居住部分净高，当设空调时不应低于 2.40m；不设空调时不应低于 2.60m；

2 利用坡屋顶内空间作为客房时，应至少有 8m² 面积的净高不低于 2.40m；

3 卫生间净高不应低于 2.20m；

4 客房层公共走道及客房内走道净高不应低于 2.10m。

4.2.10 客房门应符合下列规定：

1 客房入口门的净宽不应小于 0.90m，门洞净高不应低于 2.00m；

2 客房入口门宜设安全防范设施；

3 客房卫生间门净宽不应小于 0.70m，净高不应低于 2.10m；无障碍客房卫生间门净宽不应小于 0.80m。

4.2.11 客房部分走道应符合下列规定：

1 单面布房的公共走道净宽不得小于 1.30m，双面布房的公共走道净宽不得小于 1.40m；

2 客房内走道净宽不得小于 1.10m；

3 无障碍客房走道净宽不得小于 1.50m；

4 对于公寓式旅馆建筑，公共走道、套内入户走道净宽不宜小于 1.20m；通往卧室、起居室（厅）的走道净宽不应小于 1.00m；通往厨房、卫生间、贮藏室的走道净宽不应小于 0.90m。

4.2.12 度假旅馆建筑客房宜设阳台。相邻客房之间、客房与公共部分之间的阳台应分隔，且应避免视线干扰。

4.2.13 客房层服务用房应符合下列规定：

1 宜根据管理要求每层或隔层设置；

2 宜邻近服务电梯；

3 宜设服务人员工作间、贮藏间或开水间，且贮藏间应设置服务手推车停放及操作空间；

4 客房层宜设污衣井道，污衣井道或污衣井道前室的出入口应设乙级防火门；

5 三级及以上旅馆建筑应设工作消毒间；一级和二级旅馆建筑应有消毒设施；

6 工作消毒间应设有效的排气措施，且蒸汽或异味不应窜入客房；

7 客房层应设置服务人员卫生间；

8 当服务通道有高差时，宜设置坡度不大于 1∶8 的坡道。

4.3 公共部分

4.3.1 旅馆建筑门厅（大堂）应符合下列规定：

1 旅馆建筑门厅（大堂）内各功能分区应清晰、交通流线应明确，有条件时可设分门厅；

2 旅馆建筑门厅（大堂）内或附近应设总服务台、旅客休息区、公共卫生间、行李寄存空间或区域；

3 总服务台位置应明显，其形式应与旅馆建筑的管理方式、等级、规模相适应，台前应有等候空间，前台办公室宜设在总服务台附近；

4 乘客电梯厅的位置应方便到达，不宜穿越客房区域。

4.3.2 旅馆建筑应根据性质、等级、规模、服务特点和附近商业饮食设施条件设置餐厅，并应符合下列规定：

    1 旅馆建筑可分别设中餐厅、外国餐厅、自助餐厅（咖啡厅）、酒吧、特色餐厅等；

    2 对于旅客就餐的自助餐厅（咖啡厅）座位数，一级、二级商务旅馆建筑可按不低于客房间数的20%配置，三级及以上的商务旅馆建筑可按不低于客房间数的30%配置；一级、二级的度假旅馆建筑可按不低于房间间数的40%配置，三级及以上的度假旅馆建筑可按不低于客房间数的50%配置；

    3 对于餐厅人数，一级至三级旅馆建筑的中餐厅、自助餐厅（咖啡厅）宜按$1.0\sim1.2m^2$/人计；四级和五级旅馆建筑的自助餐厅（咖啡厅）、中餐厅宜按$1.5\sim2m^2$/人计；特色餐厅、外国餐厅、包房宜按$2.0\sim2.5m^2$/人计；

    4 外来人员就餐不应穿越客房区域。

4.3.3 旅馆建筑的宴会厅、会议室、多功能厅等应根据用地条件、布局特点、管理要求设置，并应符合下列规定：

    1 宴会厅、多功能厅的人流应避免和旅馆建筑其他流线相互干扰，并宜设独立的分门厅；

    2 宴会厅、多功能厅应设置前厅，会议室应设置休息空间，并应在附近设置有前室的卫生间；

    3 宴会厅、多功能厅应配专用的服务通道，并宜设专用的厨房或备餐间；

    4 宴会厅、多功能厅的人数宜按$1.5\sim2.0m^2$/人计；会议室的人数宜按$1.2\sim1.8m^2$/人计；

    5 当宴会厅、多功能厅设置能灵活分隔成相对独立的使用空间时，隔断及隔断上方封堵应满足隔声的要求，并应设置相应的音响、灯光设施；

    6 宴会厅、多功能厅宜在同层设贮藏间；

    7 会议室宜与客房区域分开设置。

4.3.4 旅馆建筑应按等级、需求等配备商务、商业设施。三级至五级旅馆建筑宜设商务中心、商店或精品店；一级和二级旅馆建筑宜设零售柜台、自动售货机等设施，并应符合下列规定：

    1 商务中心应标识明显，容易到达，并应提供打印、传真、网络等服务；

    2 商店或精品店的位置应方便旅客，并应符合现行行业标准《商店建筑设计规范》JGJ 48的规定；

    3 当旅馆建筑设置大型或中型商店时，商店部分宜独立设置，其货运流线应与旅馆建筑分开，并应另设卸货平台。

4.3.5 健身、娱乐设施应根据旅馆建筑类型、等级和实际需要进行设置，四级和五级旅馆建筑宜设健身、水疗、游泳池等设施，并应符合下列规定：

    1 客人进入游泳池路径应按卫生防疫的要求布置，非比赛游泳池的水深不宜大于1.5m；

    2 对有噪声的健身、娱乐空间，各围护界面的隔声性能应符合现行国家标准《民用建筑隔声设计规范》GB 50118的规定；

    3 需独立对外经营的空间，宜设专用出入口。

4.3.6 旅馆建筑公共部分的卫生间应符合下列规定：

1 卫生间应设前室，三级及以上旅馆建筑男女卫生间应分设前室；

2 四级和五级旅馆建筑卫生间的厕位隔间门宜向内开启，厕位隔间宽度不宜小于0.90m，深度不宜小于1.55m；

3 公共部分卫生间洁具数量应符合表4.3.6的规定：

公共部分卫生间洁具数量　　　　　　　　表4.3.6

房间名称	男		女
	大便器	小便器	大便器
门厅（大堂）	每150人配1个，超过300人，每增加300人增设1个	每100人配1个	每75人配1个，超过300人，每增加150人增设1个
各种餐厅（含咖啡厅、酒吧等）	每100人配1个；超过400人，每增加250人增设1个	每50人配1个	每50人配1个；超过400人，每增加250人增设1个
宴会厅、多功能厅、会议室	每100人配1个，超过400人，每增加200人增设1个	每40人配1个	每40人配1个，超过400人，每增加100人增设1个

注：1. 本表假定男、女各为50%，当性别比例不同时应进行调整；

　　2. 门厅（大堂）和餐厅兼顾使用时，洁具数量可按餐厅配置，不必叠加；

　　3. 四、五级旅馆建筑可按实际情况酌情增加；

　　4. 洗面盆、清洁池数量可按现行行业标准《城市公共厕所设计标准》CJJ 14配置；

　　5. 商业、娱乐加健身的卫生设施可按现行行业标准《城市公共厕所设计标准》CJJ 14配置。

4.4 辅助部分

4.4.1 辅助部分的出入口应符合下列规定：

1 应与旅客出入口分开设置；

2 出入口数量和位置应根据旅馆建筑等级、规模、布局和周边条件设置，四级和五级旅馆建筑应设独立的辅助部分出入口，且职工与货物出入口宜分设；三级及以下旅馆建筑宜设辅助部分出入口；

3 应靠近库房、厨房、后勤服务用房和职工办公、休息用房及服务电梯，并应与外部交通联系方便，易于停车、回车和装卸货物；

4 出入口附近宜设有装卸货停车位、装卸货平台、干湿垃圾储存间、后勤通道及货用电梯，并宜留有临时停车位；

5 出入口内外流线应合理并应避免"客""服"交叉，"洁""污"混杂及噪声干扰。

4.4.2 厨房除应符合现行行业标准《饮食建筑设计规范》JGJ 64中有关规定外，还应符合下列规定：

1 厨房的面积和平面布置应根据旅馆建筑等级、餐厅类型、使用服务要求设置，并应与餐厅的面积相匹配；三级至五级旅馆建筑的厨房应按其工艺流程划分加工、制作、备餐、洗碗、冷荤及二次更衣区域、厨工服务用房、主副食库等，并宜设食品化验室；一级和二级旅馆建筑的厨房可简化或仅设备餐间；

2 厨房的位置应与餐厅联系方便，并应避免厨房的噪声、油烟、气味及食品储运对餐厅及其他公共部分和客房部分造成干扰；设有多个餐厅时，宜集中设置主厨房，并宜与相应的服务电梯、食梯或通道联系；

3 厨房的平面布置应符合加工流程，避免往返交错，并应符合卫生防疫要求，防止生食与熟食混杂等情况发生；厨房进、出餐厅的门宜分开设置，并宜采用带有玻璃的单向开启门，开启方向应同流线方向一致；

4 厨房的库房宜分为主食库、副食库、冷藏库、保鲜库和酒库等。

4.4.3 旅馆建筑宜设置洗衣房或急件洗涤间，并应符合下列规定：

1 洗衣房的面积应按洗作内容、服务范围及设备能力确定；

2 洗衣房的平面布置应分设污衣入口、污衣区、洁衣区、洁衣出口，并宜设污衣井道；洗衣房应靠近服务电梯、污衣井道，并应避开主要客流路线；

3 污衣井道或污衣井道前室的出入口，应设乙级防火门。

4.4.4 备品库房应符合下列规定：

1 备品库房应包括家具、器皿、纺织品、日用品、消耗品及易燃易爆品等库房；

2 库房的位置应与被服务功能区及服务电梯联系便捷，并应满足收运、储存、发放等管理工作的安全与方便要求；

3 库房走道和门的宽度应满足物品通行要求，地面应能承受重物荷载。

4.4.5 垃圾间应符合下列规定：

1 旅馆建筑应设集中垃圾间，位置宜靠近卸货平台或辅助部分的货物出入口，并应采取通风、除湿、防蚊蝇等措施；

2 垃圾应分类，并应按干、湿分设垃圾间，且湿垃圾宜采用专用冷藏间或专用湿垃圾处理设备。

4.4.6 设备用房应符合下列规定：

1 旅馆建筑应根据需要设置给水排水、空调、冷冻、锅炉、热力、燃气、备用发电、变配电、网络、电话、消防控制室及安全防范中心等设备用房，小型旅馆建筑可优先考虑利用旅馆建筑附近已建成的相关设施；

2 设备用房的位置宜接近服务负荷中心，应运行安全，管理和维修方便，其噪声和震动不应对公共部分和客房部分造成干扰；

3 设备用房应有或预留安装和检修大型设备的水平通道和垂直通道。

4.4.8 旅馆建筑停车场、库除应符合国家现行标准《汽车库建筑设计规范》JGJ 100、《汽车库、修车库、停车场设计防火规范》GB 50067 的有关规定外，还应符合下列规定：

1 应根据规模、条件及需求设置相应数量的机动车、非机动车停车场、停车库；

2 旅馆建筑的货运专用出入口设于地下车库内时，地下车库货运通道和货运区域的净高不宜低于 2.80m；

3 旅馆建筑停车库宜设置通往公共部分的公共通道或电梯。

5 室 内 环 境

5.1.1 旅馆建筑室内应充分利用自然光，客房宜有直接采光，走道、楼梯间、公共卫生间宜有自然采光和自然通风。

5.2.2 客房附设卫生间的排水管道不宜安装在与客房相邻的隔墙上，应采取隔声降噪措施。

5.2.3 当电梯井道贴邻客房布置时，应采取隔声、减振的构造措施。

5.2.4 客房内房间的分隔墙应到结构板底。

5.2.6 相邻房间的壁柜之间应设置满足隔声要求的隔墙。

5.3.1 厨房、卫生间、盥洗室、浴室、游泳池、水疗室等与相邻房间的隔墙、顶棚应采取防潮或防水措施。

5.3.2 厨房、卫生间、盥洗室、浴室、游泳池、水疗室等与其下层房间的楼板应采取防水措施。

十四、《宿舍建筑设计规范》JGJ 36—2016（节选）

《宿舍建筑设计规范》为行业标准，自 2017 年 6 月 1 日起实施。其中，第 4.2.5、7.3.4 条为强制性条文，必须严格执行。

4 建 筑 设 计

4.1 一般规定

4.1.2 每栋宿舍应设置管理室、公共活动室和晾晒衣物空间。公共用房的设置应防止对居室产生干扰。

4.1.3 宿舍应满足自然采光、通风要求。宿舍半数及半数以上的居室应有良好朝向。

4.1.4 宿舍中的无障碍居室及无障碍设施设置要求应符合现行国家标准《无障碍设计规范》GB 50763 的相关规定。

4.1.7 宿舍的公共出入口位于阳台、外廊及开敞楼梯平台的下部时，应采取防止物体坠落伤人的安全防护措施。

4.2 居室

4.2.2 居室床位布置应符合下列规定：

　　1 两个单床长边之间的距离不应小于 0.60m，无障碍居室不应小于 0.80m；

　　2 两床床头之间的距离不应小于 0.10m；

　　3 两排床或床与墙之间的走道宽度不应小于 1.20m，残疾人居室应留有轮椅回转空间。

4.2.3 居室应有储藏空间。

4.2.4 贴邻公用盥洗室、公用厕所、卫生间等潮湿房间的居室、储藏室的墙面应在相邻墙体的迎水面作防潮处理。

4.2.5 居室不应布置在地下室。

4.2.6 中小学宿舍居室不应布置在半地下室，其他宿舍居室不宜布置在半地下室。

4.2.7 宿舍建筑的主要入口层应设置至少一间无障碍居室。

4.3 辅助用房

4.3.1 公用厕所应设前室或经公用盥洗室进入。公用厕所、公用盥洗室不应布置在居室的上方。除附设卫生间的居室外，公用厕所及公用盥洗室与最远居室的距离不应大于 25m。

4.3.2 公用厕所、公用盥洗室卫生设备的数量应根据每层居住人数确定，设备数量不应少于表 4.3.2 的规定。

项　目	设备种类	卫生设备数量
男厕	大便器	8 人以下设一个；超过 8 人时，每增加 15 人 或不足 15 人增设一个
	小便器	每 15 人或不足 15 人设一个
	小便槽	每 15 人或不足 15 人设 0.7m
	洗手盆	与盥洗室分设的厕所至少设一个
	污水池	公用厕所或公用盥洗室设一个
女厕	大便器	5 人以下设一个；超过 5 人时， 每增加 6 人或不足 6 人增设一个
	洗手盆	与盥洗室分设的卫生间至少设一个
	污水池	公用卫生间或公用盥洗室设一个
盥洗室 （男、女）	洗手盆或盥 洗槽龙头	5 人以下设一个；超过 5 人时，每增加 10 人 或不足 10 人增设一个

注：公用盥洗室不应男女合用。

4.3.4 居室内的附设卫生间，其使用面积不应小于 $2m^2$。设有淋浴设备或 2 个坐（蹲）便器的附设卫生间，其使用面积不宜小于 $3.5m^2$。4 人以下设 1 个坐（蹲）便器，5～7 人宜设置 2 个坐（蹲）便器，8 人以上不宜附设卫生间。3 人以上居室内附设卫生间的厕位和淋浴宜设隔断。

4.3.5 夏热冬暖地区应在宿舍建筑内设淋浴设施，其他地区可根据条件设分散或集中的淋浴设施，每个浴位服务人数不应超过 15 人。

4.3.9 宿舍建筑内设有公用厨房时，其使用面积不应小于 $6m^2$。公用厨房应有天然采光、自然通风的外窗和排油烟设施。

4.3.12 宿舍建筑应设置垃圾收集间。

4.4　层高和净高

4.4.1 居室采用单层床时，净高不应低于 2.60m；采用双层床或高架床时，净高不应低于 3.40m。

4.5　楼梯、电梯

4.5.1 宿舍楼梯应符合下列规定：

　　1 楼梯踏步宽度不应小于 0.27m，踏步高度不应大于 0.165m；楼梯扶手高度自踏步前缘线量起不应小于 0.90m，楼梯水平段栏杆长度大于 0.50m 时，其高度不应小于 1.05m；

　　2 开敞楼梯的起始踏步与楼层走道间应设有进深不小于 1.20m 的缓冲区；

　　3 疏散楼梯不得采用螺旋楼梯和扇形踏步；

　　4 楼梯防护栏杆最薄弱处承受的最小水平推力不应小于 1.50kN/m。

4.5.2 中小学宿舍楼梯应符合现行国家标准《中小学校设计规范》GB 50099 的相关规定。

4.5.4 六层及六层以上宿舍或居室最高入口层楼面距室外设计地面的高度大于 18m 时，应设置电梯。

4.6　门窗和阳台

4.6.2 宿舍窗外没有阳台或平台，且窗台距楼面、地面的净高小于0.90m时，应设置防护措施。

4.6.3 中小学校宿舍居室不应采用玻璃幕墙。

4.6.5 宿舍的底层外窗以及其他各层中窗台下沿距下面屋顶平台或大挑檐等高差小于2m的外窗，应采取安全防范措施。

4.6.6 居室应设吊挂窗帘的设施。卫生间、洗浴室和厕所的窗应有遮挡视线的措施。

4.6.7 居室和辅助房间的门净宽不应小于0.90m，阳台门和居室内附设卫生间的门净宽不应小于0.80m。门洞口高度不应低于2.10m。居室居住人数超过4人时，居室门应带亮窗，设亮窗的门洞口高度不应低于2.40m。

4.6.9 宿舍顶部阳台应设雨罩，高层和多层宿舍建筑的阳台、雨罩均应做有组织排水。宿舍阳台、雨罩应做防水。

4.6.10 多层及以下的宿舍开敞阳台栏杆净高不应低于1.05m；高层宿舍阳台栏板栏杆净高不应低于1.10m；学校宿舍阳台栏板栏杆净高不应低于1.20m。

5 防火与安全疏散

5.1 防火

5.1.2 柴油发电机房、变配电室和锅炉房等不应布置在宿舍居室、疏散楼梯间及出入口门厅等部位的上一层、下一层或贴邻，并应采用防火墙与相邻区域进行分隔。

5.1.3 宿舍建筑内不应设置使用明火、易产生油烟的餐饮店。学校宿舍建筑内不应布置与宿舍功能无关的商业店铺。

5.1.4 宿舍内的公用厨房有明火加热装置时，应靠外墙设置，并应采用耐火极限不小于2.0h的墙体和乙级防火门与其他部分分隔。

5.2 安全疏散

5.2.1 除与敞开式外廊直接相连的楼梯间外，宿舍建筑应采用封闭楼梯间。当建筑高度大于32m时应采用防烟楼梯间。

5.2.2 宿舍建筑内的宿舍功能区与其他非宿舍功能部分合建时，安全出口和疏散楼梯宜各自独立设置，并应采用防火墙及耐火极限不小于2.0h的楼板进行防火分隔。

5.2.3 宿舍建筑内疏散人员的数量应按设计最大床位数量及工作管理人员数量之和计算。

5.2.4 宿舍建筑内安全出口、疏散通道和疏散楼梯的宽度应符合下列规定：

    1 每层安全出口、疏散楼梯的净宽应按通过人数每100人不小于1.00m计算，当各层人数不等时，疏散楼梯的总宽度可分层计算，下层楼梯的总宽度应按本层及以上楼层疏散人数最多一层的人数计算，梯段净宽不应小于1.20m；

    2 首层直通室外疏散门的净宽度应按各层疏散人数最多一层的人数计算，且净宽不应小于1.40m；

    3 通廊式宿舍走道的净宽度，当单面布置居室时不应小于1.60m，当双面布置居室时不应小于2.20m；单元式宿舍公共走道净宽不应小于1.40m。

5.2.5 宿舍建筑的安全出口不应设置门槛，其净宽不应小于1.40m，出口处距门的1.40m范围内不应设踏步。

5.2.6 宿舍建筑内应设置消防安全疏散示意图以及明显的安全疏散标识，且疏散走道应设置疏散照明和灯光疏散指示标志。

十五、《老年人照料设施建筑设计标准》JGJ 450—2018（节选）

3 基 本 规 定

3.0.1 老年人照料设施应适应所在地区的自然条件与社会、经济发展现状，符合养老服务体系建设规划和城乡规划的要求，充分利用现有公共服务资源和基础设施，因地制宜地进行设计。

3.0.2 各类老年人照料设施应面向服务对象并按服务功能进行设计。服务对象的确定应符合国家现行有关标准的规定，且应符合表3.0.2的规定；服务功能的确定应符合国家现行有关标准的规定。

老年人照料设施的基本类型及服务对象 表3.0.2

基本类型 服务对象	老年人全日照料设施		老年人日间照料设施
	护理型床位	非护理型床位	
能力完好老年人	—	—	▲
轻度失能老年人	—	▲	▲
中度失能老年人	▲	▲	▲
重度失能老年人	▲	▲	—

注：▲为应选择。

3.0.3 与其他建筑上下组合建造或设置在其他建筑内的老年人照料设施应位于独立的建筑分区内，且有独立的交通系统和对外出入口。

4 基地与总平面

4.2.4 道路系统应保证救护车辆能停靠在建筑的主要出入口处，且应与建筑的紧急送医通道相连。

4.3.1 老年人全日照料设施应为老年人设室外活动场地；老年人日间照料设施宜为老年人设室外活动场地。老年人使用的室外活动场地应符合下列规定：

　　1 应有满足老年人室外休闲、健身、娱乐等活动的设施和场地条件。

　　2 位置应避免与车辆交通空间交叉，且应保证能获得日照，宜选择在向阳、避风处。

　　3 地面应平整防滑、排水畅通，当有坡度时，坡度不应大于2.5%。

4.3.2 老年人集中的室外活动场地应与满足老年人使用的公用卫生间邻近设置。

5 建 筑 设 计

5.1 用房设置

5.1.1 老年人照料设施建筑应设置老年人用房和管理服务用房，其中老年人用房包括生活用房、文娱与健身用房、康复与医疗用房。各类老年人照料设施建筑的基本用房设置应满足照料服务和运营模式的要求。

5.1.2 老年人照料设施的老年人居室和老年人休息室不应设置在地下室、半地下室。

5.1.3 老年人全日照料设施中，为护理型床位设置的生活用房应按照料单元设计；为非护理型床位设置的生活用房宜按生活单元或照料单元设计。生活用房设置应符合下列规定：

    1 当按照料单元设计时，应设居室、单元起居厅、就餐、备餐、护理站、药存、清洁间、污物间、卫生间、盥洗、洗浴等用房或空间，可设老年人休息、家属探视等用房或空间。

    2 当按生活单元设计时，应设居室、就餐、卫生间、盥洗、洗浴、厨房或电炊操作等用房或空间。

5.1.4 照料单元的使用应具有相对独立性，每个照料单元的设计床位数不应大于60床。失智老年人的照料单元应单独设置，每个照料单元的设计床位数不宜大于20床。

5.1.5 老年人全日照料设施的文娱与健身用房设置应满足老年人的相应活动需求，可设阅览、网络、棋牌、书画、教室、健身、多功能活动等用房或空间。

5.1.6 老年人全日照料设施的康复与医疗用房设置应符合下列规定：

    1 当提供康复服务时，应设相应的康复用房或空间。

    2 应设医务室，可根据所提供的医疗服务设其他医疗用房或空间。

5.1.7 老年人全日照料设施的管理服务用房设置应符合下列规定：

    1 应设值班、入住登记、办公、接待、会议、档案存放等办公管理用房或空间。

    2 应设厨房、洗衣房、储藏等后勤服务用房或空间。

    3 应设员工休息室、卫生间等用房或空间，宜设员工浴室、食堂等用房或空间。

5.1.8 老年人日间照料设施的用房设置应符合下列规定：

    1 生活用房：应设就餐、备餐、休息室、卫生间、洗浴等用房或空间。

    2 文娱与健身用房：应设至少1个多功能活动空间，宜按动态和静态活动的不同需求分区或分室设置。

    3 康复与医疗用房：当提供康复服务时，应设相应的康复用房或空间；医疗服务用房宜设医务室、心理咨询室等。

    4 管理服务用房：应设接待、办公、员工休息和卫生间、厨房、储藏等用房或空间，宜设洗衣房。

5.2 生活用房

5.2.1 居室应具有天然采光和自然通风条件，日照标准不应低于冬至日日照时数2h。当居室日照标准低于冬至日日照时数2h时，老年人居住空间日照标准应按下列规定之一确定：

    1 同一照料单元内的单元起居厅日照标准不应低于冬至日日照时数2h。

    2 同一生活单元内至少1个居住空间日照标准不应低于冬至日日照时数2h。

5.2.2 每间居室应按不小于6.00m²/床确定使用面积。

5.2.3 居室设计应符合下列规定：

    1 单人间居室使用面积不应小于10.00m²，双人间居室使用面积不应小于16.00m²。

    2 护理型床位的多人间居室，床位数不应大于6床；非护理型床位的多人间居室，床位数不应大于4床。床与床之间应有为保护个人隐私进行空间分隔的措施。

    3 居室的净高不宜低于2.40m；当利用坡屋顶空间作为居室时，最低处距地面净高不应低于2.10m，且低于2.40m高度部分面积不应大于室内使用面积的1/3。

    4 居室内应留有轮椅回转空间，主要通道的净宽不应小于1.05m，床边留有护理、急救操作空间，相邻床位的长边间距不应小于0.80m。

5 居室门窗应采取安全防护措施及方便老年人辨识的措施。

5.6 交通空间

5.6.1 老年人使用的交通空间应清晰、明确、易于识别，且有规范、系统的提示标识；失智老年人使用的交通空间，线路组织应便捷、连贯。

5.6.2 老年人使用的出入口和门厅应符合下列规定：

1 宜采用平坡出入口，平坡出入口的地面坡度不应大于1/20，有条件时不宜大于1/30。

2 出入口严禁采用旋转门。

3 出入口的地面、台阶、踏步、坡道等均应采用防滑材料铺装，应有防止积水的措施，严寒、寒冷地区宜采取防结冰措施。

4 出入口附近应设助行器和轮椅停放区。

5.6.3 老年人使用的走廊，通行净宽不应小于1.80m，确有困难时不应小于1.40m；当走廊的通行净宽大于1.40m且小于1.80m时，走廊中应设通行净宽不小于1.80m的轮椅错车空间，错车空间的间距不宜大于15.00m。

5.6.4 **二层及以上楼层、地下室、半地下室设置老年人用房时应设电梯，电梯应为无障碍电梯，且至少1台能容纳担架。**

5.6.5 电梯应作为楼层间供老年人使用的主要垂直交通工具，且应符合下列规定：

1 电梯的数量应综合设施类型、层数、每层面积、设计床位数或老年人数、用房功能与规模、电梯主要技术参数等因素确定。为老年人居室使用的电梯，每台电梯服务的设计床位数不应大于120床。

2 电梯的位置应明显易找，且宜结合老年人用房和建筑出入口位置均衡设置。

5.6.6 **老年人使用的楼梯严禁采用弧形楼梯和螺旋楼梯。**

5.6.7 老年人使用的楼梯应符合下列规定：

1 梯段通行净宽不应小于1.20m，各级踏步应均匀一致，楼梯缓步平台内不应设置踏步。

2 踏步前缘不应突出，踏面下方不应透空。

3 应采用防滑材料饰面，所有踏步上的防滑条、警示条等附着物均不应突出踏面。

5.7 建筑细部

5.7.1 老年人照料设施建筑的主要老年人用房采光窗宜符合表5.7.1的窗地面积比规定。

主要老年人用房的窗地面积比 　　　　　　　　　　　　表5.7.1

房间名称	窗地面积比（A_c/A_d）
单元起居厅、老年人集中使用的餐厅、居室、休息室、 文娱与健身用房、康复与医疗用房	≥1∶6
公用卫生间、盥洗室	≥1∶9

注：A_c—窗洞口面积；A_d—地面面积。

5.7.2 老年人用房东西向开窗时，宜采取有效的遮阳措施。

5.7.3 老年人使用的门，开启净宽应符合下列规定：

1 老年人用房的门不应小于 0.80m，有条件时，不宜小于 0.90m。

2 护理型床位居室的门不应小于 1.10m。

3 建筑主要出入口的门不应小于 1.10m。

4 含有 2 个或多个门扇的门，至少应有 1 个门扇的开启净宽不小于 0.80m。

6 专门要求

6.1 无障碍设计

6.1.1 老年人照料设施内供老年人使用的场地及用房均应进行无障碍设计，并应符合国家现行有关标准的规定。无障碍设计具体部位应符合表 6.1.1 的规定。

老年人照料设施场地及建筑无障碍设计的具体部位 表 6.1.1

场地	道路及停车场	主要出入口、人行道、停车场
	广场及绿地	活动场地、服务设施、活动设施、休憩设施
建筑	交通空间	主要出入口、门厅、走廊、楼梯、坡道、电梯
	生活用房	居室、休息室、单元起居厅、餐厅、卫生间、盥洗室、浴室
	文娱与健身用房	开展各类文娱、健身活动的用房
	康复与医疗用房	康复室、医务室及其他医疗服务用房
	管理服务用房	入住登记室、接待室等窗口部门用房

6.1.2 经过无障碍设计的场地和建筑空间均应满足轮椅进入的要求，通行净宽不应小于 0.80m，且应留有轮椅回转空间。

6.1.3 老年人使用的室内外交通空间，当地面有高差时，应设轮椅坡道连接，且坡度不应大于 1/12。当轮椅坡道的高度大于 0.10m 时，应同时设无障碍台阶。

6.1.4 交通空间的主要位置两侧应设连续扶手。

6.1.5 卫生间、盥洗室、浴室，以及其他用房中供老年人使用的盥洗设施，应选用方便无障碍使用的洁具。

6.5 噪声控制与声环境设计

6.5.1 老年人照料设施应位于现行国家标准《声环境质量标准》GB 3096 规定的 0 类、1 类或 2 类声环境功能区。

6.5.2 当供老年人使用的室外活动场地位于 2 类声环境功能区时，宜采取隔声降噪措施。

6.5.3 老年人照料设施的老年人居室和老年人休息室不应与电梯井道、有噪声振动的设备机房等相邻布置。

6.5.4 老年人用房室内允许噪声级应符合表 6.5.4 的规定。

老年人用房室内允许噪声级 表 6.5.4

房间类别		允许噪声级（等效连续 A 声级，dB）	
		昼间	夜间
生活用房	居室	≤40	≤30
	休息室	≤40	
文娱与健身用房		≤45	
康复与医疗用房		≤40	

7 建 筑 设 备

7.2.1 老年人照料设施在严寒和寒冷地区应设集中供暖系统，在夏热冬冷地区应设安全可靠的供暖设施。采用电加热供暖应符合国家现行标准的规定。

7.2.5 散热器、热水辐射供暖分集水器必须有防止烫伤的保护措施。

十六、《城市公共厕所设计标准》CJJ 14—2016（节选）

3 基 本 规 定

3.0.4 公共厕所应分为固定式和活动式两种类别，固定式公共厕所应包括独立式和附属式；公共厕所的设计和建设应根据公共厕所的位置和服务对象按相应类别的设计要求进行。

3.0.5 独立式公共厕所应按周边环境和建筑设计要求分为一类、二类和三类。独立式公共厕所类别的设置应符合表3.0.5的规定。

独立式公共厕所类别 表 3.0.5

设置区域	类别
商业区、重要公共设施、重要交通客运设施，公共绿地及其他环境要求高的区域	一类
城市主、次干路及行人交通量较大的道路沿线	二类
其他街道	三类

注：独立式公共厕所的二类、三类分别为设置区域的最低标准。

3.0.6 附属式公共厕所应按场所和建筑设计要求分为一类和二类。附属式公共厕所类别的设置应符合表3.0.6的规定。

附属式公共厕所类别 表 3.0.6

设置场所	类别
大型商场、宾馆、饭店、展览馆、机场、车站、影剧院、大型体育场馆、综合性商业大楼和二、三级医院等公共建筑	一类
一般商场（含超市）、专业性服务机关单位、体育场馆和一级医院等公共建筑	二类

注：附属式公共厕所的二类为设置场所的最低标准。

3.0.7 应急和不宜建设固定式厕所的公共场所，应设置活动式厕所。

3.0.8 独立式公共厕所平均每厕位建筑面积指标（以下简称厕位面积指标）应为：一类：$5\sim7m^2$；二类：$3\sim4.9m^2$；三类：$2\sim2.9m^2$。

4.1 厕位比例和厕位数量

4.1.1 在人流集中的场所，女厕位与男厕位（含小便站位，下同）的比例不应小于2:1。

4.1.2 在其他场所，男女厕位比例可按下式计算：

$$R = 1.5w/m \tag{4.1.2}$$

式中 R——女厕位数与男厕位数的比值；

1.5——女性与男性如厕占用时间比值；

w——女性如厕测算人数；

m——男性如厕测算人数。

4.1.3 公共厕所男女厕位的数量应按本章第 4.2 节的相关规定确定。

4.1.4 公共厕所男女厕位（坐位、蹲位和站位）与其数量宜符合表 4.1.4-1 和表 4.1.4-2 的规定。

男厕位及数量（个）

表 4.1.4-1

男厕位总数	坐位	蹲位	站位
1	0	1	0
2	0	1	1
3	1	1	1
4	1	1	2
5～10	1	2～4	2～5
11～20	2	4～9	5～9
21～30	3	9～13	9～14

注：表中厕位不包含无障碍厕位。

女厕位及数量（个）

表 4.1.4-2

女厕位总数	坐位	蹲位
1	0	1
2	1	1
3～6	1	2～5
7～10	2	5～8
11～20	3	8～17
21～30	4	17～26

注：表中厕位不包含无障碍厕位。

4.1.5 当公共厕所建筑面积为 70m²，女厕位与男厕位比例宜为 2：1，厕位面积指标宜为 4.67m²/位，女厕占用面积宜为男厕的 2.39 倍（图 4.1.5）。

4.1.6 当公共厕所建筑面积为 70m²，女厕位与男厕位比例应为 3：2，厕位面积指标宜为 4.67m²/位，女厕占用面积宜为男厕的 1.77 倍（图 4.1.6）。

图 4.1.5 女厕位与男厕位比例 2：1 示意图
1—女厕；2—男厕；3—第三卫生间；4—管理间

图 4.1.6 女厕位与男厕位比例 3：2 示意图
1—女厕；2—男厕；3—第三卫生间；4—管理间

十七、《装配式住宅建筑设计标准》JGJ/T 398—2017（节选）

3 基 本 规 定

3.0.1 装配式住宅的安全性能、适用性能、耐久性能、环境性能、经济性能和适老性能等应符合国家现行标准的相关规定。

3.0.2 装配式住宅应在建筑方案设计阶段进行整体技术策划，对技术选型、技术经济可行性和可建造性进行评估，科学合理地确定建造目标与技术实施方案。整体技术策划应包括下列内容：

  1 概念方案和结构选型的确定；

  2 生产部件部品工厂的技术水平和生产能力的评定；

  3 部件部品运输的可行性与经济性分析；

  4 施工组织设计及技术路线的制定；

  5 工程造价及经济性的评估。

3.0.3 装配式住宅建筑设计宜采用住宅建筑通用体系，以集成化建造为目标实现部件部品的通用化、设备及管线的规格化。

3.0.4 装配式住宅建筑应符合建筑结构体和建筑内装体的一体化设计要求，其一体化技术集成应包括下列内容：

  1 建筑结构体的系统及技术集成；

  2 建筑内装体的系统及技术集成；

  3 围护结构的系统及技术集成；

  4 设备及管线的系统及技术集成。

3.0.5 装配式住宅建筑设计宜将建筑结构体与建筑内装体、设备管线分离。

3.0.6 装配式住宅建筑设计应满足标准化与多样化要求，以少规格多组合的原则进行设计，应包括下列内容：

  1 建造集成体系通用化；

  2 建筑参数模数化和规格化；

  3 套型标准化和系列化；

  4 部件部品定型化和通用化。

3.0.7 装配式住宅建筑设计应遵循模数协调原则，并应符合现行国家标准《建筑模数协调标准》GB/T 50002 的有关规定。

3.0.8 装配式住宅设计除应满足建筑结构体的耐久性要求，还应满足建筑内装体的可变性和适应性要求。

3.0.9 装配式住宅建筑设计选择结构体系类型及部件部品种类时，应综合考虑使用功能、生产、施工、运输和经济性等因素。

3.0.10 装配式住宅主体部件的设计应满足通用性和安全可靠要求。

3.0.11 装配式住宅内装部品应具有通用性和互换性，满足易维护的要求。

3.0.12 装配式住宅建筑设计应满足部件生产、运输、存放、吊装施工等生产与施工组织设计的要求。

3.0.13 装配式住宅应满足建筑全寿命期要求，应采用节能环保的新技术、新工艺、新材料和新设备。

4 建 筑 设 计

4.1 平面与空间

4.1.1 装配式住宅平面与空间设计应采用标准化与多样化相结合的模块化设计方法，并应符合下列规定：

1 套型基本模块应符合标准化与系列化要求；

2 套型基本模块应满足可变性要求；

3 基本模块应具有部件部品的通用性；

4 基本模块应具有组合的灵活性。

4.1.2 装配式住宅建筑设计应符合建筑全寿命期的空间适应性要求。平面宜简单规整，宜采用大空间布置方式。

4.1.3 装配式住宅平面设计宜将用水空间集中布置，并应结合功能和管线要求合理确定厨房和卫生间的位置。

4.1.4 装配式住宅设备及管线应集中紧凑布置，宜设置在共用空间部位。

4.1.5 装配式住宅形体及其部件的布置应规则，并应符合现行国家标准《建筑抗震设计规范》GB 50011 的规定。

4.2 模数协调

4.2.1 装配式住宅建筑设计应通过模数协调实现建筑结构体和建筑内装体之间的整体协调。

4.2.2 装配式住宅建筑设计应采用基本模数或扩大模数，部件部品的设计、生产和安装等应满足尺寸协调的要求。

4.2.3 装配式住宅建筑设计应在模数协调的基础上优化部件部品尺寸和种类，并应确定各部件部品的位置和边界条件。

4.2.4 装配式住宅主体部件和内装部品宜采用模数网格定位方法。

4.2.5 装配式住宅的建筑结构体宜采用扩大模数 $2n$M、$3n$M 模数数列。

4.2.6 装配式住宅的建筑内装体宜采用基本模数或分模数，分模数宜为 M/2、M/5。

4.2.7 装配式住宅层高和门窗洞口高度宜采用竖向基本模数和竖向扩大模数数列，竖向扩大模数数列宜采用 nM。

4.2.8 厨房空间尺寸应符合国家现行标准《住宅厨房及相关设备基本参数》GB/T 11228 和《住宅厨房模数协调标准》JGJ/T 262 的规定。

4.2.9 卫生间空间尺寸应符合国家现行标准《住宅卫生间功能及尺寸系列》GB/T 11977 和《住宅卫生间模数协调标准》JGJ/T 263 的规定。

4.3 设计协同

4.3.1 装配式住宅建筑设计应采用设计协同的方法。

4.3.2 装配式住宅建筑设计应满足建筑、结构、给水排水、燃气、供暖、通风与空调设施、强弱电和内装等各专业之间设计协同的要求。

4.3.3 装配式住宅应满足建筑设计、部件部品生产运输、装配施工、运营维护等各阶段协同的要求。

4.3.4 装配式住宅建筑设计宜采用建筑信息模型技术，并将设计信息与部件部品的生产运输、装配施工和运营维护等环节衔接。

4.3.5 装配式住宅的施工图设计文件应满足部件部品的生产施工和安装要求，在建筑工程文件深度规定基础上增加部件部品设计图。

6 建筑内装体及内装部品

6.1 建筑内装体

6.1.1 建筑内装体设计应满足内装部品的连接、检修更换、物权归属和设备及管线使用年限的要求，并应符合下列规定：

    1 共用内装部品不宜设置在套内专用空间内；

    2 设计使用年限较短内装部品的检修更换应避免破坏设计使用年限较长的内装部品；

    3 套内内装部品的检修更换应不影响共用内装部品和其他内装部品的使用。

6.1.2 装配式住宅应采用装配式内装建造方法，并应符合下列规定：

    1 采用工厂化生产的集成化内装部品；

    2 内装部品具有通用性和互换性；

    3 内装部品便于施工安装和使用维修。

6.1.3 装配式住宅建筑设计应合理确定建筑内装体的装配率，装配率应符合现行国家标准《装配式建筑评价标准》GB/T 51129 的相关规定。

6.1.4 建筑内装体的设计宜满足干式工法施工的要求。

6.1.5 部品应采用标准化接口，部品接口应符合部品与管线之间、部品之间连接的通用性要求。

6.1.6 装配式住宅应采用装配式隔墙、吊顶和楼地面等集成化部品。

6.1.7 装配式住宅宜采用单元模块化的厨房、卫生间和收纳，并应符合下列规定：

    1 厨房设计应符合干式工法施工的要求，宜优先选用标准化系列化的整体厨房；

    2 卫生间设计应符合干式工法施工和同层排水的要求，宜优先选用设计标准化系列化的整体卫浴；

    3 收纳空间设计应遵循模数协调原则，宜优先选用标准化系列化的整体收纳。

6.1.8 内装部品、设备及管线应便于检修更换，且不影响建筑结构体的安全性。

6.1.9 内装部品、材料和施工的住宅室内污染物限值应符合现行国家标准《住宅设计规范》GB 50096 的相关规定。

6.2 隔墙、吊顶和楼地面部品

6.2.1 装配式隔墙、吊顶和楼地面部品设计应符合抗震、防火、防水、防潮、隔声和保温等国家现行相关标准的规定，并满足生产、运输和安装等要求。

6.2.2 装配式隔墙部品应采用轻质内隔墙，并应符合下列规定：

    1 隔墙空腔内可敷设管线；

    2 隔墙上固定或吊挂物件的部位应满足结构承载力的要求；

    3 隔墙施工应符合干式工法施工和装配化安装的要求。

6.2.3 装配式吊顶部品内宜设置可敷设管线的空间，厨房、卫生间的吊顶宜设有检修口。

6.2.4 宜采用可敷设管线的架空地板系统的集成化部品。

6.3 整体厨房、整体卫浴和整体收纳

6.3.1 整体厨房、整体卫浴和整体收纳应采用标准化内装部品，选型和安装应与建筑结构体一体化设计施工。

6.3.2 整体厨房的给水排水、燃气管线等应集中设置、合理定位，并应设置管道检修口。

6.3.3 整体卫浴设计应符合下列规定：

    1 套内共用卫浴空间应优先采用干湿分区方式；

    2 应优先采用内拼式部品安装；

    3 同层排水架空层地面完成面高度不应高于套内地面完成面高度。

6.3.4 整体卫浴的给水排水、通风和电气等管道管线应在其预留空间内安装完成。

6.3.5 整体卫浴应在与给水排水、电气等系统预留的接口连接处设置检修口。

7 围 护 结 构

7.1 一般规定

7.1.1 装配式住宅节能设计应符合国家现行建筑节能设计标准对体形系数、窗墙面积比和围护结构热工性能等的相关规定。

7.1.2 装配式住宅围护结构应根据建筑结构体的类型和地域气候特征合理选择装配式围护结构形式。

7.1.3 建筑外围护墙体设计应符合外立面多样化要求。

7.1.4 建筑外围护墙体应减少部件部品种类，并应满足生产、运输和安装的要求。

7.1.5 装配式住宅外墙宜合理选用装配式预制钢筋混凝土墙、轻型板材外墙。

7.1.6 装配式住宅外墙材料应满足住宅建筑规定的耐久性能和结构性能的要求。

7.1.7 钢结构住宅的外墙板宜采用复合结构和轻质板材，宜选用下列新型外墙系统：

    1 蒸压加气混凝土类材料外墙；

    2 轻质混凝土空心类材料外墙；

    3 轻钢龙骨复合类材料外墙；

    4 水泥基复合类材料外墙。

7.2 外墙与门窗

7.2.1 钢筋混凝土结构预制外墙及钢结构外墙板的构造设计应综合考虑生产施工条件。接缝及门窗洞口等部位的构造节点应符合国家现行标准的相关规定。

7.2.2 供暖地区的装配式住宅外墙应采取防止形成热桥的构造措施。采用外保温的混凝土结构预制外墙与梁、板、柱、墙的连接处，应保持墙体保温材料的连续性。

7.2.3 装配式住宅当采用钢筋混凝土结构预制夹心保温外墙时，其穿透保温材料的连接件应有防止形成热桥的措施。

7.2.4 装配式住宅外墙板的接缝等防水薄弱部位，应采用材料防水、构造防水和结构防水相结合的做法。

7.2.5 装配式住宅外墙外饰面宜在工厂加工完成，不宜采用现场后贴面砖或外挂石材的做法。

7.2.6 装配式住宅外门窗应采用标准化的系列部品。

7.2.7 装配式住宅门窗应与外墙可靠连接，满足抗风压、气密性及水密性要求，并宜采用带有批水板等的集成化门窗配套系列部品。

十八、《装配式住宅设计选型标准》JGJ/T 494—2022（节选）

3 基 本 规 定

3.0.1 装配式住宅应采用设计选型方法，基于通用部品部件，结合满足项目需求的非通用部品部件进行设计，并应遵循下列原则：

    1 应以实现住宅性能目标为基础；

    2 应基于系统集成的理念统筹各专业之间的协同；

    3 应以工业化建造的思维进行设计、生产、施工、运维等全过程的协调；

    4 应少规格、多组合。

3.0.2 装配式住宅应以整体项目为对象，技术策划时应科学合理地制定部品部件及其接口的设计选型方案。

3.0.3 设计选型应包括下列内容：

    1 技术体系、技术选型和系统集成设计；

    2 部品部件及接口的设计选型和产品集成设计；

    3 结合工程中部品部件在生产、储存、组装及现场安装的实际情况与条件，对部品部件及接口等进行设计优化。

3.0.4 装配式住宅应优先选用技术体系成熟、生产工艺完整、安装方法规范、质量保障配套的通用部品部件及其接口。

3.0.5 设计选型中部品部件的尺寸标注形式与内容应符合下列规定：

    1 在整体设计图纸中，部品部件的几何尺寸、定位尺寸等可采用标志尺寸；在部品部件的制作、组装及安装等详图中，部品部件的几何尺寸、定位尺寸及部品部件的分尺寸等宜采用制作尺寸，且部品部件应有明确、统一的定位线或基准面。

    2 设计选型应对部品部件在制作、组装、安装等过程中的尺寸允许偏差、偏差累积与消除、质量检验与验收标准等内容提出要求。

3.0.6 接口的设计选型应与部品部件相协调，并应符合下列规定：

    1 接口性能应满足建筑性能的要求；

    2 接口尺寸的选用应考虑相关部品部件的制作及安装允许偏差、组装方式及安装顺序等影响，并应具备容差的能力；

    3 在建筑使用阶段需要检修、更换的部品，其接口应符合可逆安装的要求。

3.0.7 通用部品部件的参数应纳入统一的数据库，数据库应支持建造全过程的设计协同和建筑全寿命期的信息共享与有效传递。

4 建 筑 设 计

4.0.1 建筑设计应采用设计选型的方法，统筹各专业对部品部件及其接口进行系统集成。

4.0.2 装配式住宅应根据使用功能建立不同层级模块，并应符合下列规定：

    1 装配式住宅应由功能模块组合成套型模块，再由套型模块和交通核模块组合成单元模块，最后由单元模块组合成楼栋；

    2 功能模块应由部品部件通过标准化的接口组成，并应满足功能要求；

    3 功能模块应包括空间尺寸、空间内部品部件等，应优先选用通用部品部件，应优先确定功能复杂、部品较多的功能模块。

4.0.3 建筑设计确定功能模块尺寸时应与结构、外围护、设备与管线、内装修等系统通用部品部件的选型相结合，装配式住宅功能空间的优先尺寸应符合现行行业标准《工业化住宅尺寸协调标准》JGJ/T 445 的有关规定。

4.0.4 交通核模块设计应包括楼梯间、电梯间、公共管道井及公共走道等的尺寸确定、组合形式、管线布置等内容，并应符合下列规定：

 1 楼梯间尺寸应统一。

 2 电梯井道尺寸的确定应在电梯选型的基础上进行，并应符合无障碍设计要求。

 3 建筑方案设计阶段，建筑专业应与机电专业协同确定公共管道井的位置及尺寸，管道井宜采用方形或矩形截面。

4.0.5 厨房和卫生间进行设计选型时，建筑专业应与机电专业、内装修专业协同确定技术方案、产品规格尺寸和预留装配空间尺寸，宜选用通用部品部件，并应符合下列规定：

 1 厨卫的设备与管线应与主体结构相分离；卫生间采用同层排水技术时，应根据管道工况确定降板高度。

 2 当采用整体卫生间时，空间的尺寸应根据整体卫生间部品的选型确定，并应符合现行行业标准《装配式整体卫生间应用技术标准》JGJ/T 467 的有关规定。

 3 当采用集成式卫生间、集成式厨房时，应根据功能需求确定空间尺寸，并应考虑人员活动空间的尺寸要求、部品与结构或隔墙的接口做法等。

4.0.6 装配式住宅平面应通过模块的排列组合结合结构构件的布置择优确定，并应符合下列规定：

 1 平面宜采用大空间的布置方式；

 2 平面布置应规则，承重构件布置应上下对齐贯通，外墙洞口应规整有序；

 3 宜将厨房、卫生间等用水空间集中布置，结合功能与管线要求确定各功能模块的位置。

4.0.7 装配式住宅立面设计应符合下列规定：

 1 应灵活选用外墙板、外门窗、幕墙、阳台板、空调板及遮阳设施等通用部品部件形成丰富的立面效果；

 2 可通过部品部件的材质或色彩形成有秩序的变化和有规律的重复，实现立面的多样性。

6 外围护系统

6.0.1 外围护系统应根据住宅的地理位置、气候条件、高度与体形，以及项目定位等，确定其性能目标，选择合适的部品部件。

6.0.2 外墙可分为基层、功能层和装饰层三部分，其设计选型应符合下列规定：

 1 可选择一体化方案，即集成基层、功能层和装饰层为一体的墙板部品部件，现场配合相关接口构造可实现外墙围护的性能要求；

 2 可选择组合式方案，即基层、功能层和装饰层采用多种部品部件通过现场装配实现外墙围护的性能要求；

 3 当采用预制混凝土外墙板时，不宜在外侧粘贴保温层、现场抹灰和现场粘贴瓷砖。

6.0.3 外墙的设计选型应结合建筑立面效果进行排板设计，并应符合下列规定：

 1 当选择预制混凝土外挂墙板时，可结合门窗位置选择整间板、横条板、竖条板的布置方式。整间板的宽度宜为建筑开间尺寸，高度宜为建筑层高；横条板宽度宜为1个或多个建筑开间尺寸；竖条板的高度宜为建筑层高或多个建筑层高。

 2 当选择蒸压加气混凝土板等轻质条板时，应结合建筑开间尺寸和门窗洞口的布置进行排板设计，减少不规则板的使用。

  3 立面设计应考虑接缝位置、接缝构造对立面效果的影响。

8 内装修系统

8.1 一般规定

8.1.1 内装修应根据项目的定位要求和国家现行标准确定性能目标，作为内装修部品选型的依据，并应优选质量稳定、品质高、耐用性强、健康环保的部品。

8.1.2 部品选型时应明确关键设计安装参数及相关要求，包括安装空间、安装方法、基层要求、与结构及机电等专业接口的前置条件及其他安装条件。

8.1.3 内装修应优先对功能复杂、空间狭小、管线集中的建筑空间进行部品选型和布置，并宜在建筑方案设计阶段进行部品选型。

8.1.4 内装修应选用集成度高的通用部品，所选部品应配套完善的系统解决方案。

8.1.5 内装修应优选安装便捷、易更换、易维护的部品，对于易损坏和经常更换的部位宜选择符合可逆安装原则的部品。

8.1.6 内装修部品选型时，应核查产品检测报告，产品性能应符合国家现行有关标准的规定。

8.1.7 板材类内装修部品选型时，应结合建筑设计，通过预排板测算，确定所采用的标准规格，减少现场裁切。

8.2 部品选型

8.2.1 隔墙与墙面系统部品的选型应符合下列规定：

  1 防火、防水、防潮、隔声、抗冲击等性能应符合使用空间的功能需求和国家现行有关标准的规定；

  2 隔墙应选用非砌筑免抹灰的轻质墙体，可选用龙骨隔墙、轻质条板隔墙、模块化隔墙或其他干式工法施工隔墙；

  3 隔墙及墙面宜选用可实现管线分离，且空间利用率高的部品；

  4 墙面部品选型应考虑后期维护的便利性，应选用易清洁、易修复、可局部更换的部品；

  5 墙面部品选型时，应选用提供阴阳角、接缝、收边收口等配套的部品。

8.2.2 地面系统部品选型应满足承载力、刚度、防水、防滑、耐磨、抗冲击、隔声、防虫防鼠等相关性能的要求，并应符合下列规定：

  1 可采用架空地面、非架空干铺地面或其他干式工法施工的地面，宜选用可实现管线分离的部品；

  2 地面系统部品选型应考虑后期维护的便利性，应选用易清洁、易修复、可局部更换的部品；

  3 地面系统与地面辐射供暖系统结合设置时，宜选用模块式集成部品；

  4 地面系统应与建筑地面标高要求相协调，考虑完成面的无障碍要求；

  5 应用于厨房、卫生间的地面系统应考虑耐酸碱性的要求。

8.2.3 吊顶系统宜选用与顶面设备及管线结合度高的通用部品，其性能应符合现行行业标准《建筑用集成吊顶》JG/T 413 的有关规定。

8.2.4 厨房部品的选型应结合户型设计考虑布局方案、设备管线敷设方式和路径、预留孔洞位置和尺寸及管道井位置等，并应符合下列规定：

    1 厨房宜选用提供整体解决方案的部品，部品应包括楼地面、吊顶、墙面、橱柜和厨房设备及管线；

    2 厨房吊顶、墙面、地面应采用燃烧性能 A 级的部品；

    3 厨房应选用抗油污、易清洁的部品，燃气灶一侧的墙面应选用耐高温的部品，地面应选择防滑耐磨的部品；

    4 厨房柜体宜选用与厨房设备集成度高的部品，并应与墙面有牢固的连接措施。

8.2.5 卫生间的选型应与套型设计相结合，并协调设备管线敷设方式和路径、预留孔洞位置和尺寸以及管道井位置等，宜选择集成度高的整体卫生间部品，并应符合下列规定：

    1 可按如厕、淋浴、盆浴、洗漱等几种功能的排列组合进行选型；

    2 宜采用干湿分离的布置方式；

    3 宜选用同层排水系统技术；

    4 应选用提供楼地面、吊顶、墙面和洁具设备及管线整体解决方案的技术体系。

8.2.6 室内门窗宜选用成套供应的部品，选用时应明确所采用门窗的材料、品种、规格等指标以及颜色、开启方式、安装位置、固定方式等要求。

8.2.7 收纳系统应在建筑方案设计阶段结合户型设计进行部品选型，并应符合下列规定：

    1 收纳部品的位置设置与尺寸选型应与用户使用习惯和被收纳物品的尺寸相结合；

    2 收纳部品选型应结合项目情况和内装总体风格设计定位，并应符合国家现行有关标准的规定。

8.3 接口选型

8.3.1 内装修宜选用通用的连接构造，接口的位置和尺寸应符合模数协调的要求，并应做到连接合理、拆装方便、使用可靠。

8.3.2 不同耐久性的部品相连接时，应考虑更换便利性进行接口设计选型。

8.3.3 部品的接口选型应符合下列规定：

    1 套内部品的维修和更换不应影响公共部品的正常使用及结构的安全性；

    2 先装部品应为后装部品预留接口，并与后装部品接口匹配；

    3 部品连接接口应在内装修方案阶段统筹考虑接口性能、公差、接缝美观等因素影响。

十九、《车库建筑设计规范》JGJ 100—2015（节选）

3 基地和总平面

3.1 基地

3.1.4 机动车库的服务半径不宜大于 500m，非机动车库的服务半径不宜大于 100m。

3.1.6 车库基地出入口的设计应符合下列规定：

    1 基地出入口的数量和位置应符合现行国家标准《民用建筑设计通则》GB 50352 的规定及城市交通规划和管理的有关规定；

    2 基地出入口不应直接与城市快速路相连接，且不宜直接与城市主干路相连接；

3 基地主要出入口的宽度不应小于4m，并应保证出入口与内部通道衔接的顺畅；

4 当需在基地出入口办理车辆出入手续时，出入口处应设置候车道，且不应占用城市道路；机动车候车道宽度不应小于4m、长度不应小于10m，非机动车应留有等候空间；

5 机动车库基地出入口应具有通视条件，与城市道路连接的出入口地面坡度不宜大于5%；

6 机动车库基地出入口处的机动车道路转弯半径不宜小于6m，且应满足基地通行车辆最小转弯半径的要求；

7 相邻机动车库基地出入口之间的最小距离不应小于15m，且不应小于两出入口道路转弯半径之和。

3.1.7 机动车库基地出入口应设置减速安全设施。

3.2 总平面

3.2.5 车库总平面内，单向行驶的机动车道宽度不应小于4m，双向行驶的小型车道不应小于6m，双向行驶的中型车以上车道不应小于7m；单向行驶的非机动车道宽度不应小于1.5m，双向行驶不宜小于3.5m。

3.2.6 机动车道路转弯半径应根据通行车辆种类确定。微型、小型车道路转弯半径不应小于3.5m；消防车道转弯半径应满足消防车辆最小转弯半径要求。

3.2.7 道路转弯时，应保证良好的通视条件，弯道内侧的边坡、绿化及建（构）筑物等均不应影响行车视距。

3.2.8 地下车库排风口宜设于下风向，并应做消声处理。排风口不应朝向邻近建筑的可开启外窗；当排风口与人员活动场所的距离小于10m时，朝向人员活动场所的排风口底部距人员活动地坪的高度不应小于2.5m。

3.2.10 车库总平面内的道路、广场应有良好的排水系统，道路纵坡坡度不应小于0.2%，广场坡度不应小于0.3%。

3.2.11 车库总平面内的道路纵坡坡度应符合现行国家标准《民用建筑设计通则》GB 50352的最大限值的规定。当机动车道路纵坡相对坡度大于8%时，应设缓坡段与城市道路连接。对于机动车与非机动车混行的道路，其纵坡的坡度应满足非机动车道路纵坡的最大限值要求。

4 机 动 车 库

4.1 一般规定

4.1.2 机动车库应以小型车为计算当量进行停车当量的换算，各类车辆的换算当量系数应符合表4.1.2的规定。

机动车换算当量系数

表4.1.2

车型	微型车	小型车	轻型车	中型车	大型车
换算系数	0.7	1.0	1.5	2.0	2.5

注：小型车

4.1.5 机动车之间以及机动车与墙、柱、护栏之间的最小净距应符合表4.1.5的规定。

机动车之间以及机动车与墙、柱、护栏之间最小净距　　　表 4.1.5

机动车类型 项目	微型车、小型车	轻型车	中型车、大型车
平行式停车时机动车间纵向净距（m）	1.20	1.20	2.40
垂直式、斜列式停车时机动车间纵向净距（m）	0.50	0.70	0.80
机动车间横向净距（m）	0.60	0.80	1.00
机动车与柱间净距（m）	0.30	0.30	0.40
机动车与墙、护栏及其他构筑物间净距（m）　纵向	0.50	0.50	0.50
横向	0.60	0.80	1.00

注：1. 纵向指机动车长度方向、横向指机动车宽度方向；

　　2. 净距指最近距离，当墙、柱外有突出物时，从其凸出部分外缘算起。

4.1.8 当机动车库采取天然采光时，天然采光系数不宜小于 0.5％或其窗地面积比宜大于 1∶15，且车库及坡道应设有防眩光设施。

4.1.9 四层及以上的多层机动车库或地下三层及以下机动车库应设置乘客电梯，电梯的服务半径不宜大于 60m。

4.2　出入口及坡道

4.2.2 车辆出入口的最小间距不应小于 15m，并宜与基地内部道路相接通，当直接通向城市道路时，应符合本规范第 3.1.6 条的规定。

4.2.3 机动车库出入口应按现行国家标准《民用建筑设计通则》GB 50352 的有关规定设缓冲段与基地道路连通。

4.2.4 车辆出入口宽度，双向行驶时不应小于 7m，单向行驶时不应小于 4m。

4.2.5 车辆出入口及坡道的最小净高应符合表 4.2.5 的规定。

车辆出入口及坡道的最小净高　　　表 4.2.5

车型	最小净高（m）
微型车、小型车	2.20
轻型车	2.95
中型、大型客车	3.70
中型、大型货车	4.20

4.2.6 机动车库出入口和车道数量应符合表 4.2.6 的规定，且当车道数量大于等于 5 且停车当量大于 3000 辆时，机动车出入口数量应经过交通模拟计算确定。

机动车库出入口和车道数量　　　表 4.2.6

规模 停车当量 出入口和车道数量	特大型	大型		中型		小型	
	＞1000	501～1000	301～500	101～300	51～100	25～50	＜25
机动车出入口数量	≥3	≥2		≥2	≥1	≥1	
非居住建筑出入口车道数量	≥5	≥4	≥3	≥2		≥2	≥1
居住建筑出入口车道数量	≥3	≥2	≥2	≥2		≥2	≥1

4.2.7 对于停车当量小于 25 辆的小型车库，出入口可设一个单车道，并应采取进出车辆

的避让措施。

4.2.8 机动车库的人员出入口与车辆出入口应分开设置，机动车升降梯不得替代乘客电梯作为人员出入口，并应设置标识。

4.2.9 平入式出入口应符合下列规定：

1 平入式出入口室内外地坪高差不应小于150mm，且不宜大于300mm；

2 出入口室外坡道起坡点与相连的室外车行道路的最小距离不宜小于5.0m；

3 出入口的上部宜设有防雨设施；

4 出入口处宜设置遥控启闭的大门。

4.2.10 坡道式出入口应符合下列规定：

1 出入口可采用直线坡道、曲线坡道和直线与曲线组合坡道，其中直线坡道可选用内直坡道式、外直坡道式。

2 出入口可采用单车道或双车道，坡道最小净宽应符合表4.2.10-1的规定。

坡道最小净宽 表4.2.10-1

形式	最小净宽（m）	
	微型、小型车	轻型、中型、大型车
直线单行	3.0	3.5
直线双行	5.5	7.0
曲线单行	3.8	5.0
曲线双行	7.0	10.0

注：此宽度不包括道牙及其他分隔带宽度。当曲线比较缓时，可以按直线宽度进行设计。

3 坡道的最大纵向坡度应符合表4.2.10-2的规定。

坡道的最大纵向坡度 表4.2.10-2

车型	直线坡道		曲线坡道	
	百分比（%）	比值（高：长）	百分比（%）	比值（高：长）
微型车 小型车	15.0	1：6.67	12	1：8.3
轻型车	13.3	1：7.50	10	1：10.0
中型车	12.0	1：8.3		
大型客车 大型货车	10.0	1：10	8	1：12.5

4 当坡道纵向坡度大于10%时，坡道上、下端均应设缓坡坡段，其直线缓坡段的水平长度不应小于3.6m，缓坡坡度应为坡道坡度的1/2；曲线缓坡段的水平长度不应小于2.4m，曲率半径不应小于20m，缓坡段的中心为坡道原起点或止点（图4.2.10）；大型车的坡道应根据车型确定缓坡的坡度和长度。

5 微型车和小型车的坡道转弯处的最小环形车道内半径（r_0）不宜小于表4.2.10-3的规定；其他车型的坡道转弯处的最小环形车道内半径应按本规范式（4.1.4-1）～式（4.1.4-5）计算确定。

图 4.2.10　缓坡

（a）直线缓坡；（b）曲线缓坡

1—坡道起点；2—坡道止点

坡道转弯处的最小环形车道内半径（r_0）　　　　表 4.2.10-3

角度 半径	坡道转向角度（a）		
	$a \leqslant 90°$	$90° < a < 180°$	$a \geqslant 180°$
最小环形车道内半径（r_0）	4m	5m	6m

注：坡道转向角度为机动车转弯时的连续转向角度。

6　环形坡道处弯道超高宜为 $2\% \sim 6\%$。

4.2.11　升降梯式出入口应符合下列规定：

1　当小型机动车库设置机动车坡道有困难时，可采用升降梯作为机动车库出入口，升降梯可采用汽车专用升降机等提升设备，且升降梯的数量不应少于两台，停车当量少于25 辆的可设一台；

2　机动车出口和入口宜分开设置；

3　升降梯宜采用通过式双向门，当只能为单侧门时，应在进（出）口处设置车辆等候空间；

4　升降梯出入口处应设有防雨设施，且升降梯底坑应设有机械排水系统；

5　机动车库应在每层出入口处的明显部位设置楼层和行驶方向的标志，并宜在驾驶员方便触及的部位，设置升降梯的操纵按钮；

6　当采用升降平台时，应在每层周边设置安全护栏和防坠落等措施；

7　升降梯出入口处应设限高和限载标志。

4.3　停车区域

4.3.4　机动车最小停车位、通（停）车道宽度可通过计算或作图法求得，且库内通车道宽度应大于或等于 3.0m。小型车的最小停车位、通（停）车道宽度宜符合表 4.3.4 的规定。

4.3.8　错层式停车区域应符合下列规定：

1　两直坡道之间的水平距离应使车辆在停车层作 180° 转向，两段坡道中心线之间的距离不应小于 14.0m；

2　三段错层式停车区域的通车道应限定车辆行驶路线；

3　错层式停车区域内楼面空间可以叠交，叠交水平尺寸不应大于 1.5m。

小型车的最小停车位、通（停）车道宽度
表 4.3.4

停车方式			垂直通车道方向的最小停车位宽度（m）		平行通车道方向的最小停车位宽度 L_t（m）	通（停）车道最小宽度 W_d（m）
			W_{e1}	W_{e2}		
平行式		后退停车	2.4	2.1	6.0	3.8
斜列式	30°	前进(后退)停车	4.8	3.6	4.8	3.8
	45°	前进(后退)停车	5.5	4.6	3.4	3.8
	60°	前进停车	5.8	5.0	2.8	4.5
	60°	后退停车	5.8	5.0	2.8	4.2
垂直式		前进停车	5.3	5.1	2.4	9.0
		后退停车	5.3	5.1	2.4	5.5

注：W_u 为停车带宽度；W_{e1} 为停车位毗邻墙体或连续分隔物时，垂直于通（停）车道的停车位尺寸；W_{e2} 为停车位毗邻时，垂直于通（停）车道的停车位尺寸；W_d 为通车道宽度；L_t 为平行于通车道的停车位尺寸；Q_t 为机动车倾斜角度。

4.3.9 斜楼板式停车区域的楼板坡度、停车位应符合下列规定：

1 楼板坡度不应大于5％；

2 当停车位采用斜列式停车时，其停车位的长向中线与斜楼板的纵向中线之间的夹角不应小于60°。

4.4 构造措施

4.4.1 对于有防雨要求的出入口和坡道处，应设置不小于出入口和坡道宽度的截水沟和耐轮压沟盖板以及闭合的挡水槛。出入口地面的坡道外端应设置防水反坡。

4.4.3 机动车库的楼地面应采用强度高、具有耐磨防滑性能的不燃材料，并应在各楼层设置地漏或排水沟等排水设施。地漏（或集水坑）的中距不宜大于40m。敞开式车库和有排水要求的停车区域应设不小于0.5％的排水坡度和相应的排水系统。

4.4.10 当机动车库坡道横向内（或外）侧无实体墙体时，应在无实体墙处设护栏和道牙。道牙宽度不应小于0.30m，高度不应小于0.15m。

5.1 一般规定

5.1.3 机械式机动车库停放车辆的外廓尺寸及重量可按表5.1.3规定采用。

机械式机动车库停放车辆的外廓尺寸及重量
表 5.1.3

组别代号	机动车长×车宽×车高（m×m×m）	重量（kg）
X 型车	≤4.4×1.75×1.45	≤1300
Z 型车	≤4.7×1.8×1.45	≤1500
D 型车	≤5.0×1.85×1.55	≤1700
T 型车	≤5.3×1.90×1.55	≤2350
C 型车	≤5.6×2.05×1.55	≤2550
K 型车	≤5.0×1.85×2.05	≤1850

注：X—小型车；Z—中型车；D—大型车；T—特大型车；C—超大型车；K—客车。

5.2 出入口

5.2.1 全自动机动车库出入口应符合下列规定：

1 出入口处应设置不少于2个的候车位，当出入口分开设置时，候车位不应少于1个；当机动车需要掉头而受场地限制时，可设置机动车回转盘；

2 出入口宽度应大于所存放的机动车设计车型宽加0.50m，且不应小于2.50m，高度不应小于2.00m；

3 机械式立体机动车库的出入口可根据需要设置库门或栅栏等安全保护设施。

5.3 停车区域

5.3.1 全自动机动车库的停车设备可采用平面移动类、巷道堆垛类、垂直升降类、垂直循环类、水平循环类和多层循环类；复式机动车库的停车设备可采用升降横移类和简易升降类。

5.3.2 机械式机动车库停车位的最小外廓尺寸应符合表5.3.2的规定。

机械式机动车库的停车位最小外廓尺寸　　　　表5.3.2

	全自动机动车库	复式机动车库
宽度（m）	车宽+0.15	车宽+0.50（通道）
长度（m）	车长+0.20	车长+0.20
高度（m）	车高+微升微降高度+0.05，且不小于1.60	车高+微升微降高度+0.05，且不小于1.60，兼做人行通道时应不小于2.00

5.3.3 复式机动车库停车区域的净高应根据各类停车设备的尺寸确定。升降横移类停车设备高度尺寸应符合表5.3.3的规定。

升降横移类停车设备高度尺寸　　　　表5.3.3

形式	停车设备层数	设备装置高度（m）
出车面以上	二层停车设备	3.50~3.65
	三层停车设备	5.65~5.90
	四层停车设备	7.45~7.70
	五层停车设备	9.03~9.55
	六层停车设备	11.15~11.40
出车面以下	底坑一层停车设备	1.90~2.10

5.3.8 复式机动车库通车道的最小尺寸应根据车型倒车入库的需求计算，最小不得小于5.8m。

6.1 一般规定

6.1.1 非机动车设计车型的外廓尺寸可按表6.1.1的规定取值。

几何尺寸 车型	车辆几何尺寸（m）		
	长度	宽度	高度
自行车	1.90	0.60	1.20
三轮车	2.50	1.20	1.20
电动自行车	2.00	0.80	1.20
机动轮椅车	2.00	1.00	1.20

6.1.2 非机动车及二轮摩托车应以自行车为计算当量进行停车当量的换算，且车辆换算的当量系数应符合表 6.1.2 的规定。

非机动车及二轮摩托车车辆换算当量系数　　　　　　　表 6.1.2

车型	非机动车				二轮摩托车
	自行车	三轮车	电动自行车	机动轮椅车	
换算当量系数	1.0	3.0	1.2	1.5	1.5

6.1.3 非机动车库不宜设在地下二层及以下，当地下停车层地坪与室外地坪高差大于 7m 时，应设机械提升装置。

6.1.4 机动轮椅车、三轮车宜停放在地面层，当条件限制需停放在其他楼层时，应设坡道式出入口或设置机械提升装置；其坡道式出入口的坡度应符合现行行业标准《城市道路工程设计规范》CJJ 37 的规定。

　　条文说明：机动轮椅车坡道最大纵坡为 8%，三轮车坡道最大纵坡为 3%；或设电梯等机械提升设施。

6.2　出入口及坡道

6.2.1 非机动车库停车当量数量不大于 500 辆时，可设置一个直通室外的带坡道的车辆出入口；超过 500 辆时应设两个或以上出入口，且每增加 500 辆宜增设一个出入口。

6.2.2 非机动车库出入口宜与机动车库出入口分开设置，且出地面处的最小距离不应小于 7.5m。当中型和小型非机动车库受条件限制，其出入口坡道需与机动车出入口设置在一起时，应设置安全分隔设施，且应在地面出入口外 7.5m 范围内设置不遮挡视线的安全隔离栏杆。

6.2.3 自行车和电动自行车车库出入口净宽不应小于 1.80m，机动轮椅车和三轮车车库单向出入口净宽不应小于车宽加 0.60m。

6.2.4 非机动车库车辆出入口可采用踏步式出入口或坡道式出入口。

6.2.5 非机动车库出入口宜采用直线形坡道，当坡道长度超过 6.8m 或转换方向时，应设休息平台，平台长度不应小于 2.00m，并应能保持非机动车推行的连续性。

6.2.6 踏步式出入口推车斜坡的坡度不宜大于 25%，单向净宽不应小于 0.35m，总净宽度不应小于 1.80m。坡道式出入口的斜坡坡度不宜大于 15%，坡道宽度不应小于 1.80m。

第二节　建筑专项设计标准与规范

一、《建筑设计防火规范》GB 50016—2014（2018 年版）（略）

　　《建筑设计防火规范》GB 50016—2014[①] 为国家标准，自 2015 年 5 月 1 日起开始实

---

　　① 《建筑设计防火规范》GB 50016—2014（2018 年版）局部修订的条文，自 2018 年 10 月 1 日起实施。此次修订完善了老年人照料设施建筑设计的防火技术要求。

施。原《建筑设计防火规范》GB 50016—2006 及《高层民用建筑设计防火规范》GB 50045—95 同时作废。

本次规范修订就民用建筑防火设计相关方面而言，主要在于：

（1）合并了《建筑设计防火规范》和《高层民用建筑设计防火规范》，调整了两项标准间不协调的要求，将住宅建筑的高、多层分类统一按照建筑高度划分；

（2）增加了灭火救援设施和木结构建筑两章，完善了有关灭火救援的要求，系统规定了木结构建筑的防火要求；

（3）补充了建筑保温系统的防火要求；

（4）将消防设施的设置独立成章并完善了有关内容：取消了消防给水系统、室内外消火栓系统和防烟排烟系统设计的要求，这些系统的设计要求分别由相应的国家标准作出规定；

（5）适当提高了高层住宅建筑和建筑高度大于 100m 的高层民用建筑的防火技术要求；

（6）补充了有顶商业步行街两侧的建筑利用该步行街进行安全疏散时的防火要求；调整补充了建材、家具、灯饰商店营业厅和展览厅的设计疏散人员密度；

（7）完善了防止建筑火灾竖向或水平蔓延的相关要求。

2018 年，依据住房和城乡建设部《关于印发 2018 年工程建设规范和标准编制及相关工作计划的通知》（建标函〔2017〕306 号），本次局部修订完善了老年人照料设施建筑设计的基本防火技术要求。

《建筑设计防火规范》GB 50016 是我国民用及工业建筑消防领域的一本重要规范，该规范所规定的建筑设计的防火技术要求，适用于各类厂房、仓库及其辅助设施等工业建筑，公共建筑、居住建筑等民用建筑，储罐或储罐区、各类可燃材料堆场和城市交通隧道工程。因本规范是涉及人身和财产安全的重大国家规范，内容较为重要，尤其是其中的强制性条文。考生应对其进行全面充分的理解和记忆。本节不再摘录具体条款，敬请广大考生配合近年试题，对规范内容自行理解、记忆。

二、《汽车库、修车库、停车场设计防火规范》GB 50067—2014（节选）

3 分类和耐火等级

3.0.1 汽车库、修车库、停车场的分类应根据停车（车位）数量和总建筑面积确定，并应符合表 3.0.1 的规定。

汽车库、修车库、停车场的分类　　　　　　　　表 3.0.1

名　称		Ⅰ	Ⅱ	Ⅲ	Ⅳ
汽车库	停车数量（辆）	＞300	151～300	51～150	≤50
	总建筑面积 S（m²）	S＞10000	5000＜S≤10000	2000＜S≤5000	S≤2000
修车库	车位数（个）	＞15	6～15	3～5	≤2
	总建筑面积 S（m²）	S＞3000	1000＜S≤3000	500＜S≤1000	S≤500
停车场	停车数量（辆）	＞400	251～400	101～250	≤100

注：1. 当屋面露天停车场与下部汽车库共用汽车坡道时，其停车数量应计算在汽车库的车辆总数内；
　　2. 室外坡道、屋面露天停车场的建筑面积可不计入汽车库的建筑面积之内；
　　3. 公交汽车库的建筑面积可按本表的规定值增加 2.0 倍。

3.0.2 汽车库、修车库的耐火等级应分为一级、二级和三级，其构件的燃烧性能和耐火极限均不应低于表3.0.2的规定。

汽车库、修车库构件的燃烧性能和耐火极限（h）　　　　表3.0.2

建筑构件名称		耐火等级		
		一级	二级	三级
墙	防火墙	不燃性　3.00	不燃性　3.00	不燃性　3.00
	承重墙	不燃性　3.00	不燃性　2.50	不燃性　2.00
	楼梯间和前室的墙、防火隔墙	不燃性　2.00	不燃性　2.00	不燃性　2.00
	隔墙、非承重外墙	不燃性　1.00	不燃性　1.00	不燃性　0.50
柱		不燃性　3.00	不燃性　2.50	不燃性　2.00
梁		不燃性　2.00	不燃性　1.50	不燃性　1.00
楼板		不燃性　1.50	不燃性　1.00	不燃性　0.50
疏散楼梯、坡道		不燃性　1.50	不燃性　1.00	不燃性　1.00
屋顶承重构件		不燃性　1.50	不燃性　1.00	可燃性　0.50
吊顶（包括吊顶格栅）		不燃性　0.25	不燃性　0.25	难燃性　0.15

注：预制钢筋混凝土构件的节点缝隙或金属承重构件的外露部位应加设防火保护层，其耐火极限不应低于表中相应构件的规定。

3.0.3 汽车库和修车库的耐火等级应符合下列规定：

1 地下、半地下和高层汽车库应为一级；

2 甲、乙类物品运输车的汽车库、修车库和Ⅰ类汽车库、修车库，应为一级；

3 Ⅱ、Ⅲ类汽车库、修车库的耐火等级不应低于二级；

4 Ⅳ类汽车库、修车库的耐火等级不应低于三级。

4 总平面布局和平面布置

4.1 一般规定

4.1.1 汽车库、修车库、停车场的选址和总平面设计，应根据城市规划要求，合理确定汽车库、修车库、停车场的位置、防火间距、消防车道和消防水源等。

4.1.2 汽车库、修车库、停车场不应布置在易燃、可燃液体或可燃气体的生产装置区和贮存区内。

4.1.3 汽车库不应与火灾危险性为甲、乙类的厂房、仓库贴邻或组合建造。

4.1.4 汽车库不应与托儿所、幼儿园，老年人建筑，中小学校的教学楼，病房楼等组合建造。当符合下列要求时，汽车库可设置在托儿所、幼儿园，老年人建筑，中小学校的教学楼，病房楼等的地下部分：

1 汽车库与托儿所、幼儿园，老年人建筑，中小学校的教学楼，病房楼等建筑之间，应采用耐火极限不低于2.00h的楼板完全分隔；

2 汽车库与托儿所、幼儿园，老年人建筑，中小学校的教学楼，病房楼等的安全出口和疏散楼梯应分别独立设置。

4.1.5 甲、乙类物品运输车的汽车库、修车库应为单层建筑，且应独立建造。当停车数量不大于3辆时，可与一、二级耐火等级的Ⅳ类汽车库贴邻，但应采用防火墙隔开。

4.1.6 Ⅰ类修车库应单独建造；Ⅱ、Ⅲ、Ⅳ类修车库可设置在一、二级耐火等级建筑的首层或与其贴邻，但不得与甲、乙类厂房、仓库，明火作业的车间或托儿所、幼儿园、中小学校的教学楼，老年人建筑，病房楼及人员密集场所组合建造或贴邻。

4.1.7 为汽车库、修车库服务的下列附属建筑，可与汽车库、修车库贴邻，但应采用防火墙隔开，并应设置直通室外的安全出口：

1 贮存量不大于1.0t的甲类物品库房；

2 总安装容量不大于5.0m³/h的乙炔发生器间和贮存量不超过5个标准钢瓶的乙炔气瓶库；

3 1个车位的非封闭喷漆间或不大于2个车位的封闭喷漆间；

4 建筑面积不大于200m²的充电间和其他甲类生产场所。

4.1.8 地下、半地下汽车库内不应设置修理车位、喷漆间、充电间、乙炔间和甲、乙类物品库房。

4.1.9 汽车库和修车库内不应设置汽油罐、加油机、液化石油气或液化天然气储罐、加气机。

4.1.10 停放易燃液体、液化石油气罐车的汽车库内，不得设置地下室和地沟。

4.1.11 燃油或燃气锅炉、油浸变压器、充有可燃油的高压电容器和多油开关等，不应设置在汽车库、修车库内。当受条件限制必须贴邻汽车库、修车库布置时，应符合现行国家标准《建筑设计防火规范》GB 50016的有关规定。

4.1.12 Ⅰ、Ⅱ类汽车库、停车场宜设置耐火等级不低于二级的灭火器材间。

4.2 防火间距

4.2.1 除本规范另有规定外，汽车库、修车库、停车场之间及汽车库、修车库、停车场与除甲类物品仓库外的其他建筑物的防火间距，不应小于表4.2.1的规定。其中，高层汽车库与其他建筑物，汽车库、修车库与高层建筑的防火间距应按表4.2.1的规定值增加3m；汽车库、修车库与甲类厂房的防火间距应按表4.2.1的规定值增加2m。

汽车库、修车库、停车场之间及汽车库、修车库、停车场
与除甲类物品仓库外的其他建筑物的防火间距（m） 表4.2.1

名称和耐火等级	汽车库、修车库		厂房、仓库、民用建筑		
	一、二级	三级	一、二级	三级	四级
一、二级汽车库、修车库	10	12	10	12	14
三级汽车库、修车库	12	14	12	14	16
停车场	6	8	6	8	10

注：1. 防火间距应按相邻建筑物外墙的最近距离算起，如外墙有凸出的可燃物构件时，则应从其凸出部分外缘算起，停车场从靠近建筑物的最近停车位置边缘算起；

2. 厂房、仓库的火灾危险性分类应符合现行国家标准《建筑设计防火规范》GB 50016的有关规定。

4.2.2 汽车库、修车库之间或汽车库、修车库与其他建筑之间的防火间距可适当减少，但应符合下列规定：

1 当两座建筑相邻较高一面外墙为无门、窗、洞口的防火墙或当较高一面外墙比较低一座一、二级耐火等级建筑屋面高15m及以下范围内的外墙为无门、窗、洞口的防火墙时，其防火间距可不限；

2 当两座建筑相邻较高一面外墙上，同较低建筑等高的以下范围内的墙为无门、窗、洞口的防火墙时，其防火间距可按本规范表4.2.1的规定值减小50%；

　　3　相邻的两座一、二级耐火等级建筑，当较高一面外墙的耐火极限不低于2.00h，墙上开口部位设置甲级防火门、窗或耐火极限不低于2.00h的防火卷帘、水幕等防火设施时，其防火间距可减小，但不应小于4m；

　　4　相邻的两座一、二级耐火等级建筑，当较低一座的屋顶无开口，屋顶的耐火极限不低于1.00h，且较低一面外墙为防火墙时，其防火间距可减小，但不应小于4m。

4.2.3　停车场与相邻的一、二级耐火等级建筑之间，当相邻建筑的外墙为无门、窗、洞口的防火墙，或比停车部位高15m范围以下的外墙均为无门、窗、洞口的防火墙时，防火间距可不限。

4.2.4　汽车库、修车库、停车场与甲类物品仓库的防火间距不应小于表4.2.4的规定。

汽车库、修车库、停车场与甲类物品仓库的防火间距（m）　表4.2.4

名　称		总容量（t）	汽车库、修车库		停车场
			一、二级	三级	
甲类物品仓库	3、4项	≤5	15	20	15
		>5	20	25	20
	1、2、5、6项	≤10	12	15	12
		>10	15	20	15

　　注：1. 甲类物品的分项应符合现行国家标准《建筑设计防火规范》GB 50016的有关规定。

　　　　2. 甲、乙类物品运输车的汽车库、修车库、停车场与甲类物品仓库的防火间距应按本表的规定值增加5m。

4.2.5　甲、乙类物品运输车的汽车库、修车库、停车场与民用建筑的防火间距不应小于25m，与重要公共建筑的防火间距不应小于50m。甲类物品运输车的汽车库、修车库、停车场与明火或散发火花地点的防火间距不应小于30m，与厂房、仓库的防火间距应按本规范表4.2.1的规定值增加2m。

4.2.6　汽车库、修车库、停车场与易燃、可燃液体储罐，可燃气体储罐，以及液化石油气储罐的防火间距，不应小于表4.2.6的规定。

汽车库、修车库、停车场与易燃、可燃液体储罐，可燃气体
储罐，以及液化石油气储罐的防火间距（m）　表4.2.6

名　称	总容量（积）（m²）	汽车库、修车库		停车场
		一、二级	三级	
易燃液体储罐	1～50	12	15	12
	51～200	15	20	15
	201～1000	20	25	20
	1001～5000	25	30	25
可燃液体储罐	5～250	12	15	12
	251～1000	15	20	15
	1001～5000	20	25	20
	5001～25000	25	30	25
湿式可燃气体储罐	≤1000	12	15	12
	1000～10000	15	20	15
	>10000	20	25	20

名　称	总容量（积）(m²)	汽车库、修车库		停车场
		一、二级	三级	
液化石油气储罐	1～30	18	20	18
	31～200	20	25	20
	201～500	25	30	25
	>500	30	40	30

注：1. 防火间距应从距汽车库、修车库、停车场最近的储罐外壁算起，但设有防火堤的储罐，其防火堤外侧基脚线距汽车库、修车库、停车场的距离不应小于10m。

2. 计算易燃、可燃液体储罐区总容量时，1m³ 的易燃液体按 5m³ 的可燃液体计算。

3. 干式可燃气体储罐与汽车库、修车库、停车场的防火间距，当可燃气体的密度比空气大时，应按本表对湿式可燃气体储罐的规定增加 25％；当可燃气体的密度比空气小时，可执行本表对湿式可燃气体储罐的规定。固定容积的可燃气体储罐与汽车库、修车库、停车场的防火间距，不应小于本表对湿式可燃气体储罐的规定。固定容积的可燃气体储罐的总容积按储罐几何容积（m³）和设计储存压力（绝对压力，10^5Pa）的乘积计算。

4. 容积小于1m³ 的易燃液体储罐或小于 5m³ 的可燃液体储罐与汽车库、修车库、停车场的防火间距，当采用防火墙隔开时，其防火间距可不限。

4.2.7 汽车库、修车库、停车场与可燃材料露天、半露天堆场的防火间距不应小于表4.2.7的规定。

汽车库、修车库、停车场与可燃材料露天、半露天堆场的防火间距（m）　表 4.2.7

名　称		总储量	汽车库、修车库		停车场
			一、二级	三级	
稻草、麦秸、芦苇等（t）		10～5000	15	20	15
		5001～10000	20	25	20
		10001～20000	25	30	25
棉麻、毛、化纤、百货（t）		10～500	10	15	10
		501～1000	15	20	15
		1001～5000	20	25	20
煤和焦炭（t）		1000～5000	6	8	6
		>5000	8	10	8
粮食	筒仓（t）	10～5000	10	15	10
		5001～20000	15	20	15
	席穴囤（t）	10～5000	15	20	15
		5001～20000	20	25	20
木材等可燃材料（m³）		50～1000	10	15	10
		1001～10000	15	20	15

4.2.8 汽车库、修车库、停车场与燃气调压站、液化石油气的瓶装供应站的防火间距，应符合现行国家标准《城镇燃气设计规范》GB 50028 的有关规定。

4.2.9 汽车库、修车库、停车场与石油库、汽车加油加气站的防火间距，应符合现行国家标准《石油库设计规范》GB 50074 和《汽车加油加气站设计与施工规范》GB 50156 的有关规定。

4.2.10 停车场的汽车宜分组停放，每组的停车数量不宜大于 50 辆，组之间的防火间距不应小于 6m。

4.2.11 屋面停车区域与建筑其他部分或相邻其他建筑物的防火间距，应按地面停车场与建筑的防火间距确定。

4.3 消防车道

4.3.1 汽车库、修车库周围应设置消防车道。

4.3.2 消防车道的设置应符合下列要求：

　　1 除Ⅳ类汽车库和修车库以外，消防车道应为环形，当设置环形车道有困难时，可沿建筑物的一个长边和另一边设置；

　　2 尽头式消防车道应设置回车道或回车场，回车场的面积不应小于 12m×12m；

　　3 消防车道的宽度不应小于 4m。

4.3.3 穿过汽车库、修车库、停车场的消防车道，其净空高度和净宽度均不应小于 4m；当消防车道上空遇有障碍物时，路面与障碍物之间的净空高度不应小于 4m。

5 防火分隔和建筑构造

5.1 防火分隔

5.1.1 汽车库防火分区的最大允许建筑面积应符合表 5.1.1 的规定。其中，敞开式、错层式、斜楼板式汽车库的上下连通层面积应叠加计算，每个防火分区的最大允许建筑面积不应大于表 5.1.1 规定的 2.0 倍；室内有车道且有人员停留的机械式汽车库，其防火分区最大允许建筑面积应按表 5.1.1 的规定减小 35%。

汽车库防火分区的最大允许建筑面积（m²）　　　　　表 5.1.1

耐火等级	单层汽车库	多层汽车库、半地下汽车库	地下汽车库、高层汽车库
一、二级	3000	2500	2000
三级	1000	不允许	不允许

注：除本规范另有规定外，防火分区之间应采用符合本规范规定的防火墙、防火卷帘等分隔。

5.1.2 设置自动灭火系统的汽车库，其每个防火分区的最大允许建筑面积不应大于本规范第 5.1.1 条规定的 2.0 倍。

5.1.3 室内无车道且无人员停留的机械式汽车库，应符合下列规定：

　　1 当停车数量超过 100 辆时，应采用无门、窗、洞口的防火墙分隔为多个停车数量不大于 100 辆的区域，但当采用防火隔墙和耐火极限不低于 1.00h 的不燃性楼板分隔成多个停车单元，且停车单元内的停车数量不大于 3 辆时，应分隔为停车数量不大于 300 辆的区域；

　　2 汽车库内应设置火灾自动报警系统和自动喷水灭火系统，自动喷水灭火系统应选用快速响应喷头；

3 楼梯间及停车区的检修通道上应设置室内消火栓；

4 汽车库内应设置排烟设施，排烟口应设置在运输车辆的通道顶部。

5.1.4 甲、乙类物品运输车的汽车库、修车库，每个防火分区的最大允许建筑面积不应大于 500m²。

5.1.5 修车库每个防火分区的最大允许建筑面积不应大于 2000m²，当修车部位与相邻使用有机溶剂的清洗和喷漆工段采用防火墙分隔时，每个防火分区的最大允许建筑面积不应大于 4000m²。

5.1.6 汽车库、修车库与其他建筑合建时，应符合下列规定：

1 当贴邻建造时，应采用防火墙隔开；

2 设在建筑物内的汽车库（包括屋顶停车场）、修车库与其他部位之间，应采用防火墙和耐火极限不低于 2.00h 的不燃性楼板分隔；

3 汽车库、修车库的外墙门、洞口的上方，应设置耐火极限不低于 1.00h、宽度不小于 1.0m、长度不小于开口宽度的不燃性防火挑檐；

4 汽车库、修车库的外墙上、下层开口之间墙的高度，不应小于 1.2m 或设置耐火极限不低于 1.00h、宽度不小于 1.0m 的不燃性防火挑檐。

5.1.7 汽车库内设置修理车位时，停车部位与修车部位之间应采用防火墙和耐火极限不低于 2.00h 的不燃性楼板分隔。

5.1.8 修车库内使用有机溶剂清洗和喷漆的工段，当超过 3 个车位时，均应采用防火隔墙等分隔措施。

5.1.9 附设在汽车库、修车库内的消防控制室、自动灭火系统的设备室、消防水泵房和排烟、通风空气调节机房等，应采用防火隔墙和耐火极限不低于 1.50h 的不燃性楼板相互隔开或与相邻部位分隔。

5.2 防火墙、防火隔墙和防火卷帘

5.2.1 防火墙应直接设置在建筑的基础或框架、梁等承重结构上，框架、梁等承重结构的耐火极限不应低于防火墙的耐火极限。防火墙、防火隔墙应从楼地面基层隔断至梁、楼板或屋面结构层的底面。

5.2.2 当汽车库、修车库的屋面板为不燃材料且耐火极限不低于 0.50h 时，防火墙、防火隔墙可砌至屋面基层的底部。

5.2.3 三级耐火等级汽车库、修车库的防火墙、防火隔墙应截断其屋顶结构，并应高出其不燃性屋面不小于 0.4m；高出可燃性或难燃性屋面不小于 0.5m。

5.2.4 防火墙不宜设在汽车库、修车库的内转角处。当设在转角处时，内转角处两侧墙上的门、窗、洞口之间的水平距离不应小于 4m。防火墙两侧的门、窗、洞口之间最近边缘的水平距离不应小于 2m。当防火墙两侧设置固定乙级防火窗时，可不受距离的限制。

5.2.5 可燃气体和甲、乙类液体管道严禁穿过防火墙，防火墙内不应设置排气道。防火墙或防火隔墙上不应设置通风孔道，也不宜穿过其他管道（线）；当管道（线）穿过防火墙或防火隔墙时，应采用防火封堵材料将孔洞周围的空隙紧密填塞。

5.2.6 防火墙或防火隔墙上不宜开设门、窗、洞口，当必须开设时，应设置甲级防火门、窗或耐火极限不低于 3.00h 的防火卷帘。

5.2.7 设置在车道上的防火卷帘的耐火极限,应符合现行国家标准《门和卷帘的耐火试验方法》GB/T 7633 有关耐火完整性的判定标准;设置在停车区域上的防火卷帘的耐火极限,应符合现行国家标准《门和卷帘的耐火试验方法》GB/T 7633 有关耐火完整性和耐火隔热性的判定标准。

5.3 电梯井、管道井和其他防火构造

5.3.1 电梯井、管道井、电缆井和楼梯间应分别独立设置。管道井、电缆井的井壁应采用不燃材料,且耐火极限不应低于 1.00h;电梯井的井壁应采用不燃材料,且耐火极限不应低于 2.00h。

5.3.2 电缆井、管道井应在每层楼板处采用不燃材料或防火封堵材料进行分隔;且分隔后的耐火极限不应低于楼板的耐火极限,井壁上的检查门应采用丙级防火门。

5.3.3 除敞开式汽车库、斜楼板式汽车库外,其他汽车库内的汽车坡道两侧应采用防火墙与停车区隔开,坡道的出入口应采用水幕、防火卷帘或甲级防火门等与停车区隔开;但当汽车库和汽车坡道上均设置自动灭火系统时,坡道的出入口可不设置水幕、防火卷帘或甲级防火门。

5.3.4 汽车库、修车库的内部装修,应符合现行国家标准《建筑内部装修设计防火规范》GB 50222 的有关规定。

6 安全疏散和救援设施

6.0.1 汽车库、修车库的人员安全出口和汽车疏散出口应分开设置。设置在工业与民用建筑内的汽车库,其车辆疏散出口应与其他场所的人员安全出口分开设置。

6.0.2 除室内无车道且无人员停留的机械式汽车库外,汽车库、修车库内每个防火分区的人员安全出口不应少于 2 个,Ⅳ类汽车库和Ⅲ、Ⅳ类修车库可设置 1 个。

6.0.3 汽车库、修车库的疏散楼梯应符合下列规定:

1 建筑高度大于 32m 的高层汽车库、室内地面与室外出入口地坪的高差大于 10m 的地下汽车库应采用防烟楼梯间,其他汽车库、修车库应采用封闭楼梯间;

2 楼梯间和前室的门应采用乙级防火门,并应向疏散方向开启;

3 疏散楼梯的宽度不应小于 1.1m。

6.0.4 除室内无车道且无人员停留的机械式汽车库外,建筑高度大于 32m 的汽车库应设置消防电梯。消防电梯的设置应符合现行国家标准《建筑设计防火规范》GB 50016 的有关规定。

6.0.5 室外疏散楼梯可采用金属楼梯,并应符合下列规定:

1 倾斜角度不应大于 45°,栏杆扶手的高度不应小于 1.1m;

2 每层楼梯平台应采用耐火极限不低于 1.00h 的不燃材料制作;

3 在室外楼梯周围 2m 范围内的墙面上,不应开设除疏散门外的其他门、窗、洞口;

4 通向室外楼梯的门应采用乙级防火门。

6.0.6 汽车库室内任一点至最近人员安全出口的疏散距离不应大于 45m,当设置自动灭火系统时,其距离不应大于 60m。对于单层或设置在建筑首层的汽车库,室内任一点至室外最近出口的疏散距离不应大于 60m。

6.0.7 与住宅地下室相连通的地下汽车库、半地下汽车库,人员疏散可借用住宅部分的

疏散楼梯；当不能直接进入住宅部分的疏散楼梯间时，应在汽车库与住宅部分的疏散楼梯之间设置连通走道，走道应采用防火隔墙分隔，汽车库开向该走道的门均应采用甲级防火门。

6.0.8 室内无车道且无人员停留的机械式汽车库可不设置人员安全出口，但应按下列规定设置供灭火救援用的楼梯间：

1 每个停车区域当停车数量大于100辆时，应至少设置1个楼梯间；

2 楼梯间与停车区域之间应采用防火隔墙进行分隔，楼梯间的门应采用乙级防火门；

3 楼梯的净宽不应小于0.9m。

6.0.9 除本规范另有规定外，汽车库、修车库的汽车疏散出口总数不应少于2个，且应分散布置。

6.0.10 当符合下列条件之一时，汽车库、修车库的汽车疏散出口可设置1个：

1 Ⅳ类汽车库；

2 设置双车道汽车疏散出口的Ⅲ类地上汽车库；

3 设置双车道汽车疏散出口、停车数量小于或等于100辆且建筑面积小于4000m²的地下或半地下汽车库；

4 Ⅱ、Ⅲ、Ⅳ类修车库。

6.0.11 Ⅰ、Ⅱ类地上汽车库和停车数量大于100辆的地下、半地下汽车库，当采用错层或斜楼板式，坡道为双车道且设置自动喷水灭火系统时，其首层或地下一层至室外的汽车疏散出口不应少于2个，汽车库内其他楼层的汽车疏散坡道可设置1个。

6.0.12 Ⅳ类汽车库设置汽车坡道有困难时，可采用汽车专用升降机作汽车疏散出口，升降机的数量不应少于2台，停车数量少于25辆时，可设置1台。

6.0.13 汽车疏散坡道的净宽度，单车道不应小于3.0m，双车道不应小于5.5m。

6.0.14 除室内无车道且无人员停留的机械式汽车库外，相邻两个汽车疏散出口之间的水平距离不应小于10m；毗邻设置的两个汽车坡道应采用防火隔墙分隔。

6.0.15 停车场的汽车疏散出口不应少于2个；停车数量不大于50辆时，可设置1个。

6.0.16 除室内无车道且无人员停留的机械式汽车库外，汽车库内汽车之间和汽车与墙、柱之间的水平距离，不应小于表6.0.16的规定。

汽车之间和汽车与墙、柱之间的水平距离（m）　　　　表6.0.16

项　目	汽车尺寸（m）			
	车长≤6 或车宽≤1.8	6<车长≤8 或1.8<车宽≤2.2	8<车长≤12 或2.2<车宽≤2.5	车长>12 或车宽>2.5
汽车与汽车	0.5	0.7	0.8	0.9
汽车与墙	0.5	0.5	0.5	0.5
汽车与柱	0.3	0.3	0.4	0.4

注：当墙、柱外有暖气片等突出物时，汽车与墙、柱之间的水平距离应从其凸出部分外缘算起。

三、《人民防空工程设计防火规范》GB 50098—2009（节选）

3 总平面布局和平面布置

3.1 一般规定

3.1.1 人防工程的总平面设计应根据人防工程建设规划、规模、用途等因素，合理确定其位置、防火间距、消防水源和消防车道等。

3.1.2 人防工程内不得使用和储存液化石油气、相对密度（与空气密度比值）大于或等于0.75的可燃气体和闪点小于60℃的液体燃料。

3.1.3 人防工程内不应设置哺乳室、托儿所、幼儿园、游乐厅等儿童活动场所和残疾人员活动场所。

3.1.4 医院病房不应设置在地下二层及以下层，当设置在地下一层时，室内地面与室外出入口地坪高差不应大于10m。

3.1.5 歌舞厅、卡拉OK厅（含具有卡拉OK功能的餐厅）、夜总会、录像厅、放映厅、桑拿浴室（除洗浴部分外）、游艺厅（含电子游艺厅）、网吧等歌舞娱乐放映游艺场所（以下简称歌舞娱乐放映游艺场所），不应设置在地下二层及以下层；当设置在地下一层时，室内地面与室外出入口地坪高差不应大于10m。

3.1.6 地下商店应符合下列规定：

1 不应经营和储存火灾危险性为甲、乙类储存物品属性的商品；

2 营业厅不应设置在地下三层及三层以下；

3 当总建筑面积大于20000m²时，应采用防火墙进行分隔，且防火墙上不得开设门窗洞口，相邻区域确需局部连通时，应采取可靠的防火分隔措施，可选择下列防火分隔方式：

1）下沉式广场等室外开敞空间，下沉式广场应符合本规范第3.1.7条的规定；

2）防火隔间，该防火隔间的墙应为实体防火墙，并应符合本规范第3.1.8条的规定；

3）避难走道，该避难走道应符合本规范第5.2.5条的规定；

4）防烟楼梯间，该防烟楼梯间及前室的门应为火灾时能自动关闭的常开式甲级防火门。

3.1.7 设置本规范第3.1.6条3款1项的下沉式广场时，应符合下列规定：

1 不同防火分区通向下沉式广场安全出口最近边缘之间的水平距离不应小于13m，广场内疏散区域的净面积不应小于169m²。

2 广场应设置不少于一个直通地坪的疏散楼梯，疏散楼梯的总宽度不应小于相邻最大防火分区通向下沉式广场计算疏散总宽度。

3 当确需设置防风雨棚时，棚不得封闭，并应符合下列规定：

1）四周敞开的面积应大于下沉式广场投影面积的25%，经计算大于40m²时，可取40m²；

2）敞开的高度不得小于1m；

3）当敞开部分采用防风雨百叶时，百叶的有效通风排烟面积可按百叶洞口面积的60%计算。

4 本条第1款最小净面积的范围内不得用于除疏散外的其他用途；其他面积的使用，

不得影响人员的疏散。

注：疏散楼梯总宽度可包括疏散楼梯宽度和90％的自动扶梯宽度。

3.1.8 设置本规范第3.1.6条3款2项的防火隔间时，应符合下列规定：

1 防火隔间与防火分区之间应设置常开式甲级防火门，并应在发生火灾时能自行关闭；

2 不同防火分区开设在防火隔间墙上的防火门最近边缘之间的水平距离不应小于4m；该门不应计算在该防火分区安全出口的个数和总疏散宽度内；

3 防火隔间装修材料燃烧性能等级应为A级，且不得用于除人员通行外的其他用途。

3.1.9 消防控制室应设置在地下一层，并应邻近直接通向（以下简称直通）地面的安全出口；消防控制室可设置在值班室、变配电室等房间内；当地面建筑设置有消防控制室时，可与地面建筑消防控制室合用。消防控制室的防火分隔应符合本规范第4.2.4条的规定。

3.1.10 柴油发电机房和燃油或燃气锅炉房的设置除应符合现行国家标准《建筑设计防火规范》GB 50016的有关规定外，尚应符合下列规定：

1 防火分区的划分应符合本规范第4.1.1条第3款的规定；

2 柴油发电机房与电站控制室之间的密闭观察窗除应符合密闭要求外，还应达到甲级防火窗的性能；

3 柴油发电机房与电站控制室之间的连接通道处，应设置一道具有甲级防火门耐火性能的门，并应常闭；

4 储油间的设置应符合本规范第4.2.4条的规定。

3.1.11 燃气管道的敷设和燃气设备的使用还应符合现行国家标准《城镇燃气设计规范》GB 50028的有关规定。

3.1.12 人防工程内不得设置油浸电力变压器和其他油浸电气设备。

3.1.13 当人防工程设置直通室外的安全出口的数量和位置受条件限制时，可设置避难走道。

3.1.14 设置在人防工程内的汽车库、修车库，其防火设计应按现行国家标准《汽车库、修车库、停车场设计防火规范》GB 50067的有关规定执行。

3.2 防火间距

3.2.1 人防工程的出入口地面建筑物与周围建筑物之间的防火间距，应按现行国家标准《建筑设计防火规范》GB 50016的有关规定执行。

3.2.2 人防工程的采光窗井与相邻地面建筑的最小防火间距，应符合表3.2.2的规定。

采光窗井与相邻地面建筑的最小防火间距（m） 表3.2.2

防火间距　　地面建筑类别和耐火等级　　　人防工程类别	民用建筑			丙、丁、戊类厂房、库房			高层民用建筑		甲、乙类厂房、库房
	一、二级	三级	四级	一、二级	三级	四级	主体	附属	—
丙、丁、戊类生产车间、物品库房	10	12	14	10	12	14	13	6	25

防火间距　　地面建筑类别和耐火等级 人防工程类别	民用建筑			丙、丁、戊类厂房、库房			高层民用建筑		甲、乙类厂房、库房
	一、二级	三级	四级	一、二级	三级	四级	主体	附属	—
其他人防工程	6	7	9	10	12	14	13	6	25

注：1. 防火间距按人防工程有窗外墙与相邻地面建筑外墙的最近距离计算；

　　2. 当相邻的地面建筑物外墙为防火墙时，其防火间距不限。

4 防火、防烟分区和建筑构造

4.1 防火和防烟分区

4.1.1 人防工程内应采用防火墙划分防火分区，当采用防火墙确有困难时，可采用防火卷帘等防火分隔设施分隔，防火分区划分应符合下列要求：

1 防火分区应在各安全出口处的防火门范围内划分；

2 水泵房、污水泵房、水池、厕所、盥洗间等无可燃物的房间，其面积可不计入防火分区的面积之内；

3 与柴油发电机房或锅炉房配套的水泵间、风机房、储油间等，应与柴油发电机房或锅炉房一起划分为一个防火分区；

4 防火分区的划分宜与防护单元相结合；

5 工程内设置有旅店、病房、员工宿舍时，不得设置在地下二层及以下层，并应划分为独立的防火分区，且疏散楼梯不得与其他防火分区的疏散楼梯共用。

4.1.2 每个防火分区的允许最大建筑面积，除本规范另有规定者外，不应大于 $500m^2$。当设置有自动灭火系统时，允许最大建筑面积可增加 1 倍；局部设置时，增加的面积可按该局部面积的 1 倍计算。

4.1.3 商业营业厅、展览厅、电影院和礼堂的观众厅、溜冰馆、游泳馆、射击馆、保龄球馆等防火分区划分应符合下列规定：

1 商业营业厅、展览厅等，当设置有火灾自动报警系统和自动灭火系统，且采用 A 级装修材料装修时，防火分区允许最大建筑面积不应大于 $2000m^2$；

2 电影院、礼堂的观众厅，防火分区允许最大建筑面积不应大于 $1000m^2$。当设置有火灾自动报警系统和自动灭火系统时，其允许最大建筑面积也不得增加；

3 溜冰馆的冰场、游泳馆的游泳池、射击馆的靶道区、保龄球馆的球道区等，其面积可不计入溜冰馆、游泳馆、射击馆、保龄球馆的防火分区面积内。溜冰馆的冰场、游泳馆的游泳池、射击馆的靶道区等，其装修材料应采用 A 级。

4.1.5 人防工程内设置有内挑台、走马廊、开敞楼梯和自动扶梯等上下连通层时，其防火分区面积应按上下层相连通的面积计算，其建筑面积之和应符合本规范的有关规定，且连通的层数不宜大于 2 层。

4.1.6 当人防工程地面建有建筑物，且与地下一、二层有中庭相通或地下一、二层有中庭相通时，防火分区面积应按上下多层相连通的面积叠加计算；当超过本规范规定的防火分区最大允许建筑面积时，应符合下列规定：

1 房间与中庭相通的开口部位应设置火灾时能自行关闭的甲级防火门窗；

2 与中庭相通的过厅、通道等处，应设置甲级防火门或耐火极限不低于3h的防火卷帘；防火门或防火卷帘应能在火灾时自动关闭或降落；

3 中庭应按本规范第6.3.1条的规定设置排烟设施。

4.1.7 需设置排烟设施的部位，应划分防烟分区，并应符合下列规定：

1 每个防烟分区的建筑面积不宜大于500m²，但当从室内地面至顶棚或顶板的高度在6m以上时，可不受此限；

2 防烟分区不得跨越防火分区。

4.1.8 需设置排烟设施的走道、净高不超过6m的房间，应采用挡烟垂壁、隔墙或从顶棚突出不小于0.5m的梁划分防烟分区。

4.2 防火墙和防火分隔

4.2.1 防火墙应直接设置在基础上或耐火极限不低于3h的承重构件上。

4.2.2 防火墙上不宜开设门、窗、洞口，当需要开设时，应设置能自行关闭的甲级防火门、窗。

4.2.3 电影院、礼堂的观众厅与舞台之间的墙，耐火极限不应低于2.5h，观众厅与舞台之间的舞台口应符合本规范第7.2.3条的规定；电影院放映室（卷片室）应采用耐火极限不低于1h的隔墙与其他部位隔开，观察窗和放映孔应设置阻火闸门。

4.2.4 下列场所应采用耐火极限不低于2h的隔墙和1.5h的楼板与其他场所隔开，并应符合下列规定：

1 消防控制室、消防水泵房、排烟机房、灭火剂储瓶室、变配电室、通信机房、通风和空调机房、可燃物存放量平均值超过30kg/m² 火灾荷载密度的房间等，墙上应设置常闭的甲级防火门；

2 柴油发电机房的储油间，墙上应设置常闭的甲级防火门，并应设置高150mm的不燃烧、不渗漏的门槛，地面不得设置地漏；

3 同一防火分区内厨房、食品加工等用火用电用气场所，墙上应设置不低于乙级的防火门，人员频繁出入的防火门应设置火灾时能自动关闭的常开式防火门；

4 歌舞娱乐放映游艺场所，且一个厅、室的建筑面积不应大于200m²，隔墙上应设置不低于乙级的防火门。

4.3 装修和构造

4.3.1 人防工程的内部装修应按现行国家标准《建筑内部装修设计防火规范》GB 50222 的有关规定执行。

4.3.2 人防工程的耐火等级应为一级，其出入口地面建筑物的耐火等级不应低于二级。

4.3.3 本规范允许使用的可燃气体和丙类液体管道，除可穿过柴油发电机房、燃油锅炉房的储油间与机房间的防火墙外，严禁穿过防火分区之间的防火墙；当其他管道需要穿过防火墙时，应采用防火封堵材料将管道周围的空隙紧密填塞，通风和空气调节系统的风管还应符合本规范第6.7.6条的规定。

4.3.4 通过防火墙或设置有防火门的隔墙处的管道和管线沟，应采用不燃材料将通过处的空隙紧密填塞。

4.3.5 变形缝的基层应采用不燃材料，表面层不应采用可燃或易燃材料。

4.4 防火门、窗和防火卷帘

4.4.1 防火门、防火窗应划分为甲、乙、丙三级。

4.4.2 防火门的设置应符合下列规定：

1 位于防火分区分隔处安全出口的门应为甲级防火门；当使用功能上确实需要采用防火卷帘分隔时，应在其旁设置与相邻防火分区的疏散走道相通的甲级防火门；

2 公共场所的疏散门应向疏散方向开启，并在关闭后能从任何一侧手动开启；

3 公共场所人员频繁出入的防火门，应采用能在火灾时自动关闭的常开式防火门；平时需要控制人员随意出入的防火门，应设置火灾时不需使用钥匙等任何工具即能从内部易于打开的常闭防火门，并应在明显位置设置标识和使用提示；其他部位的防火门，宜选用常闭的防火门；

4 用防护门、防护密闭门、密闭门代替甲级防火门时，其耐火性能应符合甲级防火门的要求；且不得用于平战结合公共场所的安全出口处；

5 常开的防火门应具有信号反馈的功能。

4.4.3 用防火墙划分防火分区有困难时，可采用防火卷帘分隔，并应符合下列规定：

1 当防火分隔部位的宽度不大于30m时，防火卷帘的宽度不应大于10m；当防火分隔部位的宽度大于30m时，防火卷帘的宽度不应大于防火分隔部位宽度的1/3，且不应大于20m；

2 防火卷帘的耐火极限不应低于3h；

当防火卷帘的耐火极限符合现行国家标准《门和卷帘耐火试验方法》GB 7633 有关背火面温升的判定条件时，可不设置自动喷水灭火系统保护；

当防火卷帘的耐火极限符合现行国家标准《门和卷帘耐火试验方法》GB 7633 有关背火面辐射热的判定条件时，应设置自动喷水灭火系统保护；自动喷水灭火系统的设计应符合现行国家标准《自动喷水灭火系统设计规范》GB 50084 的有关规定，但其火灾延续时间不应小于3h；

3 防火卷帘应具有防烟性能，与楼板、梁和墙、柱之间的空隙应采用防火封堵材料封堵；

4 在火灾时能自动降落的防火卷帘，应具有信号反馈的功能。

5 安 全 疏 散

5.1 一般规定

5.1.1 每个防火分区安全出口设置的数量，应符合下列规定之一：

1 每个防火分区的安全出口数量不应少于2个；

2 当有2个或2个以上防火分区相邻，且将相邻防火分区之间防火墙上设置的防火门作为安全出口时，防火分区安全出口应符合下列规定：

1) 防火分区建筑面积大于1000m² 的商业营业厅、展览厅等场所，设置通向室外、直通室外的疏散楼梯间或避难走道的安全出口个数不得少于2个；

2) 防火分区建筑面积不大于1000m² 的商业营业厅、展览厅等场所，设置通向室外、直通室外的疏散楼梯间或避难走道的安全出口个数不得少于1个；

3) 在一个防火分区内，设置通向室外、直通室外的疏散楼梯间或避难走道的安全出口宽度之和，不宜小于本规范第5.1.6条规定的安全出口总宽度的70%；

3 建筑面积不大于 $500m^2$，且室内地面与室外出入口地坪高差不大于 $10m$，容纳人数不大于 30 人的防火分区，当设置有仅用于采光或进风用的竖井，且竖井内有金属梯直通地面、防火分区通向竖井处设置有不低于乙级的常闭防火门时，可只设置一个通向室外、直通室外的疏散楼梯间或避难走道的安全出口；也可设置一个与相邻防火分区相通的防火门；

4 建筑面积不大于 $200m^2$，且经常停留人数不超过 3 人的防火分区，可只设置一个通向相邻防火分区的防火门。

5.1.2 房间建筑面积不大于 $50m^2$，且经常停留人数不超过 15 人时，可设置一个疏散出口。

5.1.3 歌舞娱乐放映游艺场所的疏散应符合下列规定：

1 不宜布置在袋形走道的两侧或尽端，当必须布置在袋形走道的两侧或尽端时，最远房间的疏散门到最近安全出口的距离不应大于 $9m$；一个厅、室的建筑面积不应大于 $200m^2$；

2 建筑面积大于 $50m^2$ 的厅、室，疏散出口不应少于 2 个。

5.1.4 每个防火分区的安全出口，宜按不同方向分散设置；当受条件限制需要同方向设置时，两个安全出口最近边缘之间的水平距离不应小于 $5m$。

5.1.5 安全疏散距离应满足下列规定：

1 房间内最远点至该房间门的距离不应大于 $15m$；

2 房间门至最近安全出口的最大距离：医院应为 $24m$；旅馆应为 $30m$；其他工程应为 $40m$。位于袋形走道两侧或尽端的房间，其最大距离应为上述相应距离的一半；

3 观众厅、展览厅、多功能厅、餐厅、营业厅和阅览室等，其室内任意一点到最近安全出口的直线距离不宜大于 $30m$；当该防火分区设置有自动喷水灭火系统时，疏散距离可增加 25%。

5.1.6 疏散宽度的计算和最小净宽应符合下列规定：

1 每个防火分区安全出口的总宽度，应按该防火分区设计容纳总人数乘以疏散宽度指标计算确定，疏散宽度指标应按下列规定确定：

1）室内地面与室外出入口地坪高差不大于 $10m$ 的防火分区，疏散宽度指标应为每 100 人不小于 $0.75m$；

2）室内地面与室外出入口地坪高差大于 $10m$ 的防火分区，疏散宽度指标应为每 100 人不小于 $1.00m$；

3）人员密集的厅、室以及歌舞娱乐放映游艺场所，疏散宽度指标应为每 100 人不小于 $1.00m$；

2 安全出口、疏散楼梯和疏散走道的最小净宽应符合表 5.1.6 的规定。

安全出口、疏散楼梯和疏散走道的最小净宽（m） 表 5.1.6

工程名称	安全出口和疏散楼梯净宽	疏散走道净宽	
		单面布置房间	双面布置房间
商场、公共娱乐场所、健身体育场所	1.40	1.50	1.60
医院	1.30	1.40	1.50

工程名称	安全出口和疏散楼梯净宽	疏散走道净宽	
		单面布置房间	双面布置房间
旅馆、餐厅	1.10	1.20	1.30
车间	1.10	1.20	1.50
其他民用工程	1.10	1.20	—

5.1.7 设置有固定座位的电影院、礼堂等的观众厅,其疏散走道、疏散出口等应符合下列规定:

1 厅内的疏散走道净宽应按通过人数每100人不小于0.80m计算,且不宜小于1.00m;边走道的净宽不应小于0.80m;

2 厅的疏散出口和厅外疏散走道的总宽度,平坡地面应分别按通过人数每100人不小于0.65m计算,阶梯地面应分别按通过人数每100人不小于0.80m计算;疏散出口和疏散走道的净宽均不应小于1.40m;

3 观众厅座位的布置,横走道之间的排数不宜大于20排;纵走道之间每排座位不宜大于22个;当前后排座位的排距不小于0.90m时,每排座位可为44个;只一侧有纵走道时,其座位数应减半;

4 观众厅每个疏散出口的疏散人数平均不应大于250人;

5 观众厅的疏散门,宜采用推闩式外开门。

5.1.8 公共疏散出口处内、外1.40m范围内不应设置踏步,门必须向疏散方向开启,且不应设置门槛。

5.1.9 地下商店每个防火分区的疏散人数,应按该防火分区内营业厅使用面积乘以面积折算值和疏散人数换算系数确定。面积折算值宜为70%,疏散人数换算系数应按表5.1.9确定。经营丁、戊类物品的专业商店,可按上述确定的人数减少50%。

地下商店营业厅内的疏散人数换算系数(人/m²)　　　表5.1.9

楼层位置	地下一层	地下二层
换算系数	0.85	0.80

5.1.10 歌舞娱乐放映游艺场所最大容纳人数应按该场所建筑面积乘以人员密度指标来计算,其人员密度指标应按下列规定确定:

1 录像厅、放映厅人员密度指标为1.0人/m²;

2 其他歌舞娱乐放映游艺场所人员密度指标为0.5人/m²。

5.2 楼梯、走道

5.2.1 设有下列公共活动场所的人防工程,当底层室内地面与室外出入口地坪高差大于10m时,应设置防烟楼梯间;当地下为两层,且地下第二层的室内地面与室外出入口地坪高差不大于10m时,应设置封闭楼梯间。

1 电影院、礼堂;

2 建筑面积大于500m²的医院、旅馆;

3 建筑面积大于1000m²的商场、餐厅、展览厅、公共娱乐场所、健身体育场所。

5.2.2 封闭楼梯间应采用不低于乙级的防火门；封闭楼梯间的地面出口可用于天然采光和自然通风，当不能采用自然通风时，应采用防烟楼梯间。

5.2.3 人民防空地下室的疏散楼梯间，在主体建筑地面首层应采用耐火极限不低于2h的隔墙与其他部位隔开并应直通室外；当必须在隔墙上开门时，应采用不低于乙级的防火门。

人民防空地下室与地上层不应共用楼梯间；当必须共用楼梯间时，应在地面首层与地下室的入口处，设置耐火极限不低于2h的隔墙和不低于乙级的防火门隔开，并应有明显标志。

5.2.4 防烟楼梯间前室的面积不应小于6m²；当与消防电梯间合用前室时，其面积不应小于10m²。

5.2.5 避难走道的设置应符合下列规定：

1 避难走道直通地面的出口不应少于2个，并应设置在不同方向；当避难走道只与一个防火分区相通时，避难走道直通地面的出口可设置一个，但该防火分区至少应有一个不通向该避难走道的安全出口；

2 通向避难走道的各防火分区人数不等时，避难走道的净宽不应小于设计容纳人数最多一个防火分区通向避难走道各安全出口最小净宽之和；

3 避难走道的装修材料燃烧性能等级应为A级；

4 防火分区至避难走道入口处应设置前室，前室面积不应小于6m²，前室的门应为甲级防火门；其防烟应符合本规范第6.2节的规定；

5 避难走道的消火栓设置应符合本规范第7章的规定；

6 避难走道的火灾应急照明应符合本规范第8.2节的规定；

7 避难走道应设置应急广播和消防专线电话。

5.2.6 疏散走道、疏散楼梯和前室，不应有影响疏散的突出物；疏散走道应减少曲折，走道内不宜设置门槛、阶梯；疏散楼梯的阶梯不宜采用螺旋楼梯和扇形踏步，但踏步上下两级所形成的平面角小于10°，且每级离扶手0.25m处的踏步宽度大于0.22m时，可不受此限。

5.2.7 疏散楼梯间在各层的位置不应改变；各层人数不等时，其宽度应按该层及以下层中通过人数最多的一层计算。

相关的其他防火规范如下：《民用机场航站楼设计防火规范》GB 51236—2017《建筑内部装修设计防火规范》GB 50222—2017《自动喷水灭火系统设计规范》GB 50084—2017《消防给水及消火栓系统技术规范》GB 50974—2014《建筑防烟排烟系统技术标准》GB 51251—20176.《火灾自动报警系统设计规范》GB 50116—2013

四、《人民防空地下室设计规范》GB 50038—2005（节选）

3.1.3 防空地下室距生产、储存易燃易爆物品厂房、库房的距离不应小于50m；距有害液体、重毒气体的贮罐不应小于100m。

3.2.13 在染毒区与清洁区之间应设置整体浇筑的钢筋混凝土密闭隔墙，其厚度不应小于200mm，并应在染毒区一侧墙面用水泥砂浆抹光。当密闭隔墙上有管道穿过时，应采取密闭措施。在密闭隔墙上开设门洞时，应设置密闭门。

3.2.15 顶板底面高出室外地平面的防空地下室必须符合下列规定。

1 上部建筑为钢筋混凝土结构的甲类防空地下室，其顶板底面不得高出室外地平面；上部建筑为砌体结构的甲类防空地下室，其顶板底面可高出室外地平面，但必须符合下列规定：

1）当地具有取土条件的核 5 级甲类防空地下室，其顶板底面高出室外地平面的高度不得大于 0.5m，并应在临战时按下述要求在高出室外地平面的外墙外侧覆土，覆土的断面应为梯形，其上部水平段的宽度不得小于 1m，高度不得低于防空地下室顶板的上表面，其水平段外侧为斜坡，其坡度不得大于 1∶3（高∶宽）；

2）核 6 级、核 6B 级的甲类防空地下室，其顶板底面高出室外地平面的高度不得大于 1m，且其高出室外地平面的外墙必须满足战时防常规武器爆炸、防核武器爆炸、密闭和墙体防护厚度等各项防护要求。

2 乙类防空地下室的顶板底面高出室外地平面的高度不得大于该地下室净高的 $1/2$，且其高出室外地平面的外墙必须满足战时防常规武器爆炸、密闭和墙体防护厚度等各项防护要求。

3.3.1 防空地下室战时使用的出入口，其设置应符合下列规定：

1 防空地下室的每个防护单元不应少于两个出入口（不包括竖井式出入口、防护单元之间的连通口），其中至少有一个室外出入口（竖井式除外）。战时主要出入口应设在室外出入口。

3.3.6 防空地下室出入口人防门的设置应符合下列规定：

1 人防门的设置数量应符合以下规定，并按由外到内的顺序设置：

医疗救护工程、专业队队员掩蔽部、一等人员掩蔽所、生产车间、食品站的主要入口：防护密闭门 1、密闭门 2，次要入口：防护密闭门 1、密闭门 1；

二等人员掩蔽所、电站控制室、物资库、区域供水站：防护密闭门 1、密闭门 1；

专业队装备掩蔽部、汽车库、电站发电机房：防护密闭门 1、密闭门 0；

2 防护密闭门应向外开启。

3.3.26 当电梯通至地下室时，电梯必须设置在防空地下室的防护密闭区以外。

3.6.6 柴油电站的贮油间应符合下列规定：

1 贮油间宜与发电机房分开布置；

2 贮油间应设置向外开启的防火门，其地面应低于与其相连接的房间（或走道）地面 150～200mm 或设门槛；

3 严禁柴油机排烟管、通风管、电线、电缆等穿过贮油间。

3.7.2 平战结合的防空地下室中，下列各项应在工程施工、安装时一次完成：

——现浇的钢筋混凝土和混凝土结构、构件；

——战时使用的及平战两用的出入口、连通口的防护密闭门、密闭门；

——战时使用的及平战两用的通风口防护设施；

——战时使用的给水引入管、排水出户管和防爆波地漏。

五、《无障碍设计规范》GB 50763—2012（节选）

3.1.1 缘石坡道应符合下列规定：

1 缘石坡道的坡面应平整、防滑；

2 缘石坡道的坡口与车行道之间宜没有高差；当有高差时，高出车行道的地面不应大于10mm；

3 宜优先选用全宽式单面坡缘石坡道。

3.1.2 缘石坡道的坡度应符合下列规定：

1 全宽式单面坡缘石坡道的坡度不应大于1：20；

2 三面坡缘石坡道正面及侧面的坡度不应大于1：12；

3 其他形式的缘石坡道的坡度均不应大于1：12。

3.1.3 缘石坡道的宽度应符合下列规定：

1 全宽式单面坡缘石坡道的宽度应与人行道宽度相同；

2 三面坡缘石坡道的正面坡道宽度不应小于1.20m；

3 其他形式的缘石坡道的坡口宽度均不应小于1.50m。

3.2.1 盲道应符合下列规定：

1 盲道按其使用功能可分为行进盲道和提示盲道；

2 盲道的纹路应凸出路面4mm高；

4 盲道的颜色宜与相邻的人行道铺面的颜色形成对比，并与周围景观相协调，宜采用中黄色。

3.2.2 行进盲道应符合下列规定：

1 行进盲道应与人行道的走向一致；

2 行进盲道的宽度宜为250～500mm；

3 行进盲道宜在距围墙、花台、绿化带250～500mm处设置。

3.3.1 无障碍出入口包括以下几种类别：

1 平坡出入口；

2 同时设置台阶和轮椅坡道的出入口；

3 同时设置台阶和升降平台的出入口。

3.3.2 无障碍出入口应符合下列规定：

1 出入口的地面应平整、防滑；

2 室外地面滤水算子的孔洞宽度不应大于15mm；

4 除平坡出入口外，在门完全开启的状态下，建筑物无障碍出入口的平台的净深度不应小于1.50m；

5 建筑物无障碍出入口的门厅、过厅如设置两道门，门扇同时开启时两道门的间距不应小于1.50m；

6 建筑物无障碍出入口的上方应设置雨篷。

3.3.3 无障碍出入口的轮椅坡道及平坡出入口的坡度应符合下列规定：

1 平坡出入口的地面坡度不应大于1：20，当场地条件比较好时，不宜大于1：30。

3.4.1 轮椅坡道宜设计成直线形、直角形或折返形。

3.4.2 轮椅坡道的净宽度不应小于1.00m，无障碍出入口的轮椅坡道净宽度不应小于1.20m。

3.4.3 轮椅坡道的高度超过300mm且坡度大于1：20时，应在两侧设置扶手，坡道与休息平台的扶手应保持连贯。

3.4.4 轮椅坡道的最大高度和水平长度应符合表 3.4.4 的规定。

轮椅坡道的最大高度和水平长度　　　　　表 3.4.4

坡度	1:20	1:16	1:12	1:10	1:8
最大高度（m）	1.20	0.90	0.75	0.60	0.30
水平长度（m）	24.00	14.40	9.00	6.00	2.40

注：其他坡度可用插入法进行计算。

3.4.5 轮椅坡道的坡面应平整、防滑、无反光。

3.4.6 轮椅坡道起点、终点和中间休息平台的水平长度不应小于1.50m。

3.5.1 无障碍通道的宽度应符合下列规定：

1 室内走道不应小于1.20m，人流较多或较集中的大型公共建筑的室内走道宽度不宜小于1.80m；

2 室外通道不宜小于1.50m；

3 检票口、结算口轮椅通道不应小于900mm。

3.5.2 无障碍通道应符合下列规定：

1 无障碍通道应连续，其地面应平整、防滑、反光小或无反光，并不宜设置厚地毯；

2 无障碍通道上有高差时，应设置轮椅坡道；

3 室外通道上的雨水箅子的孔洞宽度不应大于15mm。

3.5.3 门的无障碍设计应符合下列规定：

1 不应采用力度大的弹簧门并不宜采用弹簧门、玻璃门；当采用玻璃门时，应有醒目的提示标志；

2 自动门开启后通行净宽度不应小于1.00m；

3 平开门、推拉门、折叠门开启后的通行净宽度不应小于800mm，有条件时，不宜小于900mm；

4 在门扇内外应留有直径不小于1.50m的轮椅回转空间；

5 在单扇平开门、推拉门、折叠门的门把手一侧的墙面，应设宽度不小于400mm的墙面；

6 平开门、推拉门、折叠门的门扇应设距地900mm的把手，宜设视线观察玻璃，并宜在距地350mm范围内安装护门板；

7 门槛高度及门内外地面高差不应大于15mm，并以斜面过渡。

3.6.1 无障碍楼梯应符合下列规定：

1 宜采用直线形楼梯；

2 公共建筑楼梯的踏步宽度不应小于280mm，踏步高度不应大于160mm；

3 不应采用无踢面和直角形突缘的踏步；

4 宜在两侧均做扶手；

5 如采用栏杆式楼梯，在栏杆下方宜设置安全阻挡措施；

6 踏面应平整防滑或在踏面前缘设防滑条；

7 距踏步起点和终点250～300mm宜设提示盲道。

3.6.2 台阶的无障碍设计应符合下列规定：

1 公共建筑的室内外台阶踏步宽度不宜小于 300mm，踏步高度不宜大于 150mm，并不应小于 100mm；

2 踏步应防滑；

3 三级及三级以上的台阶应在两侧设置扶手。

3.7.1 无障碍电梯的候梯厅应符合下列规定：

1 候梯厅深度不宜小于 1.50m，公共建筑及设置病床梯的候梯厅深度不宜小于 1.80m；

3 电梯门洞的净宽度不宜小于 900mm。

3.7.2 无障碍电梯的轿厢应符合下列规定：

1 轿厢门开启的净宽度不应小于 800mm；

2 在轿厢的侧壁上应设高 0.90～1.10m 带盲文的选层按钮，盲文宜设置于按钮旁；

3 轿厢的三面壁上应设高 850～900mm 扶手，扶手应符合本规范第 3.8 节的相关规定；

6 轿厢的规格应依据建筑性质和使用要求的不同而选用。最小规格为深度不应小于 1.40m，宽度不应小于 1.10m；中型规格为深度不应小于 1.60m，宽度不应小于 1.40m；医疗建筑与老人建筑宜选用病床专用电梯。

3.8.1 无障碍单层扶手的高度应为 850～900mm，无障碍双层扶手的上层扶手高度应为 850～900mm，下层扶手高度应为 650～700mm。

3.8.2 扶手应保持连贯，靠墙面的扶手的起点和终点处应水平延伸不小于 300mm 的长度。

3.8.3 扶手末端应向内拐到墙面或向下延伸不小于 100mm，栏杆式扶手应向下成弧形或延伸到地面上固定。

3.8.4 扶手内侧与墙面的距离不应小于 40mm。

3.8.5 扶手应安装坚固，形状易于抓握。圆形扶手的直径应为 35～50mm，矩形扶手的截面尺寸应为 35～50mm。

3.9.1 公共厕所的无障碍设计应符合下列规定：

1 女厕所的无障碍设施包括至少 1 个无障碍厕位和 1 个无障碍洗手盆；男厕所的无障碍设施包括至少 1 个无障碍厕位、1 个无障碍小便器和 1 个无障碍洗手盆；

2 厕所的入口和通道应方便乘轮椅者进入和进行回转，回转直径不小于 1.50m；

3 门应方便开启，通行净宽度不应小于 800mm；

4 地面应防滑、不积水。

3.9.2 无障碍厕位应符合下列规定：

1 无障碍厕位应方便乘轮椅者到达和进出，尺寸宜做到 2.00m×1.50m，不应小于 1.80m×1.00m；

2 无障碍厕位的门宜向外开启，如向内开启，需在开启后厕位内留有直径不小于 1.50m 的轮椅回转空间，门的通行净宽不应小于 800mm，平开门外侧应设高 900mm 的横扶把手，在关闭的门扇里侧设高 900mm 的关门拉手，并应采用门外可紧急开启的插销；

3 厕位内应设坐便器，厕位两侧距地面700mm处应设长度不小于700mm的水平安全抓杆，另一侧应设高1.40m的垂直安全抓杆。

3.9.3 无障碍厕所的无障碍设计应符合下列规定：

1 位置宜靠近公共厕所，应方便乘轮椅者进入和进行回转，回转直径不小于1.50m；

2 面积不应小于4.00m²；

3 当采用平开门，门扇宜向外开启，如向内开启，需在开启后留有直径不小于1.50m的轮椅回转空间，门的通行净宽度不应小于800mm，平开门应设高900mm的横扶把手，在门扇里侧应采用门外可紧急开启的门锁。

3.9.4 厕所里的其他无障碍设施应符合下列规定：

1 无障碍小便器下口距地面高度不应大于400mm，小便器两侧应在离墙面250mm处，设高度为1.20m的垂直安全抓杆，并在离墙面550mm处，设高度为900mm的水平安全抓杆，与垂直安全抓杆连接；

2 无障碍洗手盆的水嘴中心距侧墙应大于550mm，其底部应留出宽750mm、高650mm、深450mm供乘轮椅者膝部和足尖部的移动空间，并在洗手盆上方安装镜子，出水龙头宜采用杠杆式水龙头或感应式自动出水方式；

3 安全抓杆应安装牢固，直径应为30～40mm，内侧距墙不应小于40mm；

4 取纸器应设在坐便器的侧前方，高度为400～500mm。

3.12.4 无障碍住房及宿舍的其他规定：

1 单人卧室面积不应小于7.00m²，双人卧室面积不应小于10.50m²，兼起居室的卧室面积不应小于16.00m²，起居室面积不应小于14.00m²，厨房面积不应小于6.00m²；

2 设坐便器、洗浴器（浴盆或淋浴）、洗面盆三件卫生洁具的卫生间面积不应小于4.00m²；设坐便器、洗浴器二件卫生洁具的卫生间面积不应小于3.00m²；设坐便器、洗面盆二件卫生洁具的卫生间面积不应小于2.50m²；单设坐便器的卫生间面积不应小于2.00m²；

3 供乘轮椅者使用的厨房，操作台下方净宽和高度都不应小于650mm，深度不应小于250mm；

4 居室和卫生间内应设求助呼叫按钮。

3.13.1 轮椅席位应设在便于到达疏散口及通道的附近，不得设在公共通道范围内。

3.13.2 观众厅内通往轮椅席位的通道宽度不应小于1.20m。

3.13.3 轮椅席位的地面应平整、防滑，在边缘处宜安装栏杆或栏板。

3.13.4 每个轮椅席位的占地面积不应小于1.10m×0.80m。

3.14.1 应将通行方便、行走距离路线最短的停车位设为无障碍机动车停车位。

3.14.3 无障碍机动车停车位一侧，应设宽度不小于1.20m的通道，供乘轮椅者从轮椅通道直接进入人行道和到达无障碍出入口。

3.15.1 设置低位服务设施的范围包括问询台、服务窗口、电话台、安检验证台、行李托运台、借阅台、各种业务台、饮水机等。

3.15.2 低位服务设施上表面距地面高度宜为 700～850mm，其下部宜至少留出宽 750mm，高 650mm，深 450mm 供乘轮椅者膝部和足尖部的移动空间。

3.15.3 低位服务设施前应有轮椅回转空间，回转直径不小于 1.50m。

3.15.4 挂式电话离地不应高于 900mm。

7.3.3 停车场和车库应符合下列规定：

　　1 居住区停车场和车库的总停车位应设置不少于 0.5% 的无障碍机动车停车位；若设有多个停车场和车库，宜每处设置不少于 1 个无障碍机动车停车位；

　　2 地面停车场的无障碍机动车停车位宜靠近停车场的出入口设置。有条件的居住区宜靠近住宅出入口设置无障碍机动车停车位；

　　3 车库的人行出入口应为无障碍出入口。设置在非首层的车库应设无障碍通道与无障碍电梯或无障碍楼梯连通，直达首层。

7.4.2 居住建筑的无障碍设计应符合下列规定：

　　1 设置电梯的居住建筑应至少设置 1 处无障碍出入口，通过无障碍通道直达电梯厅；未设置电梯的低层和多层居住建筑，当设置无障碍住房及宿舍时，应设置无障碍出入口；

　　2 设置电梯的居住建筑，每居住单元至少应设置 1 部能直达户门层的无障碍电梯。

7.4.3 居住建筑应按每 100 套住房设置不少于 2 套无障碍住房。

7.4.4 无障碍住房及宿舍宜建于底层。当无障碍住房及宿舍设在二层及以上且未设置电梯时，其公共楼梯应满足本规范第 3.6 节的有关规定。

7.4.5 宿舍建筑中，男女宿舍应分别设置无障碍宿舍，每 100 套宿舍各应设置不少于 1 套无障碍宿舍；当无障碍宿舍设置在二层以上且宿舍建筑设置电梯时，应设置不少于 1 部无障碍电梯，无障碍电梯应与无障碍宿舍以无障碍通道连接。

8.1.1 公共建筑基地的无障碍设计应符合下列规定：

　　1 建筑基地的车行道与人行通道地面有高差时，在人行通道的路口及人行横道的两端应设缘石坡道；

　　2 建筑基地的广场和人行通道的地面应平整、防滑、不积水；

　　3 建筑基地的主要人行通道当有高差或台阶时应设置轮椅坡道或无障碍电梯。

8.1.2 建筑基地内总停车数在 100 辆以下时应设置不少于 1 个无障碍机动车停车位，100 辆以上时应设置不少于总停车数 1% 的无障碍机动车停车位。

8.1.3 公共建筑的主要出入口宜设置坡度小于 1∶30 的平坡出入口。

8.1.5 当设有各种服务窗口、售票窗口、公共电话台、饮水器等时应设置低位服务设施。

8.2.2 办公众办理业务与信访接待的办公建筑的无障碍设施应符合下列规定：

　　1 建筑的主要出入口应为无障碍出入口；

　　2 建筑出入口大厅、休息厅、贵宾休息室、疏散大厅等人员聚集场所有高差或台阶时应设轮椅坡道，宜提供休息座椅和可以放置轮椅的无障碍休息区；

　　3 公众通行的室内走道应为无障碍通道，走道长度大于 60.00m 时，宜设休息区，休息区应避开行走路线；

　　4 供公众使用的楼梯宜为无障碍楼梯。

8.2.3 其他办公建筑的无障碍设施应符合下列规定：

1 建筑物至少应有 1 处为无障碍出入口，且宜位于主要出入口处；

3 多功能厅、报告厅等至少应设置 1 个轮椅座席。

8.3.2 教育建筑的无障碍设施应符合下列规定：

1 凡教师、学生和婴幼儿使用的建筑物主要出入口应为无障碍出入口、宜设置为平坡出入口；

2 主要教学用房应至少设置 1 部无障碍楼梯。

8.7.2 文化类建筑的无障碍设施应符合下列规定：

1 建筑物至少应有 1 处为无障碍出入口，且宜位于主要出入口处；

2 建筑出入口大厅、休息厅（贵宾休息厅）、疏散大厅等主要人员聚集场所有高差或台阶时应设轮椅坡道，宜设置休息座椅和可以放置轮椅的无障碍休息区；

3 公众通行的室内走道及检票口应为无障碍通道，走道长度大于 60.00m，宜设休息区，休息区应避开行走路线；

4 供公众使用的主要楼梯宜为无障碍楼梯；

6 公共餐厅应提供总用餐数 2% 的活动座椅，供乘轮椅者使用。

8.8.2 商业服务建筑的无障碍设计应符合下列规定：

1 建筑物至少应有 1 处为无障碍出入口，且宜位于主要出入口处；

2 公众通行的室内走道应为无障碍通道；

4 供公众使用的主要楼梯应为无障碍楼梯。

8.8.3 旅馆等商业服务建筑应设置无障碍客房，其数量应符合下列规定：

1 100 间以下，应设 1~2 间无障碍客房；

2 100~400 间，应设 2~4 间无障碍客房；

3 400 间以上，应至少设 4 间无障碍客房。

8.10.1 公共停车场（库）应设置无障碍机动车停车位，其数量应符合下列规定：

1 Ⅰ类公共停车场（库）应设置不少于停车数量 2% 的无障碍机动车停车位；

2 Ⅱ类及Ⅲ类公共停车场（库）应设置不少于停车数量 2%，且不少于 2 个无障碍机动车停车位；

3 Ⅳ类公共停车场（库）应设置不少于 1 个无障碍机动车停车位。

8.13.2 城市公共厕所的无障碍设计应符合下列规定：

1 出入口应为无障碍出入口；

2 在两层公共厕所中，无障碍厕位应设在地面层；

3 女厕所的无障碍设施包括至少 1 个无障碍厕位和 1 个无障碍洗手盆；男厕所的无障碍设施包括至少 1 个无障碍厕位、1 个无障碍小便器和 1 个无障碍洗手盆；并应满足本规范第 3.9.1 条的有关规定；

4 宜在公共厕所旁另设 1 处无障碍厕所；

5 厕所内的通道应方便乘轮椅者进出和回转，回转直径不小于 1.50m；

6 门应方便开启，通行净宽度不应小于 800mm；

7 地面应防滑、不积水。

六、《绿色建筑评价标准》GB/T 50378—2019（节选）

2019版《绿色建筑评价标准》修订的主要技术内容是：①重新构建了绿色建筑评价技术的指标体系；②调整了绿色建筑的评价时间节点；③增加了绿色建筑等级；④拓展了绿色建筑内涵；⑤提高了绿色建筑性能要求。

2019版《标准》的主要内容包括："1. 总则；2. 术语；3. 基本规定；4. 安全耐久；5. 健康舒适；6. 生活便利；7. 资源节约；8. 环境宜居；9. 提高与创新"。其中第1～3章内容可参考本书第一章第五节；本节受篇幅所限，只节选第4～8章控制项内容。

4 安 全 耐 久

4.1 控制项

4.1.1 场地应避开滑坡、泥石流等地质危险地段，易发生洪涝地区应有可靠的防洪涝基础设施；场地应无危险化学品、易燃易爆危险源的威胁，应无电磁辐射、含氡土壤的危害。

4.1.2 建筑结构应满足承载力和建筑使用功能要求。建筑外墙、屋面、门窗、幕墙及外保温等围护结构应满足安全、耐久和防护的要求。

4.1.3 外遮阳、太阳能设施、空调室外机位、外墙花池等外部设施应与建筑主体结构统一设计、施工，并应具备安装、检修与维护条件。

4.1.4 建筑内部的非结构构件、设备及附属设施等应连接牢固并能适应主体结构变形。

4.1.5 建筑外门窗必须安装牢固，其抗风压性能和水密性能应符合国家现行有关标准的规定。

4.1.6 卫生间、浴室的地面应设置防水层，墙面、顶棚应设置防潮层。

4.1.7 走廊、疏散通道等通行空间应满足紧急疏散、应急救护等要求，且应保持畅通。

4.1.8 应具有安全防护的警示和引导标识系统。

5 健 康 舒 适

5.1 控制项

5.1.1 室内空气中的氨、甲醛、苯、总挥发性有机物、氡等污染物浓度应符合现行国家标准《室内空气质量标准》GB/T 18883的有关规定。建筑室内和建筑主出入口处应禁止吸烟，并应在醒目位置设置禁烟标志。

5.1.2 应采取措施避免厨房、餐厅、打印复印室、卫生间、地下车库等区域的空气和污染物串通到其他空间；应防止厨房、卫生间的排气倒灌。

5.1.3 给水排水系统的设置应符合下列规定：

    1 生活饮用水水质应满足现行国家标准《生活饮用水卫生标准》GB 5749的要求；

    2 应制定水池、水箱等储水设施定期清洗消毒计划并实施，且生活饮用水储水设施每半年清洗消毒不应少于1次；

    3 应使用构造内自带水封的便器，且其水封深度不应小于50mm；

    4 非传统水源管道和设备应设置明确、清晰的永久性标识。

5.1.4 主要功能房间的室内噪声级和隔声性能应符合下列规定：

    1 室内噪声级应满足现行国家标准《民用建筑隔声设计规范》GB 50118中的低限要求；

    2 外墙、隔墙、楼板和门窗的隔声性能应满足现行国家标准《民用建筑隔声设计规范》GB 50118中的低限要求。

5.1.5 建筑照明应符合下列规定：

1 照明数量和质量应符合现行国家标准《建筑照明设计标准》GB 50034 的规定；

2 人员长期停留的场所应采用符合现行国家标准《灯和灯系统的光生物安全性》GB/T 20145 规定的无危险类照明产品；

3 选用 LED 照明产品的光输出波形的波动深度应满足现行国家标准《LED 室内照明应用技术要求》GB/T 31831 的规定。

5.1.6 应采取措施保障室内热环境。采用集中供暖空调系统的建筑，房间内的温度、湿度、新风量等设计参数应符合现行国家标准《民用建筑供暖通风与空气调节设计规范》GB 50736 的有关规定；采用非集中供暖空调系统的建筑，应具有保障室内热环境的措施或预留条件。

5.1.7 围护结构热工性能应符合下列规定：

1 在室内设计温度、湿度条件下，建筑非透光围护结构内表面不得结露；

2 供暖建筑的屋面、外墙内部不应产生冷凝；

3 屋顶和外墙隔热性能应满足现行国家标准《民用建筑热工设计规范》GB 50176 的要求。

5.1.8 主要功能房间应具有现场独立控制的热环境调节装置。

5.1.9 地下车库应设置与排风设备联动的一氧化碳浓度监测装置。

6 生 活 便 利

6.1 控制项

6.1.1 建筑、室外场地、公共绿地、城市道路相互之间应设置连贯的无障碍步行系统。

6.1.2 场地人行出入口 500m 内应设有公共交通站点或配备联系公共交通站点的专用接驳车。

6.1.3 停车场应具有电动汽车充电设施或具备充电设施的安装条件，并应合理设置电动汽车和无障碍汽车停车位。

6.1.4 自行车停车场所应位置合理、方便出入。

6.1.5 建筑设备管理系统应具有自动监控管理功能。

6.1.6 建筑应设置信息网络系统。

7 资 源 节 约

7.1 控制项

7.1.1 应结合场地自然条件和建筑功能需求，对建筑的体形、平面布局、空间尺度、围护结构等进行节能设计，且应符合国家有关节能设计的要求。

7.1.2 应采取措施降低部分负荷、部分空间使用下的供暖、空调系统能耗，并应符合下列规定：

1 应区分房间的朝向细分供暖、空调区域，并应对系统进行分区控制；

2 空调冷源的部分负荷性能系数（IPLV）、电冷源综合制冷性能系数（SCOP）应符合现行国家标准《公共建筑节能设计标准》GB 50189 的规定。

7.1.3 应根据建筑空间功能设置分区温度，合理降低室内过渡区空间的温度设定标准。

7.1.4 主要功能房间的照明功率密度值不应高于现行国家标准《建筑照明设计标准》GB 50034 规定的现行值；公共区域的照明系统应采用分区、定时、感应等节能控制；采光区域的照明控制应独立于其他区域的照明控制。

7.1.5 冷热源、输配系统和照明等各部分能耗应进行独立分项计量。

7.1.6 垂直电梯应采取群控、变频调速或能量反馈等节能措施；自动扶梯应采用变频感应启动等节能控制措施。

7.1.7 应制定水资源利用方案，统筹利用各种水资源，并应符合下列规定：

    1 应按使用用途、付费或管理单元，分别设置用水计量装置；

    2 用水点处水压大于 0.2MPa 的配水支管应设置减压设施，并应满足给水配件最低工作压力的要求；

    3 用水器具和设备应满足节水产品的要求。

7.1.8 不应采用建筑形体和布置严重不规则的建筑结构。

7.1.9 建筑造型要素应简约，应无大量装饰性构件，并应符合下列规定：

    1 住宅建筑的装饰性构件造价占建筑总造价的比例不应大于 2%；

    2 公共建筑的装饰性构件造价占建筑总造价的比例不应大于 1%。

7.1.10 选用的建筑材料应符合下列规定：

    1 500km 以内生产的建筑材料重量占建筑材料总重量的比例应大于 60%；

    2 现浇混凝土应采用预拌混凝土，建筑砂浆应采用预拌砂浆。

8 环 境 宜 居

8.1 控制项

8.1.1 建筑规划布局应满足日照标准，且不得降低周边建筑的日照标准。

8.1.2 室外热环境应满足国家现行有关标准的要求。

8.1.3 配建的绿地应符合所在地城乡规划的要求，应合理选择绿化方式，植物种植应适应当地气候和土壤，且应无毒害、易维护，种植区域覆土深度和排水能力应满足植物生长需求，并应采用复层绿化方式。

8.1.4 场地的竖向设计应有利于雨水的收集或排放，应有效组织雨水的下渗、滞蓄或再利用；对大于 $10hm^2$ 的场地应进行雨水控制利用专项设计。

8.1.5 建筑内外均应设置便于识别和使用的标识系统。

8.1.6 场地内不应有排放超标的污染源。

8.1.7 生活垃圾应分类收集，垃圾容器和收集点的设置应合理并应与周围景观协调。

七、《装配式建筑评价标准》GB/T 51129—2017（节选）

2 术 语

2.0.1 装配式建筑 prefabricated building

由预制部品部件在工地装配而成的建筑。

条文说明：装配式建筑是一个系统工程，是将预制部品部件通过系统集成的方法在工地装配，实现建筑主体结构构件预制，非承重围护墙和内隔墙非砌筑并全装修的建筑。装配式建筑包括装配式混凝土建筑、装配式钢结构建筑、装配式木结构建筑及装配式混合结构建筑等。

2.0.2 装配率 prefabrication ratio

单体建筑室外地坪以上的主体结构、围护墙和内隔墙、装修和设备管线等采用预制部品部件的综合比例。

2.0.3 全装修 decorated

建筑功能空间的固定面装修和设备设施安装全部完成，达到建筑使用功能和性能的基本要求。

3 基 本 规 定

3.0.2 装配式建筑评价应符合下列规定：

1 设计阶段宜进行预评价，并应按设计文件计算装配率；

2 项目评价应在项目竣工验收后进行，并应按竣工验收资料计算装配率和确定评价等级。

3.0.3 装配式建筑应同时满足下列要求：

1 主体结构部分的评价分值不低于20分；

2 围护墙和内隔墙部分的评价分值不低于10分；

3 采用全装修；

4 装配率不低于50%。

4 装 配 率 计 算

4.0.1 装配率应根据表4.0.1中评价项分值按下式计算：

$$P = \frac{Q_1 + Q_2 + Q_3}{100 - Q_4} \times 100\% \tag{4.0.1}$$

式中 P——装配率；

Q_1——主体结构指标实际得分值；

Q_2——围护墙和内隔墙指标实际得分值；

Q_3——装修和设备管线指标实际得分值；

Q_4——评价项目中缺少的评价项分值总和。

装配式建筑评分表　　　　　　　　　　　　　　　　表 4.0.1

评价项		评价要求	评价分值	最低分值
主体结构 （50分）	柱、支撑、承重墙、延性墙板等竖向构件	35%≤比例≤80%	20～30*	20
	梁、板、楼梯、阳台、空调板等构件	70%≤比例≤80%	10～20*	
围护墙和 内隔墙 （20分）	非承重围护墙非砌筑	比例≥80%	5	10
	围护墙与保温、隔热、装饰一体化	50%≤比例≤80%	2～5*	
	内隔墙非砌筑	比例≥50%	5	
	内隔墙与管线、装修一体化	50%≤比例≤80%	2～5*	
装修和 设备管线 （30分）	全装修	—	6	6
	干式工法楼面、地面	比例≥70%	6	—
	集成厨房	70%≤比例≤90%	3～6*	
	集成卫生间	70%≤比例≤90%	3～6*	
	管线分离	50%≤比例≤70%	4～6*	

注：表中带"*"项的分值采用"内插法"计算，计算结果取小数点后1位。

5 评价等级划分

5.0.1 当评价项目满足本标准第3.0.3条规定，且主体结构竖向构件中预制部品部件的应用比例不低于35%时，可进行装配式建筑等级评价。

5.0.2 装配式建筑评价等级应划分为A级、AA级、AAA级，并应符合下列规定：

1 装配率为60%～75%时，评价为A级装配式建筑；

2 装配率为76%～90%时，评价为AA级装配式建筑；

3 装配率为91%及以上时，评价为AAA级装配式建筑。

八、《公共建筑节能设计标准》GB 50189—2015（节选）

3 建筑与建筑热工

3.1 一般规定

3.1.1 公共建筑分类应符合下列规定：

1 单栋建筑面积大于300m² 的建筑，或单栋建筑面积小于或等于300m² 但总建筑面积大于1000m² 的建筑群，应为甲类公共建筑；

2 单栋建筑面积小于或等于300m² 的建筑，应为乙类公共建筑。

3.1.3 建筑群的总体规划应考虑减轻热岛效应。建筑的总体规划和总平面设计应有利于自然通风和冬季日照。建筑的主朝向宜选择本地区最佳朝向或适宜朝向，且宜避开冬季主导风向。

3.1.4 建筑设计应遵循被动节能措施优先的原则，充分利用天然采光、自然通风，结合围护结构保温隔热和遮阳措施，降低建筑的用能需求。

3.1.5 建筑体形宜规整紧凑，避免过多的凹凸变化。

3.3.2 建筑设计

3.2.2 严寒地区甲类公共建筑各单一立面窗墙面积比（包括透光幕墙）均不宜大于0.60；其他地区甲类公共建筑各单一立面窗墙面积比（包括透光幕墙）均不宜大于0.70。

3.2.3 单一立面窗墙面积比的计算应符合下列规定：

1 凸凹立面朝向应按其所在立面的朝向计算；

2 楼梯间和电梯间的外墙和外窗均应参与计算；

3 外凸窗的顶部、底部和侧墙的面积不应计入外墙面积；

4 当外墙上的外窗、顶部和侧面为不透光构造的凸窗时，窗面积应按窗洞口面积计算；当凸窗顶部和侧面透光时，外凸窗面积应按透光部分实际面积计算。

3.2.4 甲类公共建筑单一立面窗墙面积比小于0.40时，透光材料的可见光透射比不应小于0.60；甲类公共建筑单一立面窗墙面积比大于等于0.40时，透光材料的可见光透射比不应小于0.40。

3.2.5 夏热冬暖、夏热冬冷、温和地区的建筑各朝向外窗（包括透光幕墙）均应采取遮阳措施；寒冷地区的建筑宜采取遮阳措施。当设置外遮阳时应符合下列规定：

1 东西向宜设置活动外遮阳，南向宜设置水平外遮阳；

2 建筑外遮阳装置应兼顾通风及冬季日照。

3.2.6 建筑立面朝向的划分应符合下列规定：

1 北向应为北偏西 60°至北偏东 60°;

2 南向应为南偏西 30°至南偏东 30°;

3 西向应为西偏北 30°至西偏南 60°（包括西偏北 30°和西偏南 60°）;

4 东向应为东偏北 30°至东偏南 60°（包括东偏北 30°和东偏南 60°）。

3.2.8 单一立面外窗（包括透光幕墙）的有效通风换气面积应符合下列规定:

1 甲类公共建筑外窗（包括透光幕墙）应设可开启窗扇，其有效通风换气面积不宜小于所在房间外墙面积的 10%；当透光幕墙受条件限制无法设置可开启窗扇时，应设置通风换气装置。

2 乙类公共建筑外窗有效通风换气面积不宜小于窗面积的 30%。

3.2.9 外窗（包括透光幕墙）的有效通风换气面积应为开启扇面积和窗开启后的空气流通界面面积的较小值。

3.2.10 严寒地区建筑的外门应设置门斗；寒冷地区建筑面向冬季主导风向的外门应设置门斗或双层外门，其他外门宜设置门斗或应采取其他减少冷风渗透的措施；夏热冬冷、夏热冬暖和温和地区建筑的外门应采取保温隔热措施。

3.2.11 建筑中庭应充分利用自然通风降温，并可设置机械排风装置加强自然补风。

3.2.12 建筑设计应充分利用天然采光。天然采光不能满足照明要求的场所，宜采用导光、反光等装置将自然光引入室内。

3.2.13 人员长期停留房间的内表面可见光反射比宜符合表 3.2.13 的规定。

人员长期停留房间的内表面可见光反射比　　　　　　　　　表 3.2.13

房间内表面位置	可见光反射比
顶棚	0.7～0.9
墙面	0.5～0.8
地面	0.3～0.5

3.3 围护结构热工设计

3.3.3 建筑围护结构热工性能参数计算应符合下列规定:

1 外墙的传热系数应为包括结构性热桥在内的平均传热系数，平均传热系数应按本标准附录 A 的规定进行计算;

2 外窗（包括透光幕墙）的传热系数应按现行国家标准《民用建筑热工设计规范》GB 50176 的有关规定计算;

3 当设置外遮阳构件时，外窗（包括透光幕墙）的太阳得热系数应为外窗（包括透光幕墙）本身的太阳得热系数与外遮阳构件的遮阳系数的乘积。外窗（包括透光幕墙）本身的太阳得热系数和外遮阳构件的遮阳系数应按现行国家标准《民用建筑热工设计规范》GB 50176 的有关规定计算。

3.3.4 屋面、外墙和地下室的热桥部位的内表面温度不应低于室内空气露点温度。

3.3.5 建筑外门、外窗的气密性分级应符合国家标准《建筑外门窗气密、水密、抗风压性能分级及检测方法》GB/T 7106—2008 中第 4.1.2 条的规定，并应满足下列要求:

1 10 层及以上建筑外窗的气密性不应低于 7 级;

2 10 层以下建筑外窗的气密性不应低于 6 级;

3 严寒和寒冷地区外门的气密性不应低于 4 级。

3.3.6 建筑幕墙的气密性应符合国家标准《建筑幕墙》GB/T 21086—2007 中第 5.1.3 条的规定且不应低于 3 级。

3.4 围护结构热工性能的权衡判断

3.4.1 进行围护结构热工性能权衡判断前,应对设计建筑的热工性能进行核查;当满足下列基本要求时,方可进行权衡判断:

1 屋面的传热系数基本要求应符合表 3.4.1-1 的规定。

屋面的传热系数基本要求　　　　　　　　　　　　　表 3.4.1-1

传热系数 K $[W/(m^2 \cdot K)]$	严寒 A、B 区	严寒 C 区	寒冷地区	夏热冬冷地区	夏热冬暖地区
	≤0.35	≤0.45	≤0.55	≤0.70	≤0.90

2 外墙(包括非透光幕墙)的传热系数基本要求应符合表 3.4.1-2 的规定。

外墙(包括非透光幕墙)的传热系数基本要求　　　　　表 3.4.1-2

传热系数 K $[W/(m^2 \cdot K)]$	严寒 A、B 区	严寒 C 区	寒冷地区	夏热冬冷地区	夏热冬暖地区
	≤0.45	≤0.50	≤0.60	≤1.0	≤1.5

3 当单一立面的窗墙面积比大于或等于 0.40 时,外窗(包括透光幕墙)的传热系数和综合太阳得热系数基本要求应符合表 3.4.1-3 的规定。

外窗(包括透光幕墙)的传热系数和太阳得热系数基本要求　　表 3.4.1-3

气候分区	窗墙面积比	传热系数 K $[W/(m^2 \cdot K)]$	太阳得热系数 $SHGC$
严寒 A、B 区	0.40＜窗墙面积比≤0.60	≤2.5	—
	窗墙面积比＞0.60	≤2.2	
严寒 C 区	0.40＜窗墙面积比≤0.60	≤2.6	—
	窗墙面积比＞0.60	≤2.3	
寒冷地区	0.40＜窗墙面积比≤0.70	≤2.7	—
	窗墙面积比＞0.70	≤2.4	
夏热冬冷地区	0.40＜窗墙面积比≤0.70	≤3.0	≤0.44
	窗墙面积比＞0.70	≤2.6	
夏热冬暖地区	0.40＜窗墙面积比≤0.70	≤4.0	≤0.44
	窗墙面积比＞0.70	≤3.0	

3.4.3 参照建筑的形状、大小、朝向、窗墙面积比、内部的空间划分和使用功能应与设计建筑完全一致。

3.4.4 参照建筑围护结构的热工性能参数取值应按本标准第 3.3.1 条的规定取值。参照建筑的外墙和屋面的构造应与设计建筑一致。

7 可再生能源应用

7.1 一般规定

7.1.1 公共建筑的用能应通过对当地环境资源条件和技术经济的分析，结合国家相关政策，优先应用可再生能源。

7.1.2 公共建筑可再生能源利用设施应与主体工程同步设计。

7.1.3 当环境条件允许且经济技术合理时，宜采用太阳能、风能等可再生能源直接并网供电。

7.1.4 当公共电网无法提供照明电源时，应采用太阳能、风能等发电并配置蓄电池的方式作为照明电源。

7.1.5 可再生能源应用系统宜设置监测系统节能效益的计量装置。

7.2 太阳能利用

7.2.1 太阳能利用应遵循被动优先的原则。公共建筑设计宜充分利用太阳能。

7.2.2 公共建筑宜采用光热或光伏与建筑一体化系统；光热或光伏与建筑一体化系统不应影响建筑外围护结构的建筑功能，并应符合国家现行标准的有关规定。

7.2.3 公共建筑利用太阳能同时供热供电时，宜采用太阳能光伏光热一体化系统。

7.2.4 公共建筑设置太阳能热利用系统时，太阳能保证率应符合表7.2.4的规定。

太阳能保证率 f（%） 表 7.2.4

太阳能资源区划	太阳能热水系统	太阳能供暖系统	太阳能空气调节系统
Ⅰ资源丰富区	≥60	≥50	≥45
Ⅱ资源较富区	≥50	≥35	≥30
Ⅲ资源一般区	≥40	≥30	≥25
Ⅳ资源贫乏区	≥30	≥25	≥20

7.2.5 太阳能热利用系统的辅助热源应根据建筑使用特点、用热量、能源供应、维护管理及卫生防菌等因素选择，并宜利用废热、余热等低品位能源和生物质、地热等其他可再生能源。

7.2.6 太阳能集热器和光伏组件的设置应避免受自身或建筑本体的遮挡。在冬至日采光面上的日照时数，太阳能集热器不应少于4h，光伏组件不宜少于3h。

7.3 地源热泵系统

7.3.1 公共建筑地源热泵系统设计时，应进行全年动态负荷与系统取热量、释热量计算分析，确定地热能交换系统，并宜采用复合热交换系统。

九、《建筑节能与可再生能源利用通用规范》GB 55015—2021（节选）

2 基 本 规 定

2.0.1 新建居住建筑和公共建筑平均设计能耗水平应在2016年执行的节能设计标准的基础上分别降低30%和20%。不同气候区平均节能率应符合下列规定：

1 严寒和寒冷地区居住建筑平均节能率应为75%；

2 除严寒和寒冷地区外，其他气候区居住建筑平均节能率应为65%；

3 公共建筑平均节能率应为72%。

2.0.3 新建的居住和公共建筑碳排放强度应分别在2016年执行的节能设计标准的基础上平均降低40%，碳排放强度平均降低$7kgCO_2/(m^2 \cdot a)$以上。

2.0.5 新建、扩建和改建建筑以及既有建筑节能改造均应进行建筑节能设计。建设项目可行性研究报告、建设方案和初步设计文件应包含建筑能耗、可再生能源利用及建筑碳排放分析报告。施工图设计文件应明确建筑节能措施及可再生能源利用系统运营管理的技术要求。

3 新建建筑节能设计

3.1.2 居住建筑体形系数应符合表3.1.2的规定。

居住建筑体形系数限值 表3.1.2

热工区划	建筑层数	
	≤3层	>3层
严寒地区	≤0.55	≤0.30
寒冷地区	≤0.57	≤0.33
夏热冬冷A区	≤0.60	≤0.40
温和A区	≤0.60	≤0.45

3.1.3 严寒和寒冷地区公共建筑体形系数应符合表3.1.3的规定。

严寒和寒冷地区公共建筑体形系数限值 表3.1.3

单栋建筑面积$A(m^2)$	建筑体形系数
300<A≤800	≤0.50
A>800	≤0.40

3.1.4 居住建筑的窗墙面积比应符合表3.1.4的规定；其中，每套住宅应允许一个房间在一个朝向上的窗墙面积比不大于0.6。

居住建筑窗墙面积比限值 表3.1.4

朝向	窗墙面积比				
	严寒地区	寒冷地区	夏热冬冷地区	夏热冬暖地区	温和A区
北	≤0.25	≤0.30	≤0.40	≤0.40	≤0.40
东、西	≤0.30	≤0.35	≤0.35	≤0.30	≤0.35
南	≤0.45	≤0.50	≤0.45	≤0.40	≤0.50

3.1.5 居住建筑的屋面天窗与所在房间屋面面积的比值应符合表3.1.5的规定。

居住建筑屋面天窗面积的限值 表3.1.5

屋面天窗面积与所在房间屋面面积的比值				
严寒地区	寒冷地区	夏热冬冷地区	夏热冬暖地区	温和A区
≤10%	≤15%	≤6%	≤4%	≤10%

3.1.6 甲类公共建筑的屋面透光部分面积不应大于屋面总面积的20%。

3.1.7 设置供暖、空调系统的工业建筑总窗墙面积比不应大于0.50，且屋顶透光部分面积不应大于屋顶总面积的15%。

3.1.13 当公共建筑入口大堂采用全玻幕墙时，全玻幕墙中非中空玻璃的面积不应超过该建筑同一立面透光面积（门窗和玻璃幕墙）的15%，且应按同一立面透光面积（含全玻幕墙面积）加权计算平均传热系数。

3.1.14 外窗的通风开口面积应符合下列规定：

1 夏热冬暖、温和B区居住建筑外窗的通风开口面积不应小于房间地面面积的10%或外窗面积的45%，夏热冬冷、温和A区居住建筑外窗的通风开口面积不应小于房间地面面积的5%；

2 公共建筑中主要功能房间的外窗（包括透光幕墙）应设置可开启窗扇或通风换气装置。

3.1.15 建筑遮阳措施应符合下列规定：

1 夏热冬暖、夏热冬冷地区，甲类公共建筑南、东、西向外窗和透光幕墙应采取遮阳措施；

2 夏热冬暖地区，居住建筑的东、西向外窗的建筑遮阳系数不应大于0.8。

3.1.17 居住建筑外窗玻璃的可见光透射比不应小于0.40。

3.1.18 居住建筑的主要使用房间（卧室、书房、起居室等）的房间窗地面积比不应小于1/7。

4 既有建筑节能改造设计

4.1.1 民用建筑改造涉及节能要求时，应同期进行建筑节能改造。

4.1.2 节能改造涉及抗震、结构、防火等安全时，节能改造前应进行安全性能评估。

4.1.3 既有建筑节能改造应先进行节能诊断，根据节能诊断结果，制定节能改造方案。节能改造方案应明确节能指标及其检测与验收的方法。

5 可再生能源建筑应用系统设计

5.1.1 可再生能源建筑应用系统设计时，应根据当地资源与适用条件统筹规划。

5.2.10 太阳能热利用系统设计应根据工程所采用的集热器性能参数、气象数据以及设计参数计算太阳能热利用系统的集热效率，且应符合表5.2.10的规定。

太阳能热利用系统的集热效率 η（%） 表5.2.10

太阳能热水系统	太阳能供暖系统	太阳能空调系统
$\eta \geqslant 42$	$\eta \geqslant 35$	$\eta \geqslant 30$

5.3.1 地源热泵系统方案设计前，应进行工程场地状况调查，并应对浅层或中深层地热

能资源进行勘察，确定地源热泵系统实施的可行性与经济性。当浅层地埋管地源热泵系统的应用建筑面积大于或等于 $5000m^2$ 时，应进行现场岩土热响应试验。

5.3.2 浅层地埋管换热系统设计应进行所负担建筑物全年动态负荷及吸、排热量计算，最小计算周期不应小于 1 年。建筑面积 $50000m^2$ 以上大规模地埋管地源热泵系统，应进行 10 年以上地源侧热平衡计算。

5.4.3 采用空气源热泵机组供热时，冬季设计工况状态下热泵机组制热性能系数（COP）不应小于表 5.4.3 规定的数值。

空气源热泵设计工况制热性能系数（*COP*）　　　　表 5.4.3

机组类型	严寒地区	寒冷地区
冷热风机组	1.8	2.2
冷热水机组	2.0	2.4

十、《既有建筑维护与改造通用规范》GB 55022—2021（节选）

2　基　本　规　定

2.0.1 既有建筑未经批准不得擅自改动建筑物主体结构和改变使用功能。

2.0.2 既有建筑应确定维护周期，并对其进行周期性的检查。

2.0.3 既有建筑的维护应符合下列基本规定：

1 应保障建筑的使用功能；

2 应维持建筑达到设计工作年限；

3 不得降低建筑的安全性与抗灾性能。

2.0.4 既有建筑的改造应符合下列基本规定：

1 应满足改造后的建筑安全性需求；

2 不得降低建筑的抗灾性能；

3 不得降低建筑的耐久性。

2.0.11 既有建筑维护与改造工程应进行质量控制。工程全部完成后，应进行验收。

2.0.12 既有建筑维护与改造工程，应及时收集、整理工程项目各环节的资料，建立、健全项目档案。相关档案资料应妥善保管；既有建筑物管理权移交时，应同时移交建筑物的相关档案。

3　检　　　查

3.1.1 既有建筑的检查应对建筑、结构以及设施设备分别进行。检查分为日常检查、特定检查两类。

3.1.2 在日常使用维护过程中，应对既有建筑的使用环境以及损伤和运行情况等进行定期的日常检查，检查周期每年不应少于 1 次。

3.1.3 在雨季、供暖季以及遭受台风、暴雨、大雪和大风等特殊环境前后，应对既有建筑进行特定检查。

3.1.4 既有建筑在实施检查后，应根据检查结果等进行评定，存在下列情况时，应进行检测鉴定：

1 发现危及使用安全的缺陷、变形和损伤；

2 达到设计工作年限拟继续使用；

3 进行纠倾和改造前；

4 改变用途或使用环境前；

5 受到自然灾害、人为灾害、环境改变或事故的较大影响；

6 设备系统的安全性、使用性和系统效能等不符合有关规定和要求；

7 使用功能改变导致建筑抗震设防类别提高。

4 修 缮

4.1.1 既有建筑应按照房屋修缮计划，依据房屋检查及评定结果进行周期性修缮，当发生危及房屋使用和人身财产安全的紧急情况时，应立即实施应急抢险修缮。

4.1.2 既有建筑经检查和评定确认存在下列影响使用安全或公共安全的问题之一时，应及时进行修缮：

1 建筑物发生异常变形；

2 结构构件损坏，承载能力不足；

3 建筑外饰面及保温层存在脱落危险；

4 屋面、外墙、门窗等外围护系统渗漏；

5 消防设施故障；

6 供水水泵运行中断、设施设备故障；

7 排水设施堵塞、爆裂；

8 用电系统的元器件、线路老化导致产生安全风险；

9 防雷设施故障；

10 地下建筑被雨水倒灌；

11 外部环境因素影响，造成建筑不能正常使用。

4.1.3 在实施应急抢险修缮时，应先行通过排险、加固等措施及时解除房屋的险情。

4.1.4 既有建筑修缮前应由专业技术人员对其现状进行现场查勘和评定，并应收集原设计及改扩建图纸、使用情况及报修记录、历年修缮资料、房屋安全使用检查及评定等相关资料，根据检查、查勘和评定结果进行修缮设计，再实施修缮。

4.1.5 修缮设计文件应包括设计依据、修缮要求及方法的说明、修缮内容、修缮用料及用量说明等，根据修缮内容的复杂程度，用文字、符号、图纸等进行书面表达和记录。

5 改 造

5.1.1 既有建筑改造前，应根据改造要求和目标，对所涉及的场地环境、建筑历史、结构安全、消防安全、人身安全、围护结构热工、隔声、通风、采光、日照等物理性能，室内环境舒适度、污染状况、机电设备安全及效能等内容进行检查评定或检测鉴定。

5.1.2 既有建筑的改造，应根据检查或鉴定结果进行设计。

5.1.3 既有建筑改造过程中应避免破坏原结构承重构件，如确需改动的，应对其进行有效处理。

5.2.1 既有建筑改造应编制改造项目设计方案，方案应明确改造范围、改造内容及相关技术指标。

5.2.2 在既有建筑的改造设计中，若改变了改造范围内建筑的间距，以及与之相关的改造范围外建筑的间距时，其间距不应低于消防间距标准的要求。

5.2.3 既有建筑应结合改造消除消防安全隐患，根据建筑物的使用功能、空间与平面特征和使用人员的特点，因地制宜提高建筑主要构件的耐火性能、加强防火分隔、增加疏散设施、提高消防设施的可靠性和有效性。

5.2.4 既有建筑改造后，新建或改造的无障碍设施应与周边无障碍设施相衔接。

5.2.5 既有建筑平改坡改造，应符合下列规定：

1 应根据原屋顶情况及周围环境选择坡屋面形式及坡度，确保其保温隔热效果和结构安全性；

2 应利用其原有平屋面排水系统，并应通畅；

3 坡屋面采取防雷措施，并应利用原有的防雷装置；

4 新坡顶下空间严禁堆物和另作他用。

5.2.6 既有住宅成套改造，应符合下列规定：

1 当改变原有结构时，应先进行鉴定，消除安全隐患，确保结构安全；

2 应集约利用原有空间，合理调整平面和空间布局，增添厨卫设施设备，完善房屋成套使用功能。

5.2.7 既有多层住宅加装电梯改造时，加装电梯不应与卧室紧邻布置，当起居室受条件限制需要紧邻布置时，应采取有效隔声和减振措施。

5.2.8 当既有建筑增加屋面荷载或改变使用功能时，应先做设计方案或评估报告。

5.2.9 既有建筑屋顶绿化改造，及增设太阳能、照明、通风等屋面设施时，应确保屋顶承重安全和防护安全，不应破坏防雷设施的有效性。

5.2.10 既有建筑改造时应对室内环境污染进行严格控制，不得使用国家禁止使用、限制使用的建筑材料。

十一、《民用建筑工程室内环境污染控制标准》GB 50325—2020（节选）

1 总 则

1.0.3 本标准控制的室内环境污染物包括氡、甲醛、氨、苯、甲苯、二甲苯和总挥发性有机化合物。

1.0.4 民用建筑工程的划分应符合下列规定：

1 Ⅰ类民用建筑应包括住宅、居住功能公寓、医院病房、老年人照料房屋设施、幼儿园、学校教室、学生宿舍等；

2 Ⅱ类民用建筑应包括办公楼、商店、旅馆、文化娱乐场所、书店、图书馆、展览馆、体育馆、公共交通等候室、餐厅等。

4 工程勘察设计

4.1 一般规定

4.1.1 新建、扩建的民用建筑工程，设计前应对建筑工程所在城市区域土壤中氡浓度或土壤表面氡析出率进行调查，并提交相应的调查报告。未进行过区域土壤中氡浓度或土壤表面氡析出率测定的，应对建筑场地土壤中氡浓度或土壤氡析出率进行测定，并提供相应的检测报告。

4.1.2 民用建筑室内装饰装修设计应有污染控制措施，应进行装饰装修设计污染控制预评估，控制装饰装修材料使用量负荷比和材料污染物释放量，采用装配式装修等先进技术，装饰装修制品、部件宜工厂加工制作、现场安装。

4.1.3 民用建筑室内通风设计应符合现行国家标准《民用建筑设计统一标准》GB 50352 的有关规定；采用集中空调的民用建筑工程，新风量应符合现行国家标准《民用建筑供暖通风与空气调节设计规范》GB 50736 的有关规定。

4.1.4 夏热冬冷地区、严寒及寒冷地区等采用自然通风的Ⅰ类民用建筑最小通风换气次数不应低于 0.5 次/h，必要时应采取机械通风换气措施。

5 工 程 施 工

5.2 材料进场检验

5.2.1 民用建筑工程采用的无机非金属建筑主体材料和建筑装饰装修材料进场时，施工单位应查验其放射性指标检测报告 5.2.2 民用建筑室内装饰装修中采用的天然花岗石石材或瓷质砖使用面积大于 200m² 时，应对不同产品、不同批次材料分别进行放射性指标的抽查复验。

5.2.3 民用建筑室内装饰装修中所采用的人造木板及其制品进场时，施工单位应查验其游离甲醛释放量检测报告 5.2.4 民用建筑室内装饰装修中采用的人造木板面积大于 500m² 时，应对不同产品、不同批次材料的游离甲醛释放量分别进行抽查复验。5.2.7 民用建筑室内装饰装修中所采用的壁纸（布）应有同批次产品的游离甲醛含量检测报告，并应符合设计要求和本标准的规定。

5.2.8 建筑主体材料和装饰装修材料的检测项目不全或对检测结果有疑问时，应对材料进行检验，检验合格后方可使用。

5.2.9 幼儿园、学校教室、学生宿舍等民用建筑室内装饰装修，应对不同产品、不同批次的人造木板及其制品的甲醛释放量和涂料、橡塑类合成材料的挥发性有机化合物释放量进行抽查复验，并应符合本标准的规定。

5.3 施工要求

5.3.1 采取防氡设计措施的民用建筑工程，其地下工程的变形缝、施工缝、穿墙管（盒）、埋设件、预留孔洞等特殊部位的施工工艺，应符合现行国家标准《地下工程防水技术规范》GB 50108 的有关规定。

5.3.3 民用建筑室内装饰装修时，严禁使用苯、工业苯、石油苯、重质苯及混苯等含苯稀释剂和溶剂。

5.3.4 民用建筑室内装饰装修施工时，施工现场应减少溶剂型涂料作业，减少施工现场湿作业、扬尘作业、高噪声作业等污染性施工，不应使用苯、甲苯、二甲苯和汽油进行除油和清除旧涂层作业。

5.3.7 供暖地区的民用建筑工程，室内装饰装修施工不宜在供暖期内进行。

5.3.8 轻质隔墙、涂饰工程、裱糊与软包、门窗、饰面板、吊顶等装饰装修施工时，应注意防潮，避免覆盖局部潮湿区域。

5.3.10 使用中的民用建筑进行装饰装修施工时，在没有采取有效防止污染措施情况下，不得采用溶剂型涂料进行施工。

6 验 收

6.0.1 民用建筑工程及室内装饰装修工程的室内环境质量验收，应在工程完工不少于7d后、工程交付使用前进行。

6.0.2 民用建筑工程竣工验收时，应检查下列资料：

1 工程地质勘察报告、工程地点土壤中氡浓度或氡析出率检测报告、高土壤氡工程地点土壤天然放射性核素镭-226、钍-232、钾-40含量检测报告；

2 涉及室内新风量的设计、施工文件，以及新风量检测报告；

3 涉及室内环境污染控制的施工图设计文件及工程设计变更文件；

4 建筑主体材料和装饰装修材料的污染物检测报告、材料进场检验记录、复验报告；

5 与室内环境污染控制有关的隐蔽工程验收记录、施工记录；

6 样板间的室内环境污染物浓度检测报告（不做样板间的除外）；

7 室内空气中污染物浓度检测报告。

6.0.4 民用建筑工程竣工验收时，必须进行室内环境污染物浓度检测，其限量应符合表6.0.4的规定。

民用建筑室内环境污染物浓度限量 表6.0.4

污染物	Ⅰ类民用建筑工程	Ⅱ类民用建筑工程
氡（Bq/m³）	≤150	≤150
甲醛（mg/m³）	≤0.07	≤0.08
氨（mg/m³）	≤0.15	≤0.20
苯（mg/m³）	≤0.06	≤0.09
甲苯（mg/m³）	≤0.15	≤0.20
二甲苯（mg/m³）	≤0.20	≤0.20
TVOC（mg/m³）	≤0.45	≤0.50

注：1 污染物浓度测量值，除氡外均指室内污染物浓度测量值扣除室外上风向空气中污染物浓度测量值（本底值）后的测量值。

2 污染物浓度测量值的极限值判定，采用全数值比较法。

6.0.12 民用建筑工程验收时，应抽检每个建筑单体有代表性的房间室内环境污染物浓度，氡、甲醛、氨、苯、甲苯、二甲苯、TVOC的抽检量不得少于房间总数的5%，每个建筑单体不得少于3间，当房间总数少于3间时，应全数检测。

6.0.13 民用建筑工程验收时，凡进行了样板间室内环境污染物浓度检测且检测结果合格的，其同一装饰装修设计样板间类型的房间抽检量可减半，并不得少于3间。

6.0.14 幼儿园、学校教室、学生宿舍、老年人照料房屋设施室内装饰装修验收时，室内空气中氡、甲醛、氨、苯、甲苯、二甲苯、TVOC的抽检量不得少于房间总数的50%，且不得少于20间。当房间总数不大于20间时，应全数检测。

6.0.15 当进行民用建筑工程验收时，室内环境污染物浓度检测点数应符合表6.0.15的规定。

室内环境污染物浓度检测点数设置 表 6.0.15

房间使用面积（m²）	检测点数（个）
＜50	1
≥50，＜100	2
≥100，＜500	不少于 3
≥500，＜1000	不少于 5
≥1000	≥1000m² 的部分，每增加 1000m² 增设 1，增加面积不足 1000m² 时按增加 1000m² 计算

6.0.16 当房间内有 2 个及以上检测点时，应采用对角线、斜线、梅花状均衡布点，并应取各点检测结果的平均值作为该房间的检测值。

6.0.17 民用建筑工程验收时，室内环境污染物浓度现场检测点应距房间地面高度 0.8m～1.5m，距房间内墙面不应小于 0.5m。检测点应均匀分布，且应避开通风道和通风口。

6.0.18 当对民用建筑室内环境中的甲醛、氨、苯、甲苯、二甲苯、TVOC 浓度检测时，装饰装修工程中完成的固定式家具应保持正常使用状态；采用集中通风的民用建筑工程，应在通风系统正常运行的条件下进行；采用自然通风的民用建筑工程，检测应在对外门窗关闭 1h 后进行。

6.0.19 民用建筑室内环境中氡浓度检测时，对采用集中通风的民用建筑工程，应在通风系统正常运行的条件下进行；采用自然通风的民用建筑工程，应在房间的对外门窗关闭 24h 以后进行。Ⅰ类建筑无架空层或地下车库结构时，一、二层房间抽检比例不宜低于总抽检房间数的 40%。

第三节　其他相关标准与规范

除了上述规范、标准之外，考试仍可涉及的规范、标准如表 5-1。

其他常考标准与规范汇总表 表 5-1

规范名称	规范编号
《建筑工程设计文件编制深度规定》	2016 年 11 月版
《建筑模数协调标准》	GB/T 50002—2013
《房屋建筑制图统一标准》	GB/T 50001—2017
《建筑制图标准》	GB/T 50104—2010
《总图制图标准》	GB/T 50103—2010
《建筑设计防火规范》	GB 50016—2014（2018 年版）
《建筑内部装修设计防火规范》	GB 50222—2017
《建筑与市政工程无障碍通用规范》	GB 55019—2021
《住宅建筑规范》	GB 50368—2005
《住宅性能评定技术标准》	GB/T 50362—2005

规范名称	规范编号
《特殊教育学校建筑设计标准》	JGJ 76—2019
《综合医院建设标准》	建标 110—2021
《传染病医院建筑设计标准》	GB 50849—2014
《医院洁净手术部建筑技术规范》	GB 50333—2013
《电影院建筑设计规范》	JGJ 58—2008
《档案馆建筑设计规范》	JGJ 25—2010
《体育建筑设计规范》	JGJ 31—2003
《数据中心设计规范》	GB 50174—2017
《交通客运站建筑设计规范》	JGJ/T 60—2012
《铁路旅客车站建筑设计规范》	GB 50226—2007（2011 年版）
《智能建筑设计标准》	GB 50314—2015
《物流建筑设计规范》	GB 51157—2016
《锅炉房设计标准》	GB 50041—2020
《生活垃圾转运站技术规范》	CJJ/T 47—2016
《建筑工程建筑面积计算规范》	GB/T 50353—2013
《民用建筑隔声设计规范》	GB 50118—2010
《建筑采光设计标准》	GB 50033—2013
《屋面工程技术规范》	GB 50345—2012
《倒置式屋面工程技术规程》	JGJ 230—2010
《地下工程防水技术规范》	GB 50108—2008
《建筑地面设计规范》	GB 50037—2013
《民用建筑热工设计规范》	GB 50176—2016
《民用建筑绿色设计规范》	JGJ/T 229—2010
《民用建筑绿色性能计算标准》	JGJ/T 449—2018
《海绵城市建设评价标准》	GB/T 51345—2018
《展览建筑设计规范》	JGJ 218—2010
《疗养院建筑设计标准》	JGJ/T 40—2019
《节能建筑评价标准》	GB/T 50668—2011

习　题

5-1　**(2019)**室外疏散楼梯以下哪条错误？（　　　）

A　净宽大于等于 0.9m

B　栏杆扶手高度大于等于 1.05m

C　梯段角度小于等于 45°

D　梯段的耐火极限大于等于 0.25h

5-2　**(2019)**高层室外消防登高面，裙房进深值不能超过（　　　）。

A　5m　　　　　　　　B　4.5m　　　　　　　C　4m　　　　　　　D　3.5m

5-3　**(2019)**以下关于装修材料的燃烧性能等级哪个是错的？（　　　）

A 地上疏散走道墙面的装修材料大于等于 B₁ 级

B 地下疏散走道地面的装修材料不得小于 B₁ 级

C 变形缝周边的基层装修材料不小于 B₁ 级

D 通向扶梯的地面基层装修材料不小于 B₁ 级

5 - 4 (2019)公共建筑中,消防电梯与楼梯的合用前室面积和短边进深的数值分别不小于( )。

A 6m²,短边进深 1.8m   B 6m²,短边进深 2.1m

C 10m²,短边进深 2.4m   D 12m²,短边进深 2.4m

5 - 5 (2019)剧场和商场合建时,以下哪个说法正确?( )

A 出入口和疏散楼梯都必须分开设置   B 疏散口和疏散楼梯至少设 2 个

C 疏散口和疏散楼梯至少设 1 个   D 疏散口和疏散楼梯可以和商场合用

5 - 6 (2019)以下哪个建筑可以不设置消防电梯?( )

A 一类高层   B 一类高层办公楼

C 4 层的老年养护建筑   D 37m 的二类高层

5 - 7 (2019)商业营业场所在有自动喷淋及所有装修材料为不燃烧体的情况下,以下关于最大防火分区面积,哪个说法错误?( )

A 设在多层的一层时,最大防火分区面积 10000m²

B 设在多层的非第一层时,防火分区面积小于等于 5000m²

C 设在高层中,防火分区面积小于等于 4000m²

D 设在地下室且有餐饮的情况下,防火分区小于等于 2000m²

5 - 8 (2019)以下哪个房间在走道两端有出入口的情况下可只设一个疏散门( )。

A 大于 130m² 办公室   B 80m² 老年照料设施

C 80m² 歌舞厅   D 60m² 教室

5 - 9 (2019)以下哪个建筑需要设置防烟楼梯间?( )

A 一类车库   B 二类车库

C 地下车库   D 建筑高度大于 32m 的高层车库

5 - 10 (2019)以下防火隔墙的耐火极限哪个是错误的?( )

A 管道井的隔墙耐火极限不小于 1.00h

B 通风机房的隔墙 2.00h

C 柴油燃料间和发电机房不小于 2.00h

D 剧场舞台与观众厅之间 3.00h

5 - 11 (2019)下列关于残疾人坡道的说法不正确的是( )。

A 公共建筑主要出入口宜设置为坡度小于 1:30 的平坡

B 1:30 的平坡上不需要设置平台

C 无障碍出入口轮椅坡道净宽不小于 1m

D 检票口的轮椅通道宽度不小于 0.9m

5 - 12 (2019)人防工程中可以临战施工的是( )。

A 现浇钢筋混凝土构造   B 通风口保护措施

C 防火密闭门   D 抗爆隔墙

5 - 13 (2019)人防中属于人防清洁区的是( )。

A 消毒区   B 洗消间   C 厕所   D 除尘室

5 - 14 (2019)以下关于人防疏散口的表述,错误的是( )。

A 竖井也可算出入口

B 两个防护单元可以借助另一个作为次要疏散口

C 两个疏散口在防爆门之外可以共用一个出地面的出口

D 电梯设在防空地下室的防护密闭区以外

5-15 (2019)在绿色建筑中下列场地概念哪个是错误的?( )

A 建筑场地不应设在工业建筑废弃地

B 建筑场地应保留原有河道

C 建筑场地应保留利用没有污染的表面土层

D 建筑场地应还原或补偿原场地周边生态

5-16 (2019)必须使用安全玻璃的是( )。

A 屋顶玻璃　　　　　　　　　　　　B 高层建筑外窗玻璃

C 室外玻璃栏杆　　　　　　　　　　D 多层建筑二层面积小于 1.2m² 的外开窗

5-17 (2019)中小学校建筑的栏杆高度不得小于( )。

A 0.9m　　　　　B 1.05m　　　　　C 1.1m　　　　　D 1.2m

5-18 (2019)民用建筑中,两处楼面或地面高差超过( )应该采取防护措施。

A 0.4m　　　　　B 0.5m　　　　　C 0.6m　　　　　D 0.7m

5-19 (2019)有关室外疏散钢梯错误的是( )。

A 梯段宽度不小于 0.9m　　　　　　B 栏杆高度不低于 1.1m

C 倾斜角度小于 45°　　　　　　　　D 耐火极限 1.5h

5-20 (2019)下列不属于控制室内环境污染 II 类的民用建筑类型是( )。

A 旅馆　　　　　B 办公　　　　　C 幼儿园　　　　　D 图书馆

5-21 (2019)在旅馆设计中,中庭的栏杆或栏板的高度不应低于( )。

A 1000mm　　　　B 1050mm　　　　C 1100mm　　　　D 1200mm

5-22 (2019)甲类公共建筑不需要考虑围护结构热惰性指标的是哪个地区?( )

A 温和地区　　　　　　　　　　　　B 夏热冬暖地区

C 严寒地区　　　　　　　　　　　　D 夏热冬冷地区

5-23 (2019)以下关于建筑外门窗气密性的说法错误的是( )。

A 严寒地区不低于 6 级

B 幕墙不低于 3 级

C 10 层以下建筑气密性不低于 6 级

D 10 层以上建筑气密性不低于 7 级

5-24 (2019)甲类公共建筑在进行围护结构热工性能权衡判断之前不要核查哪项?( )

A 屋顶的传热系数

B 外墙的传热系数

C 屋顶玻璃的面积比

D 单面外墙窗墙比大于或等于 0.4 时,外窗的传热系数

5-25 (2019)以下不执行公共建筑节能标准的建筑是( )。

A 幼儿园　　　　B 商住楼　　　　C 厂房改造的住宅　　D 办公楼

5-26 (2019)无障碍设计中,门厅两道门开启后最小距离为( )。

A 1500mm　　　　B 1200mm　　　　C 1800mm　　　　D 1000mm

5-27 (2019)关于无障碍平坡出入口的要求错误的是( )。

A 出入口的地面应该光滑

B 不需要护栏

C 室外地面滤水算子的孔洞宽度不应大于 15mm

D 入口的上方应设置雨篷

5-28 (2019)有关无障碍通道错误的是(   )。

A　室内走道不应小于 1.1m

B　室外通道不宜小于 1.5m

C　无障碍通道上有高差时，应设置轮椅坡道

D　斜向的自动扶梯、楼梯等下部空间可以进入时，应设置安全挡牌

5-29 (2019)车库弧线坡道转角为 180°时，其内弧半径最小为(   )。

A　3.5m　　　　　B　4m　　　　　C　5m　　　　　D　6m

5-30 (2019)以下哪些空间无论如何不能突破道路红线设置?(   )

A　雨篷　　　　　B　阳台　　　　　C　凸窗　　　　　D　空调机位

5-31 (2019)关于电梯候梯厅深度，下列说法正确的是(   )。

A　住宅多台单侧布置时，大于等于最大轿厢进深

B　住宅单台布置时，大于 1.5m 且大于等于轿厢深度 1.5 倍

C　公共建筑电梯双面多台布置时，大于等于 4.5m

D　公共建筑电梯单台布置时，大于等于轿厢深度 1.5 倍

5-32 (2019)自动扶梯梯段下方净空高度哪个正确?(   )

A　2m　　　　　B　2.1m　　　　　C　2.2m　　　　　D　2.3m

5-33 (2019)关于餐馆厨房，下列说法错误的是(   )。

A　洗碗消毒区应在专用房间设置

B　配餐间应设置排水明沟

C　垂直运输的食梯应原料、成品分开设置

D　冷荤菜品应在厨房专用房间配制

5-34 (2019)关于宿舍设计错误的是(   )。

A　居室不允许设置在地下室

B　变配电室不允许设置在居室下方

C　公共厕所不允许设置在居室上方

D　当设备间紧邻居室时，要采取隔声减振措施

5-35 (2019)幼儿园生活用房单面布置时，走廊最小宽度(   )。

A　1.3m　　　　　B　1.5m　　　　　C　1.8m　　　　　D　2.4m

5-36 (2019)二级防水可以用于下列哪些空间?(   )

A　汽车库　　　　　　　　　　　　B　变配电室

C　人防室的指挥部　　　　　　　　D　自行车库种植顶板

5-37 (2019)关于倒置式屋面保温层最小厚度，以下说法正确的是(   )。

A　按计算值，且大于等于 10mm

B　按计算值，且大于等于 25mm

C　按计算值，再加 15%，且大于等于 20mm

D　按计算值，再加 25%，且大于等于 25mm

5-38 (2019)屋顶工程材料找坡的最小坡度宜为(   )。

A　0.5%　　　　　B　1%　　　　　C　2%　　　　　D　3%

5-39 (2019)下列关于地下室防水等级 2 级，描述正确的是(   )。

A　允许漏水，但是不允许有线流和漏泥砂

B　允许漏水，结构表面可以有少量湿渍

C　不允许漏水，结构表面无湿渍

D　不允许漏水，结构表面可以有少量湿渍

5-40 (2019)大于 500 辆的非机动车库与机动车库出入口的最小水平间距是（ ）。

A 5m   B 7.5m   C 10m   D 15m

参考答案及解析

5-1 解析：根据《建筑设计防火规范》GB 50016—2014（2018 年版）第 6.4.5 条，室外疏散楼梯应符合下列规定：

    1 栏杆扶手的高度不应小于 1.10m，楼梯的净宽度不应小于 0.90m（A 选项正确，B 选项错误）。

    2 倾斜角度不应大于 45°（C 选项正确）。

    3 梯段和平台均应采用不燃材料制作。平台的耐火极限不应低于 1.00h，梯段的耐火极限不应低于 0.25h（D 选项正确）。

    4 通向室外楼梯的门应采用乙级防火门，并应向外开启。

    5 除疏散门外，楼梯周围 2m 内的墙面上不应设置门、窗、洞口。疏散门不应正对梯段。

答案：B

5-2 解析：根据《建筑设计防火规范》GB 50016—2014（2018 年版）第 7.2.1 条规定，高层建筑应至少沿一个长边或周边长度的 1/4 且不小于一个长边长度的底边连续布置消防车登高操作场地，该范围内的裙房进深不应大于 4m。

答案：C

5-3 解析：根据《建筑内部装修设计防火规范》GB 50222—2017 第 4.0.4 条规定，地上建筑的水平疏散走道和安全出口的门厅，其顶棚应采用 A 级装修材料，其他部位应采用不低于 B_1 级的装修材料；地下民用建筑的疏散走道和安全出口的门厅，其顶棚、墙面和地面均应采用 A 级装修材料。故 A 选项正确，B 选项错误。

    第 4.0.7 条，建筑内部变形缝（包括沉降缝、伸缩缝、抗震缝等）两侧基层的表面装修应采用不低于 B_1 级的装修材料。故 C 选项正确。

    第 4.0.6 条，建筑物内设有上下层相连通的中庭、走马廊、开敞楼梯、自动扶梯时，其连通部位的顶棚、墙面应采用 A 级装修材料，其他部位采用不低于 B_1 级的装修材料。故 D 选项正确。

答案：B

5-4 解析：根据《建筑设计防火规范》GB 50016—2014（2018 年版）第 6.4.3 条第 3 款规定，防烟楼梯间与消防电梯间合用前室时，合用前室的使用面积：公共建筑、高层厂房（仓库），不应小于 10.0m²；住宅建筑，不应小于 6.0m²。

    第 7.3.5 条第 2 款规定，除设置在仓库连廊、冷库穿堂或谷物筒仓工作塔内的消防电梯外，消防电梯应设置前室，且前室的使用面积不应小于 6.0m²，前室的短边不应小于 2.4m；与防烟楼梯间合用的前室，其使用面积尚应符合本规范第 5.5.28 条和第 6.4.3 条的规定。

答案：C

5-5 解析：根据《剧场建筑设计规范》JGJ 57—2016 第 8.2.10 条，剧场与其他建筑合建时，应符合下列规定：

    1 设置在一、二级耐火等级的建筑内时，观众厅宜设在首层，也可设在第二、三层；确需布置在四层及以上楼层时，一个厅、室的疏散门不应少于 2 个，且每个观众厅的建筑面积不宜大于 400m²；设置在三级耐火等级的建筑内时，不应布置在三层及以上楼层。

    2 应设独立的楼梯和安全出口通向室外地坪面。

答案：A

5-6 解析：根据《建筑设计防火规范》GB 50016—2014（2018 年版）第 7.3.1 条规定，下列建筑应设置消防电梯：（1）建筑高度大于 33m 的住宅建筑；（2）一类高层公共建筑和建筑高度大于 32m 的二类高层公共建筑、5 层及以上且总建筑面积大于 3000m²（包括设置在其他建筑内 5 层及以上楼层）的老年人照料设施；（3）设置消防电梯的建筑的地下或半地下室，埋深大于 10m 且总建筑面积大于 3000m² 的其他地下或半地下建筑（室）。

答案：C

5-7 解析：根据《建筑设计防火规范》GB 50016—2014（2018 年版）第 5.3.4 条，一、二级耐火等级建筑内的商店营业厅、展览厅，当设置自动灭火系统和火灾自动报警系统并采用不燃或难燃装修材料时，其每个防火分区的最大允许建筑面积应符合下列规定：

    1 设置在高层建筑内时，不应大于 4000m²；

    2 设置在单层建筑或仅设置在多层建筑的首层内时，不应大于 10000m²；

    3 设置在地下或半地下时，不应大于 2000m²。

    故 A、C、D 选项正确。

答案：B

5-8 解析：根据《建筑设计防火规范》GB 50016—2014（2018 年版）第 5.5.15 条规定，公共建筑内房间的疏散门数量应经计算确定且不应少于 2 个。除托儿所、幼儿园、老年人照料设施、医疗建筑、教学建筑内位于走道尽端的房间外，符合下列条件之一的房间可设置 1 个疏散门：（1）位于两个安全出口之间或袋形走道两侧的房间，对于托儿所、幼儿园、老年人照料设施，建筑面积不大于 50m²；对于医疗建筑、教学建筑，建筑面积不大于 75m²；对于其他建筑或场所，建筑面积不大于 120m²。（2）歌舞娱乐放映游艺场所内建筑面积不大于 50m² 且经常停留人数不超过 15 人的厅、室。

答案：D

5-9 解析：根据《汽车库、修车库、停车场设计防火规范》GB 50067—2014 第 6.0.3 条第 1 款规定，建筑高度大于 32m 的高层汽车库、室内地面与室外出入口地坪的高差大于 10m 的地下汽车库应采用防烟楼梯间；其他汽车库、修车库应采用封闭楼梯间。

答案：D

5-10 解析：根据《建筑设计防火规范》GB 50016—2014（2018 年版）第 5.4.13 条第 4 款规定，布置在民用建筑内的柴油发电机房内设置储油间时，其总储存量不应大于 1m³，储油间应采用耐火极限不低于 3.00h 的防火隔墙与发电机间分隔；确需在防火隔墙上开门时，应设置甲级防火门。故 C 选项错误。

    第 6.2.1 条规定，剧场等建筑的舞台与观众厅之间的隔墙应采用耐火极限不低于 3.00h 的防火隔墙。故 D 选项正确。

    第 6.2.9 条第 2 款规定，建筑内的电缆井、管道井、排烟道、排气道、垃圾道等竖向井道，应分别独立设置；井壁的耐火极限不应低于 1.00h，井壁上的检查门应采用丙级防火门。故 A 选项正确。

答案：C

5-11 解析：根据《无障碍设计规范》GB 50763—2012 第 3.4.2 条规定，轮椅坡道的净宽度不应小于 1.00m，无障碍出入口的轮椅坡道净宽度不应小于 1.20m。故 C 选项错误。

    第 8.1.3 条规定，公共建筑的主要出入口宜设置坡度小于 1：30 的平坡出入口；故 A 选项正确。第 3.5.1 条第 3 款规定，检票口、结算口轮椅通道不应小于 900mm；故 D 选项正确。

答案：C

5-12 解析：根据《人民防空地下室设计规范》GB 50038—2005 第 3.7.2 条规定，平战结合的防空地下室中，下列各项应在工程施工、安装时一次完成：现浇的钢筋混凝土和混凝土结构、构件；战时使用的及平战两用的出入口、连通口的防护密闭门、密闭门；战时使用的及平战两用的通风口防护设施；战时使用的给水引入管、排水出户管和防爆波地漏。A、B、C 选项应在工程施工、安装时一次完成。

答案：D

5-13 **解析：**根据《人民防空地下室设计规范》GB 50038—2005第3.1.7条规定，医疗救护工程、专业队员掩蔽部、人员掩蔽工程以及食品站、生产车间、区域供水站、电站控制室、物资库等主体有防毒要求的防空地下室设计，应根据其战时功能和防护要求划分染毒区与清洁区。其染毒区应包括下列房间、通道：

1 扩散室、密闭通道、防毒通道、除尘室、滤毒室、洗消间或简易洗消间；

2 医疗救护工程的分类厅及配套的急救室、抗休克室、诊察室、污物间、厕所等。

B、C、D选项属于染毒区，A选项属于清洁区。

答案：A

5-14 **解析：**根据《人民防空地下室设计规范》GB 50038—2005第3.3.1条，防空地下室战时使用的出入口，其设置应符合下列规定：防空地下室的每个防护单元不应少于两个出入口（不包括竖井式出入口、防护单元之间的连通口），其中至少有一个室外出入口（竖井式除外）。战时主要出入口应设在室外出入口（符合第3.3.2条规定的防空地下室除外）。故A选项错误，B选项正确。

第3.3.26条规定，当电梯通至地下室时，电梯必须设置在防空地下室的防护密闭区以外。故D选项正确。

答案：A

5-15 **解析：**根据《绿色建筑评价标准》GB/T 50378—2019第8.2.1条规定，充分保护或修复场地生态环境，合理布局建筑及景观，评价总分值为10分，并按下列规则评分：

1 保护场地内原有的自然水域、湿地、植被等，保持场地内的生态系统与场地外生态系统的连贯性，得10分。

2 采取净地表层土回收利用等生态补偿措施，得10分。

3 根据场地实际状况，采取其他生态恢复或补偿措施，得10分。

答案：A

5-16 **解析：**根据《建筑安全玻璃管理规定》（发改运行〔2003〕2116号）第六条规定，建筑物需要以玻璃作为建筑材料的下列部位必须使用安全玻璃：

（一）7层及7层以上建筑物外开窗；

（二）面积大于1.5m²的窗玻璃或玻璃底边离最终装修面小于500mm的落地窗；

（三）幕墙（全玻幕除外）；

（四）倾斜装配窗、各类天棚（含天窗、采光顶）、吊顶；

（五）观光电梯及其外围护；

（六）室内隔断、浴室围护和屏风；

（七）楼梯、阳台、平台走廊的栏板和中庭内栏板；

（八）用于承受行人行走的地面板；

（九）水族馆和游泳池的观察窗、观察孔；

（十）公共建筑物的出入口、门厅等部位；

（十一）易遭受撞击、冲击而造成人体伤害的其他部位。

答案：B

5-17 **解析：**根据《中小学校设计规范》GB 50099—2011第8.1.6条规定，上人屋面、外廊、楼梯、平台、阳台等临空部位必须设防护栏杆，防护栏杆必须牢固、安全，高度不应低于1.10m。防护栏杆最薄弱处承受的最小水平推力应不小于1.5kN/m。

答案：C

5-18 **解析：**根据《民用建筑设计统一标准》GB 50352—2019第6.7.1条第4款规定，台阶总高度超过0.7m时，应在临空面采取防护设施。第6.7.2条第4款规定，当坡道总高度超过0.7m时，应在临空面采取防护设施。故 D 选项正确。

答案：D

5-19 **解析**：根据《建筑设计防火规范》GB 50016—2014（2018 年版）第 6.4.5 条，室外疏散楼梯应符合下列规定：

1 栏杆扶手的高度不应小于 1.10m，楼梯的净宽度不应小于 0.90m（A、B 选项正确）。

2 倾斜角度不应大于 45°（C 选项正确）。

3 梯段和平台均应采用不燃材料制作。平台的耐火极限不应低于 1.00h，梯段的耐火极限不应低于 0.25h（D 选项错误）。

答案：D

5-20 **解析**：根据《民用建筑工程室内环境污染控制规范》GB 50325—2020 第 1.0.4 条，民用建筑工程的划分应符合下列规定：

1 Ⅰ类民用建筑工程包括住宅、居住功能公寓、医院病房、老年人照料房屋设施、幼儿园、学校教室、学生宿舍等；

2 Ⅱ类民用建筑应包括办公楼、商店、旅馆、文化娱乐场所、书店、图书馆、展览馆、体育馆、公共交通等候室、餐厅等。

答案：C

5-21 **解析**：根据《民用建筑设计统一准》GB 50352—2019 第 6.7.3 条，阳台、外廊、室内回廊、内天井、上人屋面及室外楼梯等临空处应设置防护栏杆，并应符合下列规定：当临空高度在 24.0m 以下时，栏杆高度不应低于 1.05m；当临空高度在 24.0m 及以上时，栏杆高度不应低于 1.1m。上人屋面和交通、商业、旅馆、医院、学校等建筑临开敞中庭的栏杆高度不应小于 1.2m。

答案：D

5-22 **解析**：根据《公共建筑节能设计标准》GB 50189—2015 表 3.3.1-1～表 3.3.1-3 规定，严寒地区（A、B、C 区）和寒冷地区不需要考虑围护结构的热惰性指标。

答案：C

5-23 **解析**：根据《公共建筑节能设计标准》GB 50189—2015 第 3.3.5 条规定，建筑外门、外窗的气密性分级应符合现行国家标准《建筑外门窗气密、水密、抗风压性能分级及检测方法》GB/T 7016—2008 中第 4.1.2 条的规定，并应满足下列要求：

注：该标准已更新为《建筑外门窗气密、水密、抗风压性能检测方法》GB/T 7106—2019，且删去了 2008 年版标准中关于抗风压性能分级的内容，故应参见《建筑幕墙》GB/T 21086—2007 第 5.1.3 条的规定。

1 10 层及以上建筑外窗的气密性不应低于 7 级；

2 10 层以下建筑外窗的气密性不应低于 6 级；

3 严寒和寒冷地区外门的气密性不应低于 4 级。

第 3.3.6 条规定，建筑幕墙的气密性应符合国家标准《建筑幕墙》GB/T 21086—2007 中第 5.1.3 条的规定且不应低于 3 级。

答案：A

5-24 **解析**：根据《公共建筑节能设计标准》GB 50189—2015 第 3.4.1 条规定，进行围护结构热工性能权衡判断前，应对设计建筑的热工性能进行核查。核查的项目包括：屋面的传热系数、外墙（包括非透光幕墙）的传热系数，以及当单一立面的窗墙面积比大于或等于 0.4 时，外窗（包括透光幕墙）的传热系数。此规定中不包含屋顶玻璃的面积比。

答案：C

5-25 **解析**：根据《公共建筑节能设计标准》GB 50189—2015 第 1.0.2 条规定，本标准适用于新建、扩建和改建的公共建筑节能设计。C 选项厂房改造的住宅属于住宅建筑，不执行公共建筑节能标准；B选项商住楼中的住宅部分属于居住建筑，商业部分属于公共建筑，商业部分应执行公共建筑设计标准。

答案：C

5-26 **解析**：根据《无障碍设计规范》GB 50763—2012第3.3.2条，无障碍出入口应符合下列规定：

1 出入口的地面应平整、防滑；

2 室外地面滤水箅子的孔洞宽度不应大于15mm；

3 同时设置台阶和升降平台的出入口宜只应用于受场地限制无法改造坡道的工程。并应符合本规范第3.7.3条的有关规定；

4 除平坡出入口外，在门完全开启的状态下，建筑物无障碍出入口的平台的净深度不应小于1.50m；

5 建筑物无障碍出入口的门厅、过厅如设置两道门，门扇同时开启时两道门的间距不应小于1.50m；

6 建筑物无障碍出入口的上方应设置雨篷。

答案：A

5-27 **解析**：参见《无障碍设计规范》GB 50763—2012第3.3.2条（详见题5-26解析）。

答案：A

5-28 **解析**：根据《无障碍设计规范》GB 50763—2012第3.5.1条，无障碍通道的宽度应符合下列规定：

1 室内走道不应小于1.20m，人流较多或较集中的大型公共建筑的室内走道宽度不宜小于1.80m；

2 室外通道不宜小于1.50m；

3 检票口、结算口轮椅通道不应小于900mm。

第3.5.2条第2款，无障碍通道上有高差时，应设置轮椅坡道。

答案：A

5-29 **解析**：根据《车库建筑设计规范》JGJ 100—2015第4.2.10条第5款，坡道式出入口应符合下列规定：微型车和小型车的坡道转弯处的最小环形车道内半径（r_0）不宜小于表4.2.10-3的规定。

坡道转弯处的最小环形车道内半径（r_0） 表 4.2.10-3

半径 \ 角度	坡道转向角度（α）		
	$\alpha \leqslant 90°$	$90° < \alpha < 180°$	$\alpha \geqslant 180°$
最小环形车道内半径（r_0）	4m	5m	6m

答案：D

5-30 **解析**：根据《民用建筑设计统一标准》GB 50352—2019第4.3.3条规定，除地下室、窗井、建筑入口的台阶、坡道、雨篷等以外，建（构）筑物的主体不得突出建筑控制线建造。D选项阳台属于建筑物主体的一部分，故不得突破道路红线。

答案：B

5-31 **解析**：参见《民用建筑设计统一标准》GB 50352—2019表6.9.1。

候梯厅深度 表 6.9.1

电梯类别	布置方式	候梯厅深度
住宅电梯	单台	$\geqslant B$，且$\geqslant 1.5$m
	多台单侧排列	$\geqslant B_{max}$，且$\geqslant 1.8$m
	多台双侧排列	$\geqslant$相对电梯B_{max}之和，且< 3.5m

电梯类别	布置方式	候梯厅深度
公共建筑电梯	单台	$\geqslant 1.5B$，且$\geqslant 1.8m$
	多台单侧排列	$\geqslant 1.5B_{max}$，且$\geqslant 2.0m$ 当电梯群为 4 台时应$\geqslant 2.4m$
	多台双侧排列	$\geqslant$相对电梯 B_{max} 之和，且$<4.5m$
病床电梯	单台	$\geqslant 1.5B$
	多台单侧排列	$\geqslant 1.5B_{max}$
	多台双侧排列	$\geqslant$相对电梯 B_{max} 之和

答案：D

5-32 解析：根据《民用建筑设计统一标准》GB 50352—2019 第 6.9.2 条第 6 款，自动扶梯、自动人行道应符合下列规定：自动扶梯的梯级、自动人行道的踏板或胶带上空，垂直净高不应小于 2.3m。

答案：D

5-33 解析：根据《饮食建筑设计标准》JGJ 64—2017 表 4.3.1 条第 5 款规定，餐用具洗涤消毒间与餐用具存放区（间），餐用具洗涤消毒间应单独设置；故 A 选项正确。

第 4.3.8 条第 5 款规定，厨房专间、备餐区等清洁操作区内不得设置排水明沟，地漏应能防止浊气逸出；故 B 选项错误。

第 4.3.3 条第 3 款规定，垂直运输的食梯应原料、成品分设；故 C 选项正确。

第 4.3.3 条第 2 款规定，冷荤成品、生食海鲜、裱花蛋糕等应在厨房专间内拼配，在厨房专间入口处应设置有洗手、消毒、更衣设施的通过式预进间；故 D 选项正确。

答案：B

5-34 解析：根据《宿舍建筑设计规范》JGJ 36—2005 第 4.2.5 条规定，居室不应布置在地下室；故 A 选项正确。

第 5.1.2 条规定，柴油发电机房、变配电室和锅炉房等不应布置在宿舍居室、疏散楼梯间及出入口门厅等部位的上一层、下一层或贴邻，并应采用防火墙与相邻区域进行分隔；故 B 选项正确。

第 4.3.1 条规定，公用厕所、公用盥洗室不应布置在居室的上方；故 C 选项正确。

第 6.2.2 条规定，居室不应与电梯、设备机房紧邻布置；故 D 选项错误。

答案：D

5-35 解析：根据《托儿所、幼儿园建筑设计规范》JGJ 39—2016 表 4.1.14 规定，幼儿园生活用房采用单面走廊或外廊时，走廊最小净宽度为 1.8m；采用中间走廊时，走廊最小净宽度为 2.4m。

答案：C

5-36 解析：根据《地下工程防水技术规范》GB 50108—2008 表 3.2.2 规定，二级防水适用范围：人员经常活动的场所；在有少量湿渍的情况下不影响使用。自行车库顶板应该在此范围内，可以采用二级防水。

答案：D

5-37 解析：根据《倒置式屋面工程技术规程》JGJ 230—2010 第 5.2.5 条规定，倒置式屋面保温层的设计厚度应按计算厚度增加 25％取值，且最小厚度不得小于 25mm。

答案：D

5-38 解析：根据《屋面工程技术规范》GB 50345—2012 第 4.3.1 条规定，混凝土结构层宜采用结构找坡，坡度不应小于 3％；当采用材料找坡时，宜采用质量轻、吸水率低和有一定强度的材料，坡度宜为 2％。

答案： C

5 - 39 **解析：** 根据《地下工程防水技术规范》GB 50108—2008 表 3.2.1 规定，地下工程二级防水标准为不允许漏水，结构表面可有少量湿渍。

答案： D

5 - 40 **解析：** 根据《车库建筑设计规范》JGJ 100—2015 第 6.2.2 条规定，非机动车库出入口宜与机动车库出入口分开设置，且出地面处的最小距离不应小于 7.5m。

答案： B